JN207869

After Effects

パーフェクトガイド

Perfect Guide

After Effects
Nobuyuki Abe

阿部信行 著

技術評論社

◎サンプルファイルのダウンロードについて

本書の解説に使用しているサンプルファイルを、下記のページよりダウンロードできます。
ダウンロード時は圧縮ファイルの状態なので、展開してから使用してください。

https://gihyo.jp/book/2024/978-4-297-14305-3/support

※サンプルファイルは、なくてもできるもの、前 SECTION から続けての作業などの解説にはありません。

【免責】
本書に記載された内容は、情報の提供のみを目的としています。したがって、本書を用いた運用は、必ずお客様自身の責任と判断によって行ってください。これらの情報の運用の結果、いかなる障害が発生しても、技術評論社および著者はいかなる責任も負いません。

本書記載の情報は、2024年5月現在のものを掲載しております。ご利用時には、変更されている可能性があります。OSやソフトウェアはバージョンアップされる場合があり、本書での説明とは機能内容や画面図などが異なってしまうこともあり得ます。本書ご購入の前に、必ずバージョン番号をご確認ください。OSやソフトウェアのバージョンが異なることを理由とする、本書の返本、交換および返金には応じられませんので、あらかじめご了承ください。

以上の注意事項をご承諾いただいた上で、本書をご利用願います。これらの注意事項に関わる理由に基づく、返金、返本を含む、あらゆる対処を、技術評論社および著者は行いません。あらかじめ、ご承知おきください。

【動作環境】
本書では、After Effects 24.4、OSはWindows 11を利用しています。そのほかのバージョンでは利用できない機能や操作方法が異なる場合があります。また、バージョンアップによって、URLが異なったり、機能が変更されていたりする可能性があります。

動作環境に関する上記の内容を理由とした返本、交換、返金には応じられませんので、あらかじめご注意ください。

■本書に掲載した会社名、プログラム名、システム名などは、米国およびその他の国における登録商標または商標です。
　本文中ではTM、®マークは明記しておりません。

はじめに

———

本書は、初めて After Effects に触れるユーザーでも、After Effects の基本操作をマスターし、自分の思い通りの After Effects データを作成することができるようになるためのガイドブックです。

図形をアニメーションさせたい、映像にエフェクトを設定したい、あるいはモーショングラフィクスを作成したいといったときに、何から始めれば良いのでしょうか。本書では、こうしたユーザー向けに、最初に何を設定し、どのように作業を進めればよいのか、そのための基本的な操作手順をわかりやすく解説しました。

大切なことは基本操作を覚えることです。どのような素晴らしいアニメーションやモーショングラフィックスでも、データを分析すれば基本操作の集まりで構成されていることがわかります。本書では、アニメーションを作成する場合、5つのポイントを確認することを何度も解説しています。それは、どのようなアニメーションであっても、5つのポイントさえ間違わなければ、必ずアニメーションが作成できるからです。説明の中に何度も出てくる5つのポイントに気付けば、その重要性が理解できます。

After Effects を使いこなすポイントは、数学、いや算数に似ています。算数の基本は、足し算、引き算、掛け算、割り算という四則演算です。これを理解していれば、どのような難しい計算でも答えを導き出せます。もちろん、数学の難しい法則でさえ、四則演算を理解していれば、法則の本質を理解できます。

After Effects も同じです。1本の直線を引き、これを移動、回転、スケール変更、不透明度変更といった基本操作を覚えることで、さまざまな動画作品で見られるような素敵なアニメーションやモーショングラフィックスを作成できるようになります。逆にいうと、基本操作をわからずに作成しようとしても、それは無理なのです。

基本操作は、それほど難しいものではありません。だからこそ、やさしい基本操作をしっかりと身に付ければ、次のステップでは確実に After Effects を難しいと感じることなく利用できます。

それと、覚えた基本操作をどう組み合わせればどのような動きになるのかをイメージできることも大切です。その方法は誰にも教えてもらえませんが、本書では、イメージするためのヒントを解説しています。本書での操作方法を解説通りに進めれば、基本操作を覚えながら、同時に動さをイメージするコツもマスタ　できます。

本書を利用し、After Effects の基本操作を理解して頂ければ幸いです。

2024年 初夏

阿部信行

CONTENTS 【目次】

After Effects の基本

読み込みとレイヤーの設定

アニメーション作成の基本

CHAPTER 02

CHAPTER 04 シェイプを使ったアニメーション

CHAPTER 07

エフェクトの設定

CHAPTER 10 出力と連携

THE PERFECT GUIDE FOR AFTER EFFECTS

[After Effectsの 基本]

01 After Effects を入手する

After Effects は、Adobe の Creative Cloud からコンプリートプランか単体のプランを選んで入手します。なお、Creative Cloud を利用するには Adobe ID の取得が必要です。

▶ Adobe ID を取得する

Adobe の Creative Cloud を利用するには「Adobe ID」の取得が必須です。初めて Creative Cloud を利用する場合は、次の手順で Adobe ID を取得します。

1 サイトにログインする

Adobe のサイト「https://www.adobe.com/jp/」にアクセスし**1**、表示されたページの右上にある[ログイン]をクリックします**2**。

2 [アカウントを作成]を選択する

「ログイン」画面が表示されるので、[アカウントを作成]をクリックします**1**。

3 [アカウントを作成]をクリックする

「アカウントを作成」ページが表示されるので、SNS などのアカウントを利用するか**1**、電子メールアドレスで新規登録するかを選択します。電子メールを利用する場合は、「電子メールアドレス」**2**、「パスワード」**3**を入力して、[続行]**4**をクリックします。表示が切り替わったら、「姓」「名」「生年月日」「国/地域」**5**を入力または選択して、[アカウントを作成]をクリックします**6**。この後、カード情報を入力してください。

▶ Creative Cloudを購入する

After Effects は、Adobe のサブスクリプション型（定期購読、継続購入）のサービス「Creative Cloud」に含まれるアプリケーションソフトです。利用する場合は、すべてのプログラムが利用できる「Creative Cloud コンプリートプラン」かアプリを単体で利用するタイプのどちらかを選択して購入します。

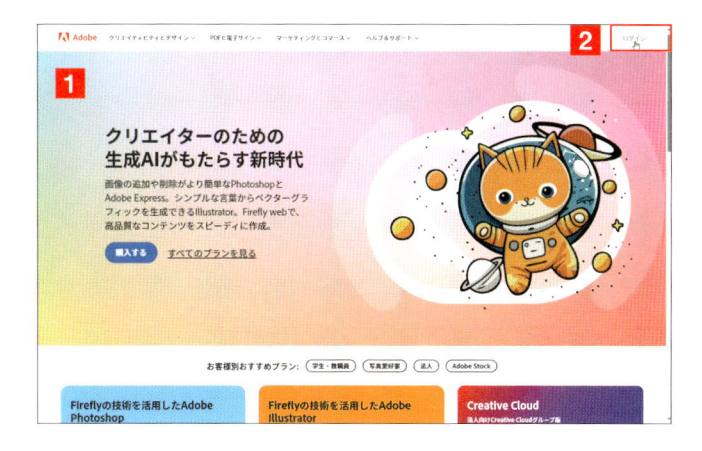

1 Creative Cloudの
サイトにアクセスする

Adobe のサイト「https://www.adobe.com/jp/」にアクセスし**1**、表示されたページの右上にある [ログイン] をクリックしてログインします**2**。

2 プランを選択する

「おすすめプランのご紹介」画面の [すべてのプランをみる] をクリックすると、プラン画面が表示されます。[すべてのプラン] を選択して**1**、「Creative Cloud コンプリート プラン」（以下「コンプリートプラン」と省略表記）**2**か「After Effects 単体プラン」**3**かを選択し、[購入する] をクリックします**4**。

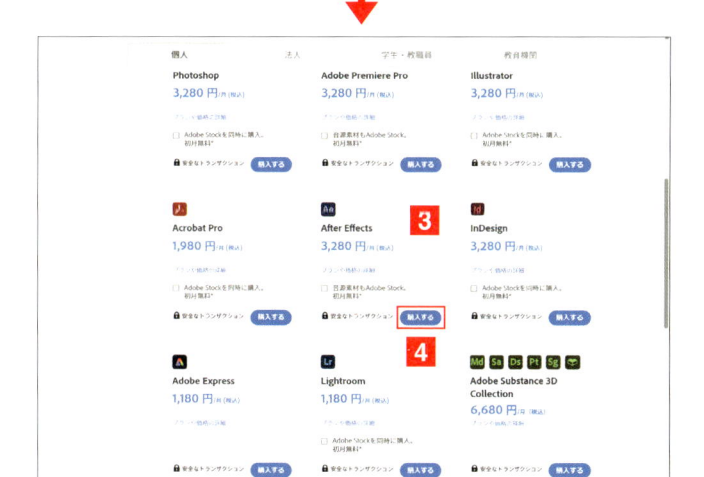

▶ プログラムをダウンロードする

Creative Cloud のプランを購入したら、**After Effects** のプログラムを入手します。なお、本書ではコンプリートプランを選択した例で解説します。

1 ログインする

Creative Cloud のサイト（https://www.adobe.com/jp/creativecloud.html）にアクセスし、右上にある［ログイン］をクリックします **1**。ログイン画面が表示されるので、メールアドレスなどを入力して進めます **2**。

2 Creative Cloud デスクトッププアプリのインストール

コンプリートプランの場合、Creative Cloud で利用できるアプリケーションをダウンロードするための「Creative Cloud デスクトップ」アプリを最初にインストールする必要があります。ログインで表示された Creative Cloud のページで［アプリ］をクリックし **1**、「ご利用に含まれるアプリ」から「Creative Cloud」の［ダウンロード］をクリックします **2**。ダウンロード後、ファイルをダブルクリックしてインストールします。インストールすると、「Creative Cloud デスクトップ」アプリの画面が表示されます **3**。

▶ After Effects のダウンロードとインストール

インストールした「Creative Cloudデスクトップ」アプリを利用して、After Effects をインストールします。

1 ［インストール］を クリックする

「Creative Cloud デスクトップ」アプリを起動したら、左のメニューから［アプリ］をクリックし**1**、アプリのインストール画面に切り替えます。切り替えたら、After Effects の ［インストール］をクリックします**2**。

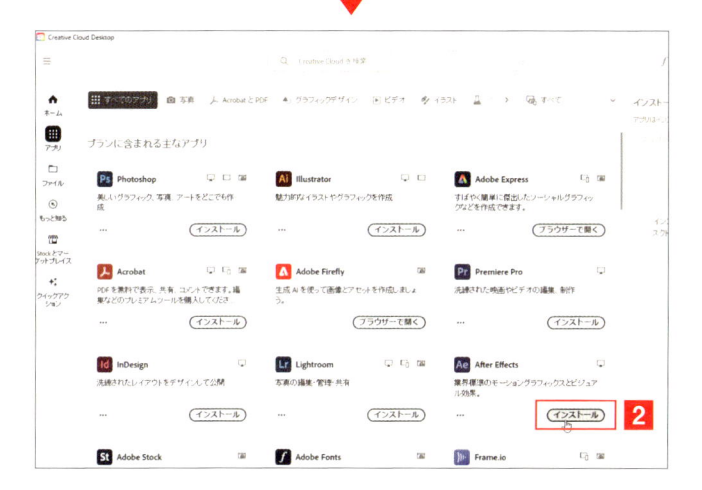

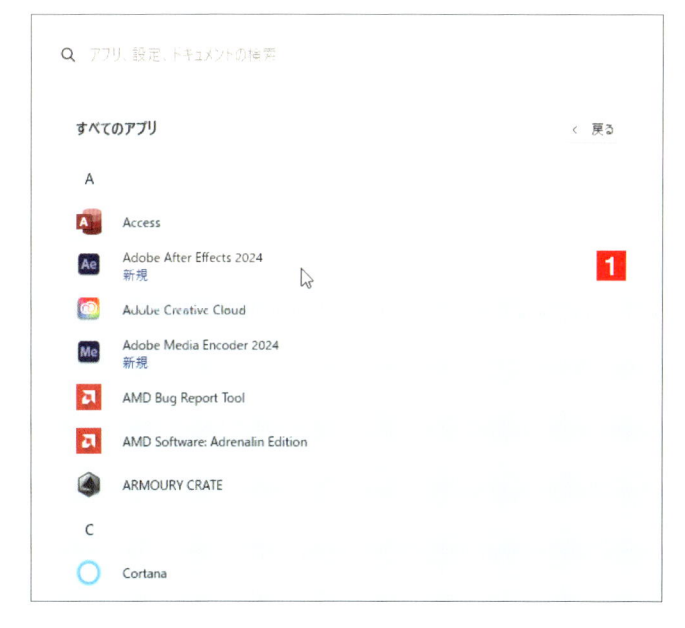

2 アイコンを確認する

インストールが完了したら、After Effects の アイコンを確認します。Windows の場合は、必要に応じて「スタートにピン留めする」などでスタートメニューに登録してください**1**。

02 After Effectsでできることを確認する

After Effectsでできることを確認しておきましょう。After Effectsでは、モーショングラフィックスを作成したり、映像にエフェクトなどを設定したりすることで、映像を演出できます。

▶ After Effects でできること

After Effects は、オリジナルなロゴタイトルやイラストなどを利用してモーショングラフィックスを作成したり、あるいは雪を降らせたり煙を出したりといったエフェクト効果によって映像を演出するなどに利用するアプリケーションソフトです。テキストを利用したアニメーション、イラストを利用したキャラクターアニメーション、個性的なエフェクトの設定など、映像を演出するアプリケーションソフトなのです。

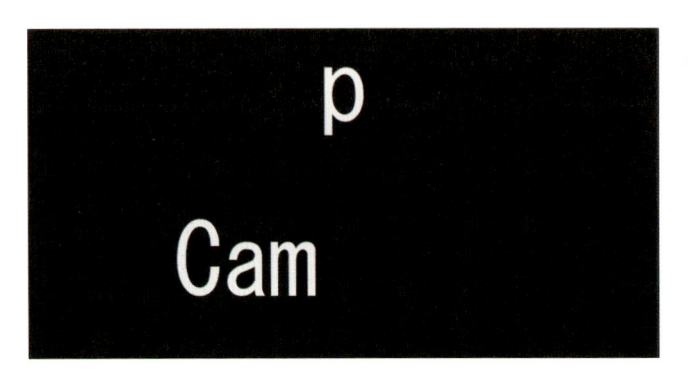

テキストアニメーションの作成

メインタイトルなどのテキストに動きを付け、テキストをアニメーションさせることができます。

映像にエフェクト設定

映像に特殊効果を設定することで、映像を演出することができます。

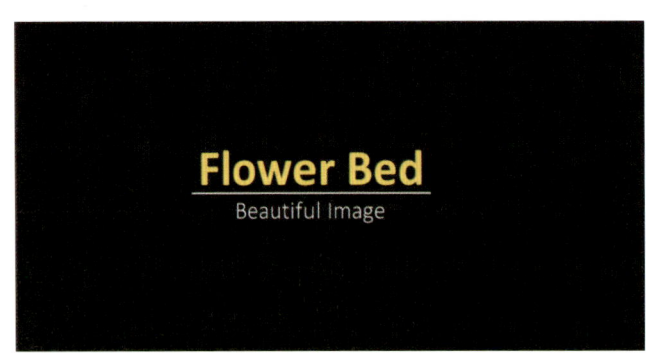

モーショングラフィックスの作成

テキストアニメーションもモーショングラフィックスの一種ですが、ここでは、テキストとシェイプ（図形）を組み合わせてアニメーションを作成します。

▶ 動画の編集はできるのか？

After Effects で動画の編集、いわゆるカット編集はできるのかとよく質問されます。やってできないことはないのですが、とても大変な手間がかかります。正直に言えば、編集できないことはないけど、やらないほうがよいと考えてください。動画の編集をしたい場合は、同じく Adobe の Creative Cloud の仲間である「Premiere Pro」を利用してください。

After Effectsの編集画面

Premiere Proの編集画面

▶ 縦思考と横思考について

よく比較されるのが、After Effects と Premiere Pro の編集の考え方です。After Effects では、1 つのレイヤーに 1 つの素材を配置し、その複数のレイヤーを縦に重ねることで 1 つの動画素材を作り上げます。これに対して、Premiere Pro では、1 つのレイヤーの中で複数の素材を横につなげることで 1 本の動画を作成します。

After Effectsの場合

After Effects では、複数のレイヤーを縦に積み重ねて 1 つの素材を作ります。

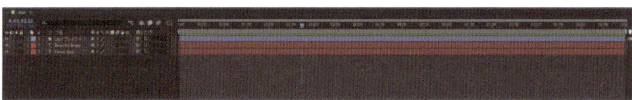

Premiere Proの場合

Premiere Pro では、1 つのレイヤーに複数の素材を横に並べて 1 本の動画を作ります。

▶ After Effectsで素材作成、Premiere Proで動画を完成する

After Effectsでは時間の短い素材を作成し、Premiere Proではそれらの素材をつなげて長時間の動画を作成すると考えてよいでしょう。考え方としては、After Effectsで作成したアニメーションやモーショングラフィックスなど動画の素材を、Premiere Proに取り込んで1本の動画を作成するというのがノーマルな利用方法といえます。なお、本書でもPremiere Proと連携して利用する手順をCHAPTER10で解説しています。

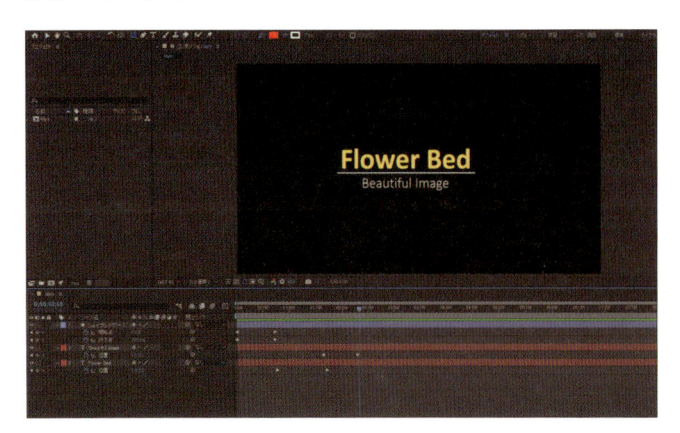

After Effectsで素材作成

たとえば、After Effectsでモーショングラフィックスを作成します。

素材をPremiere Proへ取り込み

After Effectsで作成したモーショングラフィックスデータを、Premiere Proの編集素材として取り込みます。

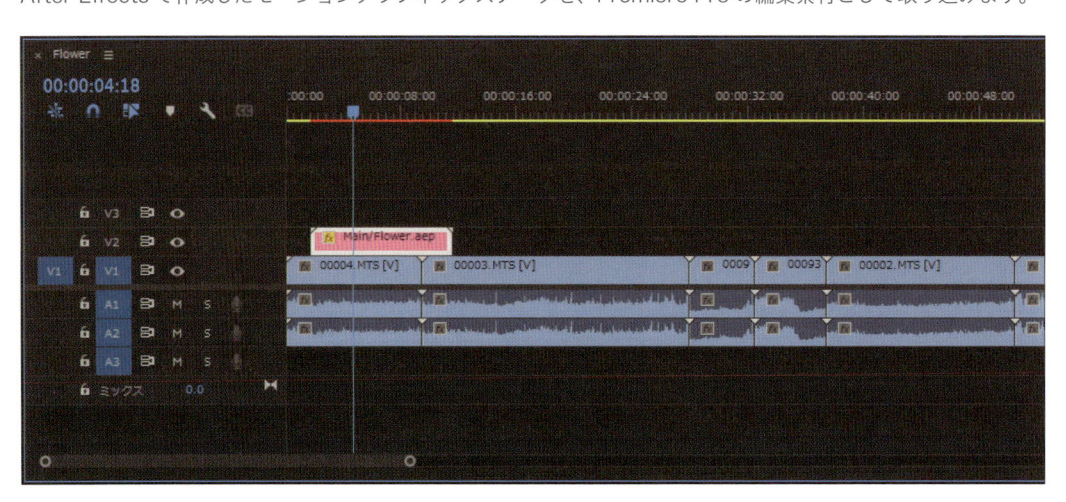

映像と合成

Premiere Pro上で映像と合成して、動画作品として完成されます。

▼

▼

▼

アニメーションを確認する

After Effects で作成した素材を Premiere Pro で動画と合成して利用します。もちろん、After Effects でテキストに設定したアニメーションは、Premiere Pro 上で再生できます。

03 After Effectsのワークフローを理解する

ここで、After Effectsでの作業手順を、タイトルアニメーションを作成する作業を例に、手順を紹介しておきます。これはあくまで基本的な流れで、作業目的に応じて変わります。

▶ After Effectsでの作業手順

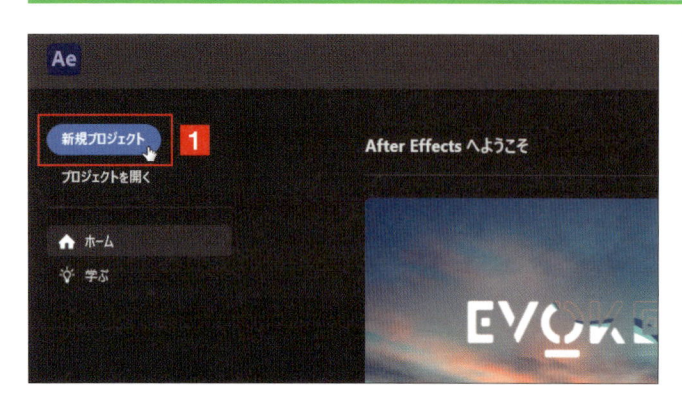

1 新規プロジェクトの作成

After Effects を起動して表示された ホーム画面で、［新規プロジェクト］を クリックします**1**。

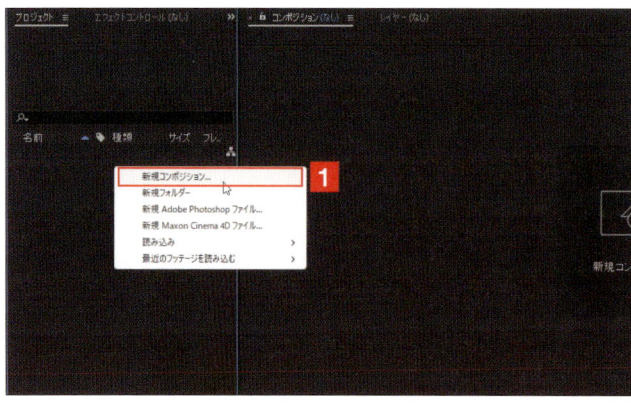

2 新規コンポジションの作成

アニメーションの設定内容を管理するコンポジションを作成します。作成方法は複数ありますが、使いやすいのは、プロジェクトパネルで右クリックし、表示されたコンテクストメニューから［新規コンポジション］を選択する方法です**1**。

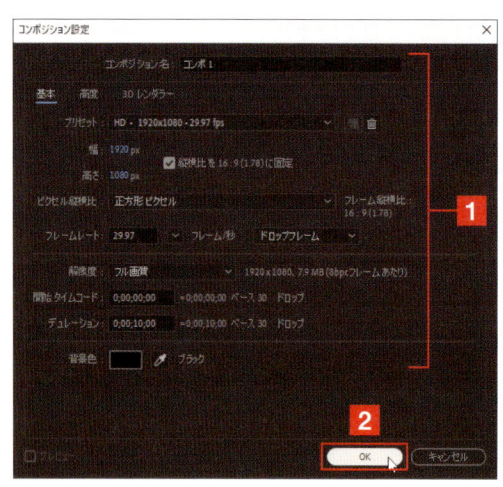

3 新規コンポジションの設定

「コンポジション設定」ダイアログボックスが表示されるので、必要に応じて各項目を設定し**1**、［OK］をクリックします**2**。

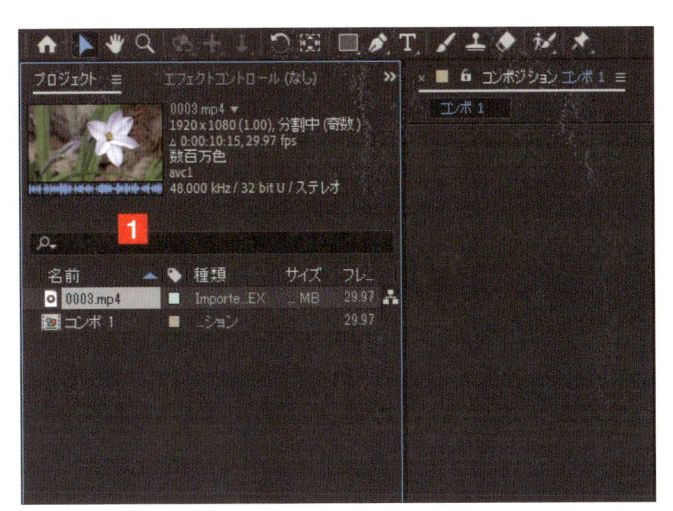

4 フッテージを読み込む

作成するコンポジションによっては、動画などの素材データが必要なケースがあります。この場合は、プロジェクトパネルをダブルクリックして、これらの素材を読み込みます **1**。なお、After Effects では各種素材のことを総称して「フッテージ」と呼んでいます。

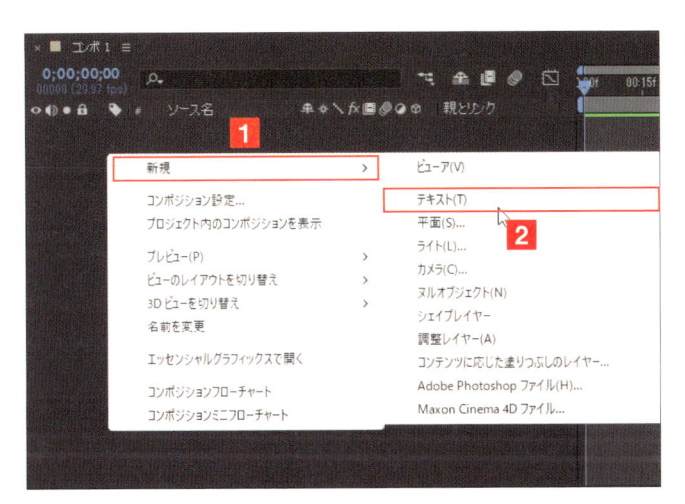

5 レイヤーを作成する

After Effects では、レイヤーを利用してアニメーションやエフェクトを作成します。たとえば、テキストのアニメーションでは「テキストレイヤー」が必要になるため、テキストレイヤーを利用します。なお、レイヤーの作成方法も複数あり、頻繁に利用する方法は、レイヤーパネルで右クリックし、表示されたコンテキストメニューから [新規] を選択します **1**。このときサブメニューが表示されるので、利用したいレイヤーを選択します **2**。

6 テキストを入力する

テキストアニメーションを作成する場合は、コンポジションパネルでテキストを入力します **1**。テキストは、文字パネルでフォントやサイズなどを設定します **2**。

7 レイヤーを設定する

アニメーションに必要な設定を、レイヤーで行います **1**。アニメーションだけでなく、エフェクトの設定やライト、カメラの設定なども、利用するレイヤーで行います。

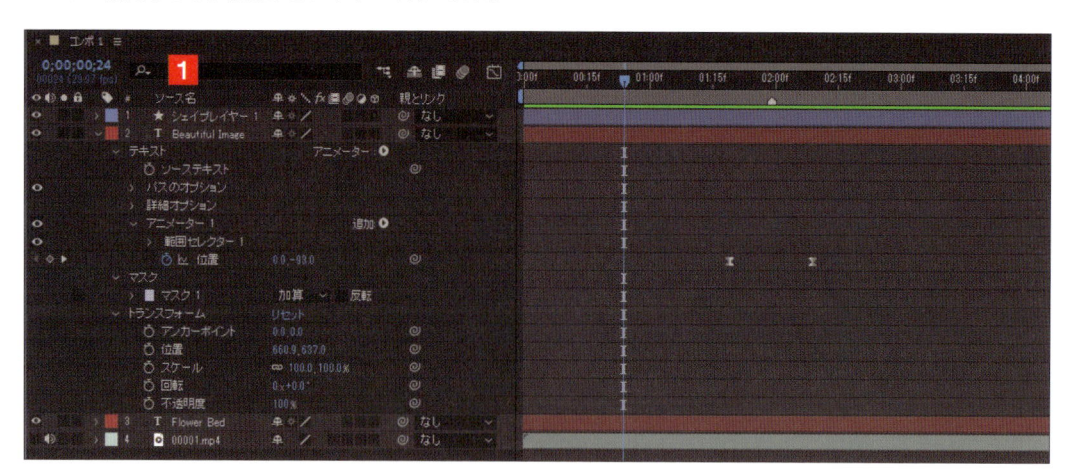

8 コンポジションを レビューする

コンポジションでの設定作業を終了したら、アニメーションの動きやエフェクトの効果などをプレビュー（前もって見る）します。プレビューのための操作は、プレビューパネルでコントロールします **1**。

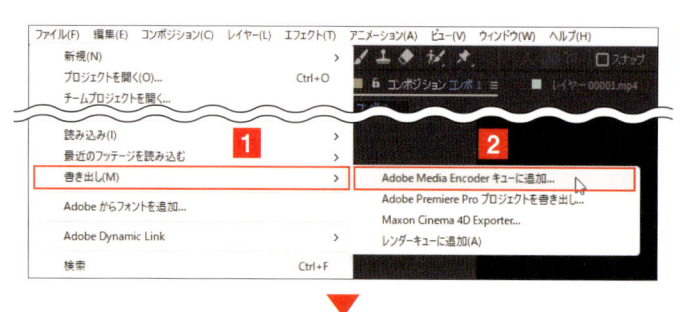

9 出力する

アニメーションが作成できたら、これを出力します。出力するターゲットとしては、動画ファイルとして出力する方法と、動画編集ソフトの「Premiere Pro」とリンクさせ、Dynamic Link を利用する方法などがあります。なお、動画ファイルとして出力する場合は、通常、［ファイル］メニュー→［書き出し］ **1** から動画ファイル出力専用プログラムの Media Encoder を選択 **2** して利用します **3**。After Effects からダイレクトに出力する方法もありますが、あまり利用されません。

04 After Effects を起動する

After Effectsの起動は、一般的なアプリと同様に、スタートメニューから表示します。なお、ピン留めしている場合としていない場合とでは、選択する場所が異なります。

▶ After Effects を起動する

After Effects の起動は、スタートメニューから起動します。そして After Effects が起動すると「ホーム画面」が表示されます。新しくプロジェクトを開始する場合は「新規プロジェクト」を選び、既存のプロジェクトがある場合は、そのプロジェクト名を選びます。

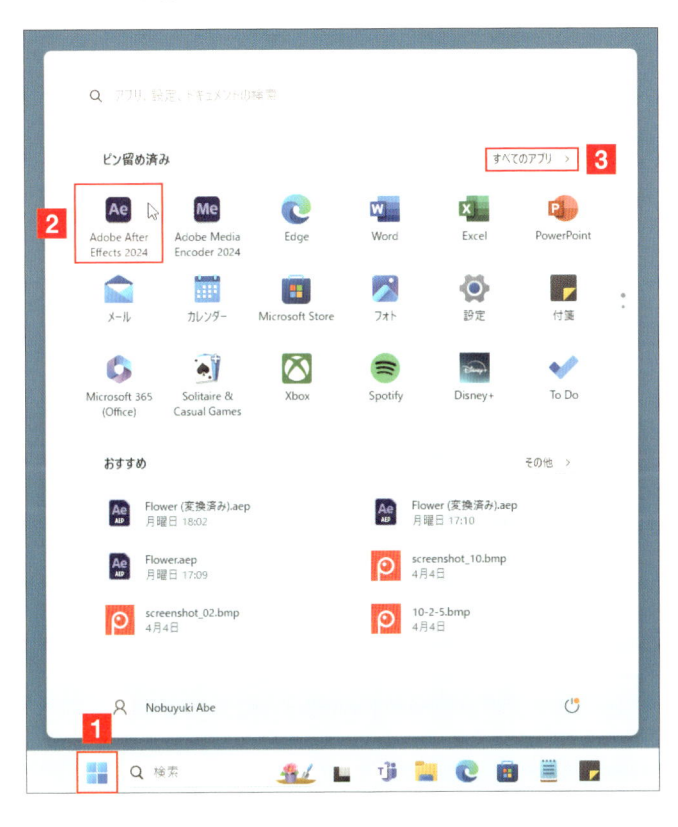

1 スタートメニューを表示する

Windows タスクバーにある［スタート］をクリックし**1**、スタートメニューを表示します。After Effects をピン留めしている場合は After Effects のアイコンを**2**、ピン留めしていない場合は［すべてのアプリ］をクリックします**3**。

CHECK

After Effects をピン留めしていない場合は、［すべてのアプリ］をクリックして表示されたすべてのアプリ一覧から、［Adobe After Effects 2024］をクリックします。

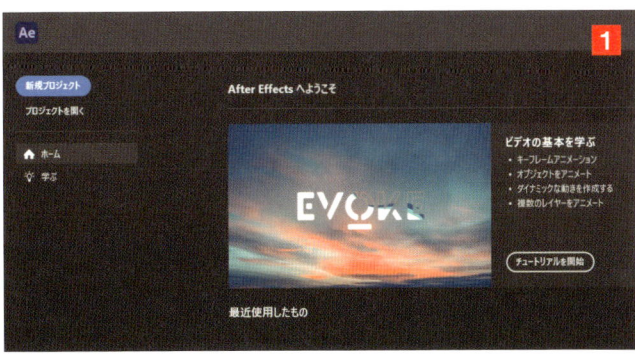

2 After Effects が起動する

After Effects が起動すると、「ホーム」という画面が表示されます**1**。

05 After Effects を終了する

After Effectsの終了手順を覚えましょう。なお終了する場合は、編集したプロジェクトを保存してから終了するように習慣づけてください。

▶ After Effects を終了する

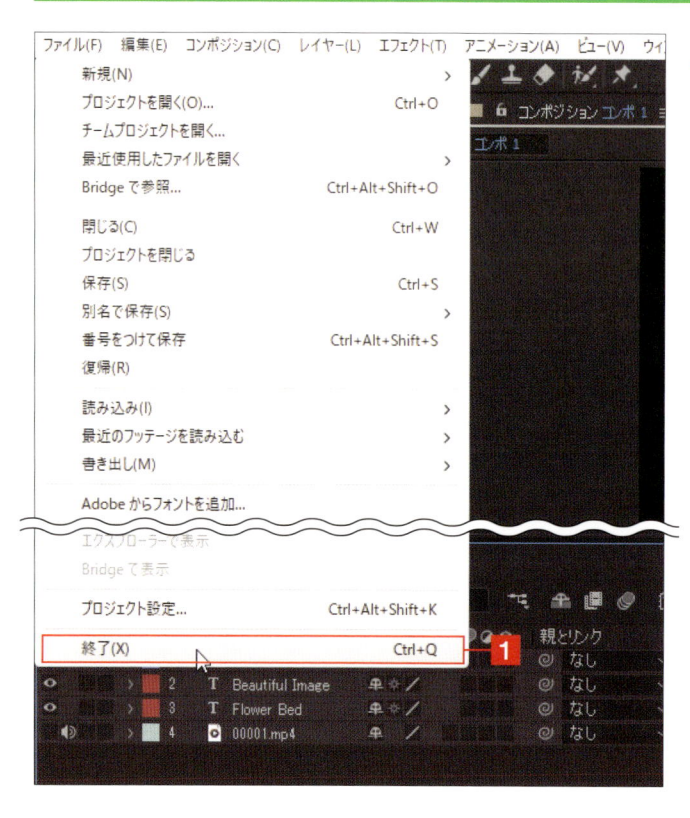

メニューコマンドから終了

After Effectsでの編集作業が終了した、あるいは編集作業を中断する場合は、あらかじめ[ファイル]メニューから[保存]を選択してプロジェクトを保存しておきます。その後、同じく[ファイル]メニューから[終了]を選択します**1**。

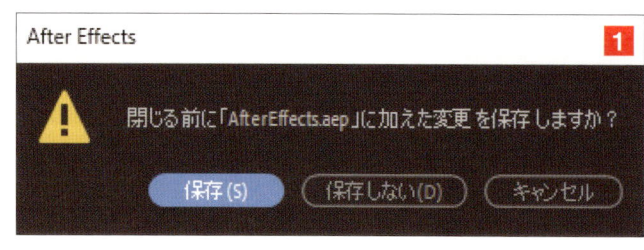

ウィンドウの「閉じる」で終了

ウィンドウ右上にある閉じるボタンの[×]をクリックしてしまうことはよくあると思います。この場合、保存作業を行っていれば終了されますが、保存作業を行っていない場合は、画面のような保存を促すメッセージが表示されます**1**。保存を実行してから、再度[×]をクリックしてください。

ホーム画面での操作

After Effectsを起動してホーム画面が表示されたら、新規にプロジェクトを作成するのか、あるいは既存のプロジェクトを編集するのかを選択します。

▶ ［新規プロジェクト］を選択する

これから新しく After Effects で動画データを作成する場合は、最初に［新規プロジェクト］を選んで、プロジェクトを作成します。

［新規プロジェクト］をクリック

After Effects を起動すると、ホーム画面が表示されます。新しくプロジェクトを作成する場合は、［新規プロジェクト］をクリックしてください **1**。

既存のプロジェクトを選択する場合

以前編集したプロジェクトを編集する場合は、画面の下半分にプロジェクトファイル一覧が表示されます。ここから編集したいプロジェクトをクリックして選択してください **1**。

07 画面各部の名称を確認する

新規プロジェクトを作成してプロジェクトファイルを開くと、「ワークスペース」と呼ばれる編集画面が表示されます。ここは複数の「パネル」で構成されています。

▶ パネルの名称と主な機能

After Effectsの編集画面は「ワークスペース」と呼ばれ、複数の「パネル」で構成されています。ここでは、それぞれのパネルの名称と機能を確認しましょう。

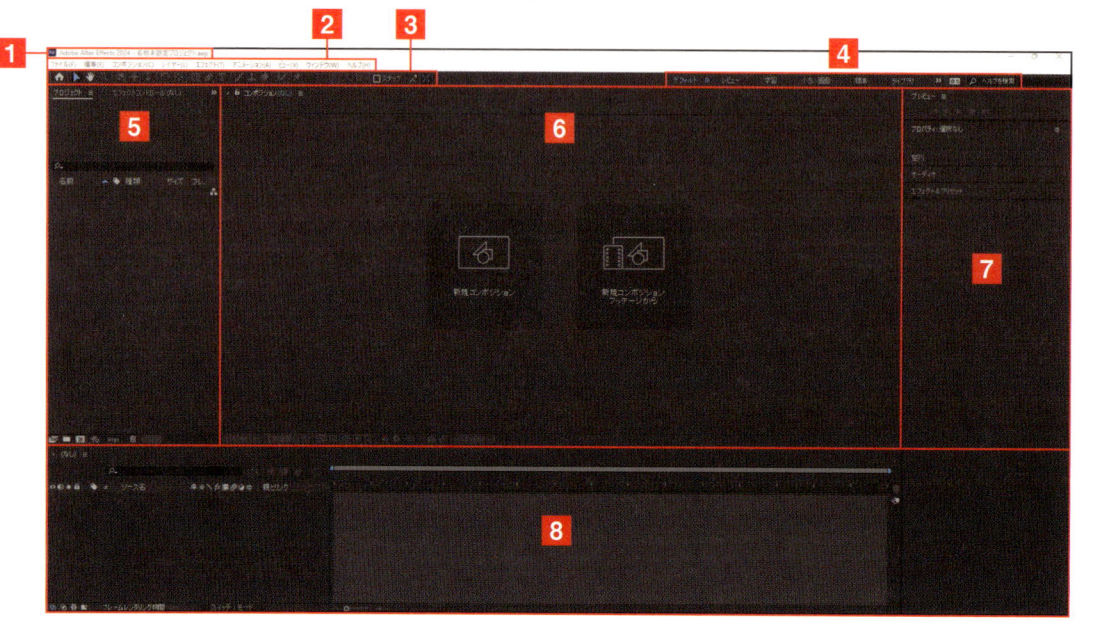

1 ツールバー
アプリ名と現在編集しているプロジェクトのファイル名が表示されています。

2 メニューバー
After Effectsで利用できるすべてのコマンドがメニューとして登録されており、プルダウンメニューを表示して選択／実行できます。

3 ツールパネル
編集作業で利用する主なコマンドがアイコンの形で登録されており、クリックして利用します。

4 ワークスペースパネル
ワークスペースを構成するパネルの配置デザインが、タイプ名で表示されています。利用目的に応じて使いやすいデザインのタイプ名をクリックして切り替えることができます。初期設定では「デフォルト」が選択されています。

5 プロジェクトパネル
編集作業で利用する素材データと、After Effectsで作成した「コンポジション」を管理／整理するためのパネルです。

6 コンポジションパネル
After Effectsでの編集状況を表示／確認するためのモニターパネルです。また、テキストの入力や移動などもこのパネル上で行います。

7 パネルグループ
編集で利用する各種パネルがグループ化されています。なお、選択しているワークスペースのタイプによって、構成されるパネルの種類が異なります。

8 タイムラインパネル
素材を「レイヤー」として並べることで編集やアニメーション設定などを行います。

08 ワークスペースを切り替える

After Effectsのワークスペースは利用目的に応じて切り替えることができます。通常は、「デフォルト」か「標準」を利用しますが、使いやすいデザインを選択すればよいでしょう。

▶ ワークスペースを切り替えボタンで切り替える

1 [標準]をクリックする

画面では「デフォルト」が利用され、そのワークスペースが表示されています**1**。この状態で[標準]**2**をクリックします。

2 ワークスペースが切り替わる

ワークスペースが「デフォルト」から「標準」に切り替わりました**1**。この場合、パネルグループの構成内容が変わっています。

CHECK

ワークスペースは、プルダウンメニューからも変更できます。ツールバーの[»]をクリックするとプルダウンメニューが表示されます。ここから利用したいワークスペースを選択して切り替えます。

POINT

ボタン列の表示サイズを変更する
ワークスペースパネルに表示されているボタンの表示位置は、ボタン列の左端にマウスを合わせるとマウスの形が変わります。そのまま左右にドラッグすると、表示するボタンの数を変更できます。

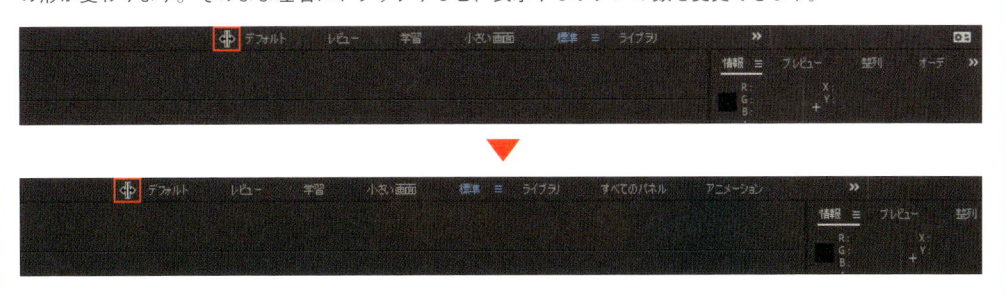

09 パネルのサイズを変更する

パネル操作で最も頻繁に行うのが、パネルサイズの変更です。たとえば、レイヤーパネルは多くのレイヤーを確認するために、サイズ変更することがよくあります。

▶ パネルサイズを変更する

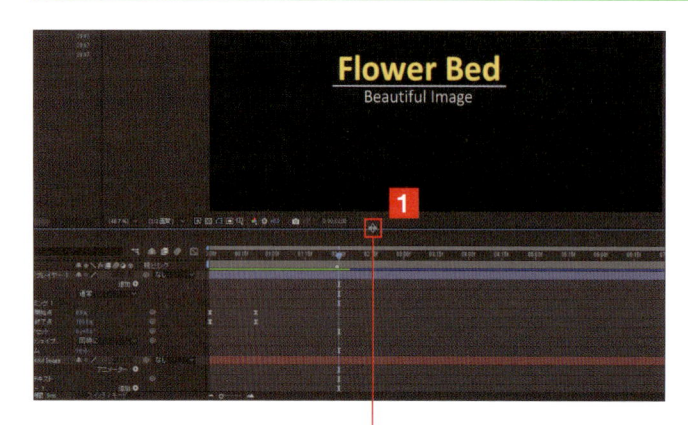

1 接合点にマウスを合わせる

パネルとパネルが接合されているラインにマウスを合わせると**1**、マウスの形が変わります**2**。

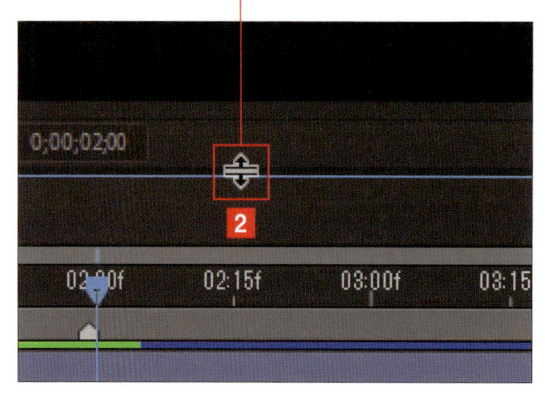

2 マウスをドラッグする

そのまま変更したい方向にドラッグすると、パネルサイズを変更できます**1**。

10 パネルを最大表示する

編集作業中に、特定のパネルをフル画面表示に切り替えられます。編集の状態を確認するときなどに便利です。

▶ パネルを最大表示する

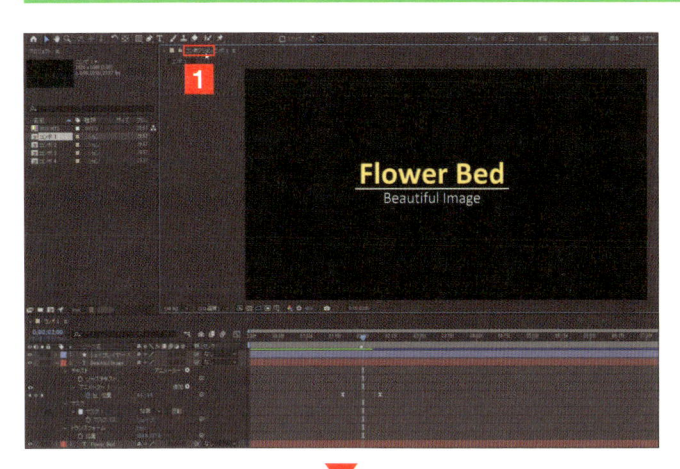

1 タブ名をダブルクリックする

各パネルの左上には、「タブ」と呼ばれる名札が表示されています**1**。このタブ（ここでは［コンポジション］）をダブルクリックします**2**。

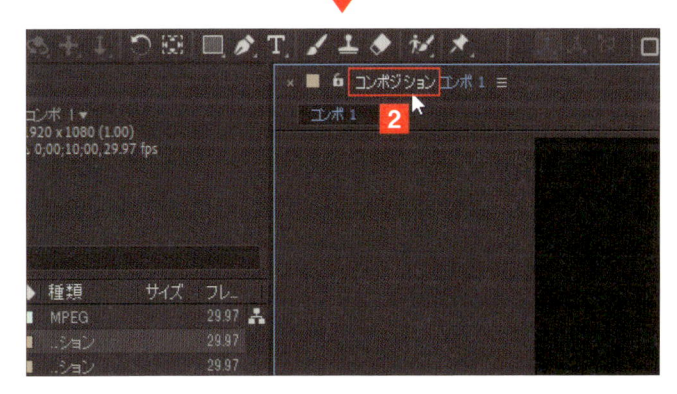

2 フル画面で表示する

フル画面で表示されます**1**。なお、フル画面表示されたら、もう一度タブをダブルクリックすると元の表示に戻ります。

11 ワークスペースを初期化する

パネルサイズを変更したり移動したが、元の状態に戻せなくなることもあります。そのような場合は、プルダウンメニューからコマンドを選択して、デフォルト状態に戻します。

▶ ワークスペースを初期化する

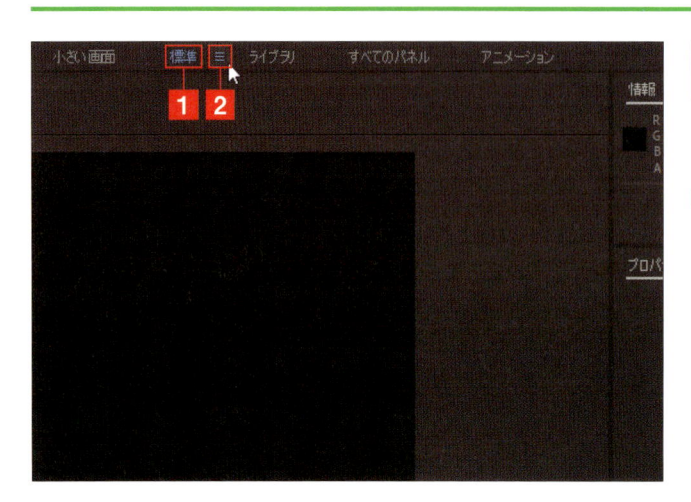

1 [保存したレイアウトにリセット]を選択する

ツールバーの利用しているワークスペースのボタンは、青色表示されています **1**。その右にある三本線のハンバーガーメニューをクリックすると **2**、メニューが表示されます。ここから[保存したレイアウトにリセット]**3** を選択します。

CHECK

利用しているワークスペース名のボタン（青色表示）をダブルクリックすると、リセットする確認メッセージが表示されます。ここで[リセット]をクリックしても、デフォルト状態に戻すことができます。

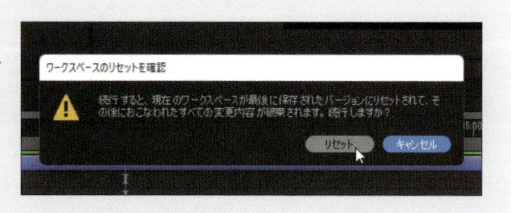

12 ワークスペースを保存する

作業しやすいデザインにパネルのサイズや位置を調整できたら、その状態を After Effects に記録できます。

▶ ワークスペースをプリセットとして保存する

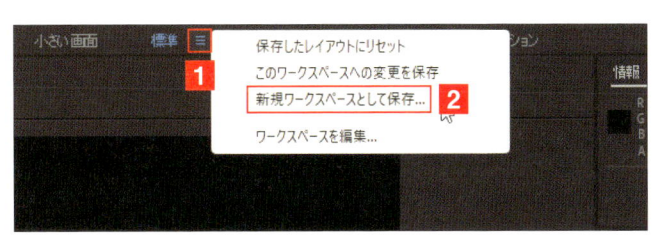

1 ［新規ワークスペースとして保存］を選択する

現在選択しているワークスペース名のハンバーガーメニュー **1** をクリックし、［新規ワークスペースとして保存］を選択します **2**。

2 名前を設定する

「新規ワークスペース」というダイアログボックスが表示されるので、新しい名前（ここでは「STACK」）を入力して「OK」をクリックします **1**。

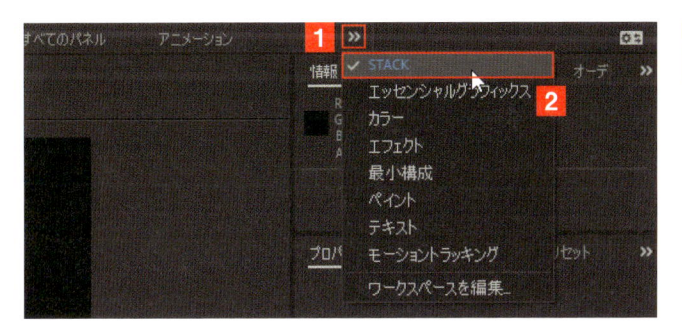

3 メニューから選択する

ツールバーの［»］をクリックして表示したプルダウンメニューから **1**、登録したワークスペースが選択できます **2**。

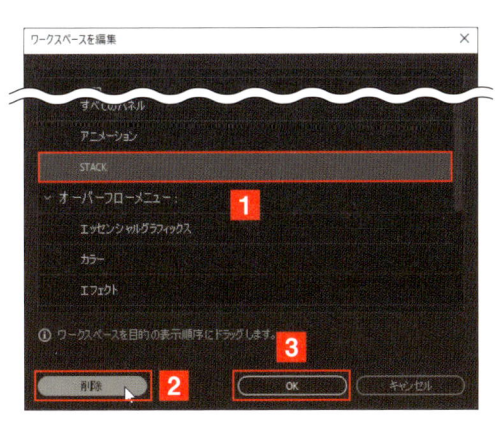

4 登録を削除する

登録したワークスペースを削除したい場合は、**3** のプルダウンメニューから［ワークスペースを編集］を選択し、表示されたダイアログボックスで登録した名前を選択します **1**。この後［削除］をクリックすると **2**、登録から削除できます。削除したら、［OK］をクリックします **3**。

13 環境設定を行う

After Effects での作業を開始する際、最初に環境設定を確認しておくことをおすすめします。特に、自動保存の設定だけは設定変更しておくとよいでしょう。

▶ 自動保存を設定する

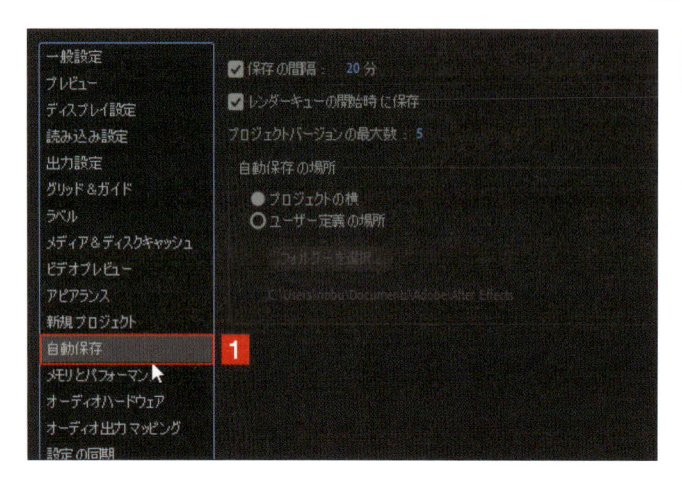

1 「自動保存」を選択する

Windows の場合は［編集］メニュー→［環境設定］、Mac の場合は［After Effects］→［環境設定］を選択し、表示されたメニューから［自動保存］を選択します**1**。

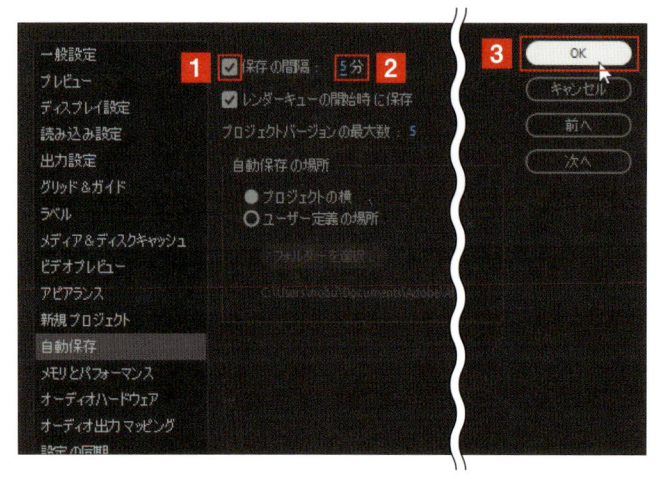

2 「保存の間隔」は5分に設定

「保存の間隔」は、デフォルトでオンに設定されています**1**。ただし、保存の間隔が「20分」ですので、ここを「5分」に変更します**2**。設定したら、［OK］をクリックします**3**。

POINT

プロジェクトバージョンは 5 個
「プロジェクトバージョン」とは、ファイル名に保存時の時間を付けて自動保存されるプロジェクトファイルのことです。デフォルトでは、5 個保存されます。5 個目が保存されると、1 個目から順次上書きされます。

Ch_4-4自動保存 1.aep	Adobe After Effects Project
Ch_4-4自動保存 2.aep	Adobe After Effects Project
Ch_4-4自動保存 3.aep	Adobe After Effects Project
Ch_4-4自動保存 4.aep	Adobe After Effects Project
Ch_4-4自動保存 5.aep	Adobe After Effects Project

知っておきたい動画の基礎知識

動画の編集を始める前に、最初に覚えておきたい用途として、「フレーム」「フレームレート」「タイムコード」という3つの用語があります。これを覚えましょう。

▶ 覚えておきたい3つの用語①：フレーム

1つ目の用語は、「フレーム」です。動画は、複数の写真を高速で切り替えて表示することで動きを表現しています。このときの1枚の写真のことを、動画編集では「フレーム」と呼んでいます。また、写真だけでなく、イラストやテキストなどをアニメーションする場合でも、1枚の画像データやテキスト用の画面もフレームと呼びます。このフレームを高速に切り替えて表示することで、動きを表現しているのです。

アニメーションとフレーム

Photoshopを利用して6枚の写真で作成したGIFアニメの例です。Photoshopで6枚のJPEG形式の写真を、0.2秒間隔で表示を切り替えて表示するように設定してGIFアニメを作成しています。ただ6枚目だけは1秒表示するように設定しています。実際に再生すると「動画」というより写真紙芝居のようですが、動画らしいことは確認できます。

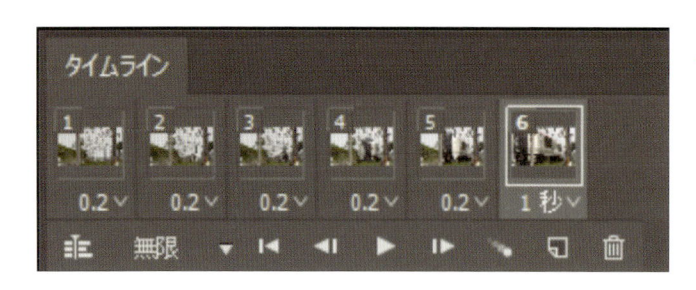

フレームを高速に切り替えて表示

この GIF アニメーションでわかるように、複数の写真を切り替えて表示すると、動きを表現できるのです。そして、このときの 1 枚の写真を、動画編集の世界では「フレーム」と呼んでいます。写真だけではなく、Illustrator などで描いたイラストも、入力したテキストデータも、すべて「フレーム」として繰り返し表示して動きを表現できます。

● 覚えておきたい3つの用語②:フレームレート

2 つ目の用語が、「フレームレート」です。動画は、写真や静止画像などのフレームを高速に切り替えて動きを表現していますが、このとき、1 秒間に何枚のフレームを表示するのかを示す表記方法が「フレームレート」です。ビデオカメラで撮影したハイビジョン映像や、TV、YouTube などで再生されている動画などは、一般的に 1 秒間に約 30 枚のフレームを切り替えて表示しています。この場合のフレームレートは、「30fps（frames per second：フレーム / 秒）」と表記します。

フレームレートの設定

After Effects で新しくコンポジションを設定するときには、「コンポジション設定」ダイアログボックスの「フレームレート」 **1** でフレームレートを設定します。

正確には「29.97fps」

TV 放送がモノクロの時代は、30fps で映像信号を扱って問題ありませんでした。しかし、カラー放送が始まると、映像信号＋カラー信号を扱わなければならず、それまでの 30fps ではうまく表示できないため 29.97fps に変更されたのです。現在では、フレームレートは 29.97fps と正確に表記されるようになっています。

▶ 覚えておきたい3つの用語③：タイムコード

たとえば、1本の動画を2つに分割したい場合、どこのフレーム位置で分割するのかを指定しなければなりません。このとき、分割する位置のフレームなど特定のフレームを指定するときに利用するのが、「タイムコード」です。たとえば、先頭から5秒の位置で動画を分割したい場合、1秒=30fps なら、5秒×30fps で、150枚目のフレーム位置で分割することになります。5秒程度なら、このようなフレーム枚数で指定しても問題ないのですが、これが10分、1時間、2時間となると、何万枚ものフレーム数になってしまいます。そこで、枚数ではなく「時間」を利用して特定のフレームを指定します。この時間が「タイムコード」です。

時間インジケーター

After Effects では、「時間インジケーター」と呼ばれる再生ヘッド位置のタイムコードが■、レイヤーパネルの左上に表示されています❷。画面に表示されているタイムコードは、次のように読みます。この場合、画面に表示されているフレームは、先頭から数えて「1秒20フレーム目」ということになります。したがって、次のフレームは「00：00：01：21」となります。

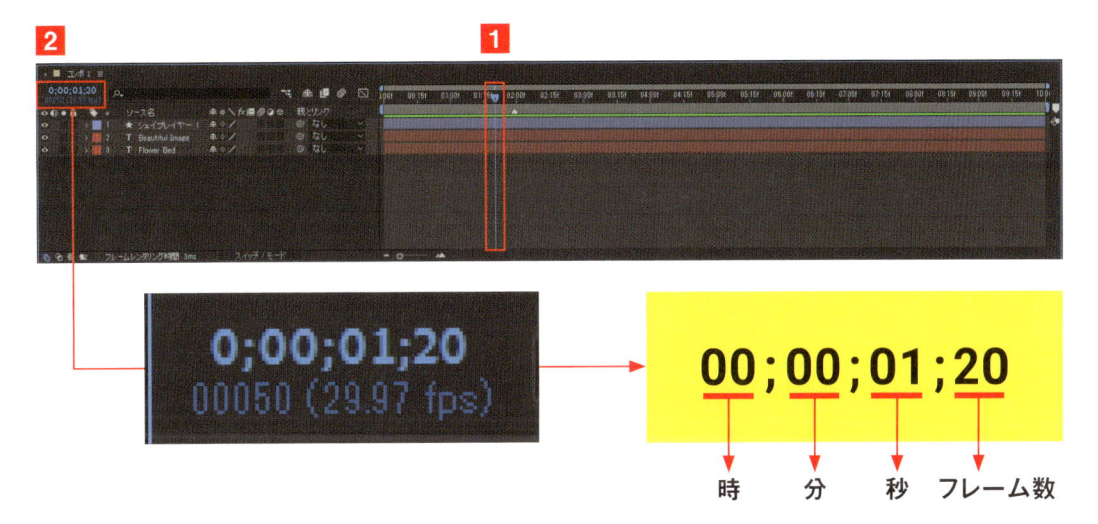

動画ファイルの長さにも利用される

また、動画ファイルがどれくらいの長さなのかを表す場合もタイムコードを利用します。動画編集では、再生時間の長さのことを「デュレーション」と呼んでいますが、このデュレーションもタイムコードで表記します。たとえば、5秒のデュレーションの動画は、次のように表記します。

5秒のデュレーションの動画＝00;00;05;00

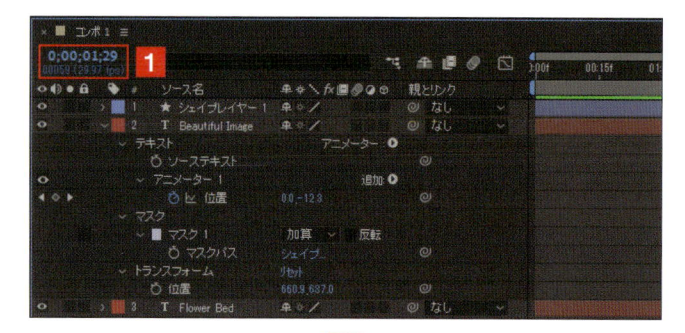

表示は1秒繰り上がる

タイムコードの読み方で難しいのが、次のような場合です。画面のタイムコードは「00；00；01；29」と表示されています **1**。では、この次のフレームが表示された場合、タイムコードはどのように表示されるかというと、「00；00；02；00」というように1秒繰り上がるのです **2**。ここがタイムコードを読むときのポイントになります。

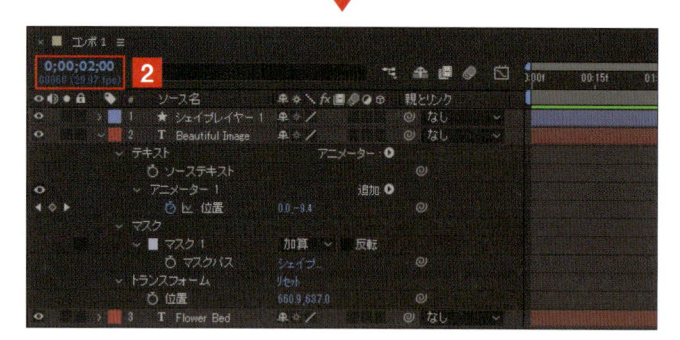

ドロップフレームレコードの場合

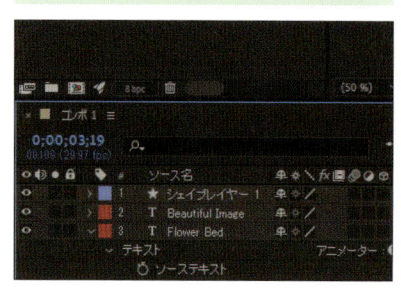

ノンドロップフレームレコードの場合

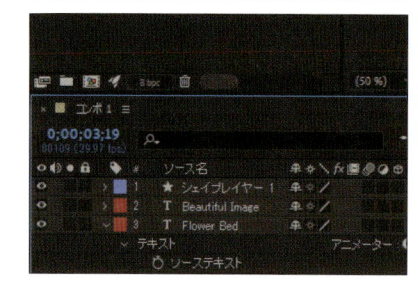

ドロップ／ノンドロップフレームコード

ビデオカメラで撮影したい映像データは、フレームレートが29.97fps（POINT参照）で記録されています。しかし、ビデオ編集ソフト側では、1枚のフレームとして映像を表示させるために、1秒間30fpsとしてカウントしています。ここで0.03の誤差があります。この誤差を修正する機能が、「ドロップフレームコード」です。これは、一定の間隔でタイムコードを間引くことで0.03の誤差を解消する方法です。もちろん、間引かずに表示する方法もあり、それを「ノンドロップフレームコード」といいます。どちらを利用しても問題ありませんが、一般的には「ドロップフレームコード」を利用します。

POINT

ドロップフレームとノンドロップフレーム
After Effectsなど一般的な動画編集では、「ドロップフレームコード」を利用します。では、どのようなときに「ノンドロップフレームコード」を利用するかですが、テレビ局で利用する場合は、ノンドロップフレームコートを利用します。それ以外であれば、ドロップフレームコードを利用してください。ただ、複数のプロジェクトを利用する場合は、どちらかに統一して利用してください。

THE PERFECT GUIDE FOR AFTER EFFECTS

[読み込みと
レイヤーの設定]

01 素材とコンポジションと
レイヤーを理解する

After Effectsで編集作業を行う場合、ワークスペースを構成する各パネルがどのような機能を備え、どのように連携操作を行うかがポイントです。それぞれ参照ページを確認してください。

▶ ベーシックな操作手順を知る

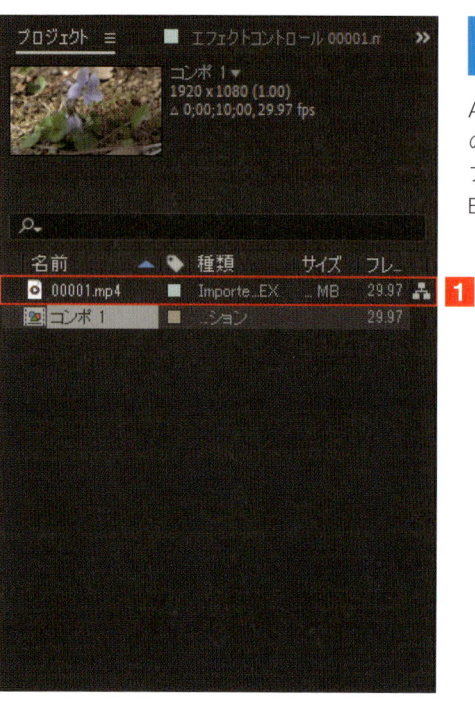

1 素材を読み込む（P.044参照）

After Effects では、動画やイラストデータなどの素材データを「フッテージ」と呼んでいます。フッテージを利用したい場合は、これを After Effects に読み込みます **1**。

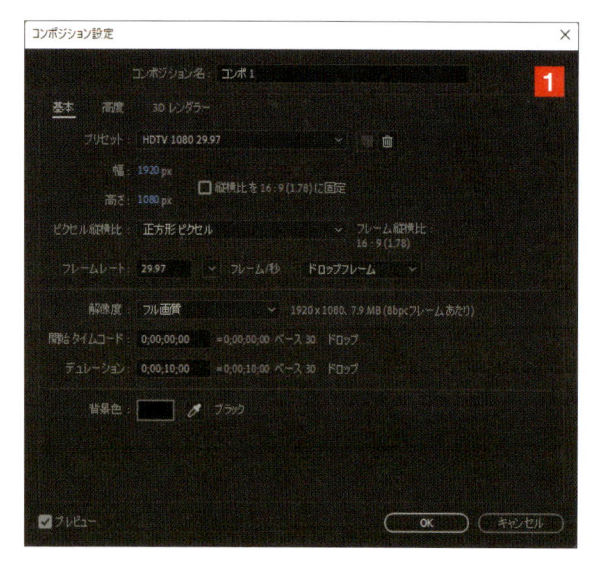

2 コンポジションの設定をする
（P.057参照）

After Effects でアニメーションなどを作成する場合、1 つのアニメーションを「コンポジション」という入れ物に入れ、複数のアニメーションを作成した場合は、複数のコンポジションを 1 つのプロジェクトファイルとして保存します。このとき、複数のコンポジションを管理するのがプロジェクトパネルです。なお、コンポジションは、利用する動画のファイル形式に合わせて、「コンポジション設定」ダイアログボックスで設定します **1**。

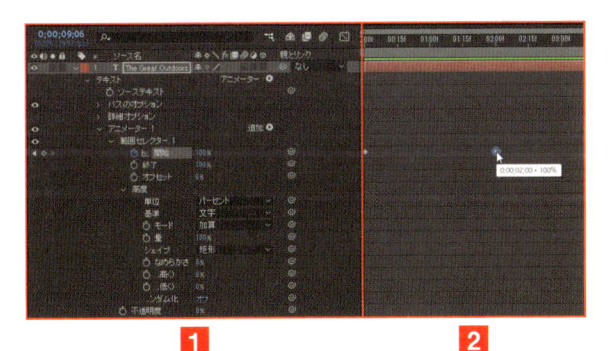

作成するアニメーションによって選択するレイヤーが違う
- テキストアニメーション→テキストレイヤー
- シェイプ（図形）アニメーション→シェイプレイヤー
- テキストやシェイプに背景を設定する→平面レイヤー

3 レイヤーの設定をする
（P.061参照）

アニメーションを作成する場合、タイムラインパネルでレイヤーを設定します。レイヤーには複数のタイプがあり、何をアニメーションさせるのかによってレイヤーを選択します**1**。たとえば、いくつか例を挙げると、「テキストレイヤー」「シェイプレイヤー」「平面レイヤー」などがあります。したがって、どのレイヤーを利用してアニメーションを作るかが重要になります**2**。そして、これらのレイヤーをコンポジションが1つにまとめて管理しています。

2

4 アニメーションを設定する
（CHAPTER 02参照）

アニメーションの設定は、タイムラインパネル左のレイヤーオプションエリア**1**ではどのような動きをさせるかを設定します。アニメーションの時間は、タイムラインパネル右のタイムラインエリア**2**に設定された「キーフレーム」で調整します。

5 オブジェクトを配置・確認する
（P.083参照）

テキストやシェイプなどがフレーム上のどの位置にあり、どの位置に動くかは、コンポジションパネルで配置位置の調整や確認を行います**1**。

文字パネル

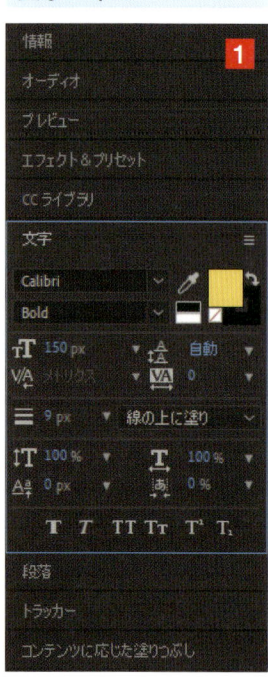

プレビューパネル

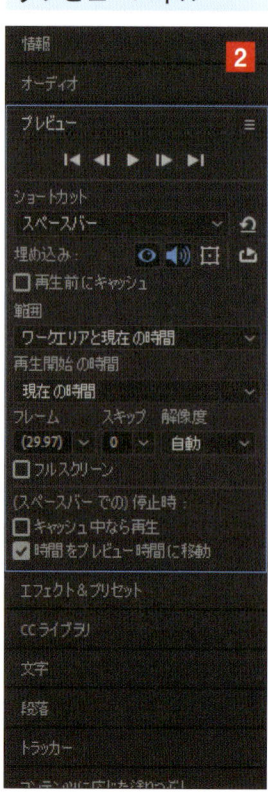

6 **レイヤーの属性を編集する**
（P.125参照）

レイヤーですべての設定ができるというわけではありません。たとえば、テキストの色を変更したい、あるいは別のエフェクトを選択したいといった場合は、ワークスペース右にある複数のパネルで構成されたグループから、利用したいパネルを表示して設定します。なお、文字パネル**1**のように、テキストレイヤーを選択すると、自動的に表示されるパネルもあります。また、アニメーションの再生や巻き戻しなどコントロールする場合も、ここにあるプレビューパネル**2**を利用します。

レイヤーを表示

7 **レイヤーの表示／非表示を**
設定する（P.071参照）

作業状況によっては、映像などのレイヤーが表示されている**1**と作業しづらい場合があります。このような場合は、一時的にレイヤーを非表示にできます**2**。操作は、各レイヤーの左端にある目玉マークの［レイヤーの表示／非表示］ボタンをクリックして行います。

レイヤーを非表示

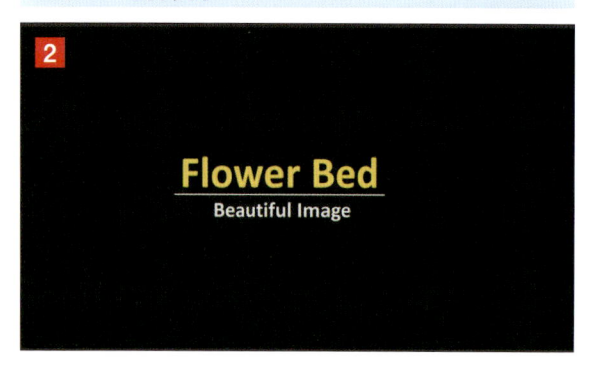

CHAPTER **01** 読み込みとレイヤーの設定

8 アニメーションを出力する（CHAPTER 10参照）

作成したアニメーションなどは、動画として出力できます。出力は、「Media Encoder」という動画出力専用の
アプリケーションを利用します。Media Encoder は、After Effects をインストールすると、自動的にインストー
ルされます。

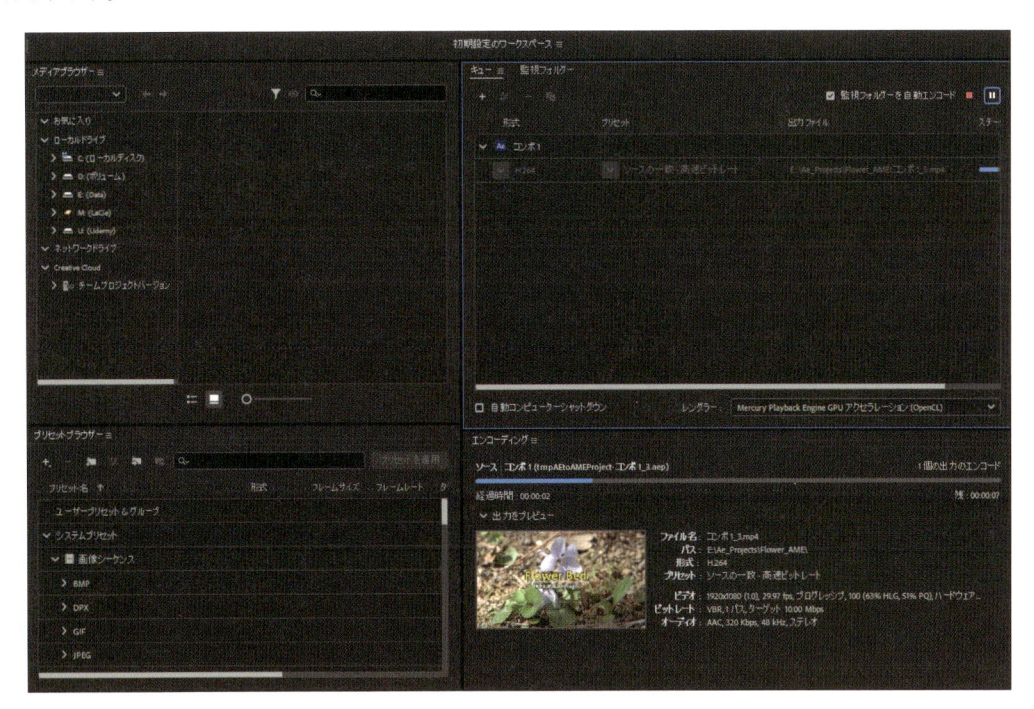

9 Premiere Proと共有する（CHAPTER 10参照）

After Effects から動画ファイルとして出力するのではなく、ビデオ編集ソフトの「Premiere Pro」と連携させ、
After Effects のコンポジションを Premiere Pro でそのまま利用できます。このとき利用するのが、「Adobe
Dynamic Link」という機能です。この場合、After Effects でレイヤーを修正すると、即座に Premiere Pro に
修正が反映されます。

02 動画データをプロジェクトに読み込む

After Effectsで動画を素材データとして利用することはよくあります。その場合、動画データは「フッテージ」としてプロジェクトに読み込みます。

▶ 「フッテージ」として読み込む

After Effects に動画データを素材として読み込む場合、読み込み方法は複数ありますが、どの方法でも、動画データを「フッテージ」、すなわち「1つのファイル」として読み込みます。利用しやすい方法で読み込んでください。

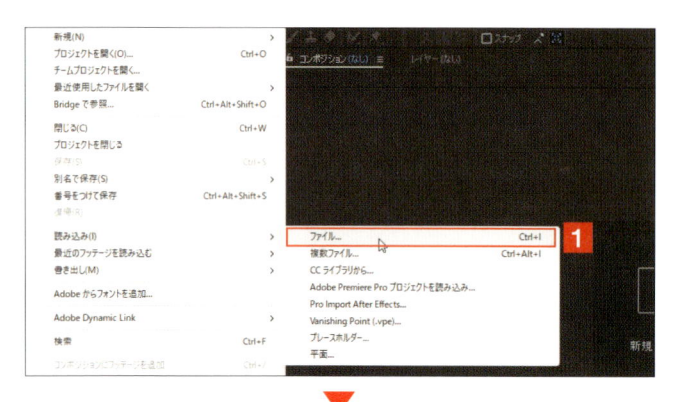

メニューから読み込む

［ファイル］メニュー→［読み込み］→［ファイル］を選択します**1**。「ファイルの読み込み」ダイアログボックスが表示されるので**2**、ファイルを選択して**3**、［読み込み］をクリックします**4**。選択した動画データが、フッテージ（ファイル）としてプロジェクトパネルに読み込まれます**5**。

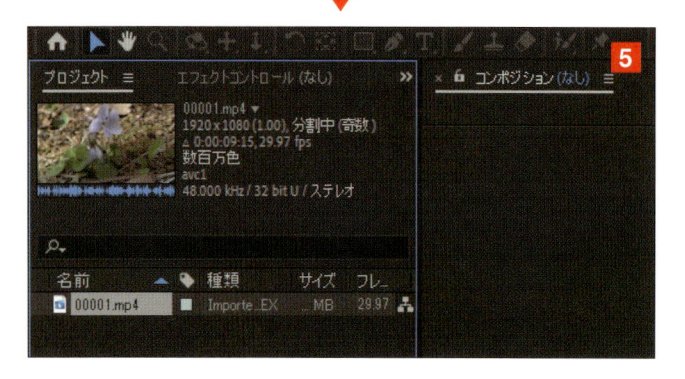

CHAPTER 01 読み込みとレイヤーの設定

プロジェクトパネルから読み込む

最も頻繁に利用するのが、この読み込み方法です。プロジェクトパネルの何もないところで右クリックし、表示されたコンテキストメニューから［読み込み］→［ファイル］を選択します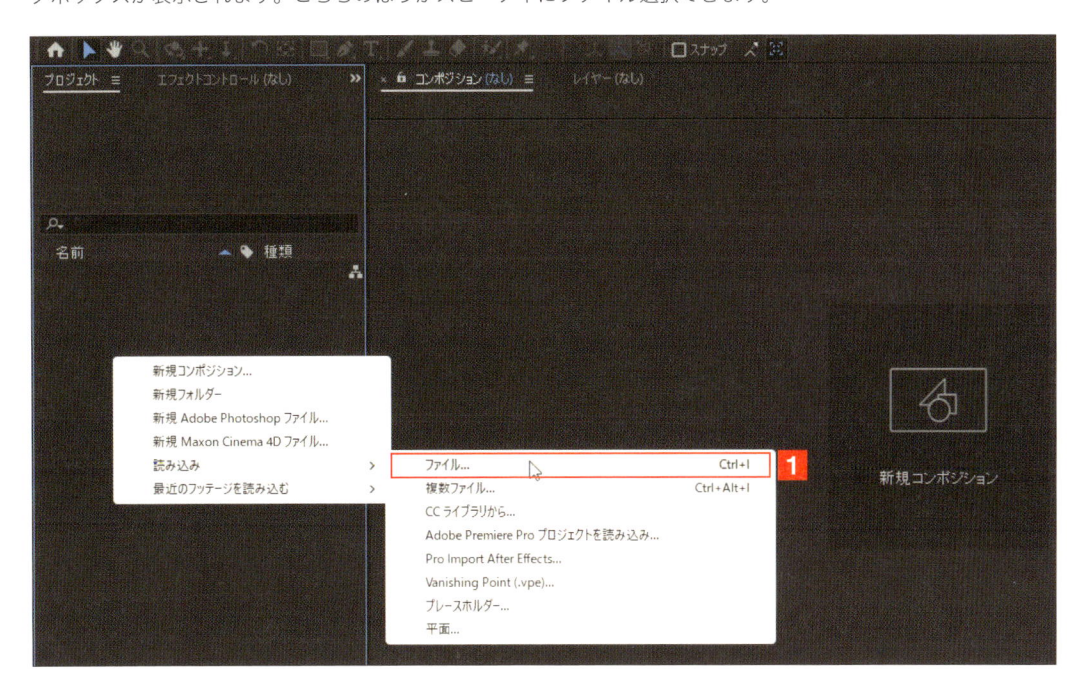。このあと、メニューからの読み込みと同じ「ファイルの読み込み」ダイアログボックスが表示されるので、ファイルを選択して［読み込み］をクリックしてください。なお、プロジェクトパネル上でダブルクリックしても、「ファイルの読み込み」ダイアログボックスが表示されます。こちらのほうがスピーディにファイル選択できます。

ドラッグ＆ドロップで読み込む

ファイルが保存されているフォルダーから、ファイルをプロジェクトパネルにドラッグ＆ドロップしても読み込めます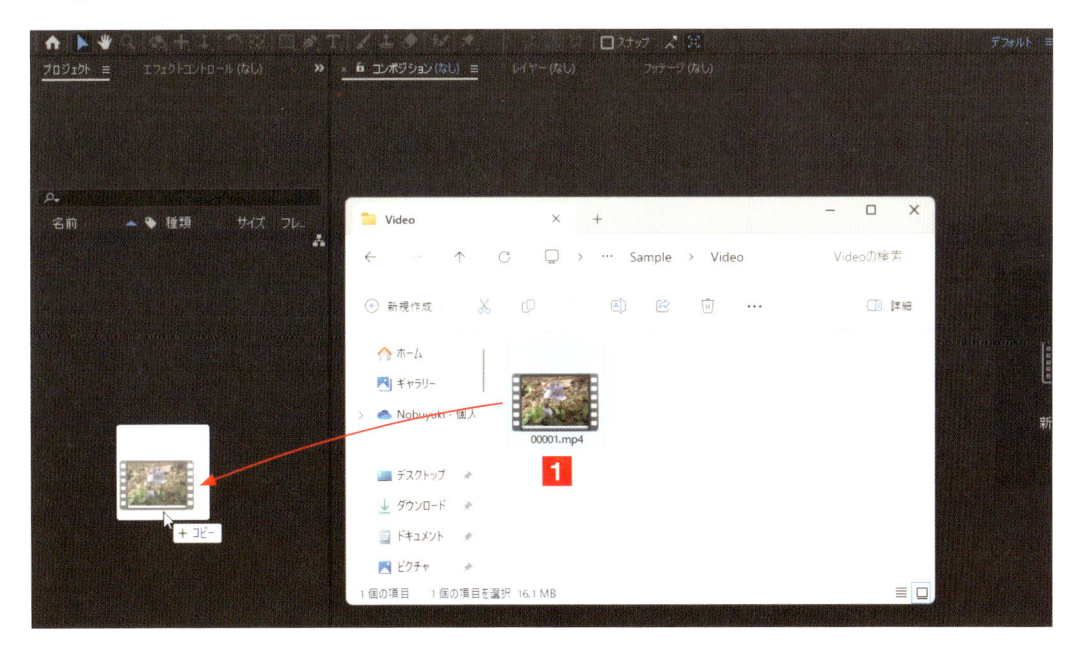。

03 Illustratorのデータを プロジェクトに読み込む

アニメーションでも素材としてよく利用するIllustratorのデータですが、読み込む場合、フッテージとして読み込むか、コンポジションとして読み込むかを選択します。

● 「フッテージ」か「コンポジション」かを選択する

Illustratorのデータを読み込む場合、そのデータをどのように利用するかによって、「フッテージ」として読み込むか、あるいは「コンポジション」として読み込むかを選択します。画像データとして利用したい場合はフッテージとして読み込み、Illustratorのデータを構成するレイヤーを個別に利用してアニメーションを作成したい場合などはコンポジションとして読み込みます。

なお、コンポジションとして読み込む場合、Illustratorの各レイヤーをどのようなサイズで読み込むかを選択します。

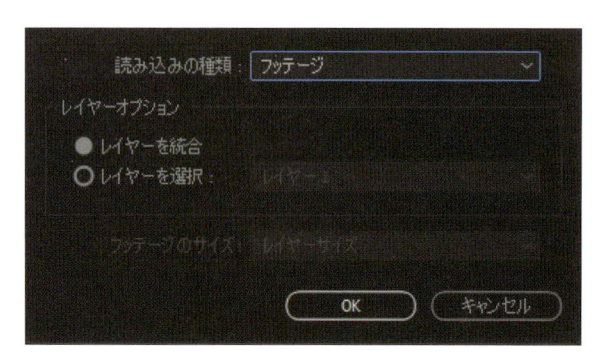

フッテージとして読み込む

画像データとして利用したい場合はフッテージとして読み込みます。Illustratorデータのすべてのレイヤーを結合（合成）し、1枚の画像として読み込みます。利用する場合は、別途コンポジションを作成します。

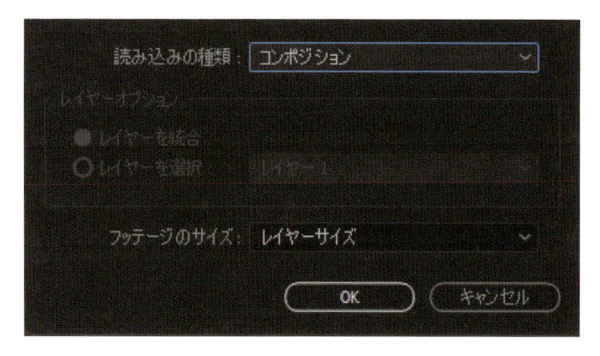

コンポジションとして読み込む

Illustratorのデータを構成するレイヤーを個別に利用してアニメーションを作成したい場合などは、コンポジションとして読み込みます。Illustratorデータを読み込む際に、同時にコンポジションを作成します。データはレイヤーごとに分けたまま読み込み、レイヤー単位で利用できます。なお、コンポジションとして読み込む場合、Illustratorの各レイヤーをどのようなサイズで読み込むかを選択します。

POINT

Illustratorは不要

After Effectsを利用するPCにIllustratorがインストールされていなくても、Illustratorのデータを読み込んで利用することができます。

04 Illustratorのデータを フッテージとして読み込む

Illustratorのデータをフッテージとして読み込む手順を解説します。この場合は1枚の画像として読み込まれます。

サンプルファイル ▶ momiji.ai

▶ フッテージとして読み込む

1 「ファイルの読み込み」 ダイアログボックスを表示する

「ファイルの読み込み」ダイアログボックスを表示しますが、表示方法は以下のように2種類があります。簡単なのが、プロジェクトパネル内でダブルクリックする方法です。「ファイルの読み込み」ダイアログボックスが表示されたら、ファイルがあるフォルダーを開き**1**、ファイルを選択します**2**。

- **メニューから読み込む**：[ファイル]メニュー→[読み込み]→[ファイル]を選択する。
- **プロジェクトパネルから読み込む**：プロジェクトパネルで右クリック→[読み込み]→[ファイル]を選択またはプロジェクトパネル上でダブルクリックする。

フッテージ
コンポジション - レイヤーサイズを維持
コンポジション

2 フッテージを選択する

ファイルを選択すると、ダイアログボックス下部にオプションが表示されます。「読み込みの種類」で、[フッテージ]として読み込むか、[コンポジション]として読み込むかを選択します。1枚の画像として読み込む場合は[フッテージ]を選択します**1**。種類を選択したら、[読み込み]をクリックします**2**。

CHECK

[シーケンスオプション]と[読み込みオプション]は、共にオフにします。たとえば、3Dデータを連番の画像ファイルとして出力したデータなどを読み込む場合は、シーケンスオプションをオンにします。

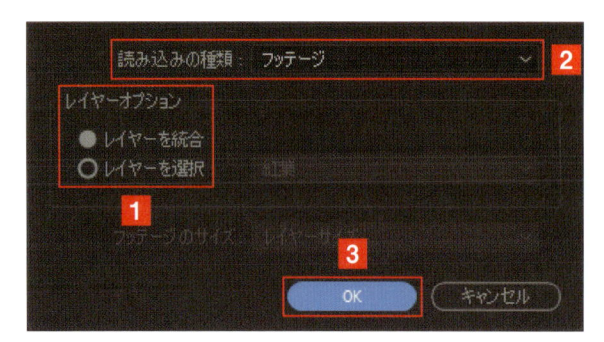

3 結合するレイヤーが選択できる

レイヤーオプション選択のダイアログボックスが表示されます。ここにある「レイヤーオプション」では、合成するレイヤーを選択できます**1**。なお、読み込みの種類も、ここでも変更できます**2**。オプションを選択したら（ここでは［レイヤーを統合]）、［OK］をクリックします**3**。

- **レイヤーを統合**：すべてのレイヤーを合成する
- **レイヤーを選択**：選択したレイヤーだけが読み込まれる

CHECK

特定のレイヤーだけを利用したい場合は、［フッテージ］→［レイヤーを選択］を選び、メニューから利用したいレイヤーを選んでください。選択したレイヤーだけが読み込まれます。

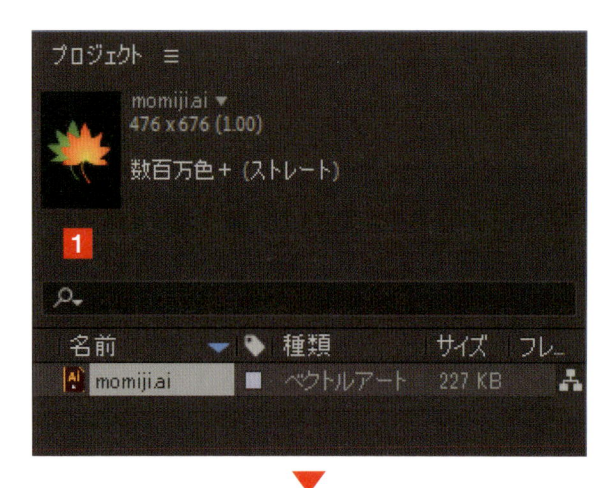

4 フッテージとして読み込まれる

Illustrator のデータは、各レイヤーが合成された1枚の画像データとして After Effects のプロジェクトに読み込まれます**1**。読み込まれたレイヤーは合成されており、個別に利用することはできません**2**。

Illustratorのデータを コンポジションとして読み込む

Illustratorのデータをコンポジションとして読み込む手順を解説します。読み込むときに、同時にコンポジションを作成します。

サンプルファイル ▶ momiji.ai

▶ コンポジションとして読み込む

1 コンポジションを選ぶ

「読み込みの種類」で［コンポジション・レイヤーサイズを維持］か［コンポジション］のどちらかを選択します**1**。「シーケンスオプション」と「読み込みオプション」のオプションはどちらもオフにし**2**、［読み込み］をクリックします**3**。

CHECK

「読み込みの種類」で［コンポジション］を選択した場合、コンポジションもレイヤーも、それぞれIllustratorのドキュメントサイズで読み込まれます。

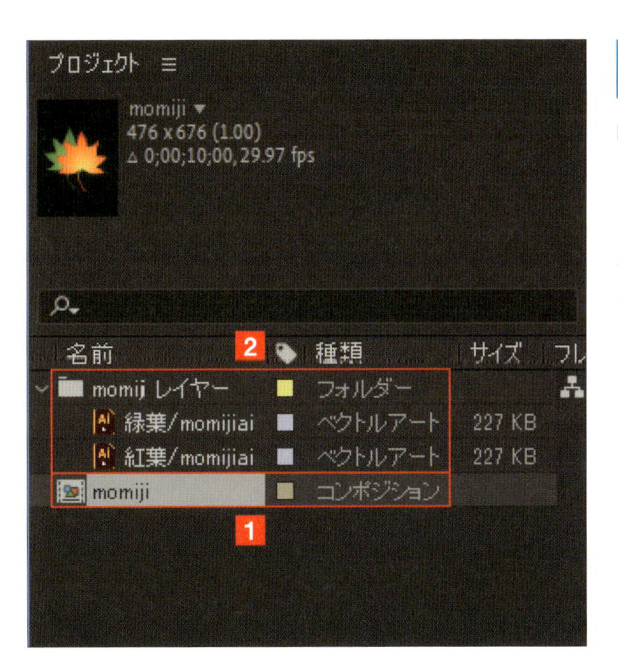

2 コンポジションとして読み込まれる

Illustratorのデータは、コンポジション**1**と各レイヤーに分かれて**2**、読み込まれます。なお、このとき、コンポジションはIllustratorのドキュメントサイズ（アートボードサイズ）で設定されていますが、レイヤーはオブジェクトのサイズで設定されています。

CHECK

Illustratorで入力したテキストは、コンポジションとして読み込んだ場合、テキストデータではなく1枚の画像データとして読み込まれます。たとえばテキストを1文字ずつアニメーションさせたい場合などは、After Effectsで再度テキストを入力する必要があります。

06 Illustratorのデータを ドラッグ＆ドロップで読み込む

ファイルが保存されているフォルダーから、After Effectsのプロジェクトパネルにドラッグ＆ドロップで読み込む場合は、表示されるダイアログボックスで、読み込みの種類などを選択します。

サンプルファイル momiji.ai

CHAPTER 01 読み込みとレイヤーの設定

▶ ドラッグ＆ドロップで読み込む

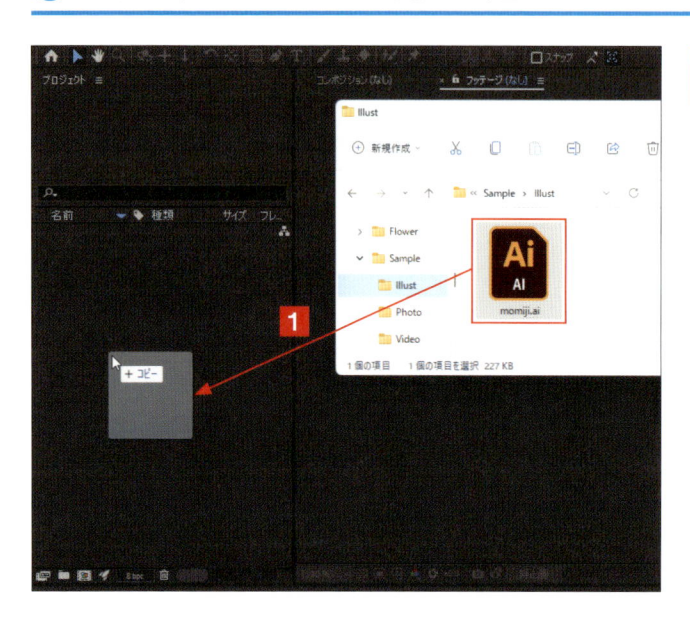

1 ドラッグ＆ドロップする

ファイルが保存されているフォルダーから、IllustratorのデータファイルをAfter Effectsのプロジェクトパネルにドラッグ＆ドロップします**1**。

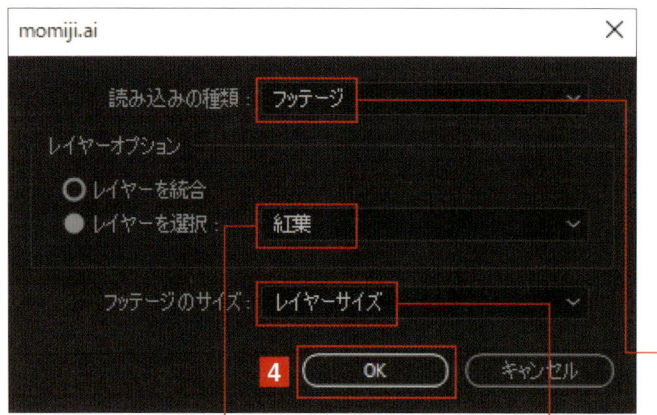

2 読み込みの種類などを選択する

ダイアログボックスが表示されるので、読み込みの種類**1**やレイヤーオプション**2**、フッテージのサイズ**3**などを、利用目的に応じて選択します。選択したら、[OK]をクリックします**4**。

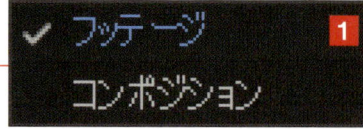

07 Photoshopのデータを プロジェクトに読み込む

Photoshopで作成したPhotoshop形式のデータを読み込む場合も、そのデータをフッテージとして、あるいはコンポジションとして読み込むかを選択できます。

サンプルファイル Photo-2.psd

▶ 写真やPhotoshopデータを読み込む

1 「ファイル」を選択する

プロジェクトパネルの何もないところで右クリックし**1**、[読み込み]→[ファイル]を選択して「ファイルの読み込み」ダイアログボックスを表示します**2**。ファイルが保存されているフォルダーを開いて**3**、ファイルを選択し**4**、[読み込み]をクリックします**5**。

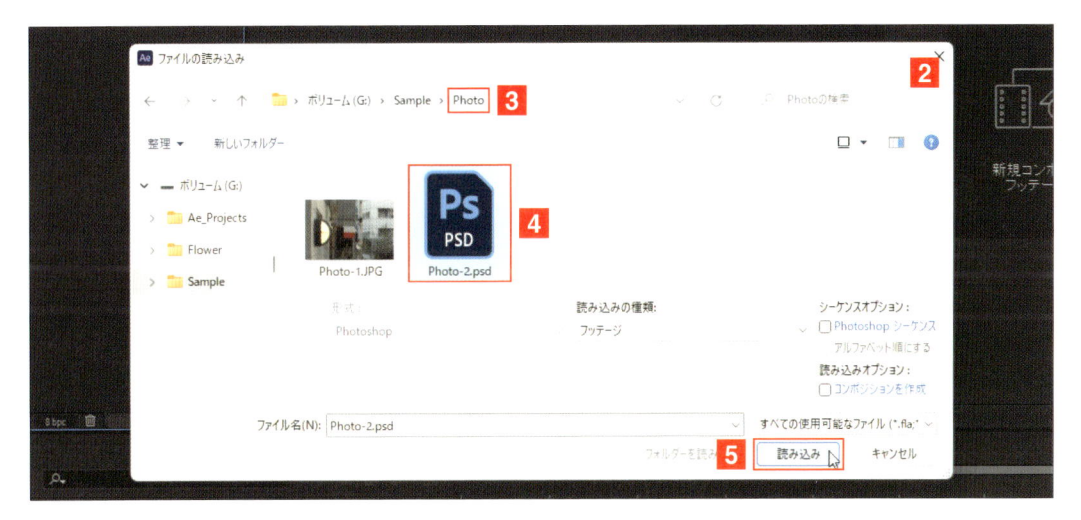

CHECK

「読み込みの種類」で[コンポジション]を選択した場合、コンポジションもレイヤーも、それぞれIllustratorのドキュメントサイズで読み込まれます。

CHECK

Photoshopデータの読み込み手段には以下の3種類があります。
・メニューから読み込む：[ファイル]メニュー→[読み込み]→[ファイル]を選択する
・プロジェクトパネルから読み込む：プロジェクトパネルで右クリック→[読み込み]→[ファイル]を選択する
・ドラッグ＆ドロップで読み込む：保存先のウィンドウからプロジェクトパネルにドラッグ＆ドロップする

2 読み込み方法を選択する

複数のレイヤーを利用している場合は、[フッテージ] か [コンポジション] のどちらで読み込むかを選択します。写真データだけを利用したい場合は、[フッテージ] を選択します**1**。さらに、レイヤーオプションでは [レイヤーを選択] を選び**2**、オプションメニューから [背景] を選びます**3**。フッテージのサイズは、[ドキュメントサイズ] でかまいません**4**。選んだら [OK] をクリックします**5**。

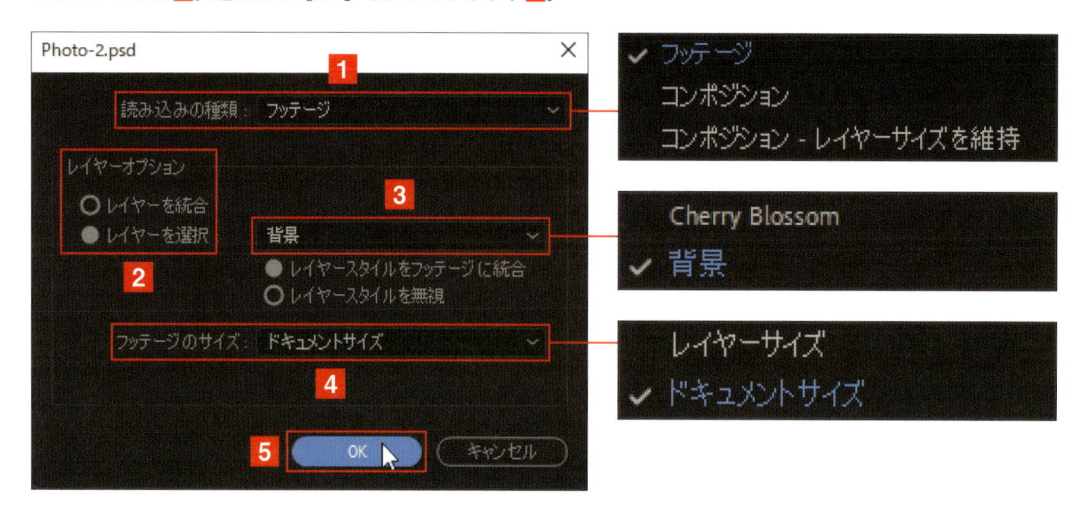

CHAPTER
01
読み込みとレイヤーの設定

CHECK

レイヤーオプションの [レイヤーを選択] には、レイヤースタイルの選択肢があります。写真データに対して、色補正やエフェクトなどを設定した場合、それらはレイヤースタイルとして記録されています。この効果を引き継ぐかどうかを選択します。

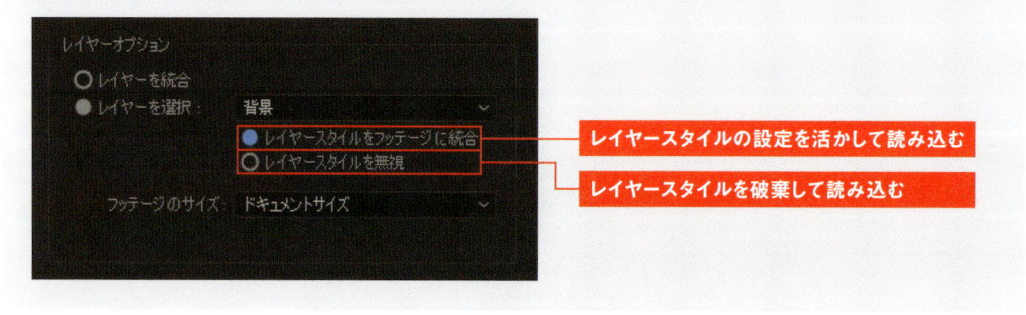

3 写真データだけが読み込まれる

Photoshopでテキストを入力していた場合■、そのレイヤーを読み込まなければ、1枚の写真データだけが読み込まれます■。

POINT

Photoshopで入力したテキストの読み込み
Photoshopで入力したテキストは、コンポジションとして読み込んだ場合、テキストデータではなく1枚の画像データとして読み込まれます。たとえばテキストを1文字ずつアニメーションさせたい場合などは、After Effectsで再度テキストを入力する必要があります。

08 リンクの切れたファイルを 再リンクする

After Effectsにフッテージなどを読み込んだ後、そのフッテージのファイル移動やファイル名変更、削除などを行うと、「リンク切れ」を発生します。その場合は、再リンクを実行します。

サンプルファイル ▶ 00001.mp4

▶ フッテージの再リンク

1 ファイル名を変更する

フッテージとして読み込んだ後、動画ファイルのファイル名を変更します。サンプルファイル「00001.mp4」 **1** を「000012.mp4」 **2** に変更しました。

2 エラーメッセージが表示される

After Effects にはエラーメッセージが表示されるので、［OK］をクリックします**1**。

3 リンク切れの表示

リンク切れが発生すると、プロジェクトパネルのフッテージは、画面のように表示されます**1**。この状態で、フッテージ名をダブルクリックします**2**。

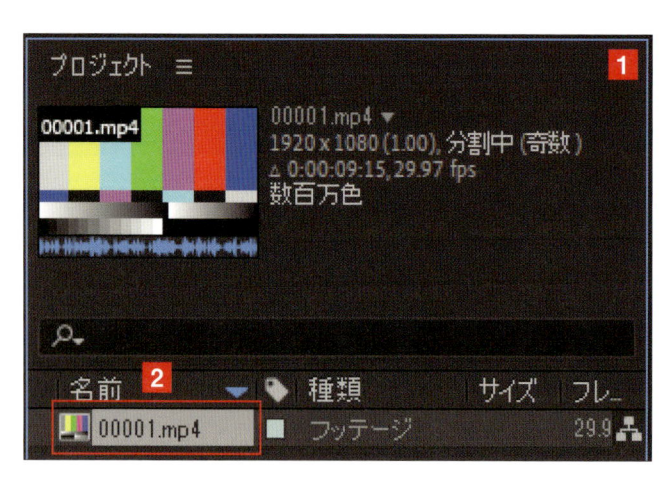

CHAPTER 01 読み込みとレイヤーの設定

4 再リンクを実行

「フッテージファイルを置き換え」ダイアログボックスが表示されます。ファイル名を変更した動画ファイルを選択し **1**、[読み込み]をクリックします **2**。これでリンクが再設定されます **3**。

POINT

リンク切れの原因

After Effects のセミナーを行っていると、受講生がリンク切れを発生する原因には、いくつかの傾向があるようです。それらをまとめてみると、次のような操作がリンク切れを発生させています。

①ファイル名の変更
②ファイルの移動
③ファイルの削除
④ファイルの保存先ドライブのドライブ番号変更

この中で、なかなか気付かないのが④です。たとえば、USB メモリに素材が入れてあり、それを利用していたとします。次に利用するとき、USB の接続タイミングによっては、ドライブ番号が、たとえばドライブ D からドライブ E に変わったりします。この場合、なかなか気付きませんが、リンク切れは確実に発生します。

09 プロジェクトを保存する

After Effectsを起動したら編集作業を始める前にプロジェクトを保存します。また、保存時にはプロジェクト名を設定すれば、以後、その名前で自動保存が実行されます。

▶ ファイル名を設定して保存する

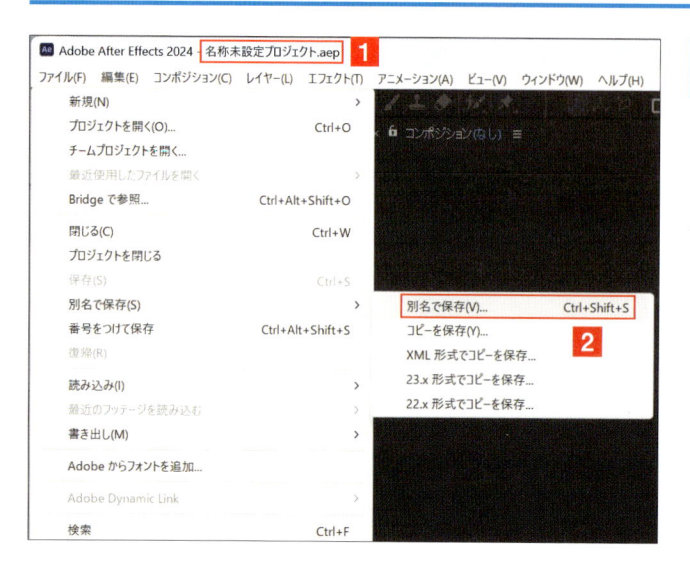

1 [別名で保存]を選択する

プロジェクト名がデフォルトの「名称未設定プロジェクト」**1**に設定されているので、[ファイル] メニュー→[別名で保存]→[別名で保存] **2** をクリックします。

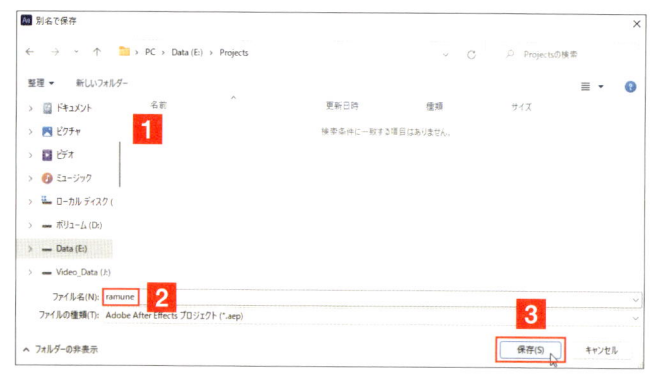

2 [保存]をクリックする

「別名で保存」ダイアログボックスが表示されるので、プロジェクトファイルを保存するフォルダーを選択します**1**。フォルダーを選択したら、ファイル名を入力して**2**、[保存]をクリックします**3**。

CHECK

ファイル名は、半角の英数字がおすすめです。OS の違いによる文字化けを避けることができます。

POINT

作業前のプロジェクトの保存

フッテージを読み込んだりして作業を開始する場合、作業前に一度プロジェクトの保存を実行しておきましょう。一度保存を実行すれば、その名前でプロジェクトが自動保存されます。

10 新規コンポジションを作成する

After Effectsでの最初の編集作業が、「新規コンポジションの作成」です。ここでは、これから作成するコンポジションについて解説します。

▶ 新規コンポジションを作成する

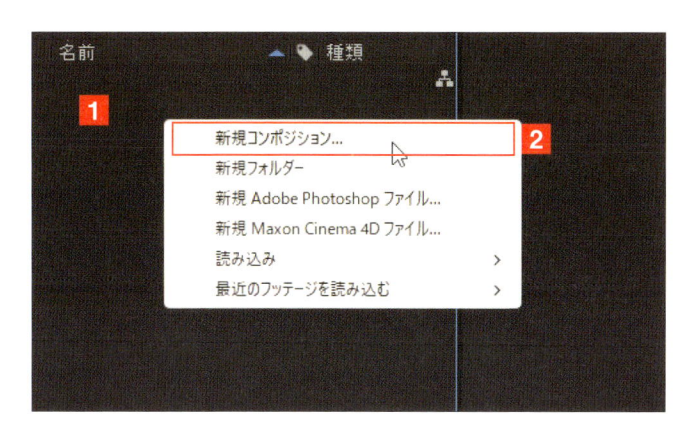

1 設定ダイアログボックスを表示する

最初に、「コンポジション設定」ダイアログボックスを表示します。表示方法は複数ありますが、最も簡単な方法は、プロジェクトパネルを右クリックし**1**、コンテキストメニューから［新規コンポジション］を選択する方法です**2**。

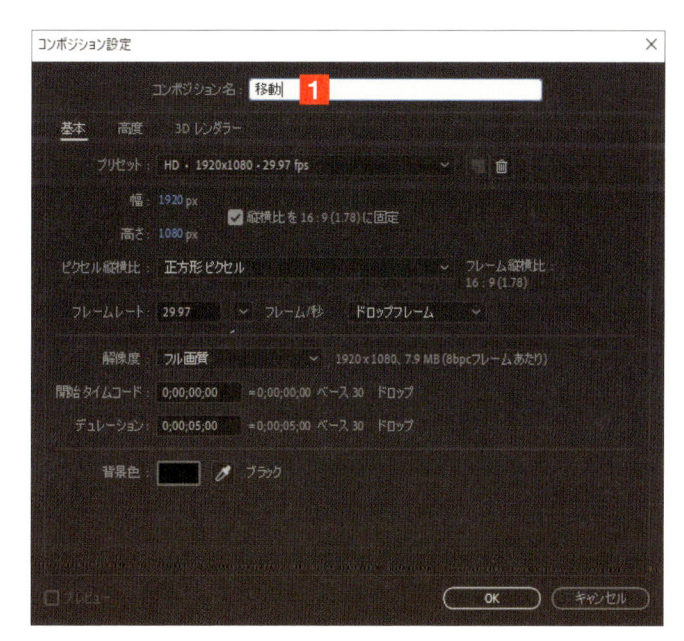

2 コンポジション名を設定する

「コンポジション設定」ダイアログボックスが表示されたら、最初に「コンポジション名」で名前を設定します。デフォルトで「コンポ1」と設定されていますが、わからなくなりますので、最初に設定しておきます。たとえば、テキストや図形が左から右へ移動するアニメーションを作るのなら、「移動」などと入力します**1**。

CHECK

コンポジション名はアルファベットでも2バイトのひらがな、漢字でもかまいません。

CHECK

「コンポジション」とは、After Effectsで作成するアニメーションデータの「パーツ」です。このパーツは、1つでアニメーションとして成立させることもできますし、複数のコンポジションを組み合わせて1つのアニメーションを作ることもできます。このコンポジションを管理するのがプロジェクトパネルです。

3 「基本」の設定を行う

コンポジション設定には、「基本」「高度」「3D レンダラー」という 3 つのタブがありますが **1**、ここでは「基本」を設定します。たとえば、フルハイビジョンの動画で利用するパーツを作りたいのであれば、次のように設定します。設定ができたら、[OK] をクリックします **2**。

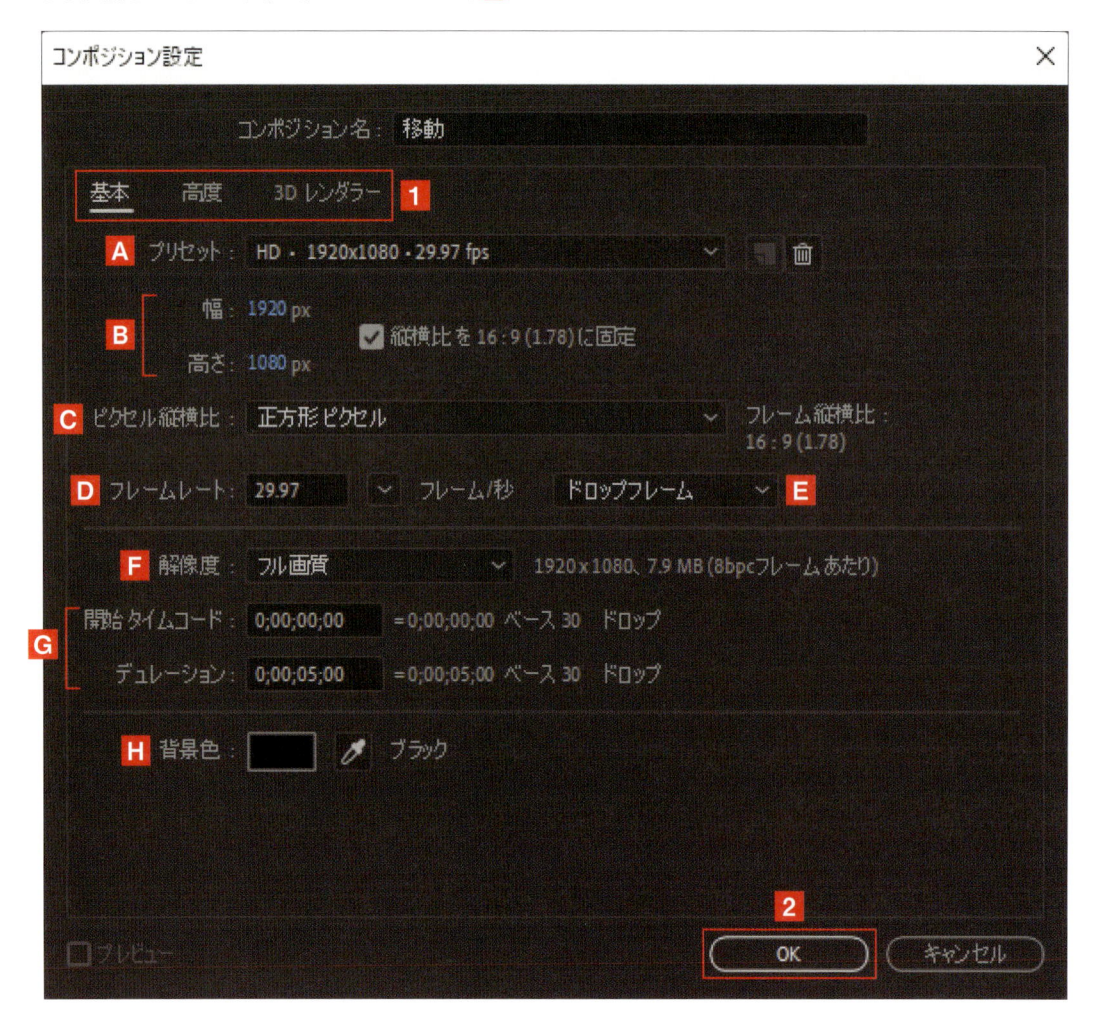

A プリセット
事前にオプションのパラメーターが複数設定されています。ハイビジョンの場合は「HD・1920x1080・29.27fps」などを選んでおきます。

B フレームサイズ
フルハイビジョンのフレームサイズは「1920×1080」なので、そのサイズに合わせます。通常はプリセットで設定されます。

C ピクセル縦横比
通常、ピクセルは「正方形」。ただし、長時間録画モードなどで撮影した動画は、ピクセルが長方形の場合があるので、それに合わせます。

D フレームレート
1秒間に表示するフレーム数。通常は動画データのフレームレートに合わせます。一般的なハイビジョンのフレームレートは「29.97fps」です。

E ドロップフレーム／ノンドロップフレーム
テレビ局への納品以外であれば、ドロップフレームでOKです。

F 解像度
After Effectsでの編集中に表示する画質を選択します。最初はフル画質（高画質）に設定しておき、スムーズに再生できないときに、画質を変更します。

G 開始タイムコードとデュレーション
「開始タイムコード」はデフォルトのまま利用するケースが多く、「デュレーション」は目的に応じて変更します。

H 背景色
背景色はどのような色でもかまいませんが、黒（ブラック）が作業しやすいでしょう。なお、この背景色はあくまでAfter Effectsでの編集上の背景色で、基本的に背景は透明です。After Effectsからファイル出力すると、どのような色に設定してあっても「透明」で出力されます。

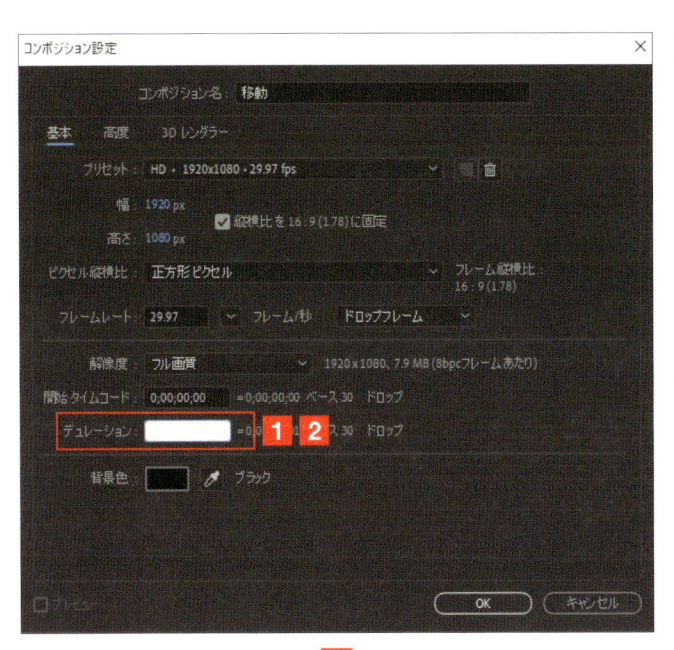

4 デュレーションの変更

デュレーション（再生時間）は、作成するアニメーションに応じて変更します。たとえば、10秒のアニメーションを作成したい場合は、デュレーションのタイムコードを「0;00;10;00」と変更します。タイムコードにマウスを合わせダブルクリックして変更してかまいませんが、次のようにすると簡単に変更できます。

1 クリックする→ 2 Back space キーで削除する→ 3 「1000」と入力する→ 4 何もないところをクリックする。

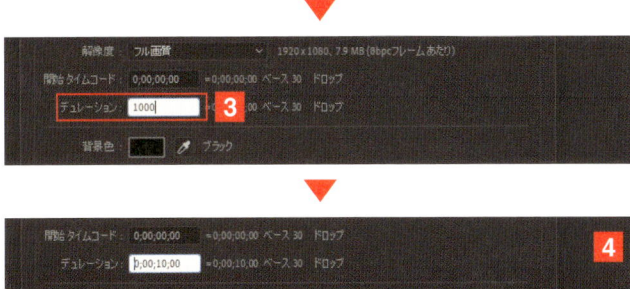

CHECK

たとえばデュレーションを5秒に設定したい場合は、「500」と入力します。

5 コンポジションが設定される

コンポジションが作成されるとプロジェクトパネルに登録され 1 、タイムラインパネルには作成したコンポジションが表示されます 2 。

11 タイムラインに 動画素材を配置する

タイムラインに動画素材を配置する方法と、配置した動画素材を削除する方法について解説します。
なお、タイムラインに動画素材を配置する場合はレイヤーを作成する必要はありません。

サンプルファイル ▶ 00001.mp4

▶ 動画素材を配置する

1 ドラッグ＆ドロップする

SECTION 10で作成したコンポジションのプロジェクトパネルに動画素材を読み込みます。読み込んだ動画素材
1 を、タイムラインパネル左のレイヤーアウトラインにドラッグ＆ドロップします **2**。

2 動画が表示される

タイムラインパネルのレイヤーアウトラインにはレイヤーが設定され**1**、コンポジションパネルには動画が表示
されます**2**。

12 レイヤーの種類について

After Effectsでは、利用素素材に合わせて最初にレイヤーを追加するのが基本です。ただし、これはあくまで「基本」であって、素材によっては自動的に追加されます。

▶ レイヤーの種類について

レイヤーは、利用する素材に合わせて設定し、そのレイヤーを開いてその上で素材を処理します。After Effects では、次のようなレイヤーを備えています。

1	テキスト(T)	Ctrl+Alt+Shift+T
2	平面(S)...	Ctrl+Y
3	ライト(L)...	Ctrl+Alt+Shift+L
4	カメラ(C)...	Ctrl+Alt+Shift+C
5	ヌルオブジェクト(N)	Ctrl+Alt+Shift+Y
6	シェイプレイヤー	
7	調整レイヤー(A)	Ctrl+Alt+Y
8	コンテンツに応じた塗りつぶしのレイヤー...	
9	Adobe Photoshop ファイル(H)...	
10	Maxon Cinema 4D ファイル...	

1 テキスト
文字を表示・編集します。

2 平面
色の付いた背景やマスク機能で形をくり抜いたオブジェクトなどに利用します。

3 ライト
3Dレイヤーモードで、照明を利用します。

4 カメラ
3Dレイヤーモードで、アングルや画角を設定します。

5 ヌルオブジェクト
それ自体には実態がありませんが、ほかのレイヤーを移動させるときなどに利用します。

6 シェイプレイヤー
円や四角形など図形を作成するときに利用します。

7 調整レイヤー
他のレイヤーにエフェクトを設定するとき、レイヤー自体に設定しないでエフェクト効果を使いたいときに利用します。

8 コンテンツに応じた塗りつぶしのレイヤー
映像の中から不要な部分を塗りつぶしパネルで削除することができます。

9 Adobe Photoshop ファイル
Photoshopファイルをレイヤーとして読み込みます。

10 Maxon Cinema 4D ファイル
Cinema 4D ファイルをレイヤーとして読み込みます。

13 テキストレイヤーを追加する

テキストを入力するために、テキストレイヤーをタイムラインパネルに追加してみましょう。追加方法は複数ありますが、ここでは最も利用しやすい方法を解説します。

▶ テキストレイヤーを追加する

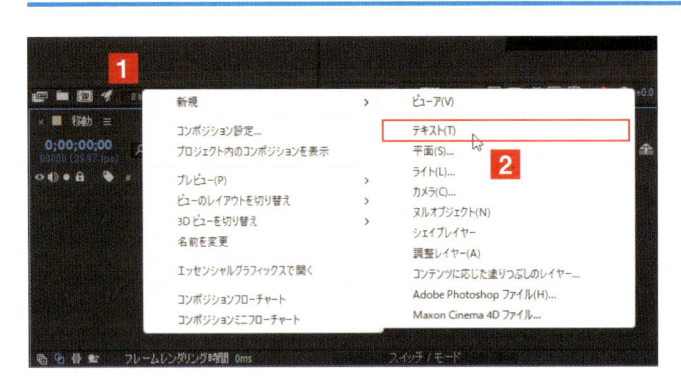

1 タイムラインパネル上で追加する

SECTION 10 の設定で新規コンポジションを作成します。タイムラインのレイヤーアウトラインで右クリックし**1**、表示されたメニューから［新規］→［テキスト］**2**を選択します。

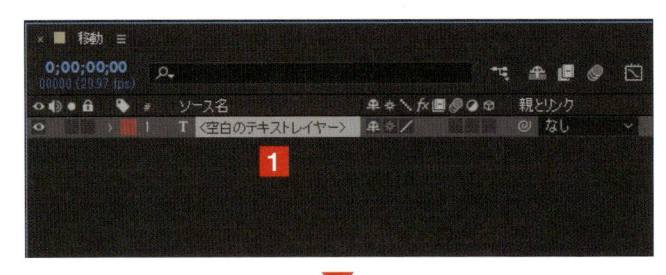

2 テキストレイヤーが追加される

タイムラインパネルに「空白のテキストレイヤー」が追加されます**1**。同時に、コンポジションパネルの中央には、赤い入力カーソルが表示されます**2**。ここにテキストを入力します。

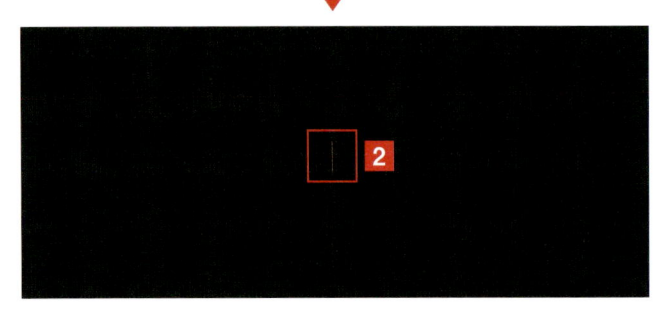

3 テキストを入力する

テキストを入力すると（ここでは「Flower」）、レイヤー名に入力したテキストが表示されます**1**。なお、テキスト入力の詳細は、P.124 を参照してください。

14 レイヤーを追加しないで テキストを入力する

テキストレイヤーは頻繁に利用されます。事前にレイヤーを追加しなくてもテキストを入力する過程でレイヤーが追加されます。

▶ レイヤーを追加しないでテキストを入力する

1 横書き文字ツールを 選択する

SECTION 10 の設定で新規コンポジションを作成します。ツールパネルから、[横書き文字ツール] を選択します**1**。

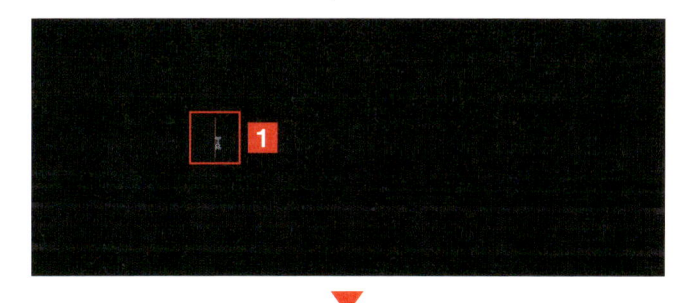

2 テキストを入力する

コンポジションパネル上をクリックすると、赤いカーソルが表示されます**1**。ここでキーボードからテキスト（ここでは「Flower」）を入力します**2**。

3 レイヤーが追加されている

タイムラインパネルには、自動的にテキストレイヤーが追加されています**1**。

15 新規に平面レイヤーを設定する

平面レイヤーは、レイヤーの中でもいろいろなシーンで利用されるレイヤーです。そのため頻繁に利用されますが、事前にレイヤーを設定する必要があります。

▶ 平面レイヤーを追加する

1 追加前のプロジェクト

SECTION 10 の設定で新規コンポジションを作成して、テキストレイヤーを追加し、テキストを入力（ここでは「Flower」）しておきます **1**。SECTION13 またはSECTION14 の状態です。

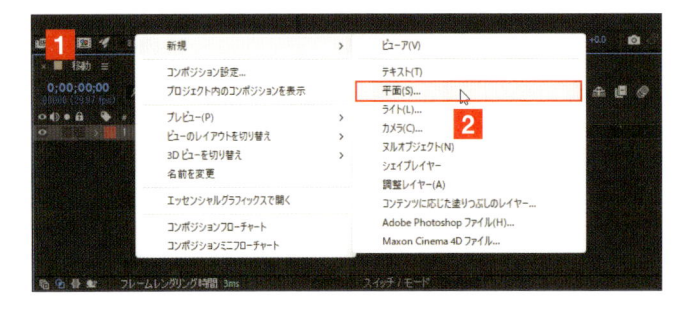

2 ［平面］を選択する

タイムラインパネルにあるレイヤーアウトラインのレイヤーのない場所で右クリックし **1**、コンテクストメニューから［新規］→［平面］**2** を選択します。

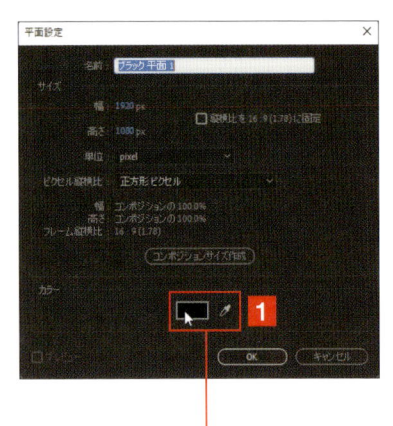

3 平面レイヤーのカラーを設定する

平面設定ダイアログボックスが表示されるので「カラー」にあるカラーボックス **1** をクリックすると、カラーピッカーが表示されます **2**。ここで色と明るさを選んで **3**、［OK］をクリックします **4**。

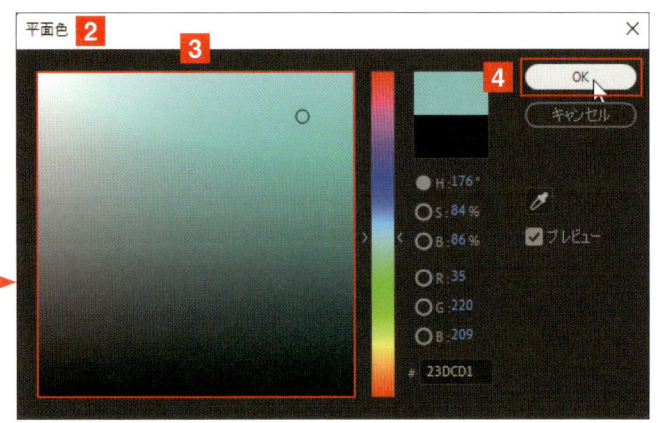

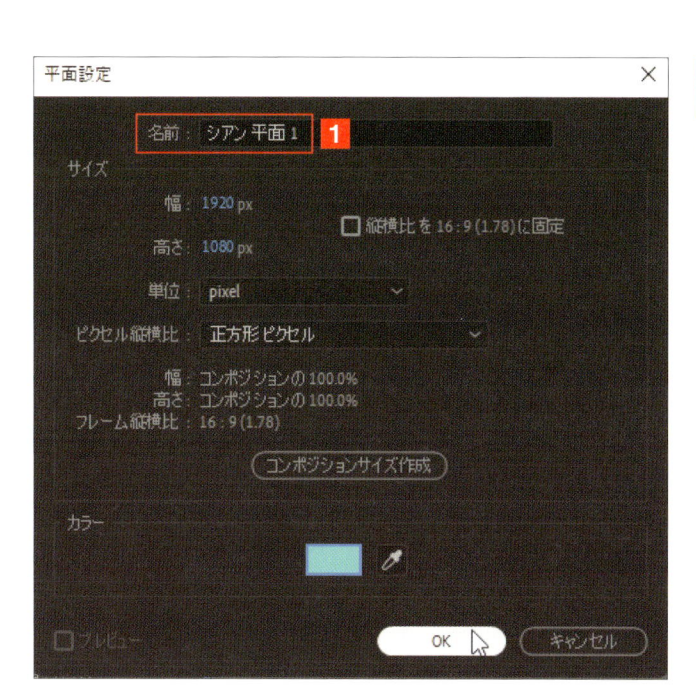

4 名前を確認する

色を選択したら、「名前」を確認しておきます**1**。

CHECK

「名前」には、カラーピッカーで選択した色の名前がデフォルトで表示されます。色の名称が設定されるという仕様は、なかなか面白いです。

5 レイヤーが追加される

タイムラインパネルのレイヤーアウトラインには、平面レイヤーが追加されます**1**。ソース名には、「名前」の名称が適用されています**2**。また、コンポジションパネルには色の板が表示されています**3**。なお、先に設定してあったテキストが表示されていません**4**。

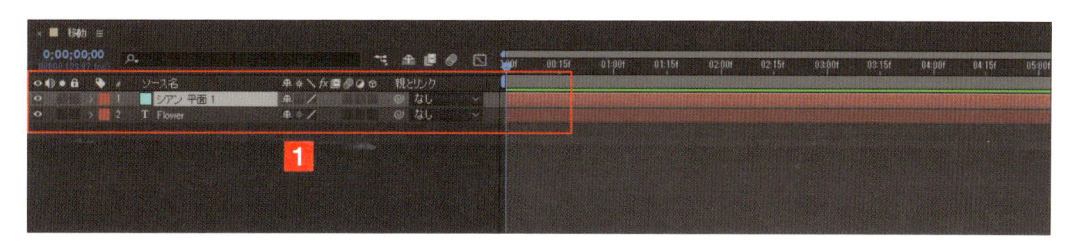

レイヤーの順番を変更する

タイムラインパネルのレイヤーアウトラインに配置したレイヤーは、順番を入れ替えることができます。このとき、レイヤーの順番によっては、表示されたり非表示になったりします。

▶ レイヤーの順番を入れ替える

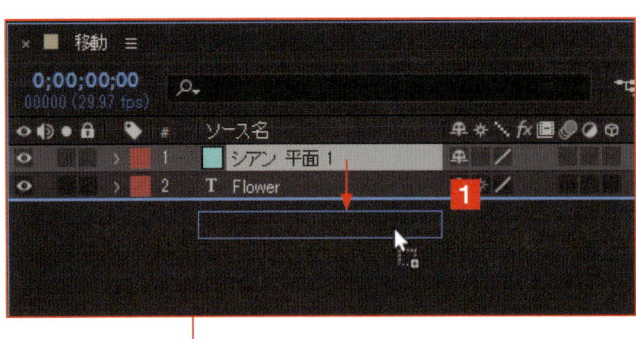

1 レイヤーの順番を入れ替える

SECTION 15 で追加した平面レイヤーはテキストレイヤーの上に追加されたため、テキストが表示されていません。この場合、平面レイヤーをテキストの下にドラッグ**1**します。

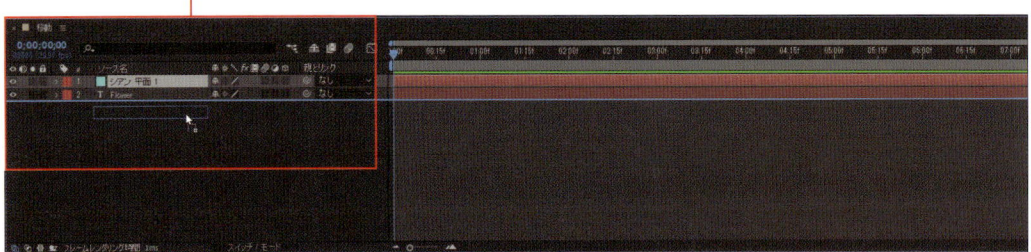

2 テキストが表示される

レイヤーの順番をテキストレイヤーが平面レイヤーの上に配置されるように入れ替えると**1**、テキストが平面レイヤーの上に表示されます**2**。

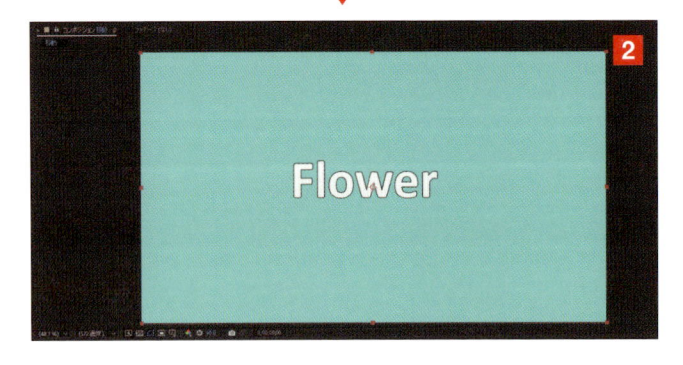

17 平面レイヤーの名前や カラーを変更する

一度設定した平面レイヤーのパラメーターは、後から変更可能です。たとえば、平面レイヤー名を変更したり、色を変更可能です。

▶ 名前とカラーを変更する

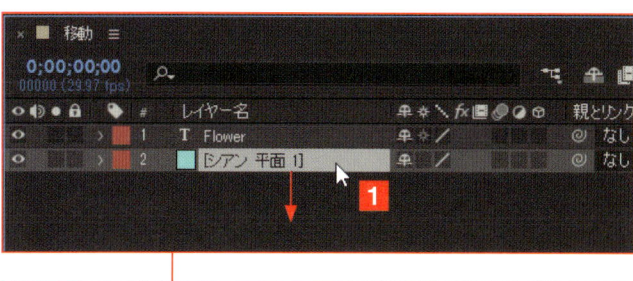

1 平面レイヤーを選択する

タイムラインパネルのレイヤーアウトラインで、設定内容を変更する平面レイヤーを選択します**1**。

2 [平面設定]を選択する

[レイヤー]メニュー→[平面設定]を選択します**1**。

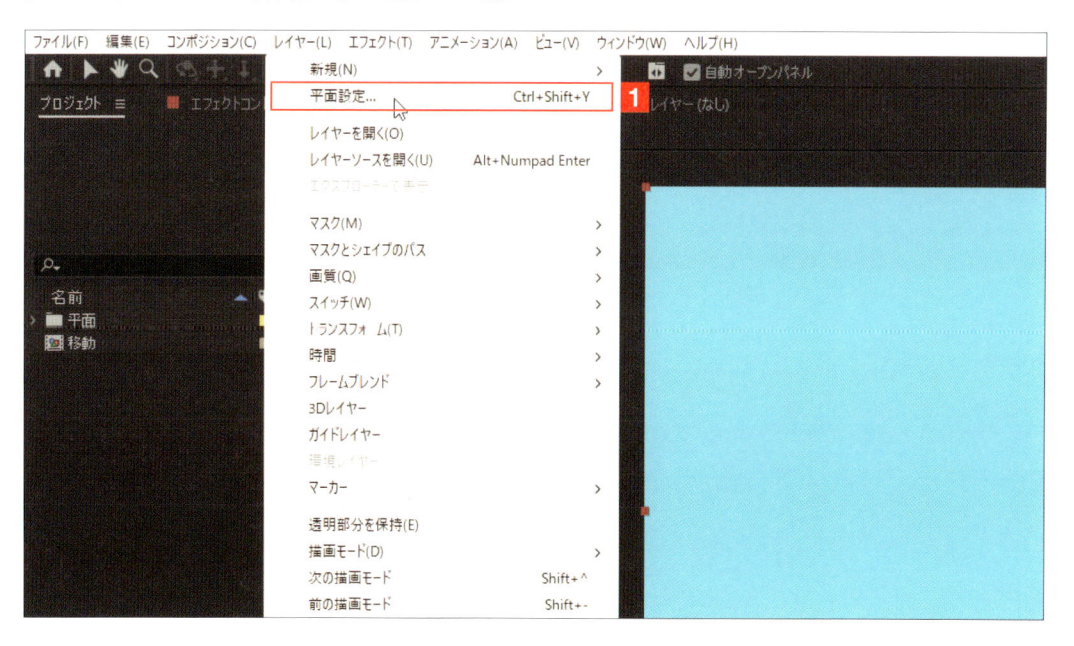

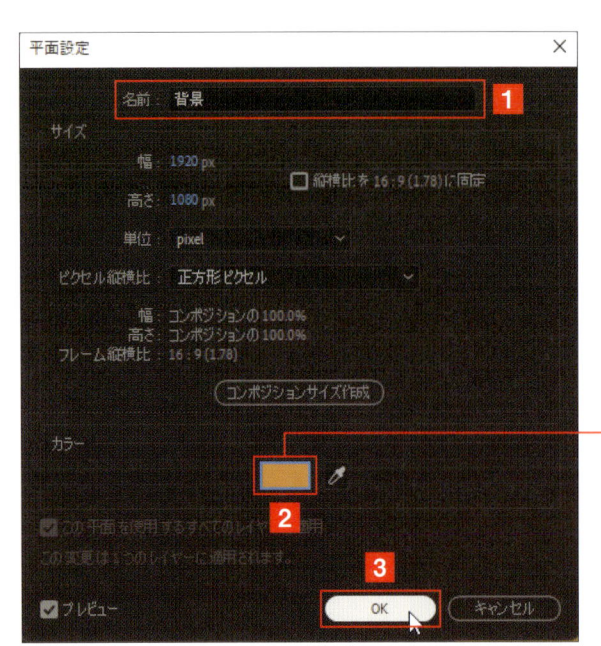

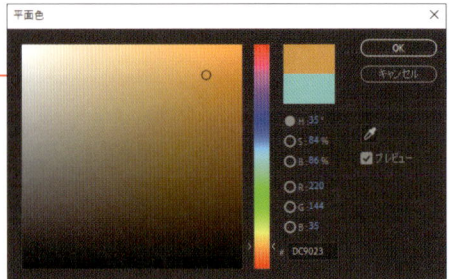

3 パラメーターを変更する

「平面設定」ダイアログボックスが表示されるので、「名前」（ここでは「背景」に）1や「カラー」2を変更して、[OK] 3をクリックします。

4 表示が変更される

レイヤーアウトラインにあるレイヤーのレイヤー名1と、コンポジションパネルでの表示2が変更されます。

POINT

別のレイヤー名の変更方法
レイヤー名の変更は、タイムラインのレイヤーアウトラインにあるレイヤーを右クリックし、表示されたコンテクストメニューから[名前を変更]を選択しても変更できます。

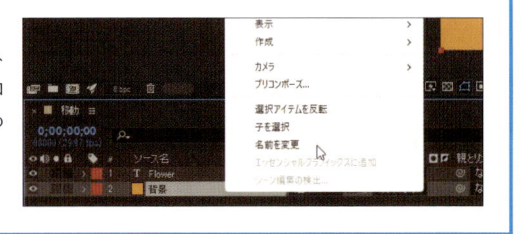

18 レイヤーを複製する

同じ種類や同じ設定のレイヤーが必要になった場合、レイヤーを複製できます。この場合、ショートカットキーを利用すると、素早く複製を作成できます。

▶ ショートカットキーを利用する

1 コピーしたいレイヤーを選択する

複製を作成したいレイヤー名をクリックして選択します**1**。

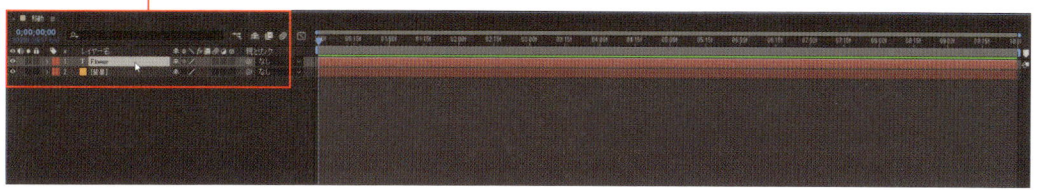

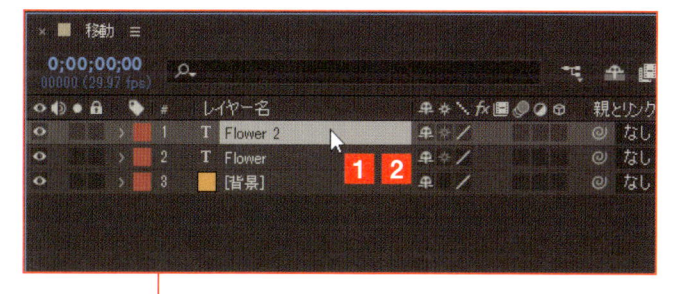

2 ショートカットキーを実行する

ショートカットキーの `Ctrl` +（Mac は `command`）`D` キーを押すと、選択したレイヤーがコピー&ペーストされます**1**。ちなみに「D」は「Duplicate」（複製）の頭文字です。あとは、必要に応じてレイヤー名を変更します**2**。

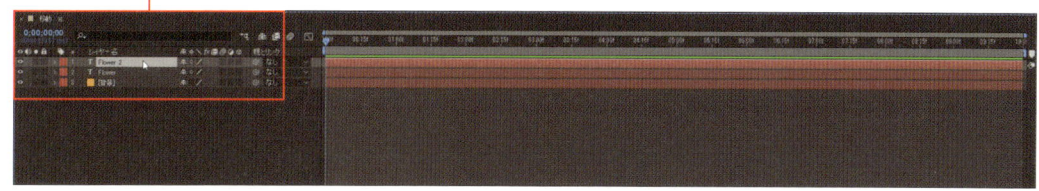

CHAPTER 01 読み込みとレイヤーの設定

POINT

ショートカットキー
レイヤーの複製は、一般的なコピー&ペーストのショートカットキーである `Ctrl` +（Mac は `command`）`C` キー、`Ctrl` + `V` キーという 2 ストロークでも可能ですが、もっと簡単にワンストロークでコピー&ペーストできます。

CHECK

不要になったレイヤーは、選択して `Delete` キーで削除します。

19 レイヤーを分割する

レイヤーは、必要に応じて分割することができます。分割可能なレイヤーの種類に区別はありません。どのレイヤーでも分割できます。

サンプルファイル ▶ 00001.mp4

▶ レイヤーを2つに分割する

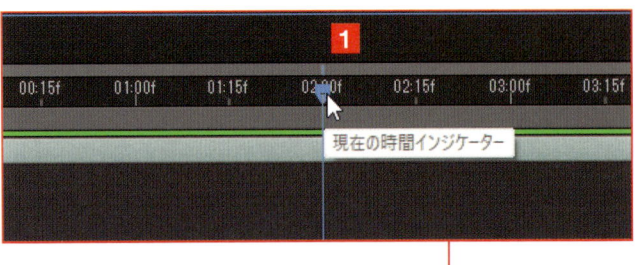

1 時間インジケーターを合わせる

SECTION 10の設定で新規コンポジションを作成して、サンプルファイル「00001.mp4」を配置します。タイムラインの時間インジケーターを、分割したい位置に合わせます **1**。

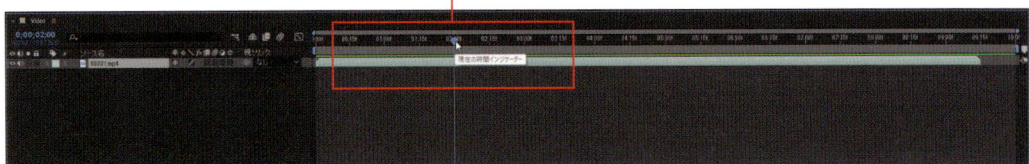

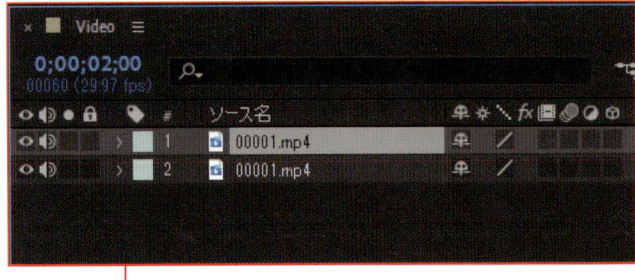

2 ショートカットキーで分割する

キーボードから分割用のショートカットキー Shift + Ctrl +(Mac は command) D キーを押すと、時間インジケーター位置でレイヤーが分割され、それぞれ個別のレイヤーとしてレイヤーアウトラインに配置されます **1** **2**。

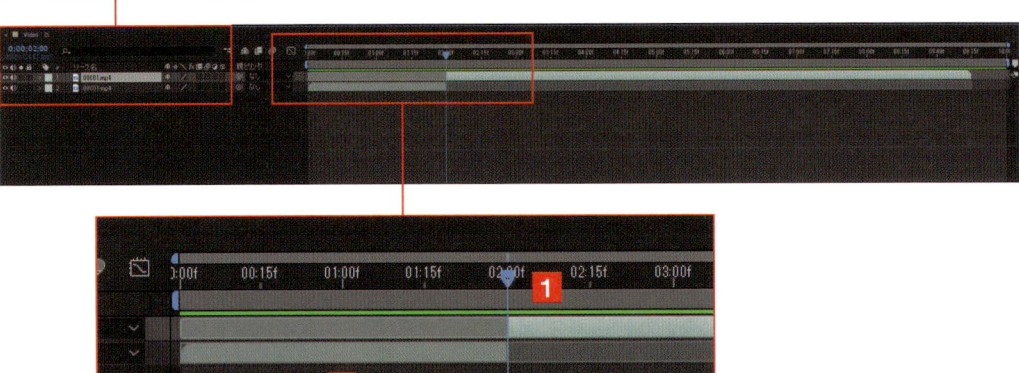

20 レイヤーの表示と非表示を設定する

レイヤーの表示／非表示を使い分けると、エフェクトの効果を確認することができ便利です。これは、「ビデオスイッチ」という機能を利用します。

▶ 「ビデオスイッチ」機能を使う

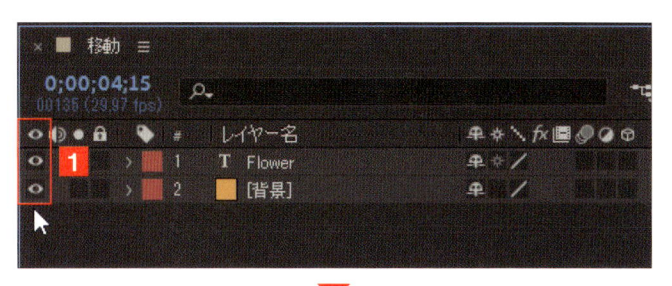

1 「ビデオスイッチ」を オフにする

SECTION 17 の状態で、レイヤーアウトラインに配置されているレイヤーの左端に目のマークの「ビデオスイッチ」があります。デフォルトではオン**1**になっていますが、これをクリックしてオフにします。

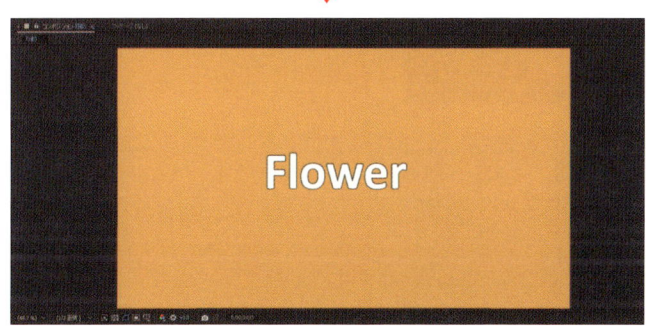

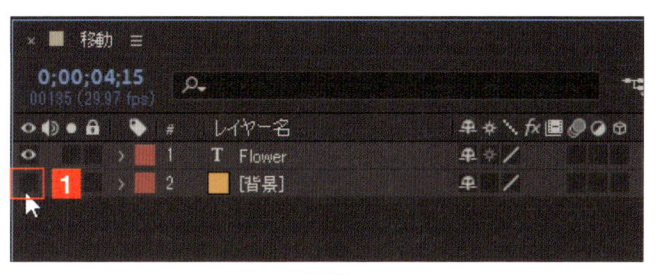

2 非表示になる

「ビデオスイッチ」をオフにすると**1**、そのレイヤーはコンポジションパネルで表示されなくなります**2**。

21 レイヤーをロックする

レイヤーにはそれぞれレイヤーパネルを表示してパラメーターの調整ができます。これを変更できないようにロックする場合は、「ロック」を利用します。

▶ レイヤーパネルで「ロック」を利用する

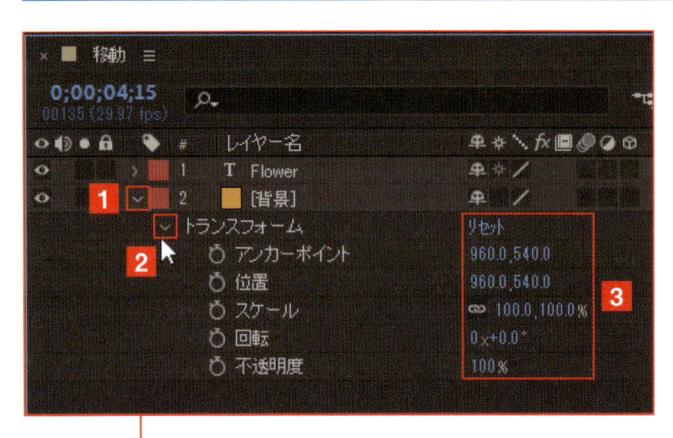

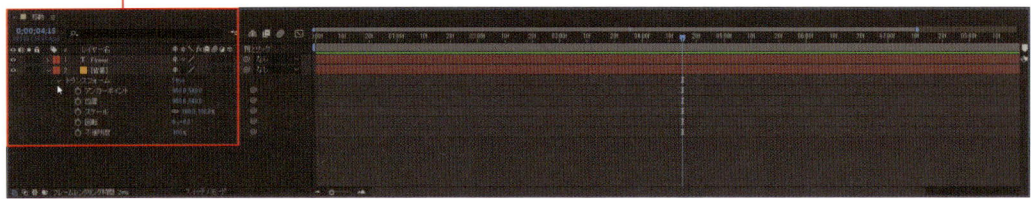

1 パラメーターを表示する

レイヤーアウトラインに配置されているレイヤーの左にある矢印 **1** をクリックすると、レイヤーのパラメーターパネルが表示されます。さらに、「トランスフォーム」の矢印 **2** をクリックすると、各種パラメーター **3** が確認できます。

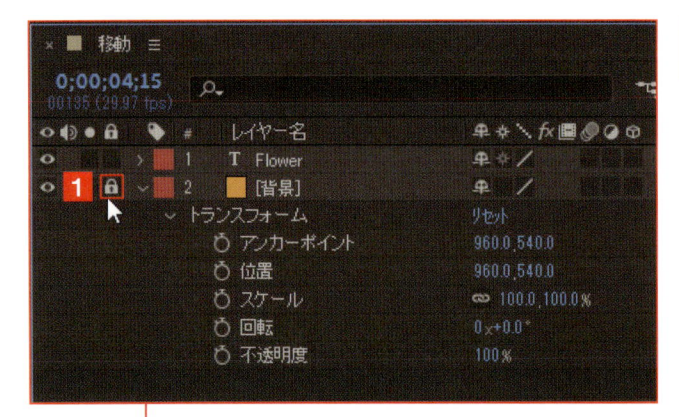

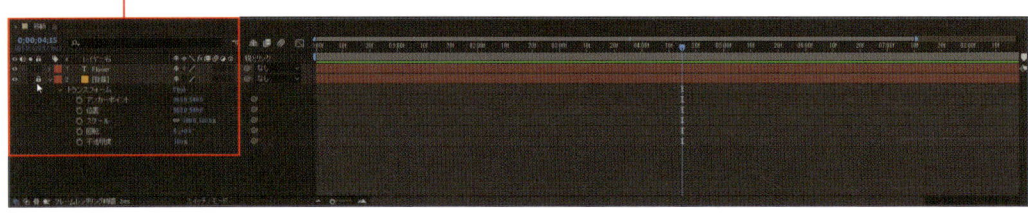

2 ロックをオンにする

レイヤー名の左にある鍵マーク「ロック」のチェックボックスをクリックすると、カギのアイコンが表示されます **1**。これでロックがオンになります。ロックオンされると、そのレイヤーのパラメーター変更が一切できなくなります。なお、カギアイコンをもう一度クリックすると、ロックが解除されます。

22 レイヤーを隠す

レイヤーアウトラインにはレイヤーを表示させない状態にすることも可能です。余計なレイヤーを非表示にしたり、レイヤーの変更を不可にする場合は「シャイ」を利用します。

▶ シャイレイヤーを有効にする

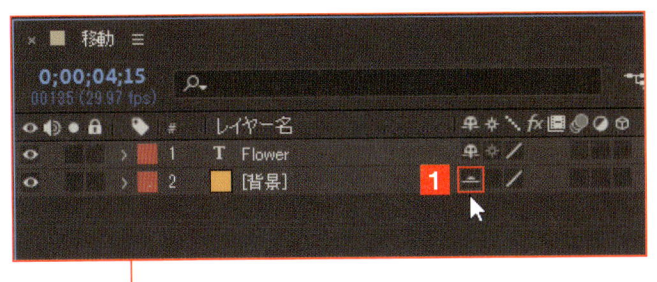

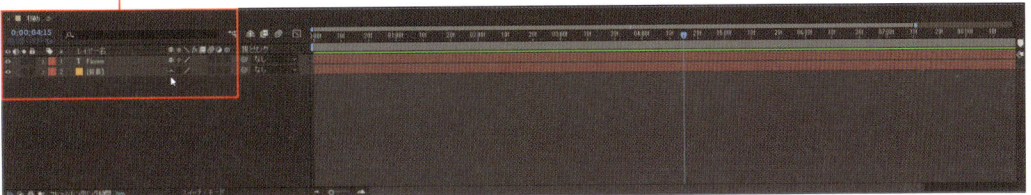

1 シャイレイヤーを有効にする

レイヤーの中央あたりにあるスイッチの［シャイ］をクリックして**1**、有効にします。この状態のレイヤーを「シャイレイヤー」といいます。

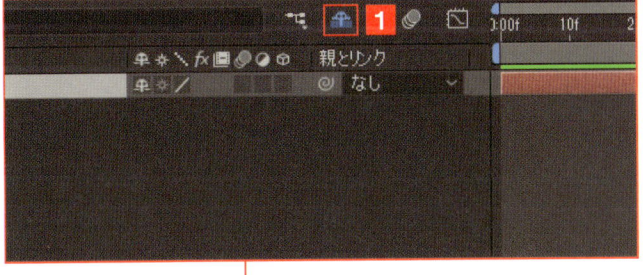

2 シャイレイヤーを隠す

タイムラインの上にある［タイムラインウィンドウですべてのシャイレイヤーを隠す］をクリックすると**1**、シャイレイヤーが非表示になります**2**。ただし、レイヤーアウトラインに表示されないだけで、機能は有効になっています**3**。

23 レイヤーを削除する

不要になったレイヤーは、レイヤーアウトラインから削除します。レイヤーは数が多くなると操作が煩雑になるので、不要なものはさっさと削除してください。

▶ 不要なレイヤーを削除する

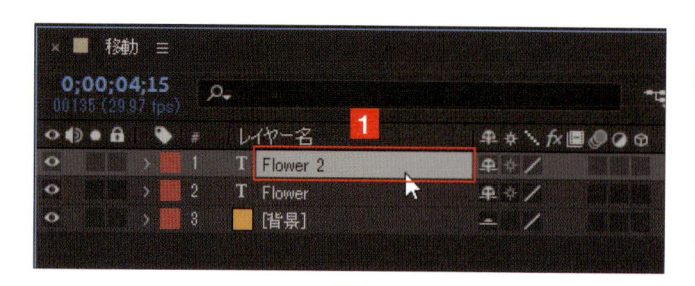

1 レイヤーを選択する

SECTION 18 の状態で、削除したいレイヤーをマウスで選択します。画面では、テキストレイヤーを選択しています**1**。このとき、レイヤーのテキストも選択状態で表示されます**2**。

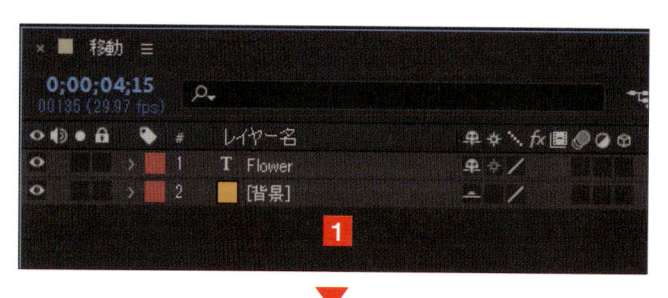

2 Delete キーを押す

キーボードの Delete キーを押すと、選択したレイヤーが削除されます**1**。複数のレイヤーを選択していれば、まとめて削除できます。

THE PERFECT GUIDE FOR AFTER EFFECTS

[アニメーション 作成の基本]

01 アニメーション作りの ワークフロー

ここでは、After Effectsでアニメーションを作る際に、どのような流れで作成するのか、その手順をワークフロー的に見てみましょう。主な作業をピックアップしてみました。

▶ アニメーションはどのように作るのか

CHAPTER 02ではイラストが移動するアニメーションを作成する手順を解説しながら、アニメーション作成に必要な基本の機能をマスターします。まずは、どのような手順でアニメーションを作成するのかを確認しておきましょう。以下は、ざっくりとしたアニメーション作りのワークフローです。

これから作成するアニメーション

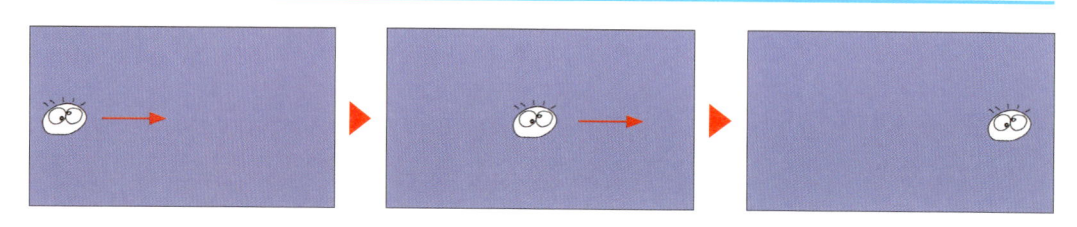

アニメーション制作のワークフロー

1 これから作成するアニメーションをイメージする

▼

2 アニメーション用のコンポジションを設定する

▼

3 アニメ作成に利用する機能を決める

▼

4 5つのポイントにしたがってレイヤーを設定する

▼

5 自然な動きに調整する

▼

6 アニメーションをプレビューする

02 これから作るアニメーションのイメージを確認する

これからどのようなアニメーションを作成するのか、頭の中でイメージします。場合によっては、簡単なラフなどを作成してよいでしょう。

● アニメーションをイメージする

アニメーション作成で最も重要なことは、どのようなアニメーションを作るのかをしっかりとイメージすることです。イメージなしにアニメーションを作ることはできません。

左端にイラストがあります

円弧の編集

ここでは、顔のイラストが左から右へ移動するアニメーションを作成します。イメージするほどのものではありませんが、「左から右へ移動する」ということをイメージします。このイメージによって、作成したいアニメーションの動きを実現するには、After Effects のどの機能を利用すればよいかがはっきりとするからです。

たとえば今回の場合、顔のイラストが左から右へ移動するということは、「顔の位置が変わる」ということです。「移動する」ということは、すなわち「位置が変わる」ということです。この点を理解しましょう。

画面中央にイラストが移動します

右端までイラストが移動します

03 アニメーションに必要な 5つのポイント

ここでは、アニメーション作成に必須の5つのポイントについて解説します。この5つのポイントさえ設定できていれば、必ずアニメーションは作成できます。

▶ 覚えてくべき5つのポイント

After Effects でアニメーションを作成する場合、ここで解説する 5 つのポイントを確認してください。このポイントさえきちんと設定すれば、必ずアニメーションは動きます。ただし、イメージ通りに動くとは限りません。それはレイヤーでの設定が影響します。

1 アニメーションを始める時間を決める

2 アニメーションを始める位置・状態を決める

3 アニメーション機能をオンにする

4 アニメーションが終了する時間を決める

5 アニメーションが終了する位置・状態を決める

アニメーションのための 5つのポイント

これから作成する顔が移動するアニメーションは、アニメーションのための5つのポイントを以下の図のように設定しています。

1 アニメーションを始める時間を決める

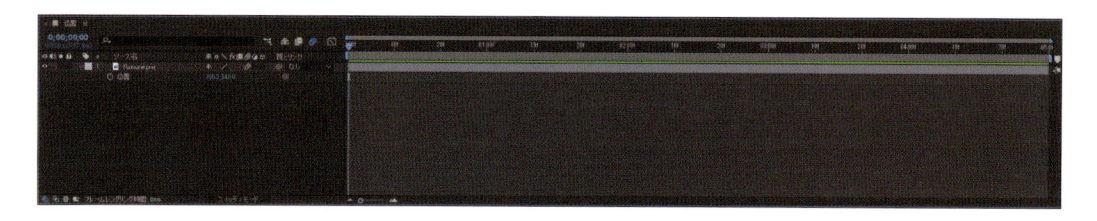

2 アニメーションを始める 位置・状態を決める

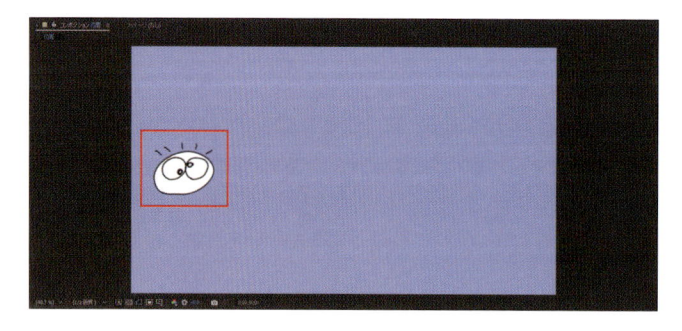

3 アニメーション機能を
オンにする

4 アニメーションが終了する時間を決める

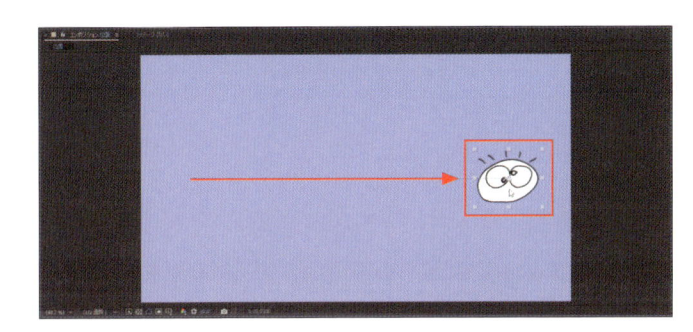

5 アニメーションが終了
する位置・状態を決める

6 アニメーションが完成した

POINT

開始と終了は逆でも OK

なお、開始と終了の設定は、逆でもかまいません。たと
えば、右記の順序で設定しても OK です。ただし、アニメー
ション機能のオンは **3** でなければなりません。

1 アニメーションが終了する時間を決める
2 アニメーションが終了する位置・状態を決める
3 アニメーション機能をオンにする
4 アニメーションを始める時間を決める
5 アニメーションを始める位置・状態を決める

04 コンポジションを設定する

どのようなアニメーションを作るのかイメージできたら、After Effectsを起動してそのアニメーションのための舞台を作ります。それが「コンポジション」です。

サンプルファイル ▶ CH-02-04.aep

ここで設定するコンポジション

コンポジションの設定とは

コンポジションについてはP.057で解説していますので、ここでは、これから作成するアニメーション用のコンポジションを設定します。基本的には、「29.97fps」のMP4形式の動画内で利用するアニメーションという設定で作成します。このようなコンポジションですが、基本的にはデフォルトのままで、設定としてはフレームレートとデュレーションの調整などが必須の処置かも知れません。

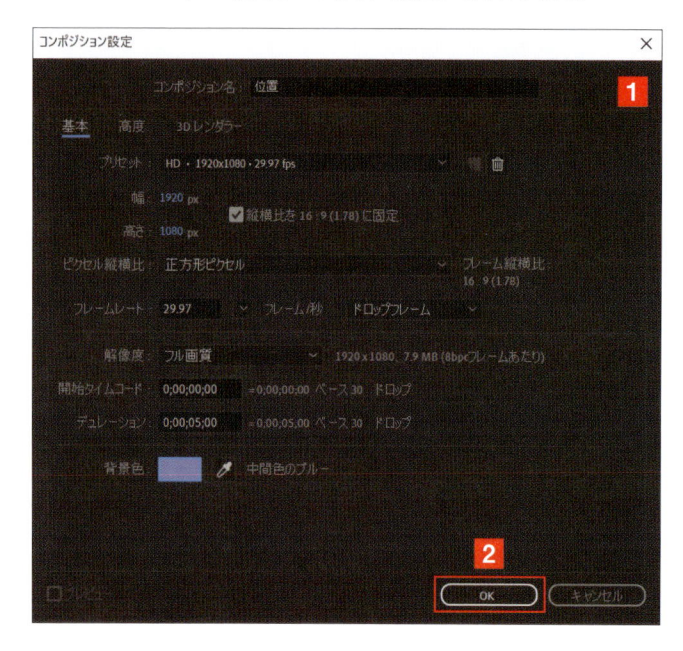

コンポジションを設定する

「新規プロジェクト」で［コンポジション］メニュー→［新規コンポジション］を選択するか、「コンポジション」パネルの［新規コンポジション］をクリックします。表示された「コンポジション設定」ダイアログボックスの基本タブで各種の設定をします**1**。画面の通りに各設定をしてください。設定が終わったら［OK］をクリックします**2**。なお、ここで設定したコンポジションをSECTION 05の手順で保存したファイルを、サンプルファイル「CH-02-04.aep」としています。自分で設定したものを以後のページで使用してもいいですが、こちらのサンプルファイルを使用してもかまいません。

プロジェクトを保存する

素材を取り込んでアニメーション作成を始める前に、プロジェクトを保存します。ここで初めて
プロジェクトに名前が設定されます。

● プロジェクトに名前を付けて保存する

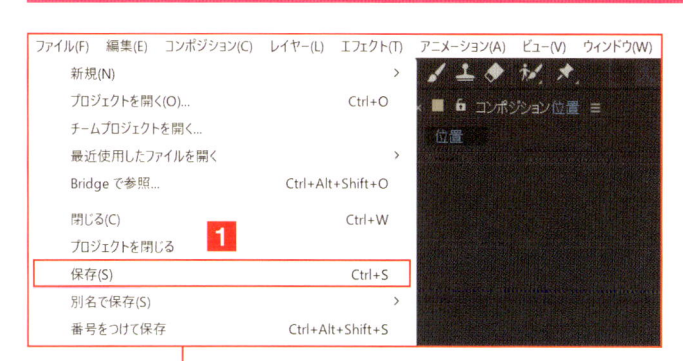

1 [保存]を選択する

メニューバーで、［ファイル］メニュー
→［保存］を選択します **1**。

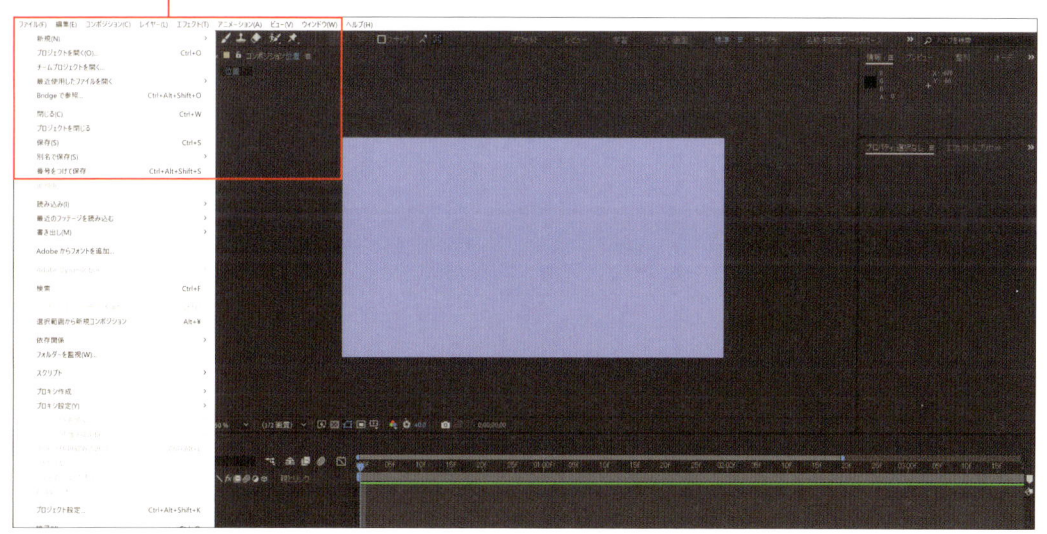

2 プロジェクト名を 設定して保存する

「別名で保存」ダイアログボックスが表
示されるので **1**、プロジェクトファイル
を保存するフォルダーを開き **2**、ファイ
ル名を設定して **3**、［保存］をクリック
します **4**。

画像素材を読み込む

コンポジションの準備ができたら、イラスト素材をプロジェクトパネルに取り込みます。今回の
アニメーションは、Photoshopで作成したイラストデータを利用します。

サンプルファイル ▶ CH-02-06.aep、Ramune.png

▶ イラスト素材を「フッテージ」として取り込む

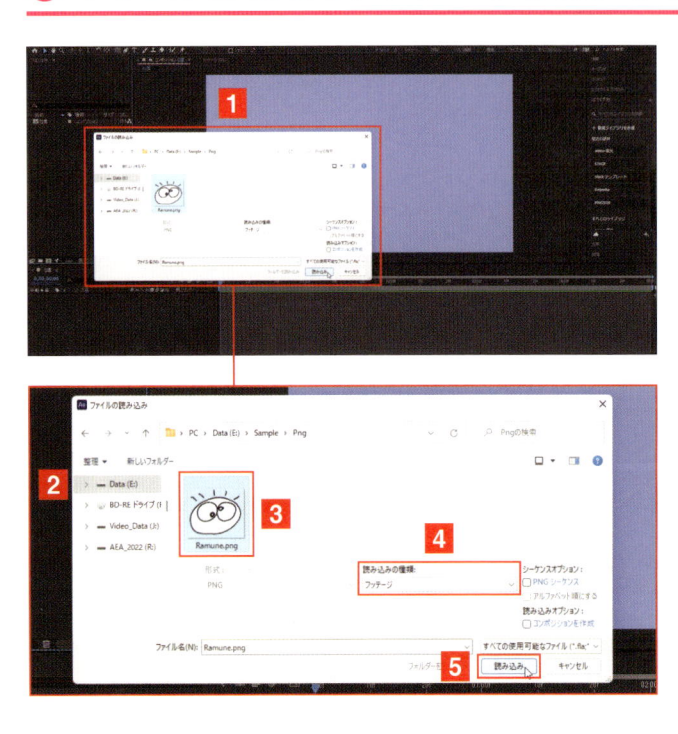

1 フッテージを確認する

SECTION 04でコンポジションを設定
した状態から進めます。サンプルファイ
ル「CH-02-06.aep」を開いてもOKで
す。プロジェクトパネル上で右クリック
し、［読み込み］→［ファイル］を選択
して、表示された「ファイルの読み込み」
ダイアログボックスで**1**、ファイルが保
存されているフォルダーを開きます**2**。
ここで、利用したいファイル「Ramune.
png」を選択し**3**、「読み込みの種類」
が「フッテージ」なのを確認して**4**、［読
み込み］をクリックします**5**。

CHECK

ここでは、Photoshopで作成した
PNG形式のイラストデータを取
り込みます。サンプルファイルの
「Ramune.png」を読み込みますが、
このとき、「読み込みの種類」は
「フッテージ」として読み込みます。

2 読み込まれる

プロジェクトパネルに、選択したファイ
ルがフッテージとして読み込まれます**1**。
ファイルが選択されていると、パネルの
上部にサムネイルが表示されます**2**。

07 イラストを配置する

アニメーションに利用するイラストを、タイムラインパネルに配置します。これによってレイヤー
が自動的に作成され、アニメーションが設定できるようになります。

▶ タイムラインパネルに配置する

1 タイムラインパネルにドラッグ&ドロップする

プロジェクトパネルに取り込んだイラスト素材を、タイムラインパネルの左領域にドラッグ&ドロップします**1**。

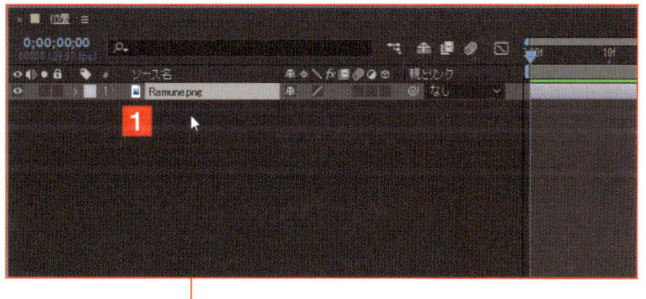

2 レイヤーが作成される

タイムラインパネルにレイヤーが作成されます**1**。

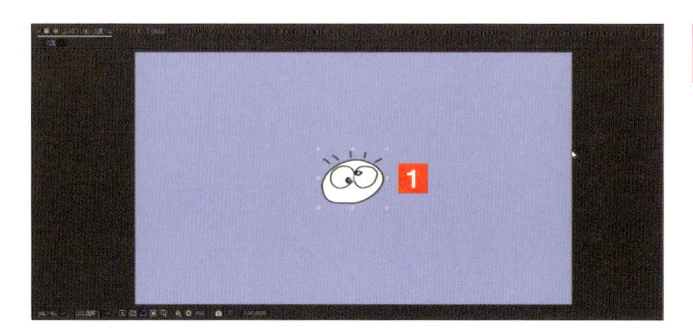

3 イラストが表示される

コンポジションパネルの中央には、ドラッグ&ドロップしたイラストが表示されます**1**。

08 トランスフォームを表示する

自動作成したレイヤーを展開するとレイヤープロパティが表示され、ここに「トランスフォーム」
があります。これからアニメーションさせるための準備がされています。

● レイヤープロパティのトランスフォームを表示する

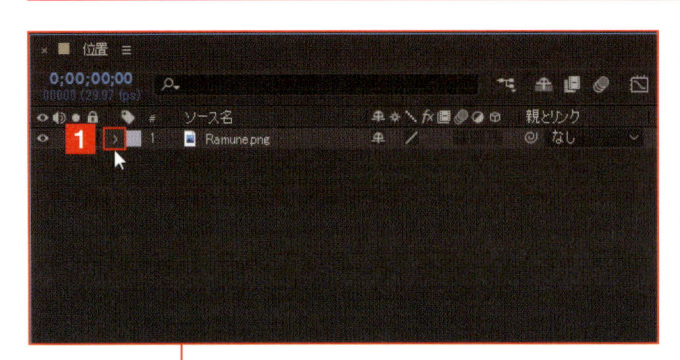

1 レイヤープロパティを表示する

レイヤーにある矢印 **1** をクリックして展開すると、レイヤープロパティと呼ばれる要素が表示され、「トランスフォーム」 **2** が確認できます。

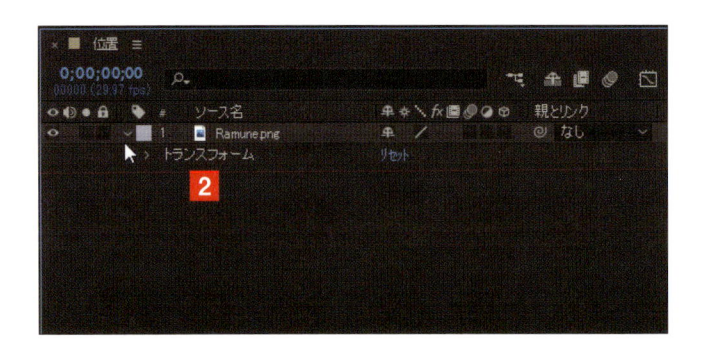

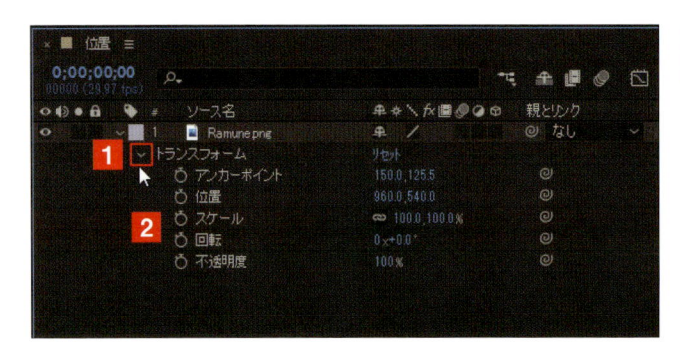

2 トランスフォームのプロパティを表示

レイヤープロパティ「トランスフォーム」の先頭にある矢印 **1** をクリックすると、「アンカーポイント」や「位置」、「スケール」、「回転」、「不透明度」といったトランスフォームのプロパティ **2** が表示されます。

CHAPTER 02 アニメーション作成の基本

09 ショートカットキーで プロパティを表示する

さまざまな種類があるレイヤープロパティですが、これらをすべて表示するのではなく、必要な
プロパティのみをショートカットキーで表示して利用しましょう。

▶ プロパティをショートカットキーで表示する

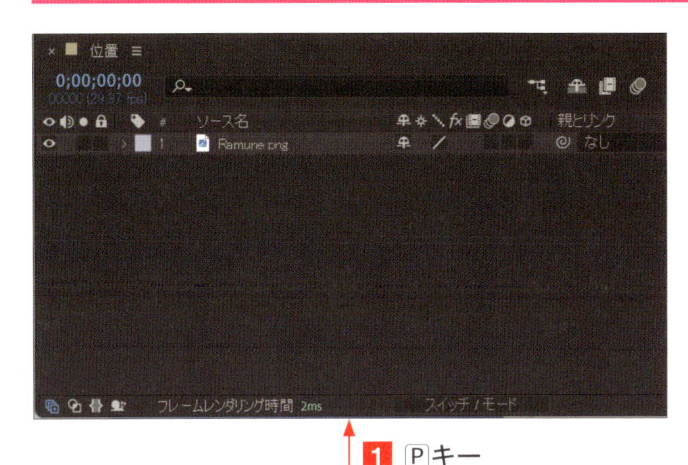

1 プロパティの「位置」 だけを表示する

レイヤーパネルが閉じられている状態
で、キーボードの P キーを押すと 1 、
トランスフォームのプロパティ「位置」
だけが表示されます 2 。もう一度 P キー
を押すと、プロパティが閉じられます。

1 P キー

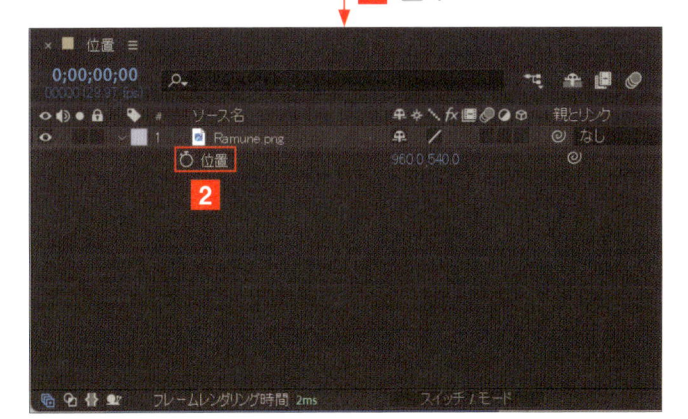

POINT

ショートカットキーで表示する
先に表示したトランスフォームの各プロパティは、以下のようなショートカットキーで表示できます。

- アンカーポイント：A キー（Anchor point の頭文字）
- 位置：P キー（Point）の頭文字
- スケール：S キー（Scale の頭文字）
- 回転：R キー（Rotation の頭文字）
- 不透明度：T キー（Transparence の頭文字）

10 アニメーション開始の時間を 決める（ポイント①）

ここでは、アニメーション作成のための5つのポイントの1番目、アニメーション開始の時間を決める操作を行ってみましょう。

▶ アニメーションは0秒から開始する

1 時間インジケーターを 合わせる

タイムラインパネルの時間インジケーターを、左端にドラッグ**1**します。ここが0秒で、タイムコードには「0;00;00;00」**2**と表示されています。

CHECK

キーボードの [Home] キーを押すと、時間インジケーターを0秒の位置にジャンプできます。

POINT

タイムコードを指定する
タイムラインパネルのタイムコードをクリックし、キーボードから「0」と入力しても**1**、0秒に設定できます。なお、1秒の位置に設定する場合は「100」と入力します。

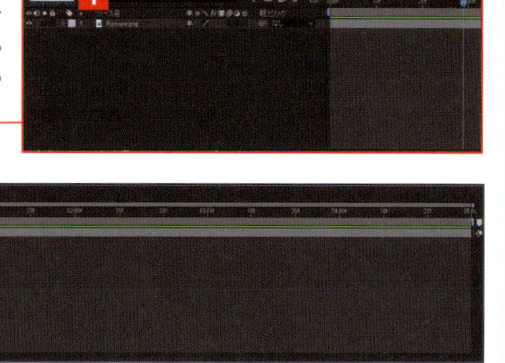

CHAPTER 02 ▶ アニメーション作成の基本

アニメーション開始の位置・状態を決める（ポイント②）

ここでは、アニメーション作成のための5つのポイントの2番目、アニメーション開始の位置・状態を決める操作を行ってみましょう。

▶ アニメーションを左端に配置する

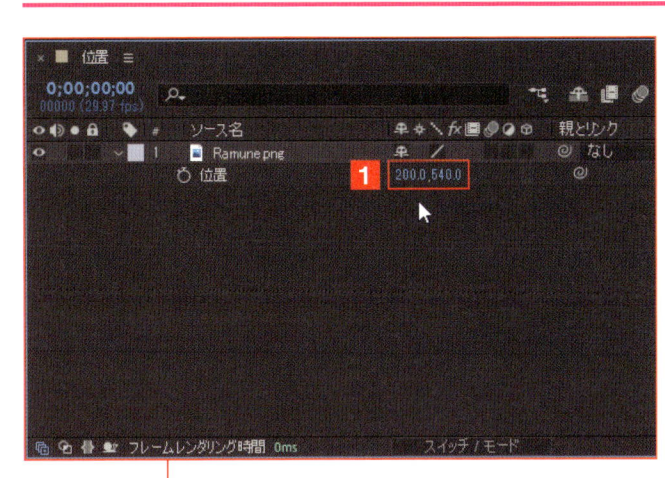

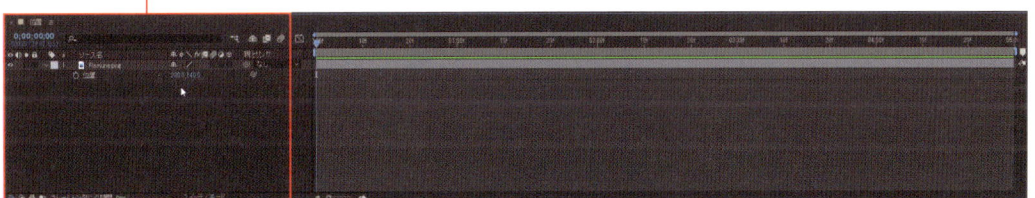

1 座標で指定する

「位置」の右には、2つの数字が表示されています。これは、X軸、Y軸 の座標です。この座標の数値を変更して表示位置を修正します。ここでは「位置」を「200，540」と指定しています**1**。

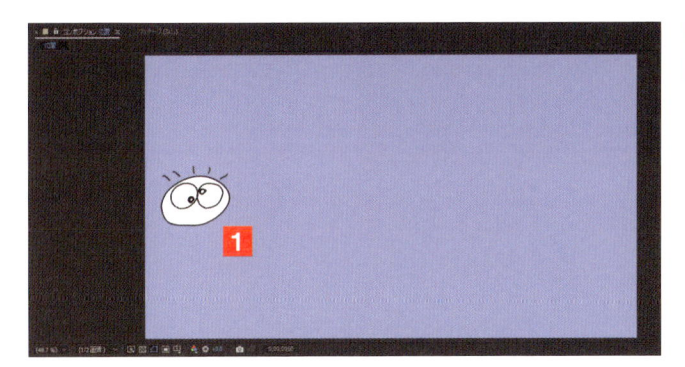

2 指定位置に表示される

座標で指定した位置にイラストが移動します**1**。

CHECK

イラストに限らず、フッテージの表示位置変更は、コンポジションパネル上でも操作できます。イラストをマウスでドラッグしてください。自由な位置に配置です。

CHAPTER 02 アニメーション作成の基本

座標について

今回設定したコンポジションでは、フレームサイズを「幅：1,920px、高さ：1,080px」と設定しました。この場合、イラストはイラストの中央を起点にフレームの中央に表示されているので、座標は以下のようになります。

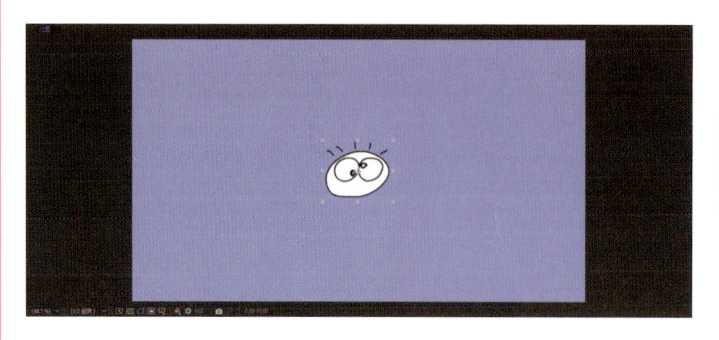

・X座標：960
・Y座標：540

フレームのX軸、Y軸の座標は、上図のようになります。たとえば、左端に表示したい場合、「位置」を「0,540」と設定すると、基点はイラストの中央なので、画面のように左半分が切れてしまいます。そこで、「位置」を「200,540」と左端から200pxの座標を指定すると、切れないで表示されます。

・X座標：0
・Y座標：540

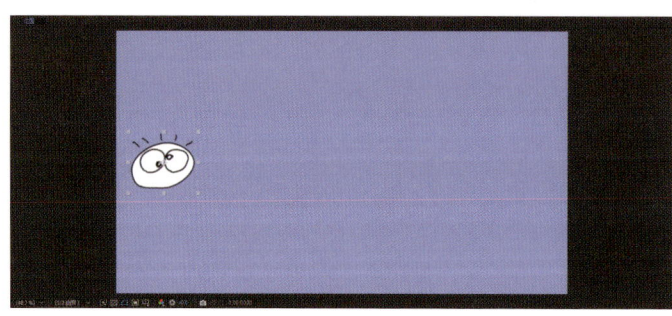

・X座標：200
・Y座標：540

スクラブ操作で数値変更

After Effectsに限らず、Adobeの製品でパラメーターの数値変更を行う場合、スクラブ機能を利用するとスピーディに数値変更できます。数値にマウスを合わせると、マウスの形が図のように左右に三角のある指型に変わります。この状態で左ボタンを押したまま左右にドラッグすると、数値を変更できます。これを「スクラブ操作」といいます。

12 アニメーション機能を オンにする（ポイント③）

プロパティをアニメーションさせるにはそのプロパティのアニメーション機能をオンにする必要があります。なお、設定のタイミングに注意してください。

▶ ストップウォッチをオンにする

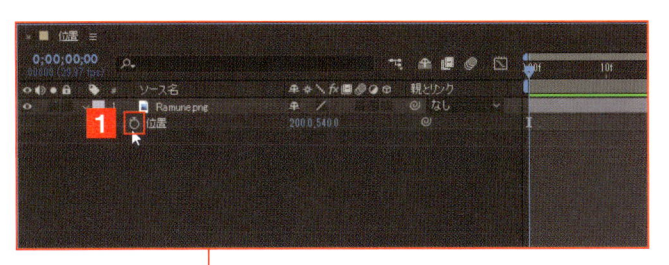

1 ストップウォッチを クリックする

プロパティ「位置」の名前の前にある［ストップウォッチ］をクリックします **1**。

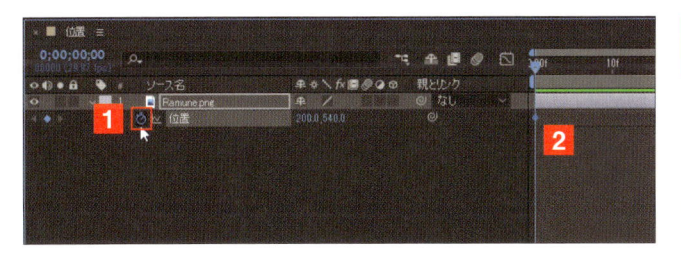

2 キーフレームが 設定される

［ストップウォッチ］をクリックすると青色表示**1**に変わり、アニメーションがオンになります。同時に、タイムラインには◆のキーフレームが設定されます**2**。

CHECK

アニメーションをオンにするタイミングは、アニメーション開始の時間と位置・状態を設定してからオンにしてください。先にオンにすると、この場合はイラストが中央から左端に移動するため、イメージ通りに動いてくれません。

POINT

キーフレームについて
「キーフレーム」とは「キーとなるフレーム」です。キーとは、動きを開始する、あるいは動きを止めるという命令で、この命令を埋め込んだフレームがキーフレームです。同時に、レイヤーに設定した内容をフレームに反映させる機能も持っています。本書では、アニメーションを開始するときのイラストの位置情報がフレームに設定されます。ここでは、動きを開始するという命令と位置情報が「0;00;00;00」のフレームに設定されます。

13 アニメーション終了の時間を決める（ポイント④）

アニメーション機能をオンにしたら、次にアニメーションが終了する時間を決めます。時間は、時間インジケーターをドラッグして合わせます。

▶ アニメーションの終了時間の設定

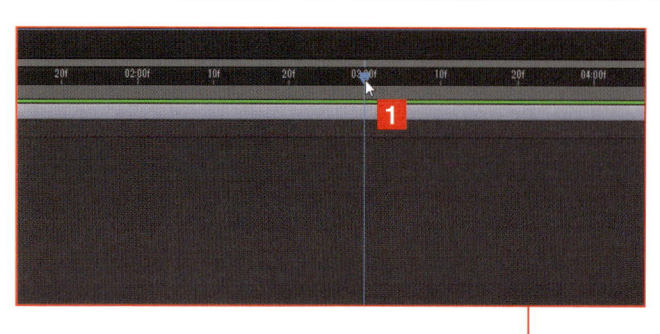

1 時間インジケーターをドラッグする

0秒から開始し、3秒の位置でアニメーションを止めるように設定してみます。時間インジケーターをドラッグし、タイムラインの3秒の位置（03:00f）の位置に合わせます **1**。

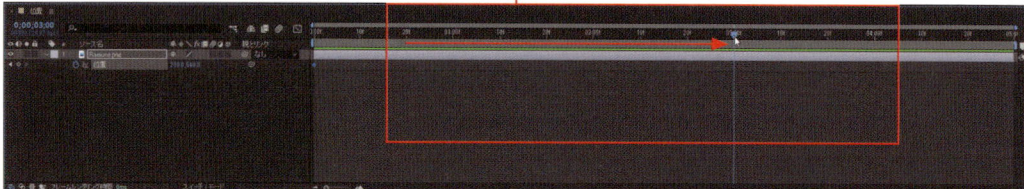

POINT

キーボードから時間を入力する

時間インジケーターを指定した時間位置に移動させる場合、キーボードからタイムコードを指定して移動させることも可能です。この場合、タイムラインパネルの「現在時間」に移動したい時間を入力します **1**。

▶

14 アニメーション終了の位置・状態を決める(ポイント⑤)

アニメーションが終了する時間を決めたら、次にイラストが動きを止める位置を決めます。この場合も、座標指定やドラッグで決めます。

▶ 動きを止める位置を座標で指定する

1 X座標を指定する

今回のイラストは直線的に平行移動させたいので、X軸の座標を「1570」と設定しました**1**。数値の変更は、スクラブ操作やキーボードから入力してもOKです。キーフレームが設定されます**2**。

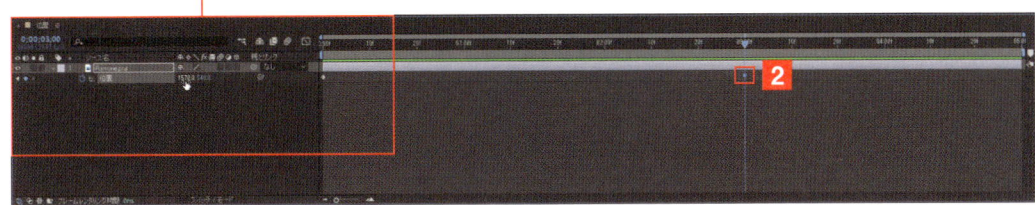

CHECK

イラストの開始位置を決めるときと同様に、イラストをマウスでドラッグして変更してもかまいません。

2 パスが表示される

コンポジションパネルには、イラストが移動する道順を示す「パス」と呼ばれるラインが表示されます**1**。イラストは、このライン上を移動します。

15 アニメーションを プレビューする

アニメーションの設定が終了したら、早速プレビューを実行してイメージ通りにアニメーションするかどうかを確認してみましょう。

サンプルファイル ▶ CH-02-15.aep

▶ アニメーションを再生する

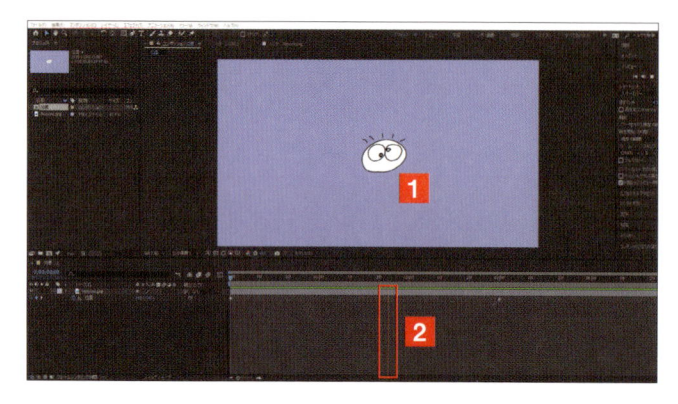

1 スペースキーで 再生する

[Home] キーを押して再生ヘッドを左端に戻し、スペースキーを押してください。再生が開始されます**1**。SECTION 14 の作業終了状態のサンプルファイル「CH-02-15.aep」を開いて、再生して確認してもかまいません。このとき、タイムライン上を赤いライン**2**が表示され、イラストと同期して移動し、どのフレーム位置を再生しているかが確認できます。

1

CHECK

キーボードのテンキー部分にある数字の [0] キーを押すと、時間インジケーターが最初のフレームの 0 秒に移動し、そこから再生が開始されます。

POINT

「プレビュー」パネル

「プレビュー」パネルを表示すると、再生用のコントローラーが備えられており、これを利用して最初のフレームへの移動、再生どの操作ができます。ちょっと便利なのが、「フレーム」で、ここで再生時のフレームレートを選択でき、フレームレートによる再生速度の違いを確認できます。

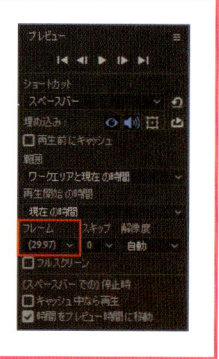

キーフレームを移動する

タイムラインに設定したキーフレームは、利用目的に応じて配置位置を変更できます。たとえば、アニメーションの再生時間を変更することなどもできます。

▶ アニメーション時間を延ばす

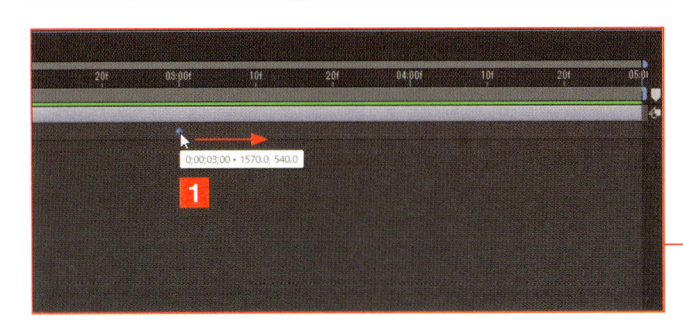

1 キーフレームをドラッグする

3秒の位置に設定してあるキーフレーム **1** を、4秒の位置（04:00f）にドラッグで移動します **2**。

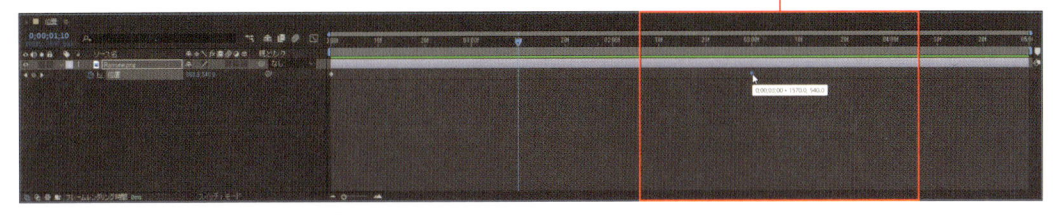

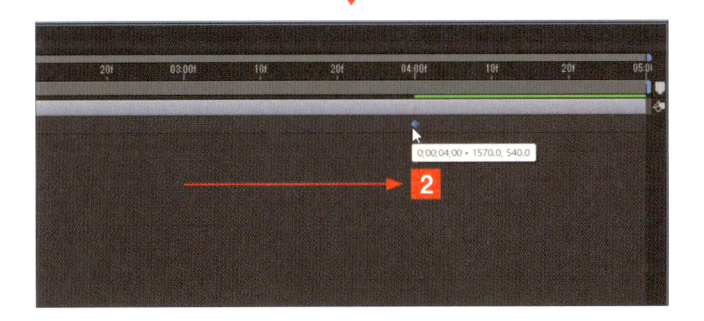

CHECK

タイムラインの3秒の位置に2つ目のキーフレームを設定し、ここでアニメーションを止めています。この位置を4秒に変更しています。

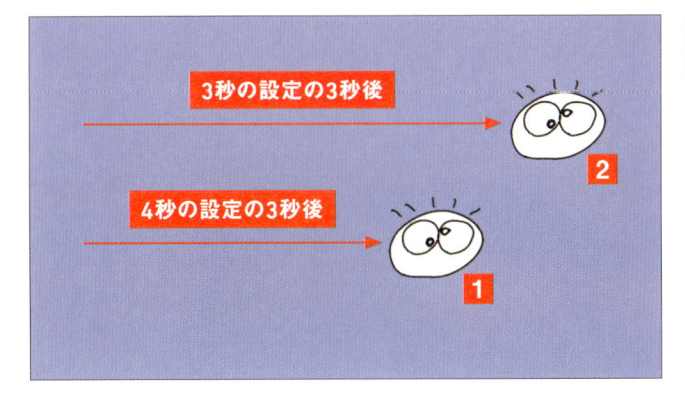

2 移動速度が変わる

アニメーションの停止位置を3秒から4秒に変更すると、同じ距離を3秒ではなく4秒掛けて移動するため、移動速度が遅くなります。画面は、3秒と4秒の設定で、アニメーション開始から3秒後の状態です。4秒の設定では **1**、3秒の設定 **2** より後ろにあります。逆に、移動速度を速くしたい場合は、2秒など移動時間を短くします。

CHAPTER 02 アニメーション作成の基本

17 キーフレームを追加する

キーフレームは自由に追加ができます。また、プロパティのパラメーターを変更しても、自動的にキーフレームが設定されます。

▶ タイムラインにキーフレームを追加する

1 時間インジケーターを合わせる

時間インジケーターを、キーフレームを追加したい任意の位置に合わせます**1**。

2 キーフレームの追加／削除ボタンをクリックする

キーフレームを追加したいレイヤーの左端に、時間インジケーターの操作ボタンがあります。このうちの［キーフレームの追加／削除］**1**をクリックすると、時間インジケーターの位置にキーフレームが追加されます**2**。

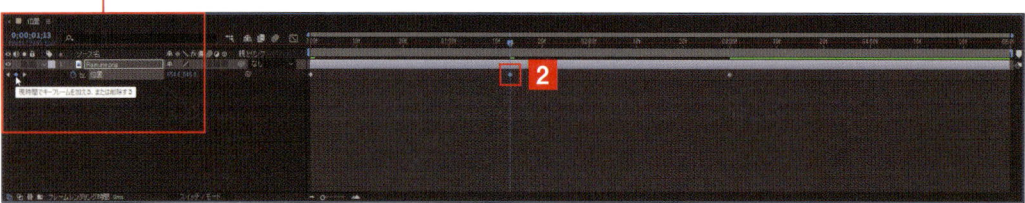

POINT

キーフレームの操作
キーフレームの操作は次の3つのボタンで行います。
1前のキーフレームに移動
2キーフレームの追加／削除
3次のキーフレームに移動

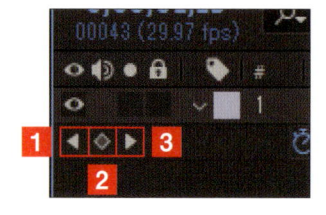

CHAPTER 02 アニメーション作成の基本

18 キーフレームを削除する

追加したキーフレームが不要になったら、これを削除します。手順は簡単ですので、間違えないようにしましょう。

▶ 不要になったキーフレームを削除する

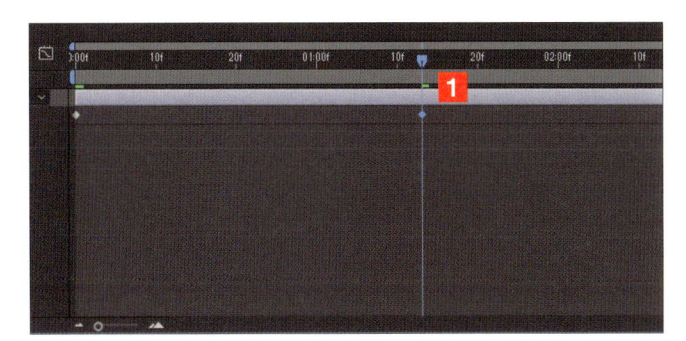

1 時間インジケーターを合わせる

時間インジケーターを、キーフレームを削除したい任意の位置に合わせます**1**。

2 キーフレームの追加／削除ボタンをクリックする

［キーフレームの追加／削除］をクリックすると**1**、キーフレームが削除されます。

POINT

キーフレーム追加／削除のショートカットキー
キーフレームに時間インジケーターを合わせて、ショートカットキーを利用して追加／削除できます。

- **対象プロパティが「位置」**
  Win：Alt ＋ Shift ＋ P キー　　Mac：Command ＋ Shift ＋ P キー

- **対象プロパティが「回転」**
  Win：Alt ＋ Shift ＋ R キー　　Mac：Command ＋ Shift ＋ R キー

- **対象プロパティが「スケール」**
  Win：Alt ＋ Shift ＋ S キー　　Mac：Command ＋ Shift ＋ S キー

19 キーフレームの自動設定をする

プロパティのパラメーターを変更すると、時間インジケーター位置にキーフレームが自動的に設定されます。

▶ キーフレームのパラメーターを変更する

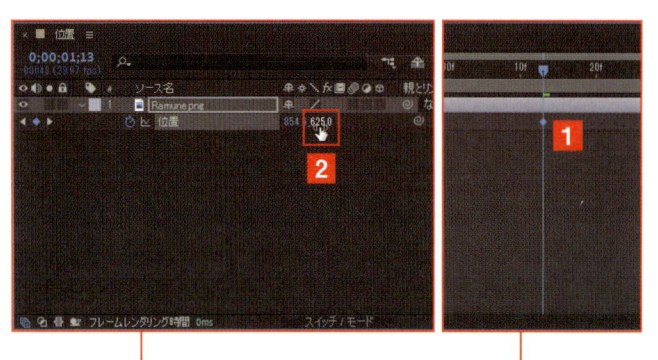

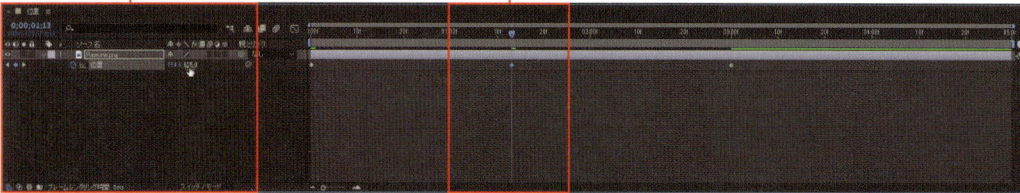

1 パラメーターを変更する

キーフレームを追加したい位置に時間インジケーターを合わせ**1**、パラメーターを変更します。ここではY軸の座標値を「625.0」に変更しました**2**。そうすると、時間インジケーター位置にキーフレームが設定されます。

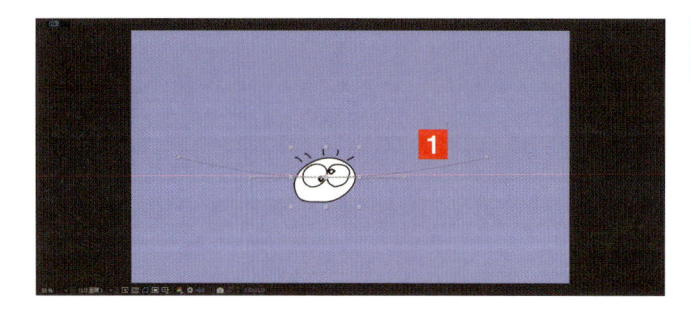

2 パスも変更される

プロパティのパラメーターを変更すると、表示位置も変更されます。たとえば、1の操作でY座標を変更すると、その数値に応じてパスが変更されます。ここでは、パスが曲線に変更されています**1**。

20 キーフレームを コピー&ペーストする

タイムラインに設定したキーフレームは、必要に応じてコピーできます。この場合、ショートカットキーを利用してスピーディに処理します。

▶ ショートカットキーでコピー&ペーストする

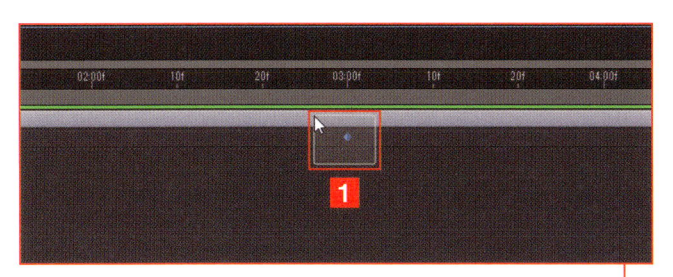

1 キーフレームを コピーする

コピーしたいキーフレームをマウスで囲って選択します**1**。選択されたキーフレームは青く表示されるので、`Ctrl`（Mac は `Command`）+`C` キーでコピーします。

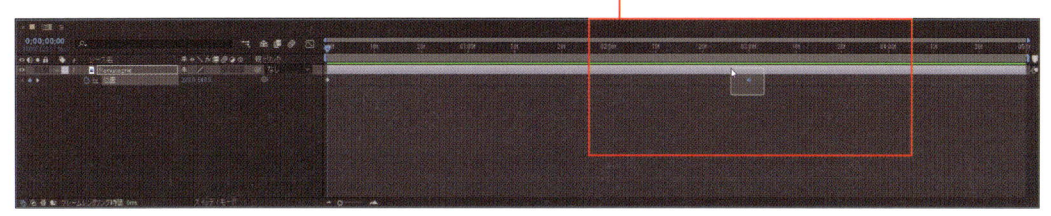

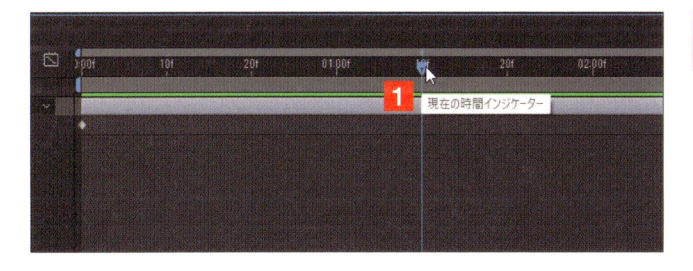

2 時間インジケーターを 合わせる

キーフレームを設定したい位置に時間インジケーターを合わせます**1**。

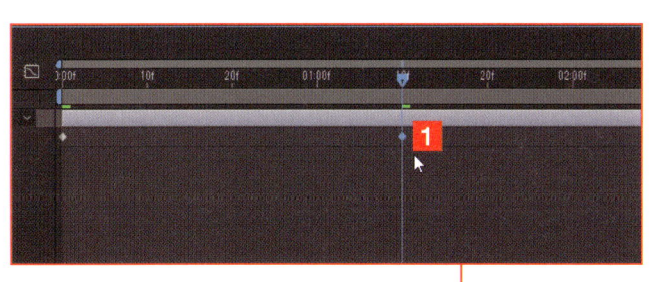

3 ペーストする

`Ctrl`（Mac は `Command`）+`V` キーでペーストを実行すると、時間インジケーター位置にキーフレームがペーストされます**1**。

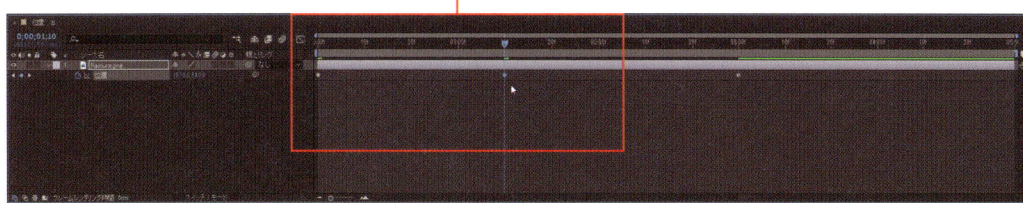

21 アニメーションの動きを反転させる

After Effectsで作成したアニメーションは、基本的にタイムラインの左から右へ再生されます。このときの動きを逆に設定することも可能です。

サンプルファイル CH-02-21.aep

▶ 右から左への移動に変更する

1 キーフレームを選択する

サンプルファイル「CH-02-21.aep」を開きます。反転させたいキーフレームをドラッグで囲むようにすべて選択します 1 。

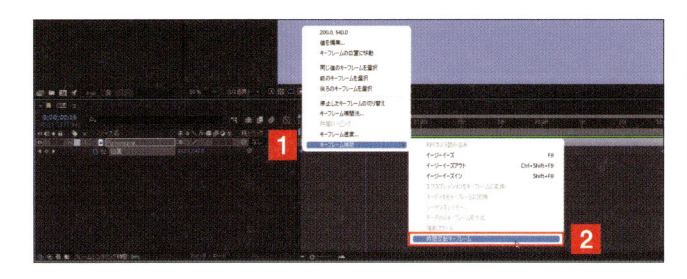

2 時間反転を選択する

選択したキーフレーム上で右クリックし 1 、表示されたメニューから［キーフレーム補助］→［時間反転キーフレーム］ 2 を選択します。

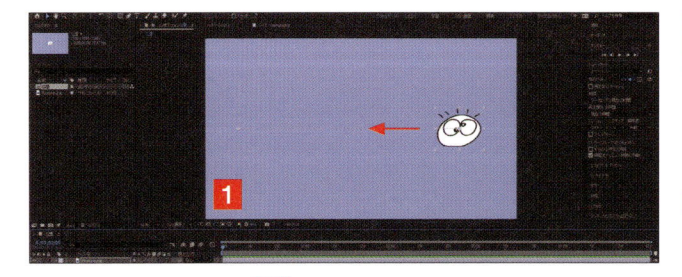

3 動きが反転している

アニメーションを再生すると、時間インジケーターは左から右へ移動しますが、イラストは、右から左へ移動します 1 2 3 。

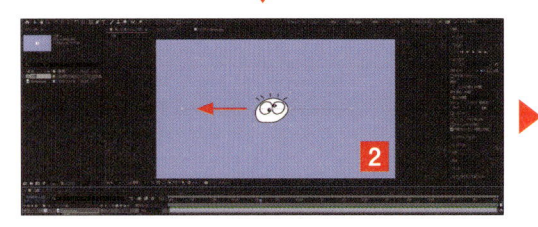

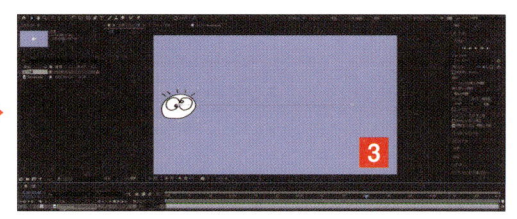

イージーイーズとは

平行移動するアニメーションを見て、何か違和感を感じませんか？　動き始めてから止まるまで一定速度なので、自然な感じがしません。その動きを自然にするのが「イージーイーズ」です。

▶ イージーイーズで自然な動きにする

ここまでは、単純に平行移動するアニメーションを作ってきましたが、再生して何か違和感を感じませんか？　イラストが一定速度で移動するので、とても機械的に感じられるのです。このような動きは、自然界ではあり得ません。では、自然界ではどのようにものが動くかというと、ゆっくりと動き始めながら加速し、止まるときには減速しながらゆっくりと止まります。その動きを After Effects で実現するのが「イージーイーズ」です。

After Effectsでのデフォルトでの動き

デフォルトの状態では、イラストが一定速度で左から右へ移動します**1 2 3**。そのため、とても機械的に感じられます。

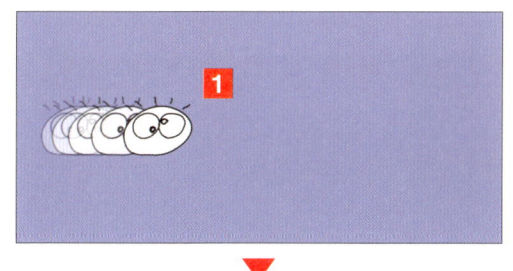

イージーイーズを設定した動き

イージーイーズを設定すると、出だしでは徐々に加速し**1**、止まるときは徐々に速度を落とします**2 3**。

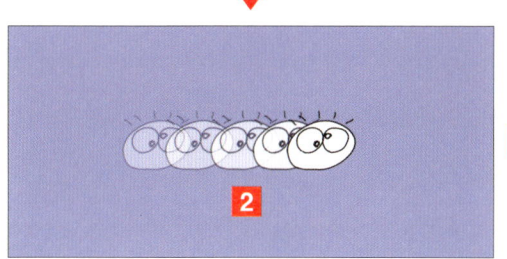

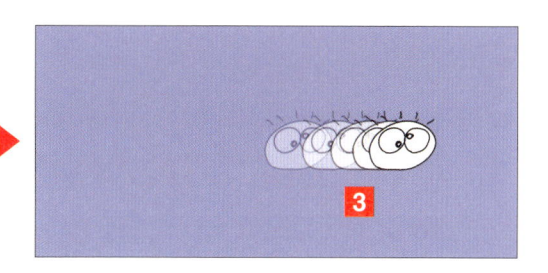

23 イージーイーズで自然な動きに設定する

ここでは、アニメーションの動きを自然にするため、タイムラインに配置したキーフレームにイージーイーズを設定する手順を解説します。

【サンプルファイル】 ▶ CH-02-23.aep

▶ イージーイーズを設定する

1 キーフレームを選択する

サンプルファイル「CH-02-23.aep」を開きます。イージーイーズを設定したいキーフレームを、ドラッグで囲って選択します**1**。

2 イージーイーズを設定する

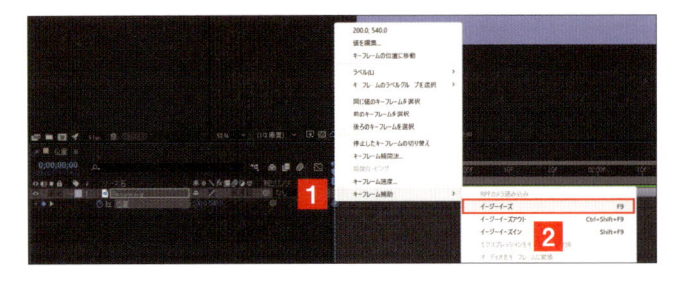

選択したキーフレームを右クリック**1**し、[キーフレーム補助]→[イージーイーズ]**2**を選択します。なお、通常はショートカットキーの F9 キーを押しても設定できます。

3 イージーイーズが設定される

キーフレームにイージーイーズが設定されると、キーフレームの形が◆**1**から砂時計型**2**に変わります。

CHECK

Ctrl（Mac では command ）キーを押しながらイージーイーズを設定したキーフレームをクリックすると、イージーイーズが解除されます。複数のキーフレームを解除する場合は、ドラッグして複数選択した後に同じ操作で解除できます。

24 スピードグラフで調整する

イージーイーズを設定したアニメーションは自然なイメージになりましたが、もう少し加速、減速の効果を目立たせたい場合は、「スピードグラフ」を利用して速度を調整します。

▶ スピードグラフで速度を調整する

1 グラフエディターを表示する

イージーイーズを設定したキーフレームのあるプロパティ（ここでは「位置」）を表示してプロパティ名をクリックして選択します**1**。さらにタイムラインパネル上部にあるグラフエディターアイコン**2**をクリックすると、グラフエディターが表示されます**3**。

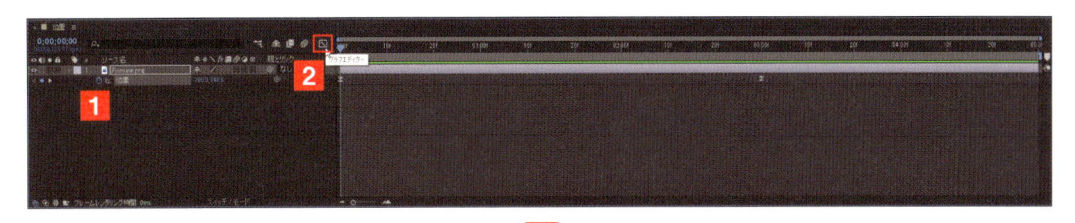

▼

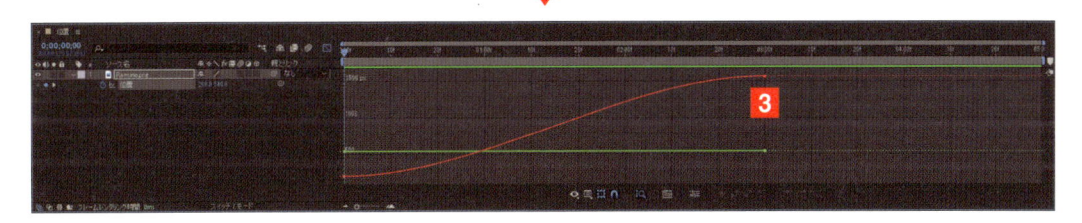

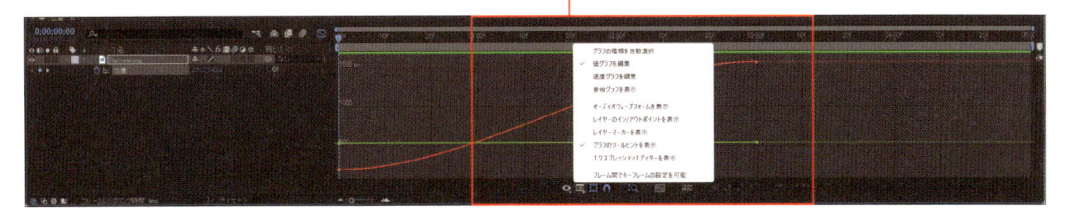

2 「速度グラフを編集」に切り替える

タイムラインパネル下部にある［グラフの種類とオプションを選択］アイコン**1**をクリックし、表示されたメニューから［速度グラフを編集］**2**を選択します。

3 速度グラフで加速を編集する

速度の変化を示す「速度グラフ」が表示されます。ここには、加速、減速の状態がきれいな放物線**1**で表示されています。この放物線は「ベジェ曲線」という曲線を描くための機能です。放物線の左右にあるキーフレームをクリック**2**すると、曲線の状態を示す「方向線」**3**が表示されるので、左の方向線の頭にある黄色い●（方向点）**4**を右にドラッグして、放物線の曲線を変更**5**します。

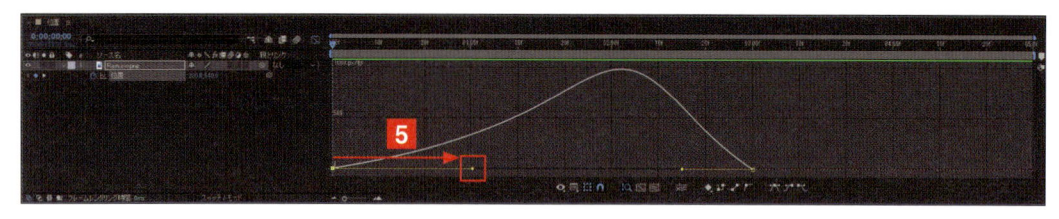

4 速度グラフで加速を編集する

同じように、今度は右側の方向線にある方向点**1**を左にドラッグ**2**します。

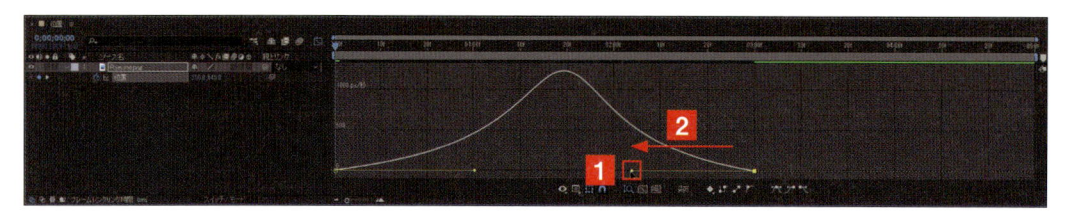

5 加速、減速がわかりやすくなる

アニメーションをプレビューすると、加速と減速の変化がわかりやすくなっていることを確認できます**1 2**。

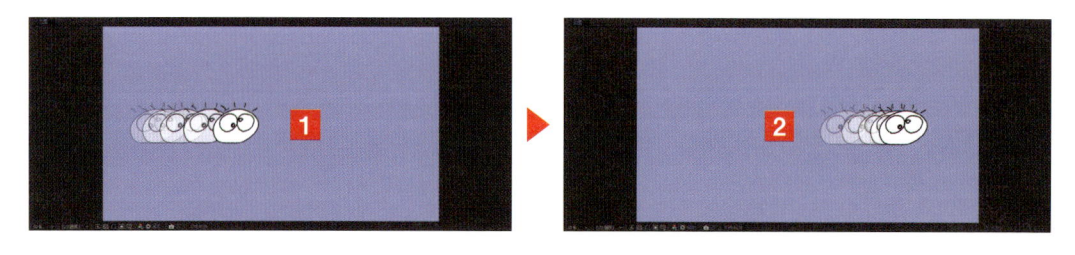

CHAPTER 02 アニメーション作成の基本

SECTION 25

回転するアニメーションを作成する

イラストが回転するアニメーションを作成してみましょう。回転するアニメーションの作成ポイントは、回転数とアンカーポイントの設定です。

サンプルファイル ▶ CH-02-25.aep、Ramune.png

▶ 移動しながら回転するアニメーションを作成する

ここで作成するアニメーション

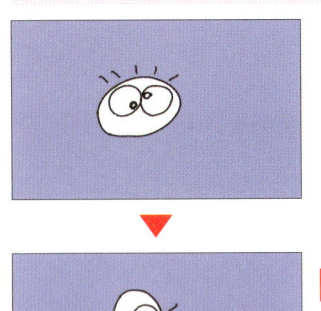

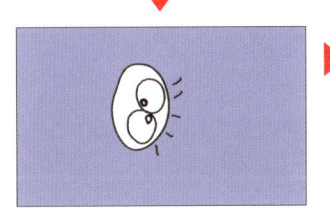

1 新規コンポジションを作成する

プロジェクトパネル上で右クリック→ [新規コンポジション] を選択します**1**。「コンポジション設定」ダイアログボックスを表示で、SECTION 04 の設定で、「コンポジション名」を「回転」として、そのまま [OK] をクリックします。サンプルファイル「CH-02-25.aep」を開いてもかまいません。

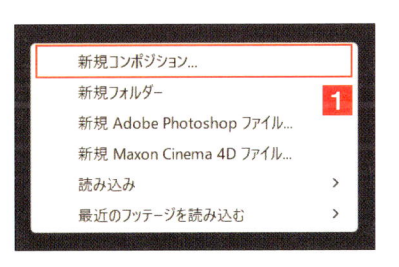

2 イラストを配置する

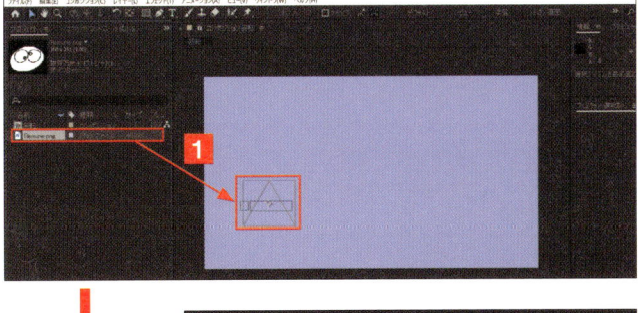

イラストファイル「Ramune.png」をプロジェクトパネルに読み込みます。SECTION 07 のようにタイムラインパネルにドラッグ&ドロップすると、イラストがコンポジションパネルの中央に表示されます。しかし、コンポジションパネルの任意の位置にドラッグ&ドロップすると**1**、ドラッグ&ドロップした位置にイラストが表示されます**2**。

3 「回転」を展開する

「回転」プロパティを表示します **1**。ショートカットキーの R キーを利用して、レイヤーパネルを表示すると簡単です。

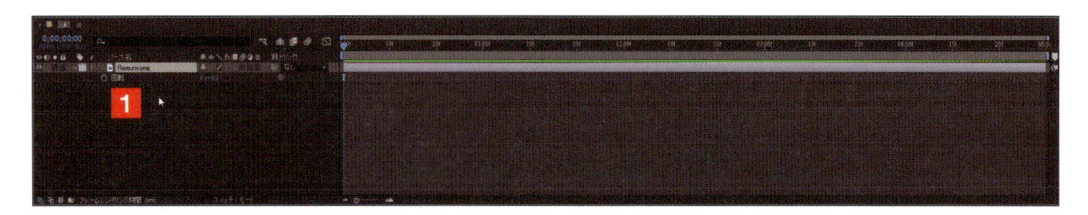

4 開始時間を設定する

アニメーション作成の 5 つのポイントの 1 である、アニメーションの開始時間を決めます。時間インジケーターを左端に合わせ **1**、0 秒からアニメーションが開始するように設定します。

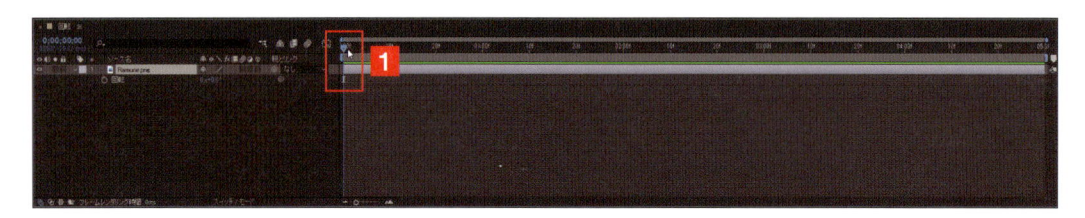

5 開始位置・状態を決める

アニメーション作成ポイント 2 のアニメーションの開始位置・状態を決めます。P.087 で解説したように、「位置」プロパティの X 座標、Y 座標で指定しても可能ですが、コンポジションパネルでイラストをドラッグしても OK です **1 2**。

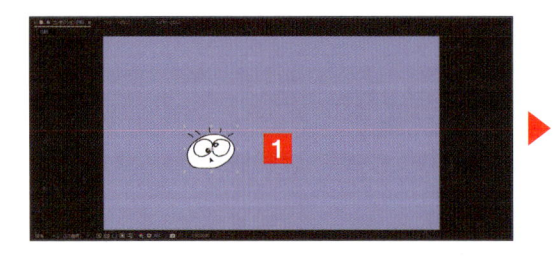

6 アニメーションをオンにする

アニメーション作成ポイント 3 が、アニメーション機能をオンにすることです。ここでは、プロパティ名「回転」の頭にあるストップウォッチをクリックしてオン **1** にします。ストップウォッチが青くなると同時に、タイムラインにはキーフレームが設定されます **2**。

7　アニメーションを停止する時間を設定する

アニメーション作成ポイント 4 のアニメーションを停止する時間は、時間インジケーターを 2 秒の位置（02:00f）に合わせます**1**。これで 2 秒間回転することになります。

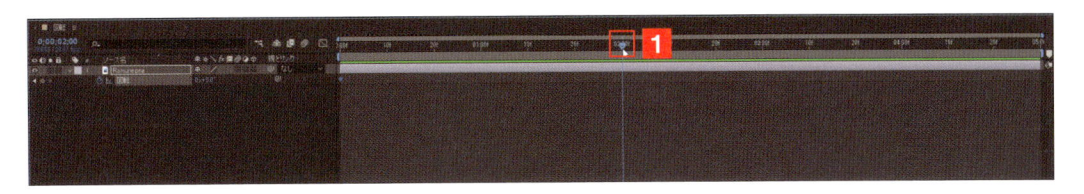

8　回転数を決める

アニメーション作成ポイント 5 は、アニメーション停止の位置・状態ですが、ここでは、状態として回転数を設定します。ここで回転数を指定すると、0 秒で回転を始め、2 秒までにここで指定した回数だけイラストが回転します。回転は 1 回に設定してみましょう。角度に「360」と入力すると**1**、表示は「1x + 0.0°」となります**2**。同時に、時間インジケーター位置にキーフレームが自動的に設定されます**3**。

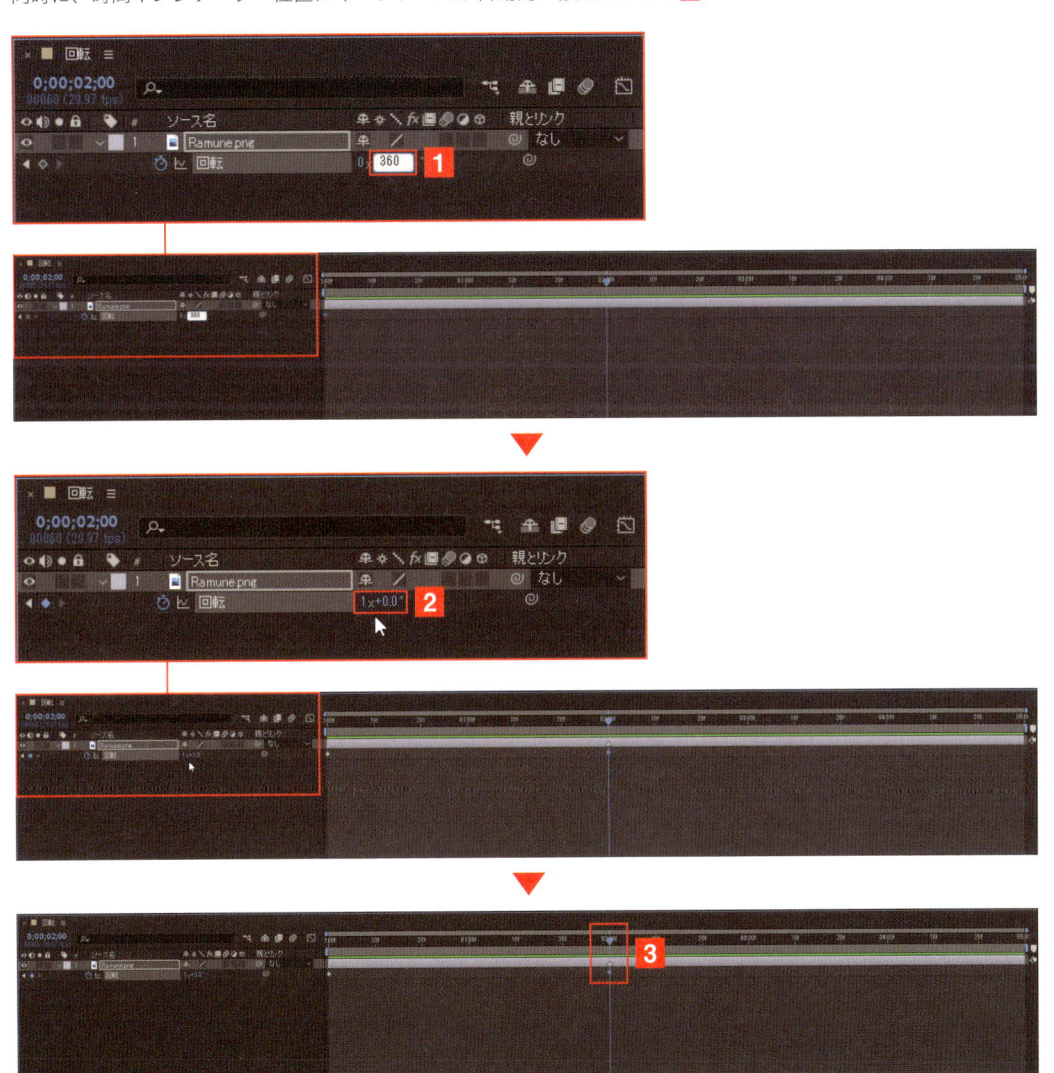

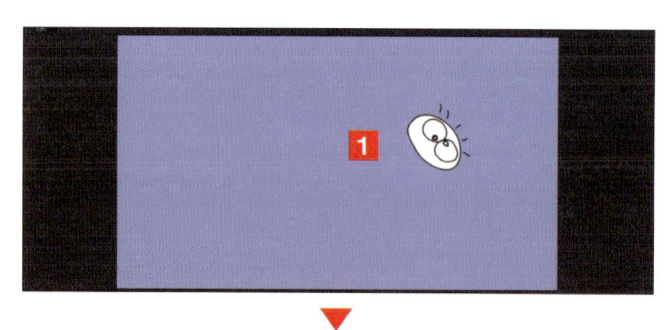

9 回転をプレビューする

スペースキーを押して、回転を確認します。2秒で1回転します。

10 回転数を変更する

2秒で3回転させるには、回転数のパラメーターを「3x + 0.0°」と変更します**1**。

POINT

回転数の指定方法

「回転」のパラメーターは、次のような機能を備えています。

　　0x（回転数）＋ 0.0°（角度）

1回回転させる場合、角度を360度と設定すると、次のように表示されます。

　　0x + 360 → 1x + 0.0°

これによって、1回転します。したがって、たとえば3回転させたい場合は、以下のように角度ではなく回転数にダイレクトに数字を入力します。

　　3x + 0.0°

26 アンカーポイントを変更する

「アンカーポイント」はオブジェクトの中心のことです。外部のイラストなどを読み込んだりテキストを設定した場合、どこがアンカーポイントなのかを確認してください。

▶ アンカーポイントを変更する

1 レイヤーを選択する

アンカーポイントを変更したいレイヤーを選択します。画面では PNG レイヤー 1 つしかないので、それを選択します**1**。これで、コンポジションパネルのイラストにアンカーポイントが表示されます**2**。

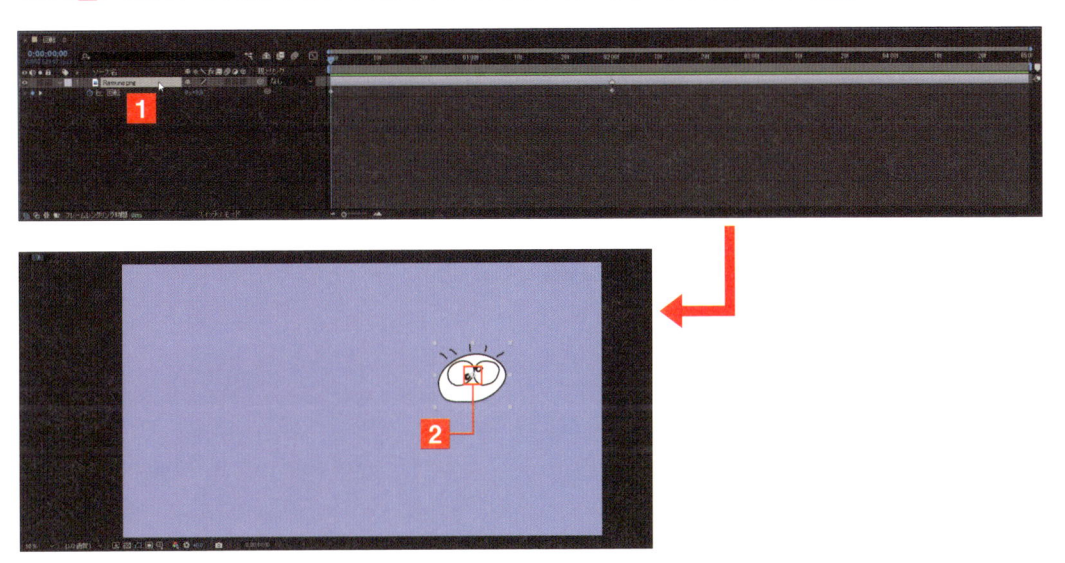

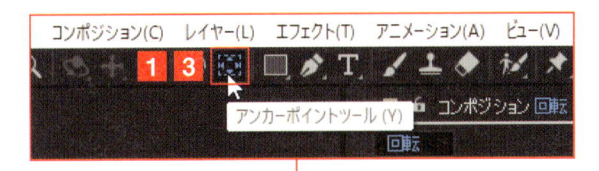

2 [アンカーポイントツール]を選択する

ツールバーにある［アンカーポイントツール］をクリックします**1**。クリックして選択すると**2**、青色表示に変わります**3**。

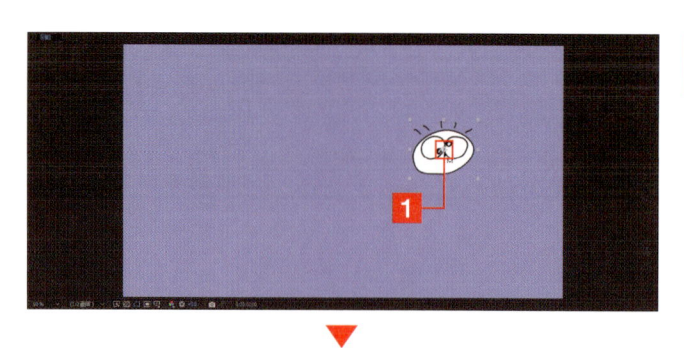

3 アンカーポイントを移動する

アンカーポイントを **1**、任意の位置にドラッグして移動します **2**。

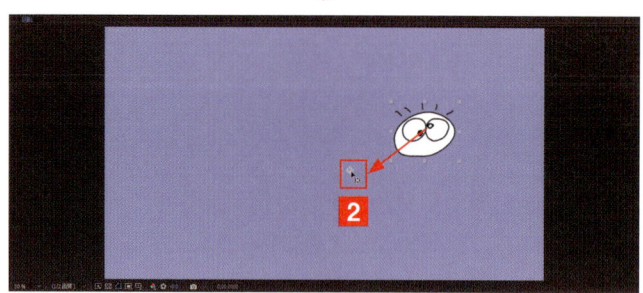

CHECK

アンカーポイントをイラストの中心に戻す場合は、ショートカットキーを利用すると便利です。[Alt]キー（Mac は [Option] キー）を押しながら[アンカーポイントツール]をダブルクリックしてください。

4 プレビューする

プレビューを実行すると、回転の中心点が変わっていくのがわかります **1** **2** **3** **4** **5**。

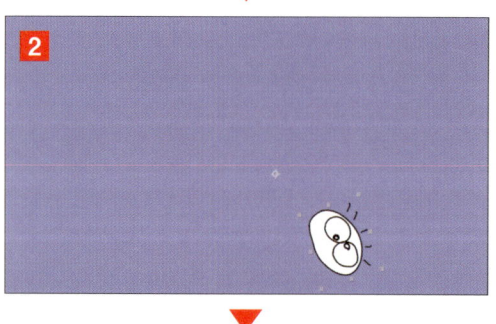

27 拡大／縮小するアニメーションを作成する

「スケール」は、いわゆる拡大／縮小のアニメーションが作れるプロパティです。ここでは、イラストが拡大縮小されるアニメーションを作成してみましょう。

サンプルファイル ▶ CH-02-27.aep、Ramune.png

▶ 「スケール」で拡大／縮小する

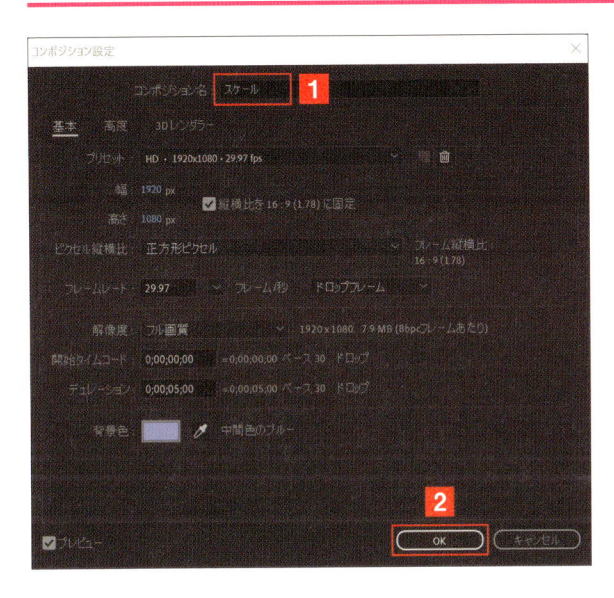

1 新規コンポジションを作成する

新規にスケールアニメーション用のコンポジションを作成します。「コンポジション設定」ダイアログボックスを表示し、コンポジション名は「スケール」**1** としました。あとは先の「位置」や「回転」のアニメーションを作成したときと同じく SECTION 04 の設定で［OK］をクリックします**2**。サンプルファイル「CH-02-27.aep」を開いてもかまいません。

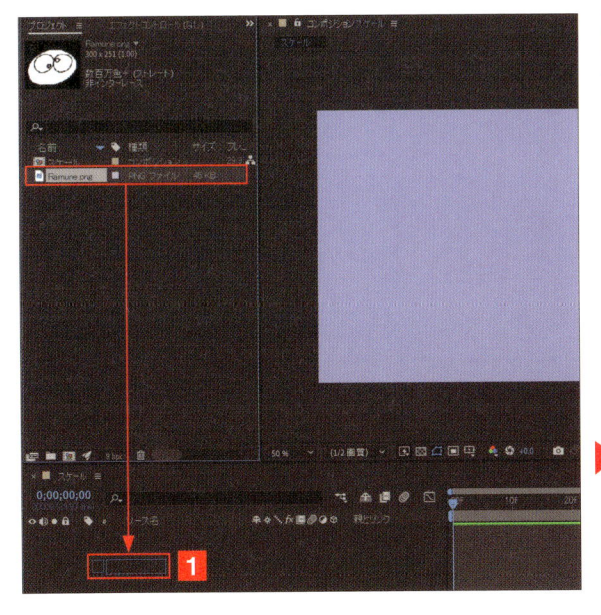

2 イラストを配置する

プロジェクトパネルにイラストファイル「Ramune.png」を読み込みます。フレームの中央に配置したいので**1**、SECTION 07 のように、タイムラインパネルのレイヤーパネルにドラッグ＆ドロップします**2**。

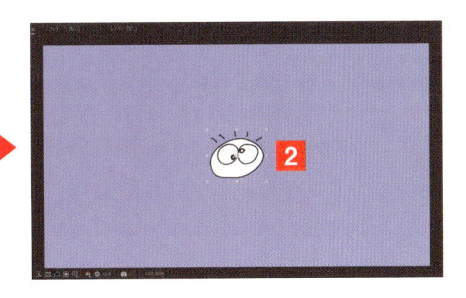

3 「スケール」を展開する

「スケール」プロパティを表示します**1**。ショートカットキー（⑤キー）を利用して、レイヤーパネルを表示すると簡単です。

4 終了時間を設定する

アニメーション作成の5つのポイントの4である、アニメーションの終了時間を決めます。時間インジケーターを3秒（03.00f）の位置に合わせます**1 2**。

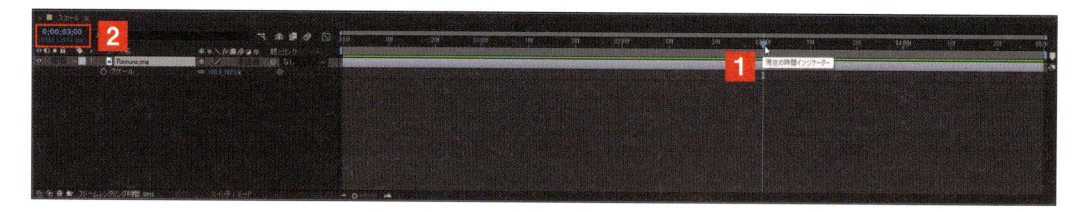

5 終了位置・状態を決める

アニメーション作成ポイントの5のアニメーションの終了位置・状態を決めます。今回は、フレームの中央に表示した状態**1**で、スケールサイズは「100%」**2**のままにします。

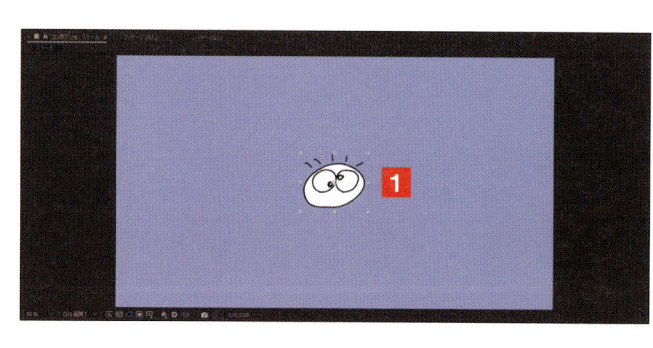

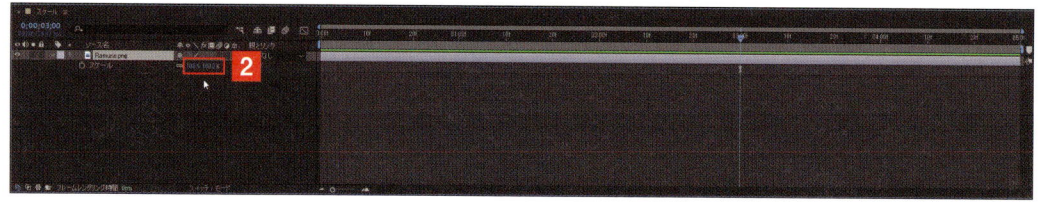

6 アニメーションをオンにする

アニメーション作成ポイント3で、アニメーション機能をオンにします。プロパティ名「スケール」の頭にあるストップウォッチをクリックしてオンにします**1**。ストップウォッチが青くなると同時に、タイムラインにはキーフレームが設定**2**されます。

7 時間を変更してサイズを調整する①

時間インジケーターを 2 秒（02.00f）に合わせます**1**。また、スケールのサイズを「200」に変更します**2**。なお、タイムラインにはキーフレームが自動的に設定されます**3**。また、イラストが 200％の大きさに表示されます**4**。

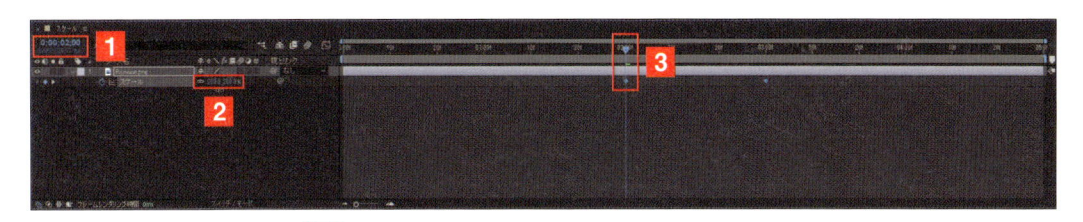

8 時間を変更してサイズを調整する②

時間インジケーターを 1 秒（01.00f）に合わせます**1**。また、スケールのサイズは「0」に変更します**2**。また、タイムラインにはキーフレームが自動的に設定されます**3**。なおイラストが 0％なので、表示されなくなります**4**。

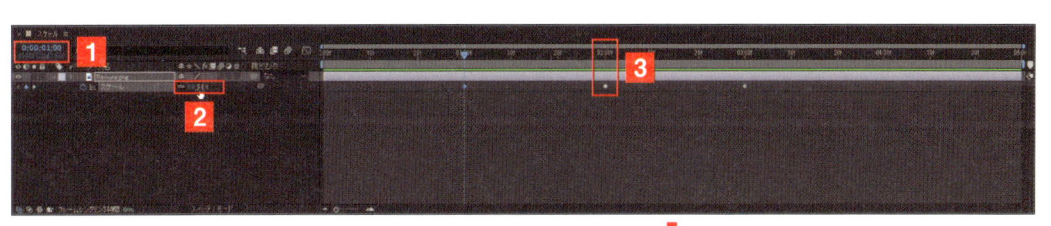

9 アニメーションを開始する時間を設定する

アニメーション作成ポイント 1 のアニメーションを開始する時間は、タイムラインの左端、0 秒の位置（00:00f）に時間インジケーターを合わせます**1**。

10 アニメーションを開始する位置・状態をする

スケールのサイズを「100%」に変更します**1**。また、タイムラインにはキーフレームが自動的に設定されます**2**。なおイラストが100%なので、元の状態で表示されます**3**。

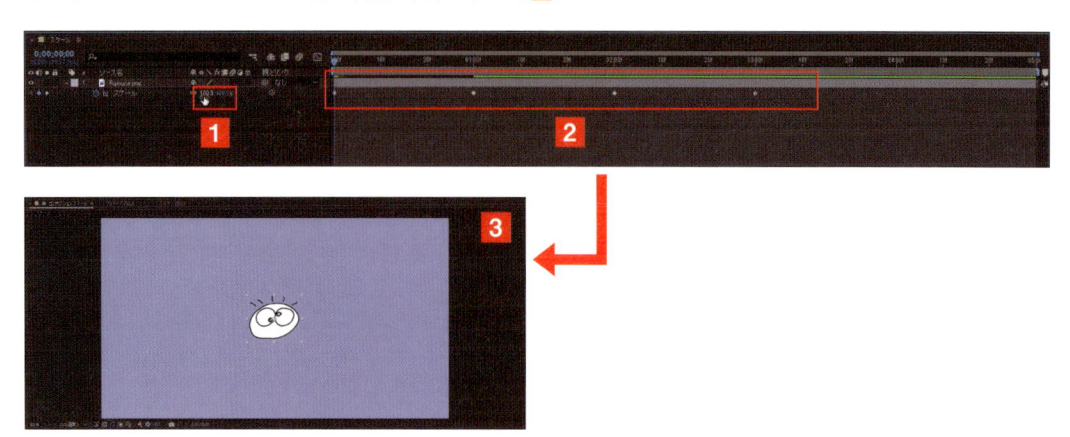

11 アニメーションをプレビューする

アニメーションをプレビューすると、標準状態のイラストが一度消え、それが今度は2倍の大きさで表示されてから、標準状態のサイズに戻るというアニメーションが完成します**1234**。

28 点滅するアニメーションを作成する

プロパティの「不透明度」を利用して、配置したイラストが1回だけ点滅するアニメーションを作成してみましょう。

サンプルファイル CH-02-28.aep、Ramune.png

▶ イラストが点滅するアニメーションを作成する

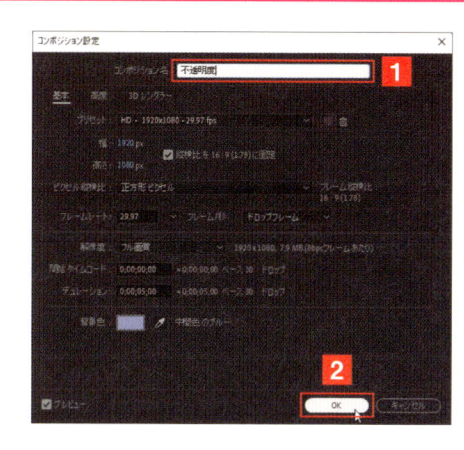

1 コンポジションを作成する

新規に不透明度アニメーション用のコンポジションを作成します。「コンポジション設定」ダイアログボックスを表示し、SECTION 04の設定でコンポジション名は「不透明度」**1**として、[OK]をクリックします**2**。サンプルファイル「CH-02-28.aep」を開いてもかまいません。タイムラインパネルにイラストサンプル「Ramune.png」を読み込みます。

CHAPTER
02
アニメーション作成の基本

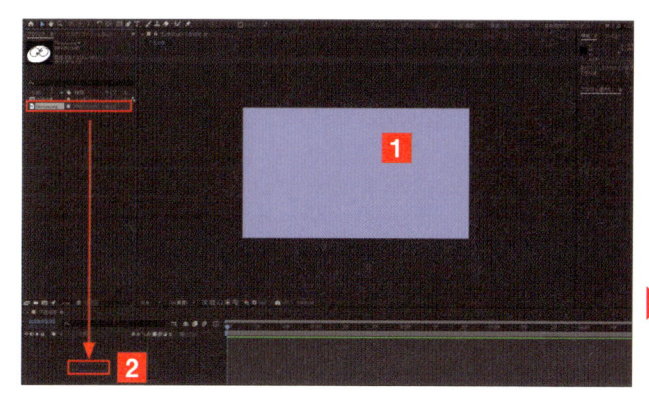

2 イラストを配置する

イラストをフレームの中央に配置したいので**1**、タイムラインパネルのレイヤーパネルにドラッグ＆ドロップします**2**。

3 「不透明度」を展開する

「不透明度」プロパティを表示します**1**。ショートカットキー（T キー）を利用して、レイヤーパネルを表示すると簡単です。

4 開始時間を設定する

アニメーション作成の5つのポイントの①である、アニメーションの開始時間を決めます。時間インジケーターを左端に合わせ **1**、0秒からアニメーションが開始するように設定します。

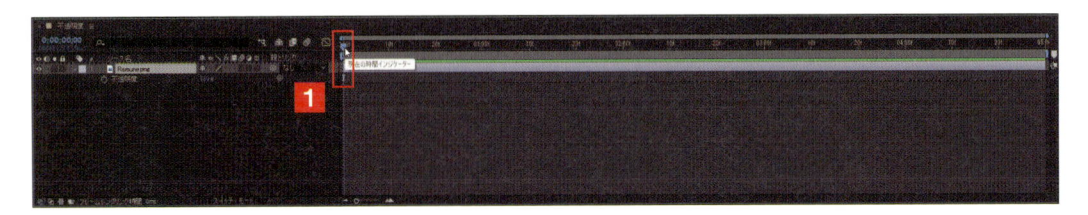

5 開始位置・状態を決める

アニメーション作成ポイント②のアニメーションの開始位置・状態を決めます。「不透明度」プロパティが100%なのを確認します **1**。この場合は、デフォルトの設定のまま利用します。

6 アニメーションをオンにする

アニメーション作成ポイント③は、アニメーション機能をオンにすることです。ここでは、プロパティ名「不透明度」のストップウォッチをクリックしてオン **1** にします。ストップウォッチが青くなると同時に、タイムラインにはキーフレームが設定されます **2**。

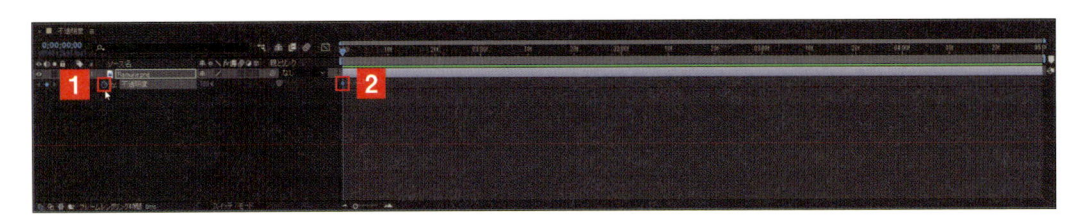

7 時間とパラメーター、キーフレームの設定

時間インジケーターを10フレーム（10f）に移動し **1**、不透明度のパラメーターを「0%」に変更 **2** します。変更すると、キーフレームが設定されます **3**。イラストは、不透明度が0%になると表示されなくなります **4**。

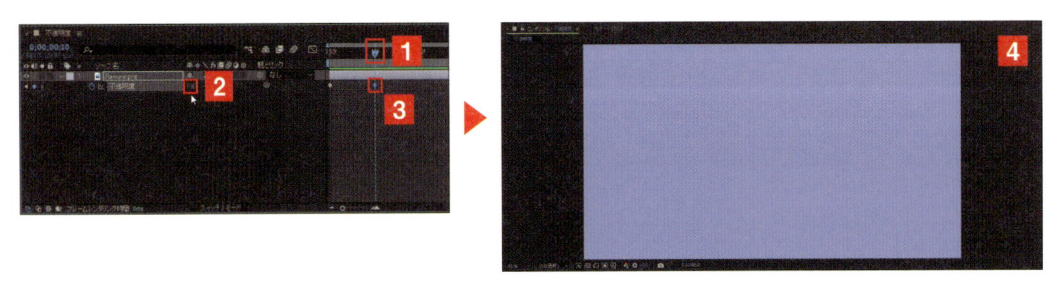

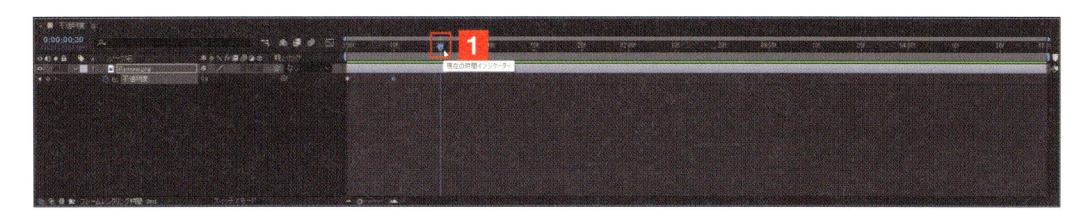

8 アニメーションを停止する時間を設定する

アニメーション作成ポイント④のアニメーションを停止する時間は、時間インジケーターを 20 フレーム（20f）の位置に合わせます**1**。

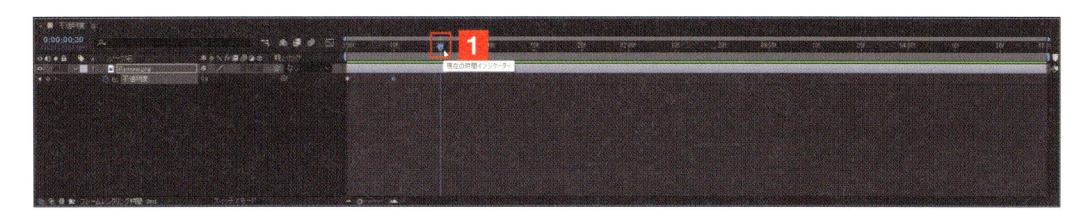

9 アニメーションを停止する時間を設定する

アニメーション作成ポイント⑤のアニメーション停止の位置・状態ですが、ここでは、状態として不透明度を「100％」に設定します**1**。パラメーターを設定すると、タイムラインにはキーフレームが設定されます**2**。

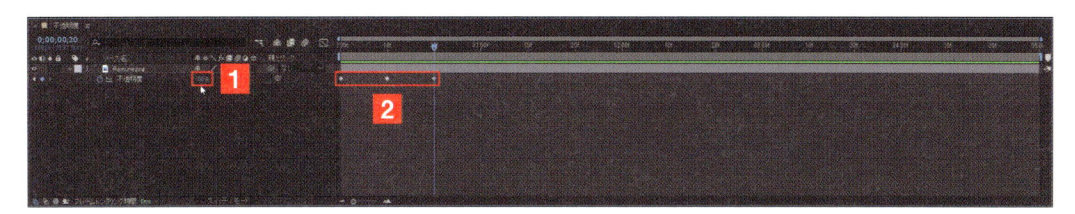

10 アニメーションをプレビューする

アニメーションをプレビューすると、イラストが 1 回だけ点滅します**1****2****3**。

複数のキーフレームを
コピーする

点滅開封を増やすには、キーフレームをコピー＆ペーストしますが、1つだけではなく複数をまとめてコピーすることもできます。

▶ 点滅開封を増やすためにキーフレームをコピーする

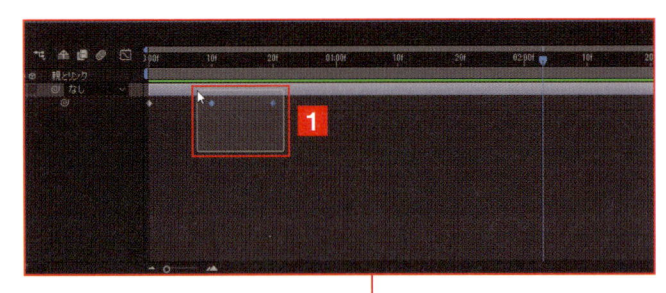

1 キーフレームを
コピーする

タイムラインに設定してある3個のキーフレームのうち、2個目（10フレーム目）と3個目（20フレーム目）を選択して**1**、Ctrl（Mac は command）＋ C キーでコピーします。

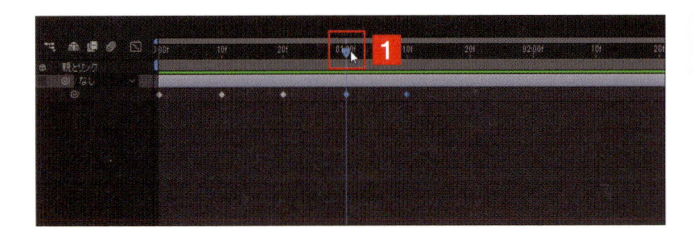

2 キーフレームを
ペーストする①

時間インジケーターを1秒の位置（01:00f）に合わせ**1**、ショートカットキー Ctrl（Mac は Command）＋ V キーでペーストします。

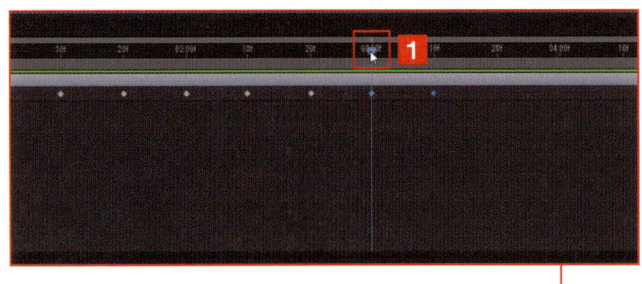

3 キーフレームを
ペーストする②

1秒20フレーム目、2秒10フレーム目、3秒目**1**にもペーストします。これで、連続して点滅するようになります。

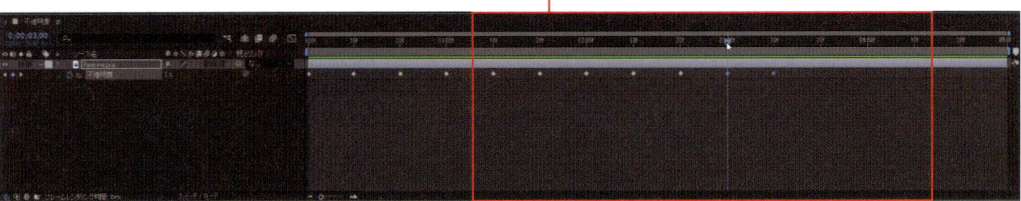

30 キーフレームの時間を伸縮させる

SECTION 27で作成したスケールのアニメーションですが、キーフレームの配置間隔を変更すると、アニメーション速度を速くしてイラストが登場する効果を演出できます。

サンプルファイル CH-02-30.aep

▶ アニメーションの間隔を変更する

1 すべてのキーフレームを選択する

サンプルファイル「CH-02-30.aep」を開きます。配置してあるキーフレームを、マウスをドラッグしてすべて選択します**1**。

2 キーフレームをドラッグする

右端のキーフレームを、Alt（Macは Option）キーを押しながら左にドラッグします**1**。これで、右端のキーフレームは動かずに他のキーフレームの間隔が縮まります**2**。右端のフレームを10フレーム（10f）の位置までドラッグします**3**。

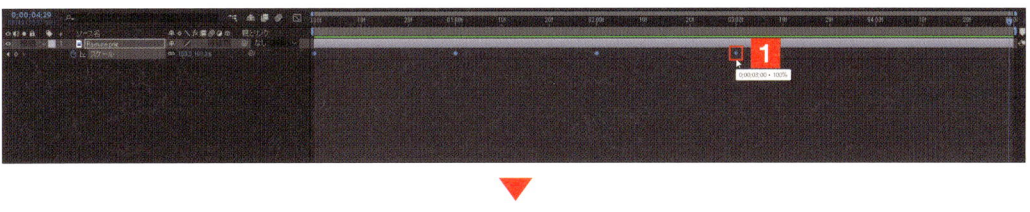

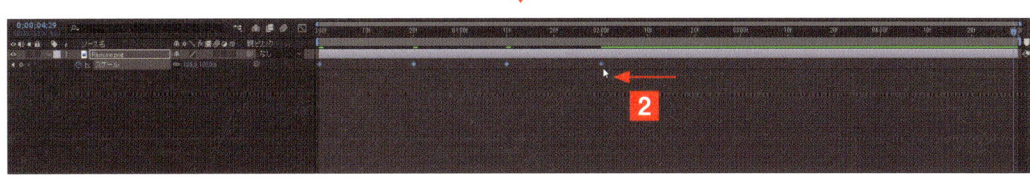

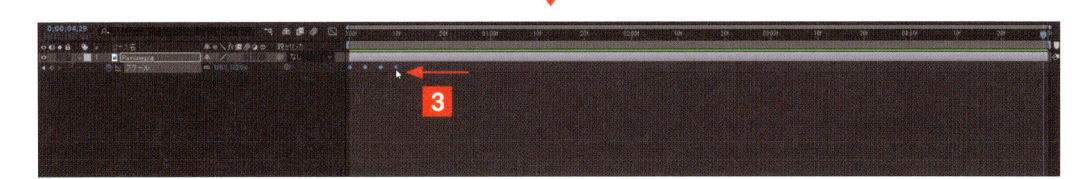

31 タイムラインの表示を 拡大／縮小する

キーフレームを1フレーム単位で移動させたい場合、タイムラインの表示をズーム操作すると、操作がしやすくなります。

▶ タイムラインの表示を拡大／縮小表示する

キーフレームを1フレームだけ移動させる場合、タイムラインをズームインして拡大表示すると、作業がしやすくなります。

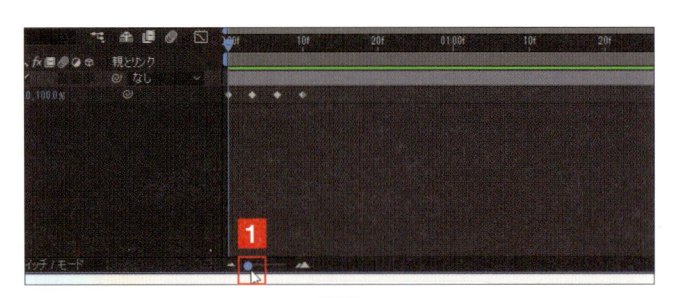

拡大表示をする

タイムラインパネル下にあるズームスライダー**1**を右にドラッグ**2**すると、ズームインして拡大表示します。この状態だと、1フレーム単位の操作が簡単になります。

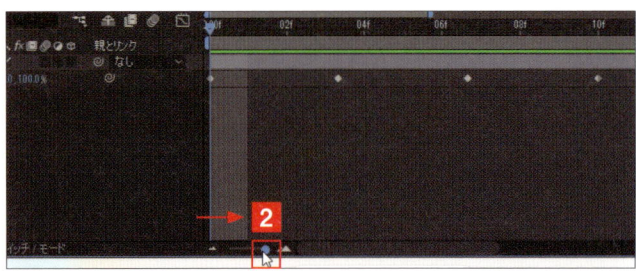

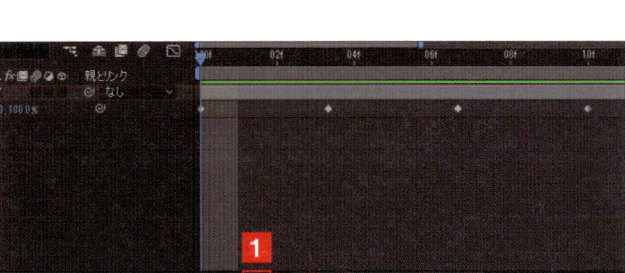

縮小表示をする

タイムラインパネル下にあるズームスライダー**1**を左にドラッグ**2**すると、ズームアウトして縮小表示できます。

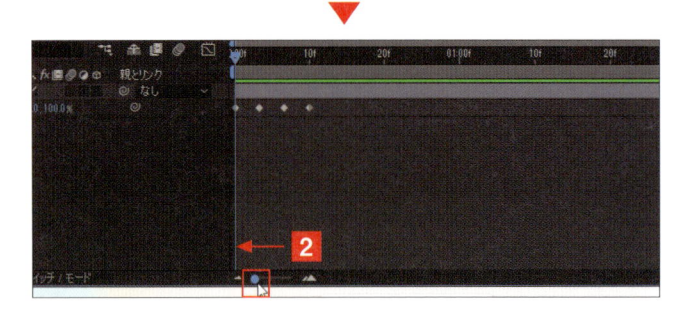

[プリセットを使った
テキストアニメーション]

プリセットアニメーションの特徴①

After Effectsには「プリセットアニメーション」という機能が搭載されています。これを使えばアニメーションの設定をすることなく、カンタンにアニメーションが利用できます。

▶ 既存のプリセットを利用できる

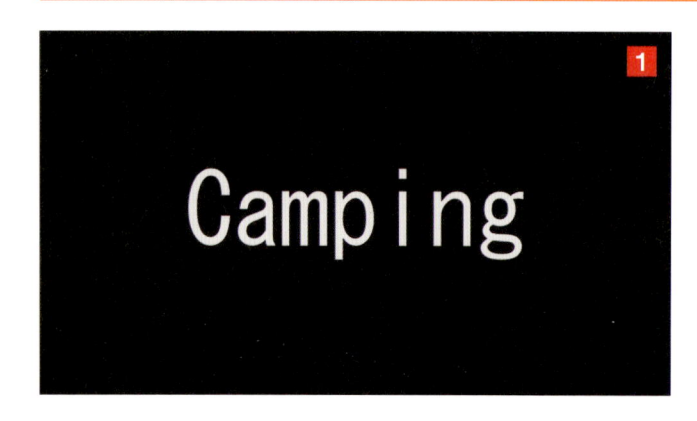

テキストを入力する

アニメーションさせたいテキスト（ここでは「Camping」）をコンポジションパネルに入力します**1**。

> **POINT**
>
> **Adobe Bridge が必要**
> アニメーションプリセットを利用するには、「Adobe Bridge」が必要になります。インストールしていない場合は、Creative Cloudからインストールしてください。

プリセットを選択・適用する

Adobe Bridge から［プリセット］を選択します**1**。

アニメーションが設定される

テキストにアニメーションが設定されます**1** **2**。

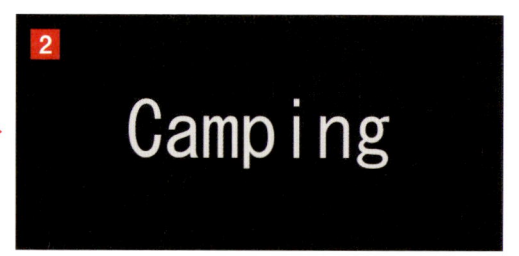

02 プリセットアニメーションの特徴②

作成したアニメーションをプリセットとして登録（保存）することができます。その登録したプリセットをコピーすれば、ほかのPCでも同じアニメーションを利用できます。

▶ アニメーションをプリセットとして登録できる

アニメーションを用意する

本章で紹介しているテキストアニメーションを作成します**1 2 3**。

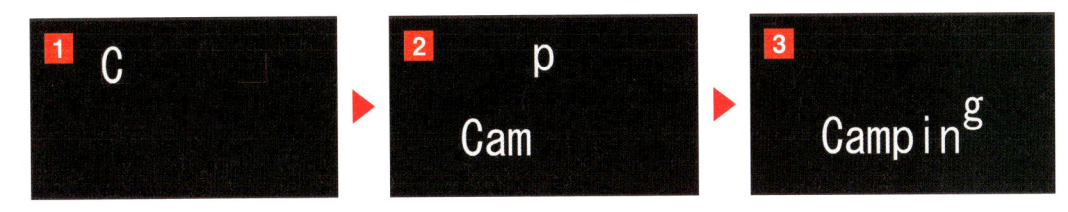

プリセットとして登録する

コンポジションパネルでアニメーションを設定したテキストを選択し、任意の名前で保存します**1**。

ほかのコンポジションに適用する

After Effects に登録されたプリセットは、ほかのテキストにアニメーションを適用できます**1 2 3**。

03 テキストアニメーション用のコンポジションを設定する

新しくテキストアニメーションを作成する場合、最初に行う作業として、新規コンポジションを設定します。ここでは、その設定方法について解説します。

サンプルファイル CH-03-03.aep

▶ 設定する新規コンポジション

1 「新規プロジェクト」を設定する

最初に、「新規プロジェクト」を設定します。After Effects を起動して「ホーム」画面が表示されたら、[新規プロジェクト]をクリックします**1**。

2 [新規コンポジション]をクリックする

編集画面が表示されたら、左のプロジェクトパネルの一覧領域で右クリックし**1**、表示されたメニューから[新規コンポジション]をクリックします**2**。

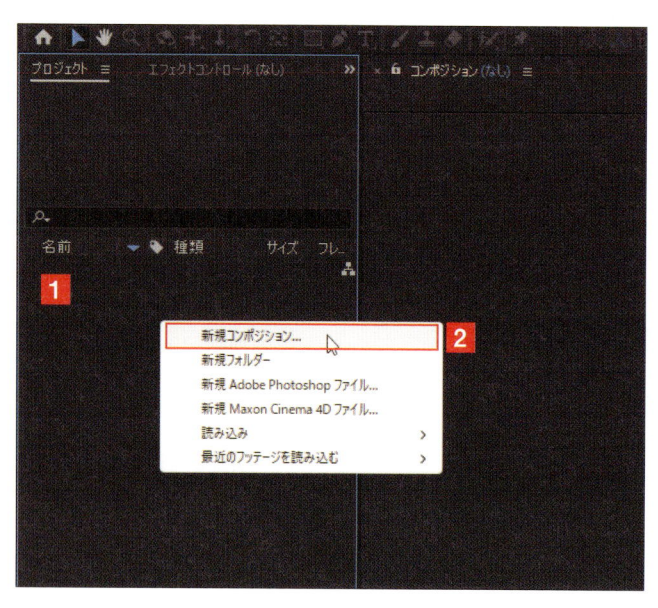

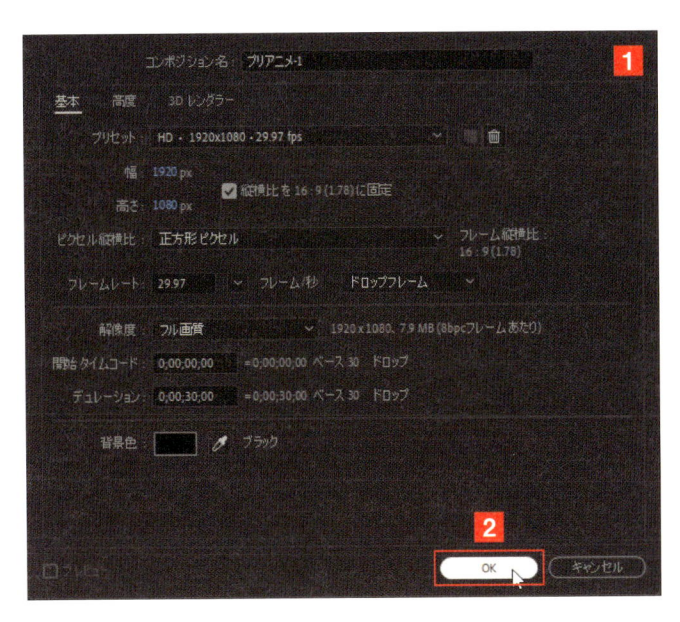

3 コンポジションを設定する

これから作成するアニメーションに合わせてコンポジションを画面の通りに設定し**1**、[OK] をクリックします**2**。サンプルファイルの「CH-03-03.aep」を利用しても OK です。

4 コンポジションが登録される

プロジェクトパネルに、設定したコンポジションが登録されます**1**。

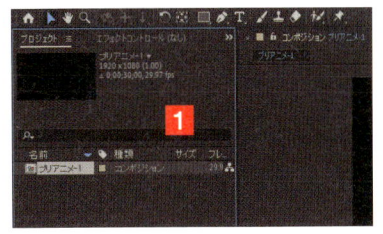

5 プロジェクトを保存する

新規コンポジション設定ができたら、一度プロジェクトを保存しておきましょう。[ファイル] メニュー→ [保存]を選択し**1**、「別名で保存」ダイアログボックスでわかりやすい任意のファイル名を設定して**2**、[保存] をクリックします**3**。

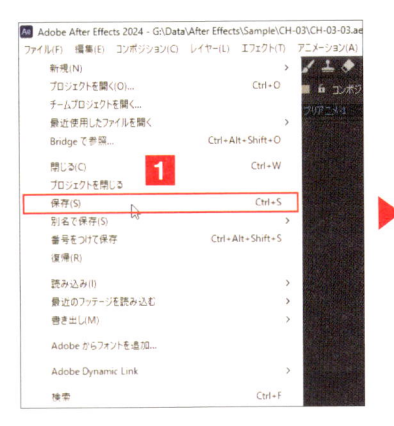

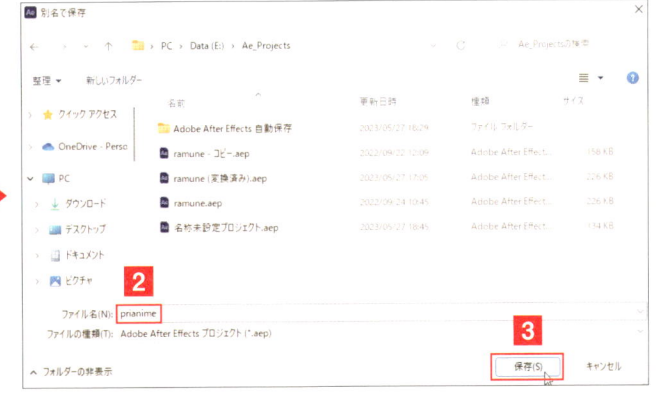

POINT

ワークスペースをデフォルトに戻す

Adobe After Effects のワークスペースをデフォルト状態に戻すには、ワークスペースメニューの [デフォルト]の右にある三本バー（サンドイッチメニュー）をクリックし、[保存したレイアウトにリセット] をクリックしてください。

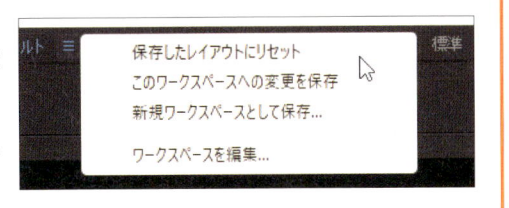

04 テキストを入力する

新規コンポジション設定ができたら、アニメーションさせるためのテキストを入力します。テキストは、レイヤーを設定しなくても入力できます。

▶ テキストはコンポジションパネルで入力する

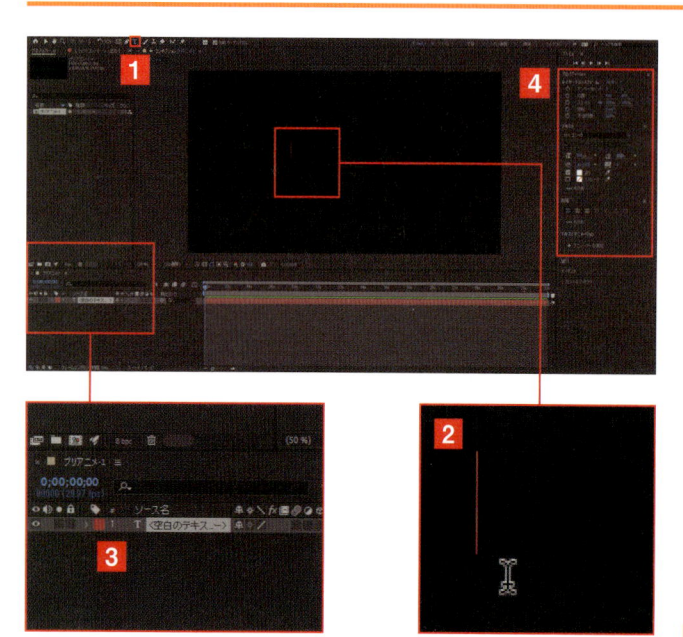

1 入力モードにする

After Effects で作業を行う場合、最初に作業内容に応じたレイヤーを設定する必要があります。しかし、テキストの入力では、レイヤーを設定しないで作業を開始できます。ツールバーで［横書き文字ツール］をクリックし**1**、続けてコンポジションパネルの任意の位置でクリックします。画面には小さな赤い縦ラインが表示されますが、これが文字入力用のカーソルです**2**。また、レイヤーパネルには「空のテキスト」というテキストレイヤー（「T」）が自動的に作成され**3**、ツールパネルにはテキスト用のツールパネルが表示されます**4**。

2 テキストを入力する

任意のテキスト、ここでは「Camping」と入力します**1**。

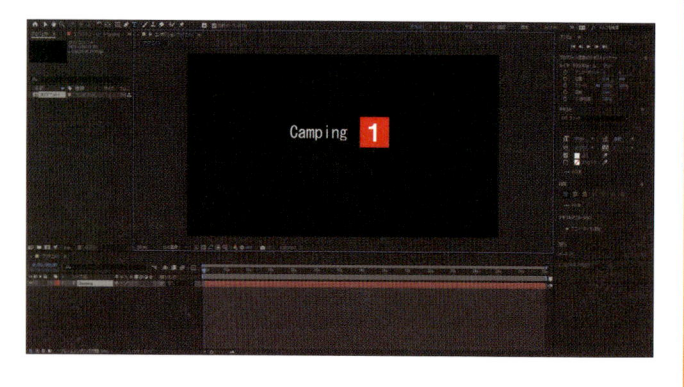

POINT

**プロポーショナルグリッドを
表示する**

テキストをフレーム内に配置する場合、縦横のグリッドを表示して、これを目安にテキストの配置位置を決めることができます。今回のセクションでは利用していませんが、他のテキストや映像などを組み合わせて作業を行う場合は、とても便利な機能です。［ビュー］メニュー→［グリッドを表示］をクリックして表示します。

CHAPTER **03** プリセットを使ったテキストアニメーション

05 フォントを変更する

テキストのアニメーションでは、テキストにどのようなフォントを適用するかが重要になります。それは、フォントがテキストのキャラクターとして表現されるからです。

▶ フォントを選択・適用する

1 テキストを選択する

フォント変更する場合、対象となるフォントを選択します。フォントの選択は、コンポジション画面でテキストをクリックするか、レイヤーパネルでテキストのレイヤーを選択します。テキストを選択すると、テキストには赤い■のハンドルが表示されます**1**。

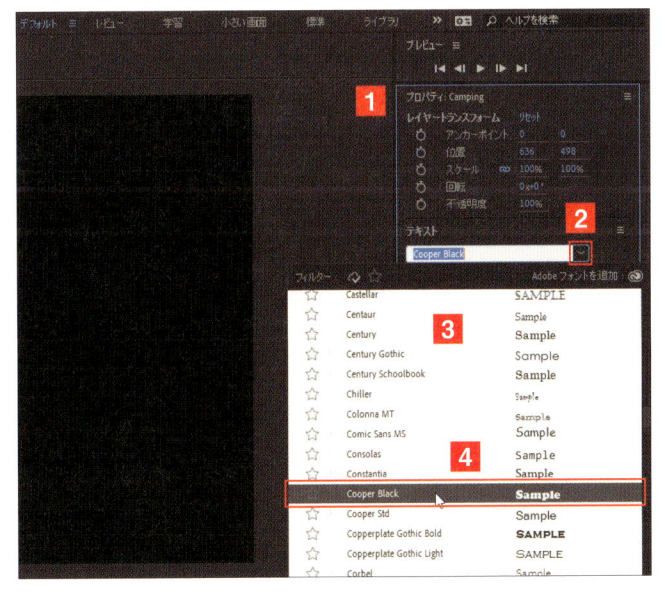

2 フォントを選択する

テキストを選択すると右のテキストパネルが表示され**1**、オプションを選択できるようになります。このパネルでフォント名の右にある［∨］をクリックすると**2**、フォント一覧メニューが表示されるので**3**、ここで利用したいフォント（画面と違っていても OK です）を選択します**4**。

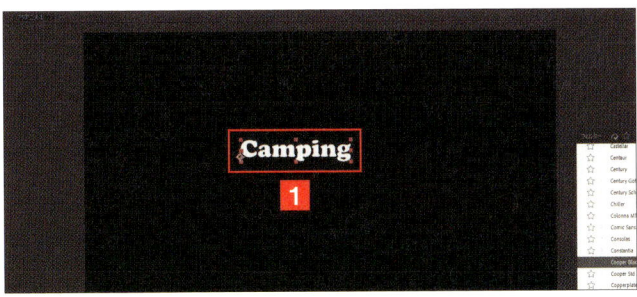

3 フォントが適用される

フォント一覧で選択したフォントが適用されます**1**。

06 フォントサイズを変更する①

コンポジションパネルに入力したテキストのサイズを変更する方法はいくつかありますが、手動でドラッグして変更するのが、アバウトですが簡単です。

● ドラッグしてサイズを変更する

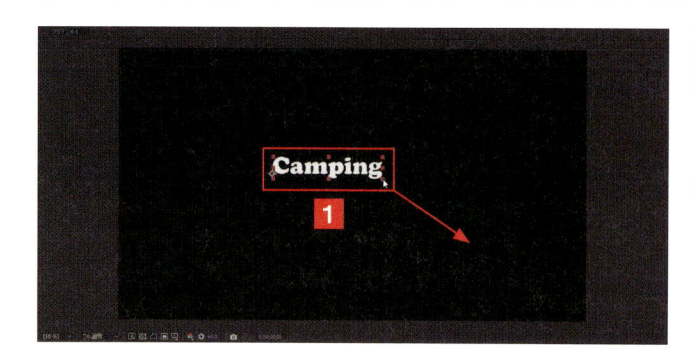

1 ハンドルをドラッグする

テキストを選択すると、テキストの回りに赤い■のハンドルが表示されるので**1**、[選択ツール]を選択してからこれをドラッグします。

CHECK

ハンドルをドラッグすると、縦横比が維持されずに自由にサイズが変更されます。ハンドルをドラッグする際に、[Shift]キーを押しながらドラッグすると、縦横比を維持しながらサイズ変更できます。

2 サイズが変更される

ハンドルをドラッグすると、サイズが変わります。たとえば、テキスト右下のハンドルを右下にドラッグすると、サイズが大きくなります**1**。逆方向にドラッグすると、サイズを小さくできます**2**。

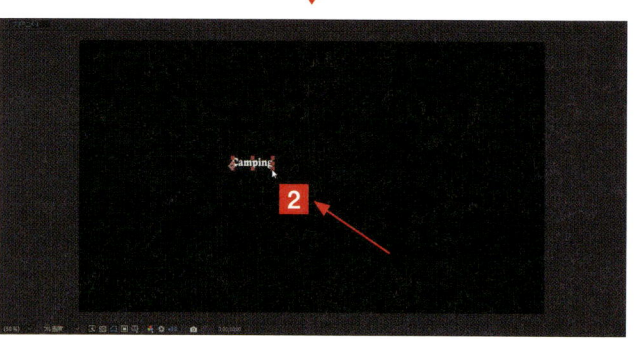

POINT

スクラブ操作
After Effects でオプションのパラメーター数値を変更する場合、マウスを数値に合わせると指の形に変わり、指の左右に▼が表示されます。この状態でマウスの左ボタンを押しながら左右にドラッグすると、数値を変更できます。この操作を「スクラブ」といいます。

CHAPTER 03 プリセットを使ったテキストアニメーション

07 フォントサイズを変更する②

数値でサイズを確認しながらフォントサイズを変更する場合は、テキストパネルを利用して変更します。

▶ 数値でサイズを指定する

1 テキストパネルを表示する

テキストを選択して**1**、テキストパネルを表示します。

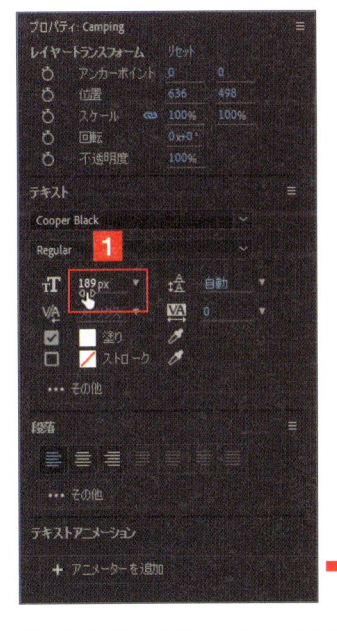

2 数値を変更する

テキストパネルの「フォントサイズを設定」にマウスを合わせ、左右にドラッグして数字を変更するか**1**、クリックしてキーボードから数値を入力します。数値を変更すると、フォントサイズが変更されます**2**。

POINT

メニューから選択する

ほかに、メニューから変更することもできます。テキストパネルの「フォントサイズを設定」の右に▼ボタンがあります。これをクリックするとプルダウンメニューが表示され、ここからフォントサイズを選択できます。

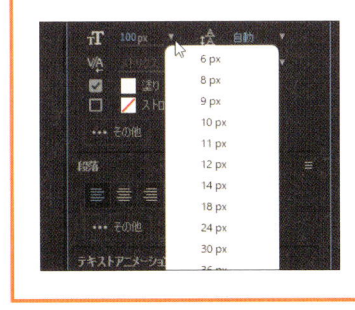

08 文字色を変更する

After Effectsでは、テキストの色を設定する場合、「塗り」と「ストローク」の2種類の範囲があります。ここでは、「塗り」の色設定について解説します。

● 「塗り」の色を設定する

1 テキストを選択する

色を変更したいテキストを選択します。コンポジションパネルでテキストをクリックするか**1**、テキストレイヤーをクリックして選択します**2**。選択すると、テキストには赤い■のハンドルが表示されます**3**。

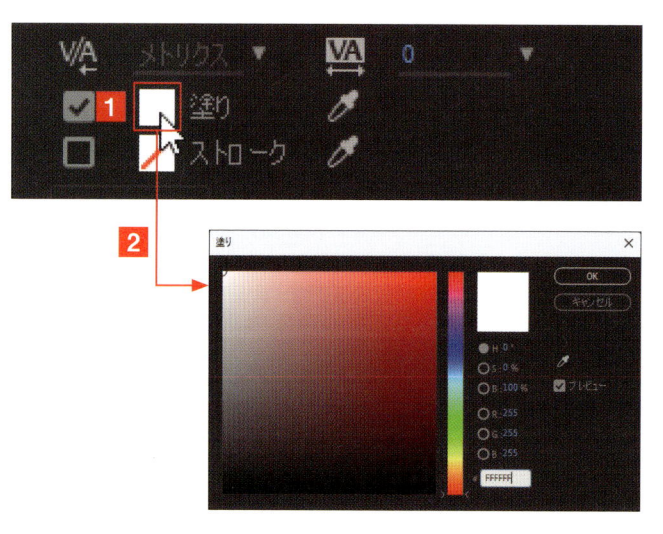

2 カラーピッカーを表示する

テキストパネルが表示されるので、[塗り]のカラーボックスをクリックします**1**。これでカラーピッカーが表示されます**2**。

CHECK

カラーピッカーは、テキストやシェイプ（図形）の色を設定するためのツールです。

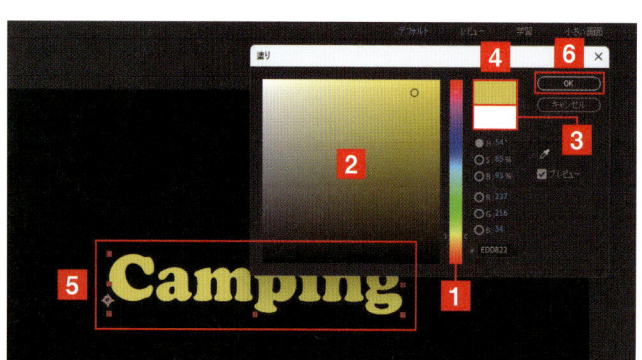

3 テキストに色が反映される

カラースライダーで利用したい色を選択し**1**、続いて明るさを選択すると**2**、元のカラー**3**と選択したカラー**4**が表示されます。選択した色はテキストに反映されているので**5**、[OK]をクリックして色を確定します**6**。

CHAPTER 03 プリセットを使ったテキストアニメーション

09 ストロークでテキストを目立たせる

テキストの「ストローク」とは、「縁取り」のことを意味しています。テキストにストロークを設定し、色や太さ、配置の順番などをマスターしましょう。

▶ ストロークを設定する

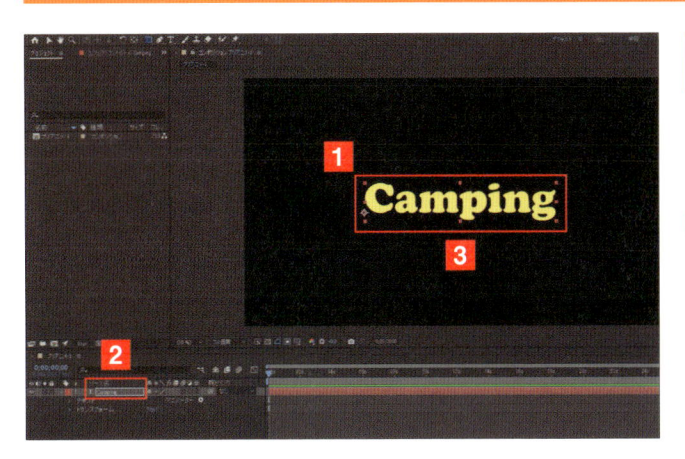

1 テキストを選択する

コンポジションパネルでストロークを設定したいテキストをクリックするか**1**、テキストレイヤーをクリックして選択し**2**、テキストパネルを表示します。選択したテキストには、赤い■のハンドルが表示されます**3**。

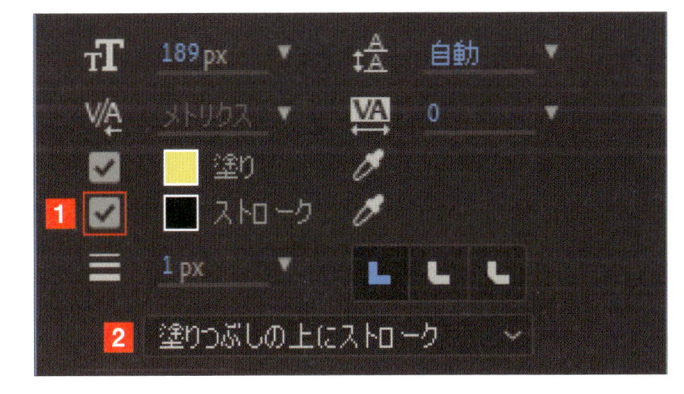

2 オプションを表示する

「ストローク」のチェックボックスをクリックして有効にします**1**。このとき、ストロークの設定用オプションが表示されます**2**。

3 色を設定する

カラーボックスをクリックして、カラーピッカーを表示し**1**、色を設定して**2**、[OK] をクリックします**3**。

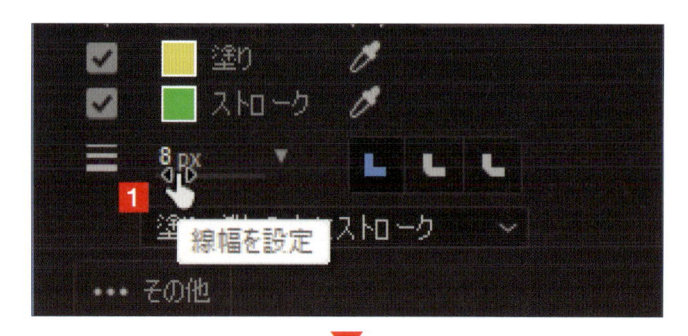

4 太さを調整する

「線幅を設定」の数値をスクラブなどで変更します**1**。太さがテキストに反映されます**2**。

5 重なり順を変更する

デフォルトでは、テキストの上にストロークか重ねられているため、ストロークの太さによっては、テキストの塗りが細くなってしまいます**1**。このような場合は、重なり順のメニューを表示して**2**、［ストロークの上に塗りつぶし］を選択します**3**。これで表示順が変更されます**4**。

CHECK

メニューから［すべてのストローク上をすべて塗りつぶし］を選択すると、字間によってのストロークの重なりを調整でき、テキストのすべての塗りが最前面に表示されます。

・［ストロークの上に塗りつぶし］の場合

・［すべてのストローク上をすべて塗りつぶし］の場合

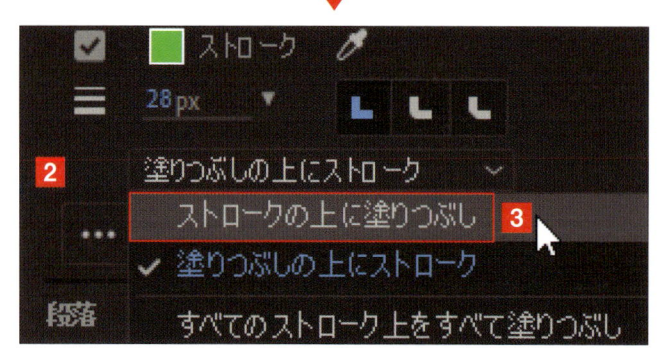

10 文字間隔を調整する①

文字間隔の調整には3つの方法があります。1つ目のトラッキングによる字間調整は、選択したテキスト全体の字間を一律に詰めたり広げる場合に利用します。

サンプルファイル ▶ CH-03-10.aep

▶「トラッキング」で字間を調整する

1 テキストを選択する

新規コンポジションを設定して（サンプルファイル「CH-03-10」を利用）、任意のテキスト（ここでは「WAVE」）を入力して、コンポジションパネルかレイヤーパネルで、テキストを選択します**1**。なお、テキストの「塗り」は黒色に、ストロークはオフに設定変更してください。

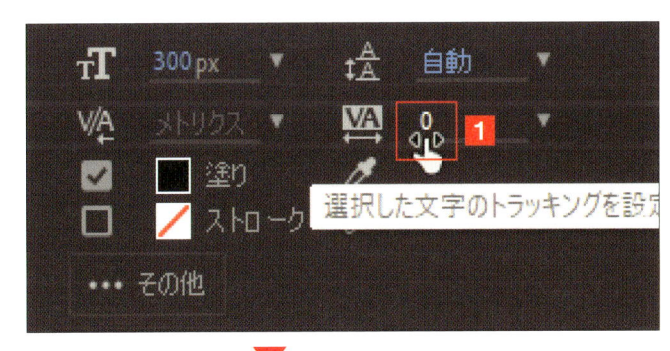

2 パラメーターを調整する

表示されたテキストパネルで、「選択した文字のトラッキングを設定」のパラメーター（数値）を、スクラブ**1**で大きい数値に変更すると字間が広がり**2**、マイナスの数値に変更すると、字間が詰まります**3**。キーボードから数値を入力してもOKです。

文字間隔を調整する②

カーニングでは、1文字ごとに字間を調整することができます。テキストも文字列全体の字間を調整するトラッキングとは異なります。

● 「カーニング」で字間を調整する

1 テキストを選択する

カーニングでは文字と文字の間を選択状態にするため、まず［横書き文字ツール］を選択します。続いて、字間を調整したい文字の間をクリックし、カーソルを表示します**1**。ここでは、「W」と「A」の間をクリックして、カーソルを表示しています。

2 パラメーターを調整する

それまでは非アクティブだったテキストパネルの「文字間のカーニングを設定」がアクティブになるので、パラメーターを調整します**1 2 3**。調整は、スクラブやパラメーター選択などが便利です。

POINT

メトリクスとオプティカル

カーニングのパラメーター右にある▼をクリックしてメニューを表示すると、パラメーター値を選択できるほか、［メトリクス］と［オプティカル］という選択メニューがあります。これは、それぞれ次のような機能を持っています。

- **メトリクス**：フォント自身が持っている字間を詰める情報を利用して、字間を詰めます。
- **オプティカル**：フォント自身の情報ではなく、ソフト側（After Effects）で文字の形を見て自動で詰めを行ってくれる機能です。

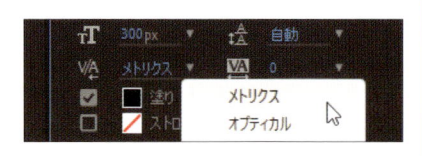

12 文字間隔を調整する③

文字両端の余白（サイドペアリング）を削除することでも字を詰めることができます。パラメーターは0%（余白あり）から100%（余白なし）まで選択できます。

▶ 「文字詰め」で字間を調整する

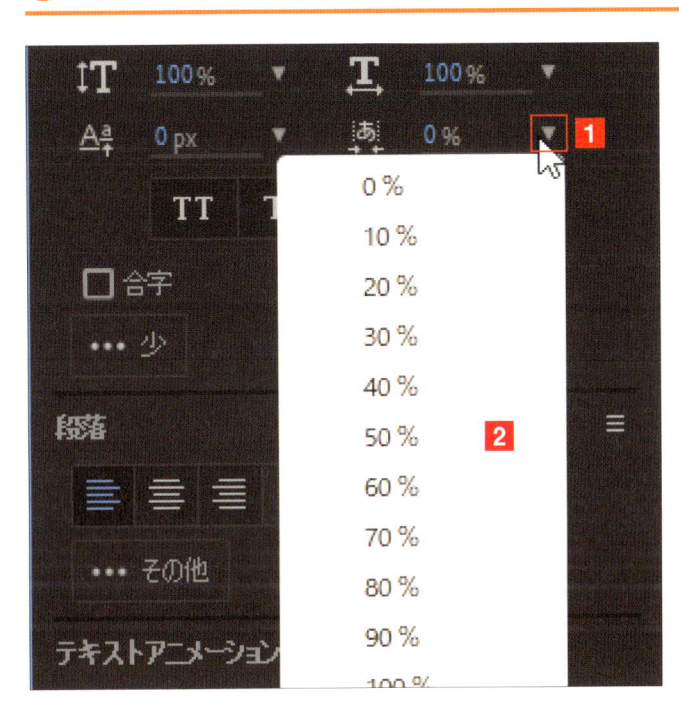

1 サイドペアリングの パラメーターを選択する

テキストを選択し、「文字詰め」の▼をクリックし**1**、表示されたパラメーター値から選択します**2**。

POINT

テキストパネルの表示変更

テキストパネルでは、ここで紹介した「文字詰め」などのオプションが表示されていない場合があります。その場合は、[… その他] をクリックしてください。非表示のオプションが表示されます。非表示にする場合は、[… 小] をクリックします。

・クリックしてオプション表示

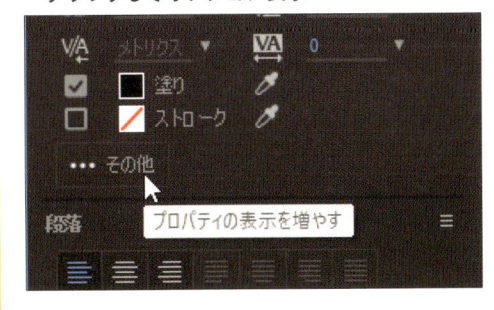

・クリックしてオプション非表示

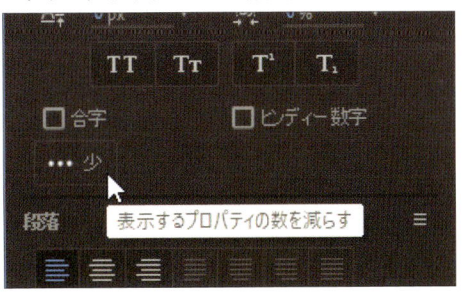

13 テキストの入力と行間の調整

タイトルテキストは1行とは限りません。タイトルによっては2行など複数行の場合があります。
その場合は、字間に加え、行間を調整する方法もあります。

サンプルファイル ▶ CH-03-13.aep

▶ 行間調整をする

1 テキストを入力する

新規コンポジションを設定します（「CH-03-13」を利用）。コンポジションパネルで、テキストツールを利用して任意のテキストを入力します。画面のような入力と設定をしたほうがわかりやすいでしょう。テキストレイヤーをクリックして選択するか**1**、コンポジションパネルで入力したテキストをクリックして選択し**2**、テキストパネルを表示します**3**。テキストには、赤い■のハンドルが表示されます**4**。

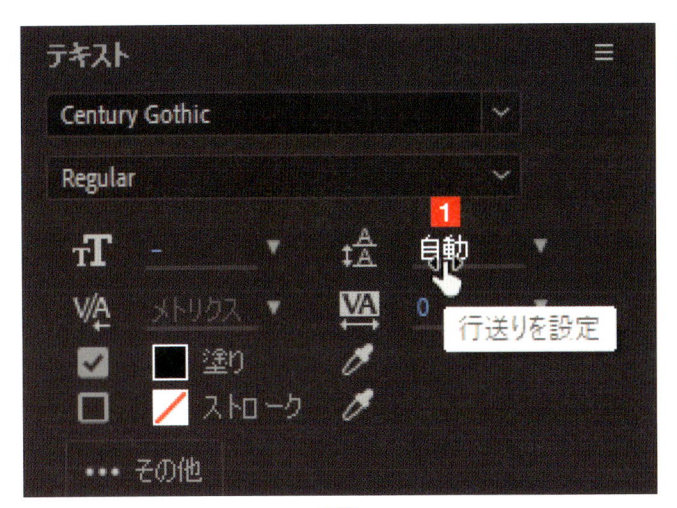

「行送りを設定」にマウスを合わせ、デフォルトでは「自動」と設定されている数値をスクラブで変更します**1**。数値を大きくすると**2**、行間が広くなります。

CHECK

「行送りを設定」の右にある［▼］をクリックするとメニューが表示されるので、ここから行間の数値を選択しても変更できます。単位はピクセル（px）です。

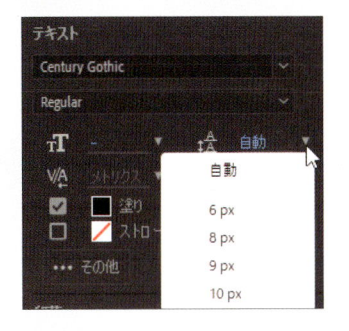

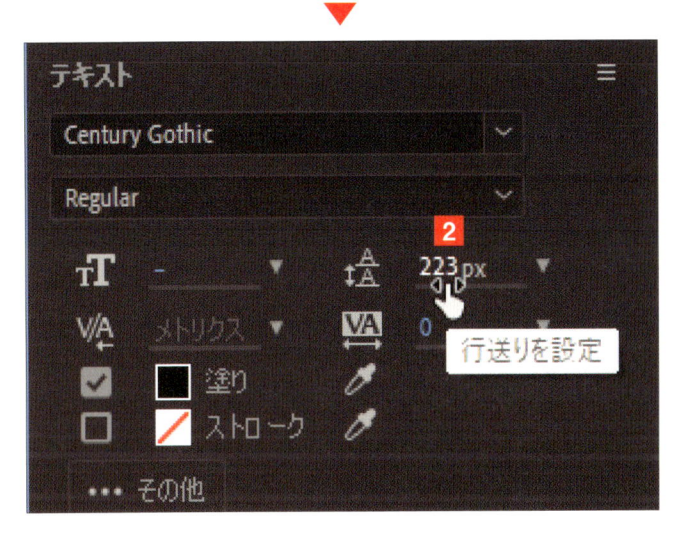

3 行間が調整される

読みやすい間隔に行間を調整しました**1**。

POINT

テキストを個別に調整
1行目のテキストを入力後、テキストの選択を解除してサイドテキストツールを選択。別の位置にサブタイトルなどを入力して、テキストを個別に操作するという方法もあります。

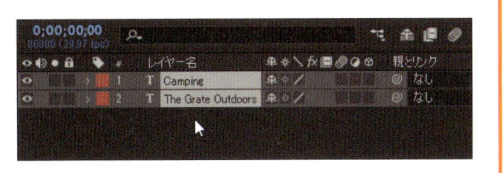

テキストにプリセット アニメーションを適用する

After Effectsのコンポジションパネルに入力したテキストに、アニメーションテンプレートからテキストアニメーションを設定してみましょう。

サンプルファイル ▶ CH-03-14.aep

▶ テキストにテンプレートを適用する

1 テキストを入力・選択する

新規コンポジションを設定し（サンプルファイル「CH-03-14」を利用）、任意のテキスト（ここでは「CAMPING」）を入力します**1**。入力したテキストは、選択しておきます**2**。

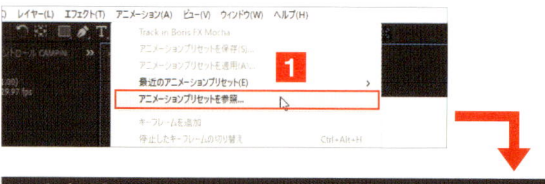

2 Adobe Bridgeを起動する

［アニメーション］メニュー→［アニメーションプリセットを参照］を選択します**1**。Adobe Bridge が起動して画面が表示されます。ここで、パネルのタブに「コンテンツ：Presets ＋」と表示されているのを確認します**2**。さらに、フォルダーの「Text」をダブルクリックします**3**。

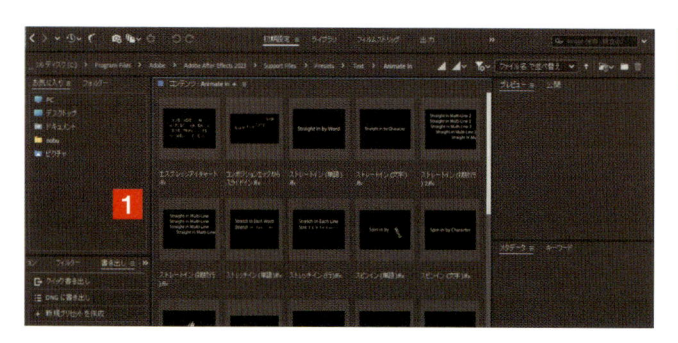

3 テンプレートを表示する

テンプレートが保存されているフォルダー一覧が表示されるので、たとえば「Animate In」をダブルクリックすると、保存されているテンプレートのサムネイルが表示されます**1**。

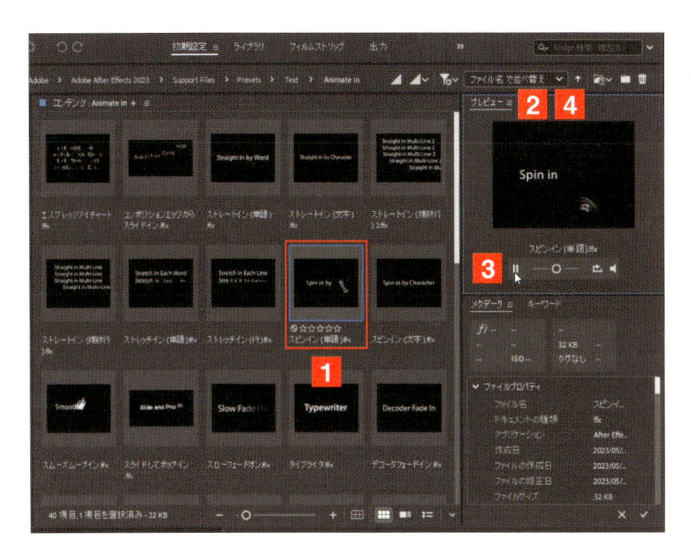

4 テンプレートを確認する

テンプレートのサムネイルをクリックすると**1**、右のプレビューパネルにプレビュー画面が表示されるので**2**、［再生］をクリックして**3**、アニメーションをプレビューします**4**。

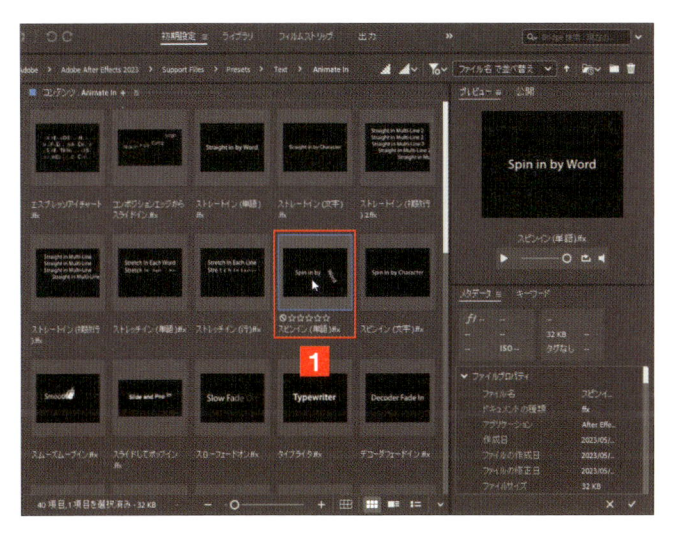

5 テンプレートを適用する

選択したテンプレートのサムネイルをダブルクリックすると**1**、テンプレート設定が After Effects のテキストに適用されます。

6 アニメーションが適用される

テンプレートのアニメーションが、選択していたテキストに適用されます。After Effects に切り替えてアニメーションを確認します**1 2 3**。

15 プリセットアニメーションを解除する

テキストに設定したプリセットを解除したい場合は、オプションの1つとして追加されています。これを削除することで、アニメーションを解除できます。

▶ オプションを削除する

1 オプションを表示する

アニメーションを設定したテキストのレイヤーを展開して、オプションを表示します。タイムラインパネルで「テキスト」レイヤーの [>] をクリックしてレイヤーを展開します**1**。展開すると、「テキスト」と「トランスフォーム」という2つのオプションが表示されます**2**。さらに、「テキスト」を展開すると、「アニメーター1」があります**3**。これが追加されたプリセットアニメーションのオプションです。

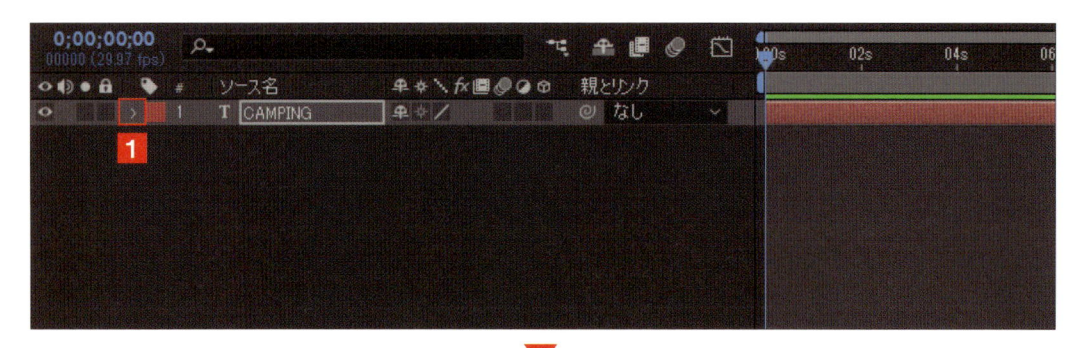

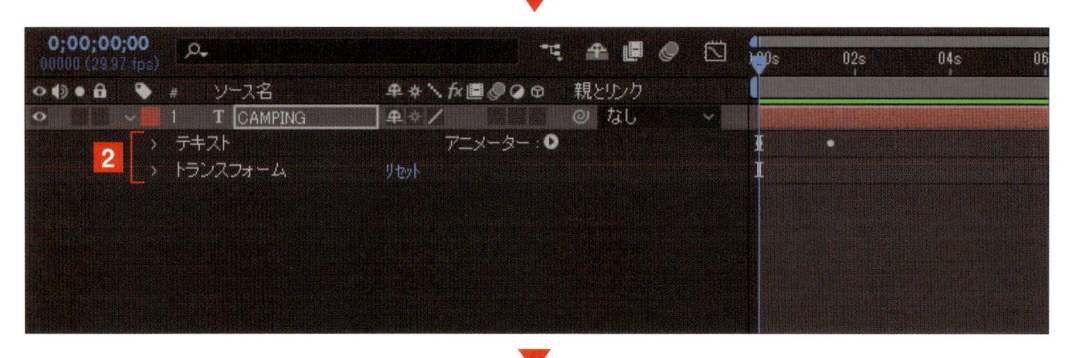

2 パラメーターを表示する

プリセットアニメーションのパラメーターを表示、確認してみましょう。「アニメーター 1」の ［>］をクリックすると、「範囲セレクター 1」というオプションがあり **1**、さらにそれを展開すると「開始」というオプションが有効になり **2**、タイムラインにはキーフレームが設定されています。キーフレームについては CHAPTER 02 で詳しく解説しています。

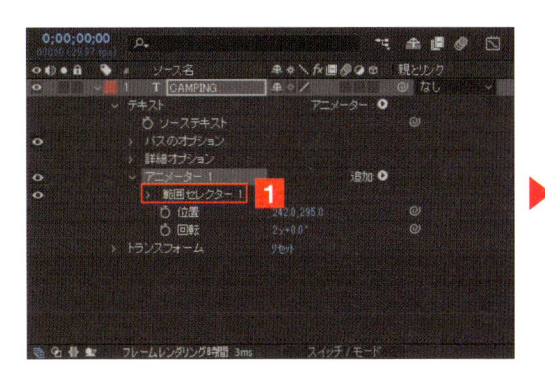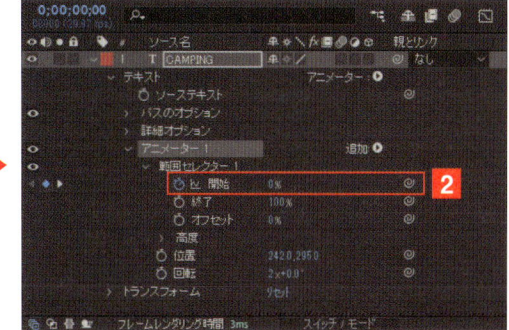

3 オプションを削除する

オプション名の ［アニメーター 1］をクリックして選択し **1**、 Delete キーを押して削除します **2**。これでアニメーション設定が解除されると同時に、テキストがアニメーション設定前の状態に戻ります **3 4**。

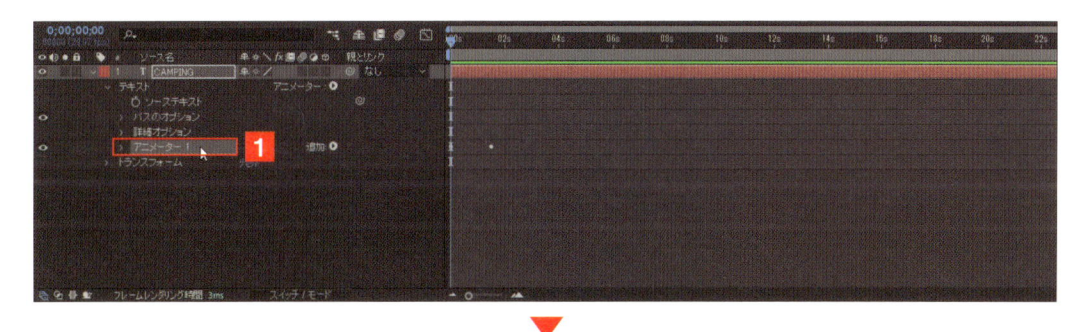

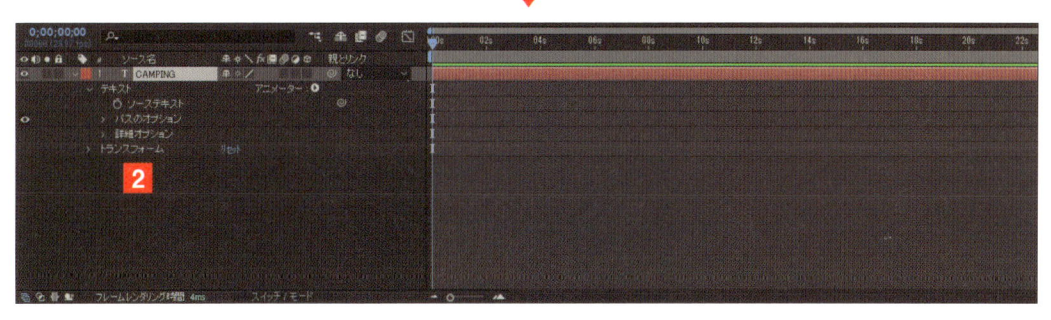

16 1文字ずつアニメーションを 手動で作成する

「アニメーター」機能を利用すると、自分でテキストを1文字ずつアニメーションさせる動画を作成できます。ここでは、その操作手順について解説します。

サンプルファイル ▶ CH-03-16.aep

コンポジションの設定とテキストの入力をする

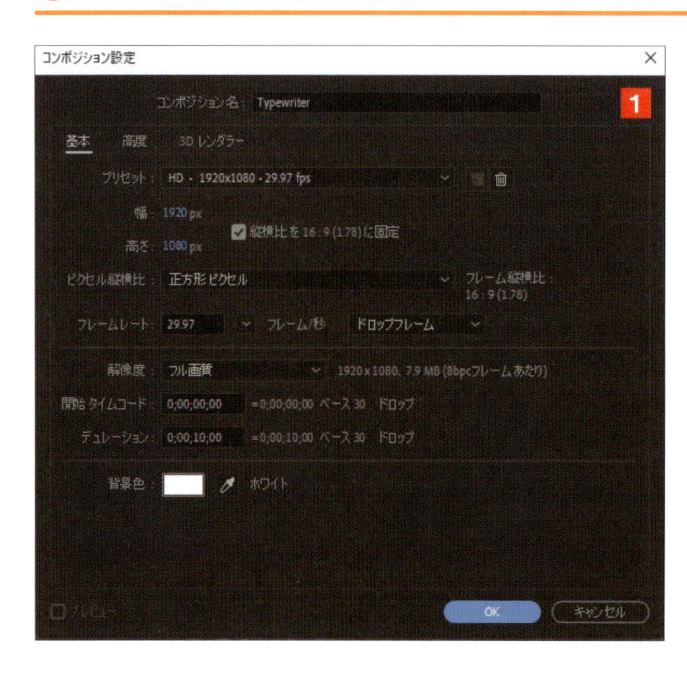

1 コンポジションを 設定する

新規にコンポジションを作成します（サンプルファイル「CH-03-16.aep」を利用）**1**。デュレーションは 10 秒で作成してみました。なお、コンポジション名は、「Typewriter」としてみました。背景色は、テキストが黒文字で表示できるように、「白」に設定しています。

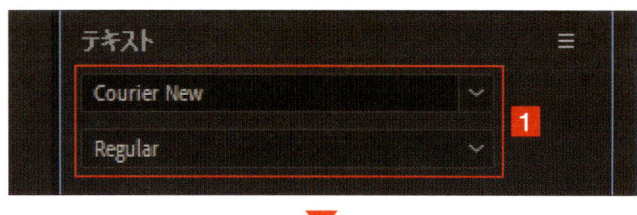

2 テキストを入力する

タイプライター風のテキスト**1**を選択して、ここでは「The Great Outdoors」と入力しました**2**。なお、テキストの「塗り」は黒色に設定変更してください。

3 オプションを表示する

タイムラインパネルでテキストレイヤーを展開し**1**、「テキスト」と「トランスフォーム」を表示します。

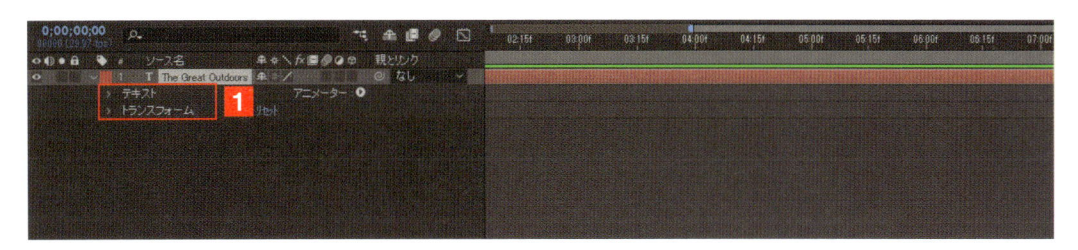

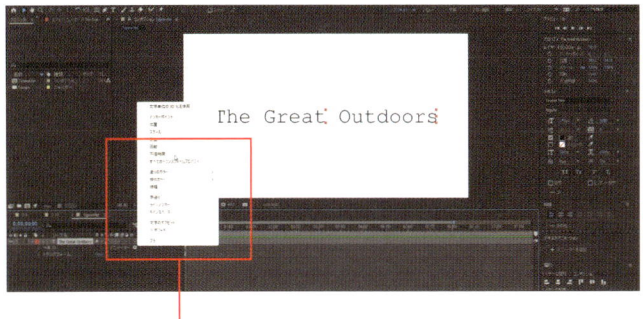

4 アニメーターのメニューを表示する

「テキスト」の右にある「アニメーター」の▼をクリックすると**1**、メニューが表示されます。ここから［不透明度］を選択します**2**。

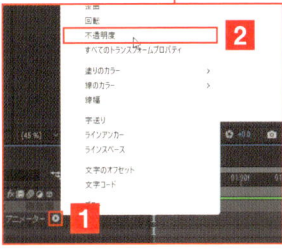

5 「アニメーター1」が追加される

「アニメーター1」が追加されます**1**。さらにこれを展開すると、「範囲セレクター1」と「不透明度」が追加されています**2**。

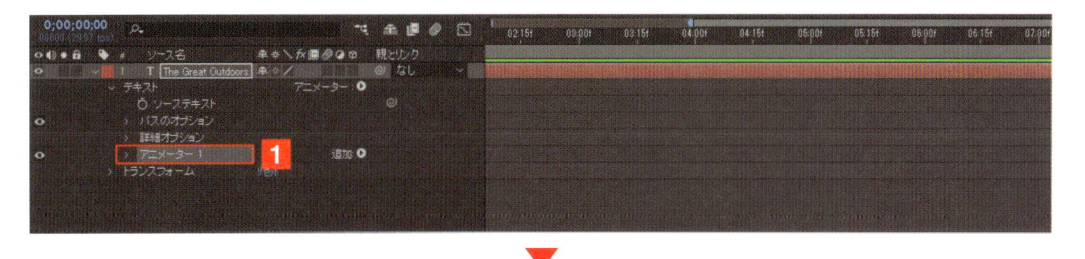

▼

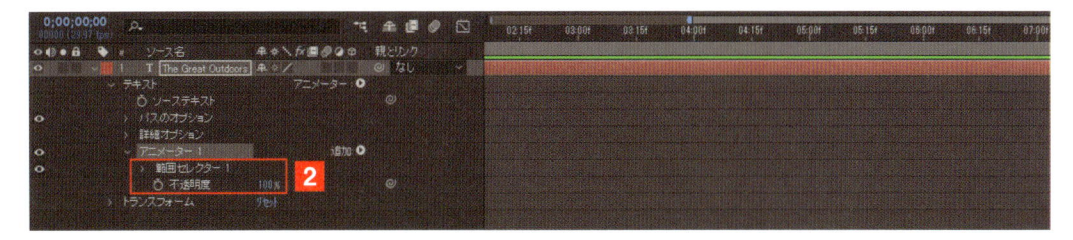

6 アニメーション開始の設定を行う

タイムラインの時間インジケーターを左端の 0 秒（00:00f）に移動し **1**、「不透明度」のパラメーターを「100%」から「0%」に変更します **2**。これによって、不透明度が 0%になるため、テキストは非表示になります **3**。

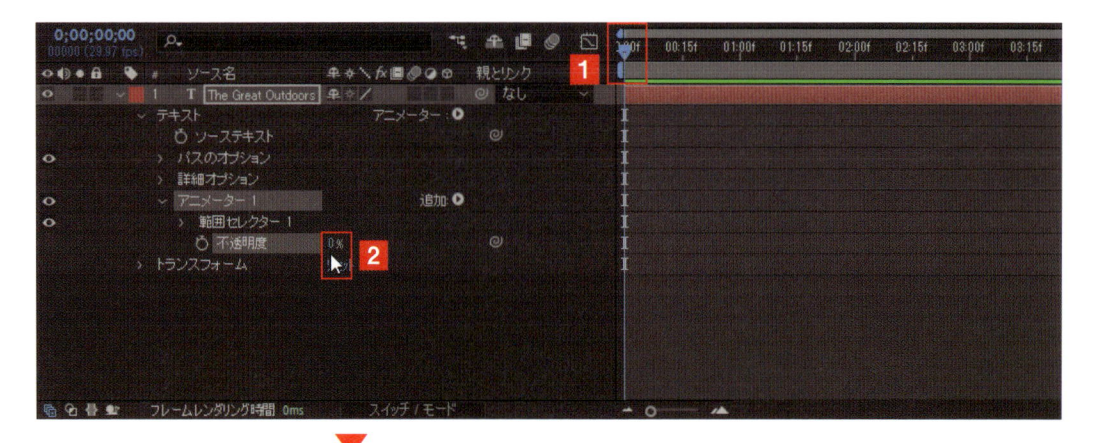

CHECK

P.078 で解説している「アニメーション作成の 5 つのポイント」でいうと、次に該当します。
・①の操作：①アニメーションを始める時間を決める
・②③の操作：②アニメーションを始める位置・状態を決める

7 範囲セレクターでアニメーションをオンにする

「範囲セレクター 1」を展開し **1**、「開始」（「0%」となっているのを確認）のストップウォッチをクリックしてオン（青色）に変更します **2**。これでアニメーション機能がオンになりました。このとき、タイムラインにはキーフレームが設定されます **3**。

CHECK

P.078 で解説している「アニメーション作成の 5 つのポイント」でいうと、次に該当します。
・②の操作：③アニメーション機能をオンにする

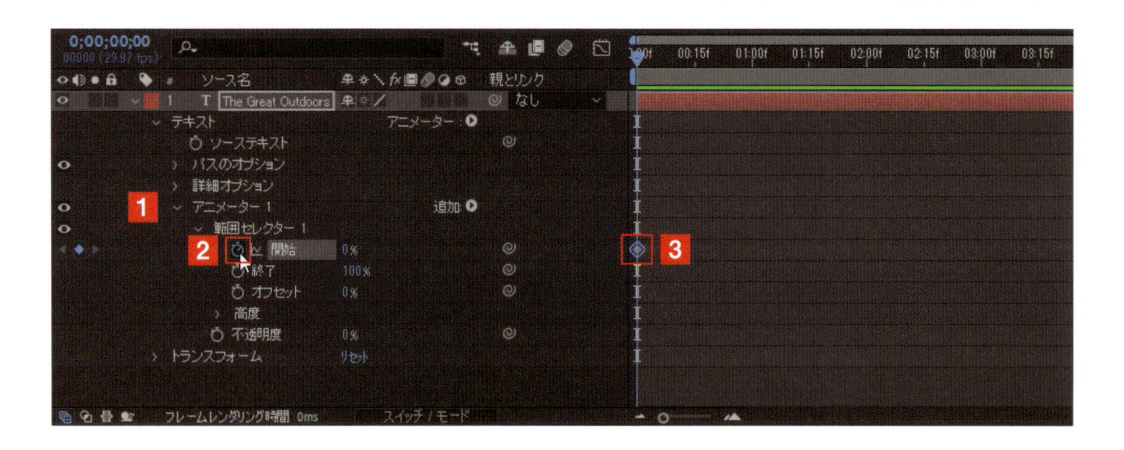

8 アニメーション終了の設定を行う

時間インジケーターを 3 秒の位置（03:00f）にドラッグします **1**。ここがアニメーション終了の時間になります。続けて「開始」のパラメーターを「100%」に変更します **2**。このパラメーターを変更すると、タイムラインの時間インジケーター位置にキーフレームが設定されます **3**。

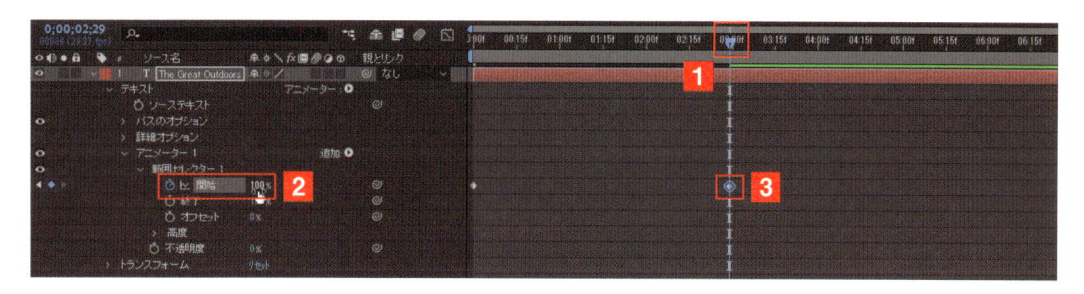

CHECK

P.078 ページで解説している「アニメーション作成の 5 つのポイント」でいうと、次に該当します。
・**①の操作**：④アニメーションが終了する時間を決める
・**②の操作**：⑤アニメーションが終了する位置・状態を決める

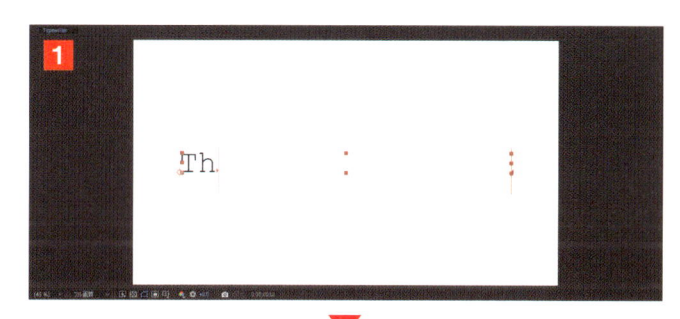

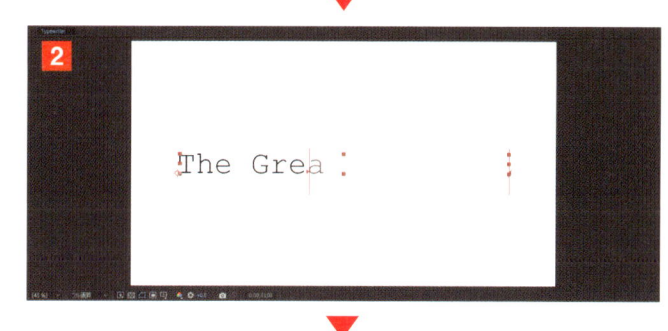

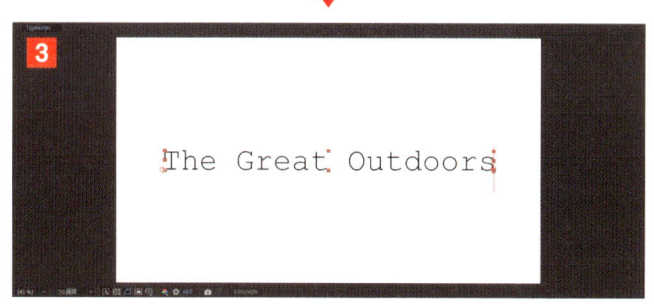

9 アニメーションを確認する

時間インジケーターを左端の 0 秒に戻し、スペースキーを押してアニメーションを確認します **1** **2** **3**。

17 「なめらかさ」を変更する

テキストをタイプライター風に、一文字ずつ表示させる方法です。「なめらかさ」のパラメーターを変更します。

▶ 「なめらかさ」を変更する

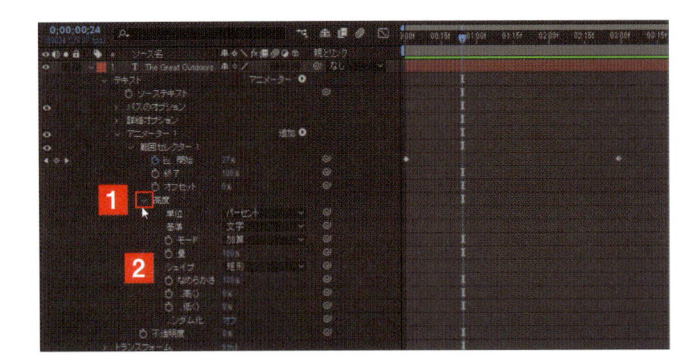

1 「高度」を展開する

オプションの「高度」の［>］をクリックして **1** 展開し、オプションを表示します **2**。

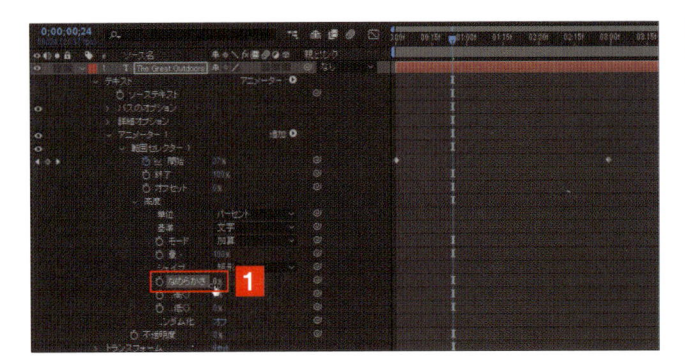

2 「なめらかさ」を変更する

「なめらかさ」というオプションのパラメーターが「100％」なので、ここを「0％」に変更します **1**。

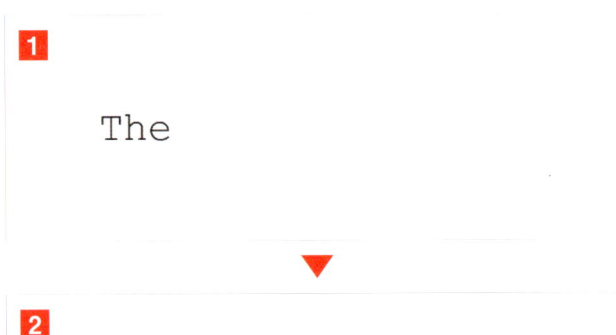

3 アニメーションを確認する

これで、テキストは徐々に表示されるのではなく、タイプライターのように表示されるようになります **1 2**。

18 アニメーションの表示時間を調整する

アニメーションの表示時間、ここでは、タイプライターの文字を表示するアニメーションなので、タイプする速さということになりますね。これを調整するには、キーフレームの位置を変更します。

▶ タイピングスピードを変更する

1 タイピングスピードを速くする

タイピングスピードを速くしたい場合は、3秒（03:00f）の位置にあるキーフレームを**1**、2秒（02:00f）や1秒（01:00f）などの位置に移動します**2**。

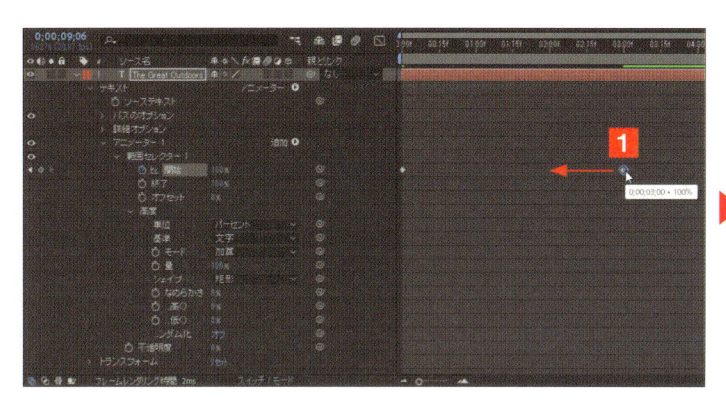
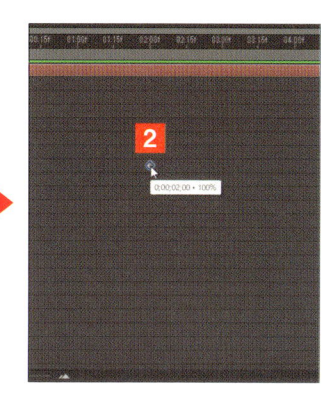

2 タイピングスピードを遅くする

逆に、タイピングスピードを遅くしたい場合は、4秒（04:00f）や5秒（05:00f）の位置にキーフレームを移動します**1 2**。

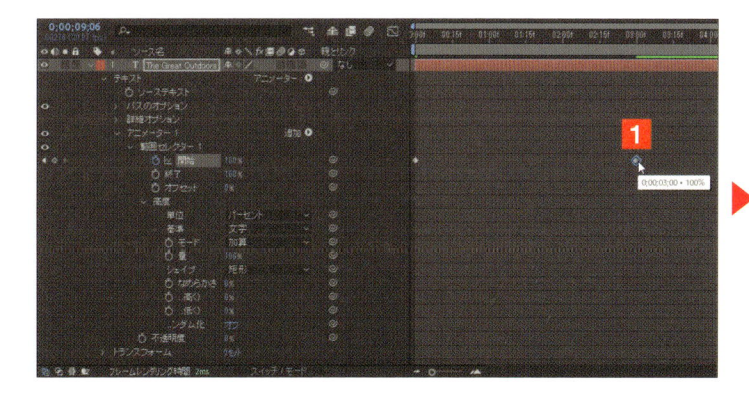
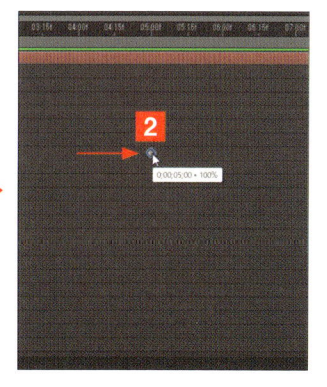

19 プリセットとして登録する

これまでの作業で作成したタイプライター風のアニメーションを、アニメーションプリセットとして登録してみましょう。

▶ アニメーションプリセットとして登録する

1 オプションを選択する

アニメーションを設定したオプションのあるオプションを選択します。ここでは、「アニメーター 1」という、アニメーション設定のあるオプションを選択します**1**。

CHECK

保存するオプションを選択する際、たとえば「テキスト」というカテゴリーを選択すると、コンポジションに登録されているテキスト文字も一緒に登録されてしまいます。したがって、そのプリセットを利用すると、コンポジション画面に入力したテキストが、プリセットのテキストと置き換えられてしまうので注意してください。

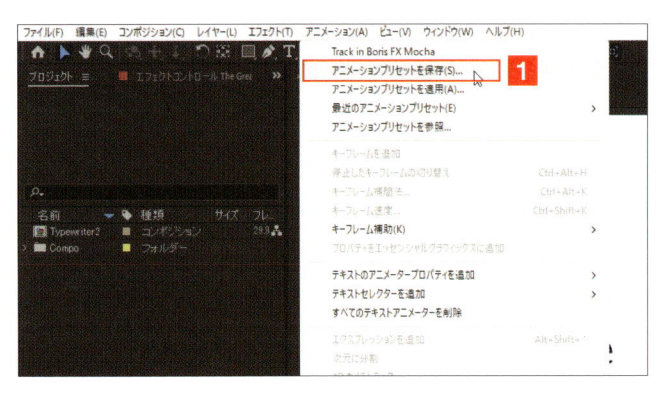

2 「アニメーションプリセットを保存」を選択する

[アニメーション] メニュー→[アニメーションプリセットを保存]を選択します**1**。

3 保存する

「アニメーションプリセットに名前を付けて保存」ダイアログボックスが表示されるので**1**、任意のプリセット名（ここでは「Typing」）を入力して**2**、[保存]をクリックします**3**。

登録したアニメーション プリセットを利用する

SECTION 19で登録したオリジナルのアニメーションプリセットを、ほかのテキストに適用してみましょう。

サンプルファイル CH-03.20.aep

▶ プリセットを適用する

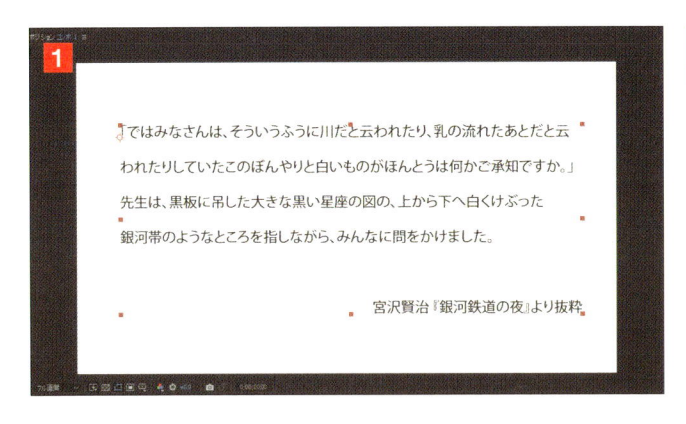

1 テキストを入力する

新規コンポジションを作成して（サブファイル「CH-03-20.aep」を利用）、タイピングを適用したいテキストを入力します（画面通りでなく任意のテキストで OK です）**1**。テキストを入力したら、選択状態にしておきます。また、時間インジケーターは、アニメーションを開始したい時間に配置しておきます。

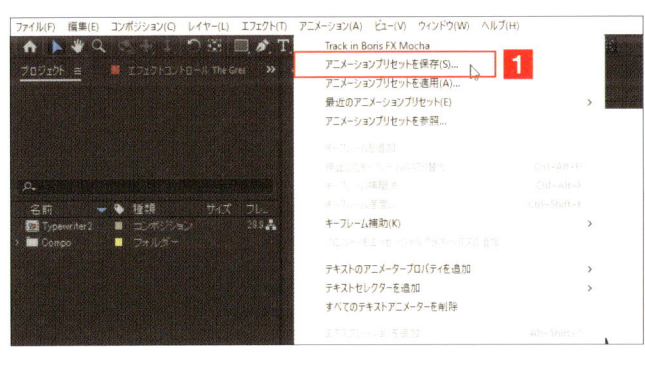

2 メニューを選択

［アニメーション］メニュー→［アニメーションプリセットを適用］を選択します**1**。

3 プリセットを選択する

先に登録したオリジナルなプリセットの一覧ダイアログボックスが表示されます**1**。ここから適用したいプリセットを選択し**2**、［開く］をクリックします**3**。

4 アニメーションのデュレーションを変更する

適用したアニメーションプリセットは、登録したときのデューレーションでプリセット化されています。そこで、利用目的に応じて、アニメーションの再生デュレーションを調整します。たとえば、アニメーション時間を延ばしたい場合は、タイムラインのキーフレームの位置を調整します。キーフレームを設定したレイヤーのオプションを表示し**1**、キーフレーム位置を調整します**2**。

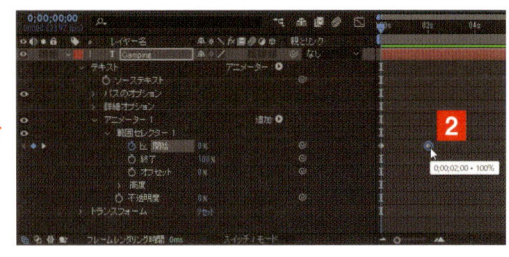

1

「ではみなさんは、

▼

2

「ではみなさんは、そういうふうに川だと云われたり、乳の流れたあとだと云われたりしていたこのぼんやりと白いものがほんと

▼

3

「ではみなさんは、そういうふうに川だと云われたり、乳の流れたあとだと云われたりしていたこのぼんやりと白いものがほんとうは何かご承知ですか。」
先生は、黒板に吊した大きな黒い星座の図の、上から下へ白くけぶった
銀河帯のようなところを指しながら、みんなに問をかけました。

宮沢賢治『銀河鉄道の夜』

5 アニメーションを確認する

アニメーションを再生して**1 2 3**、アニメーションの表示スピードを、キーフレームを移動しながら確認と調整を行います**4**。

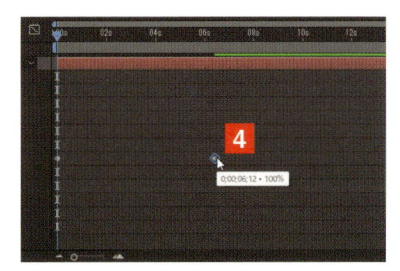

CHAPTER

03

プリセットを使ったテキストアニメーション

[シェイプを使った
アニメーション]

01 シェイプとは

After Effectsでは、「シェイプ」を「図形」という意味で利用していると考えてください。シェイプの描き方の基本をマスターしておきましょう。

▶ シェイプの基本形

長方形

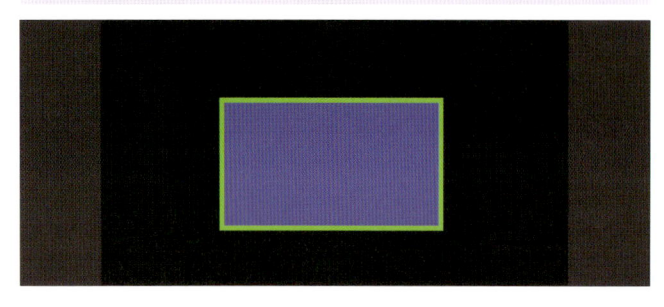

楕円

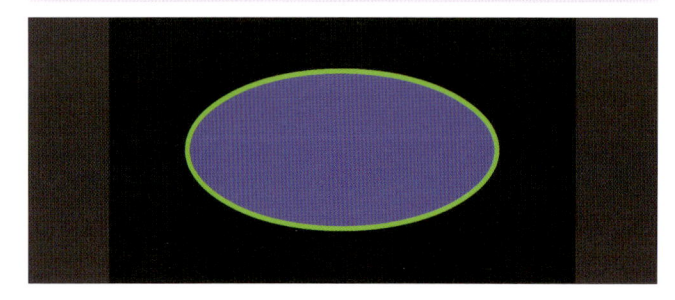

多角形

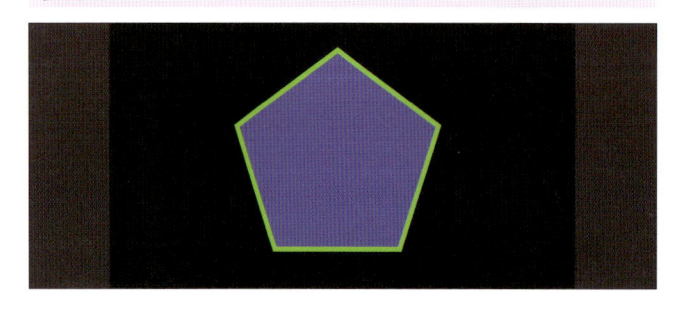

「シェイプ」は図形という意味

「シェイプ」（shape）には、「形、姿、形状」などいろいろな意味を持っていますが、After Effects では、主に「図形」という意味で利用しています。たとえば、長方形、円、多角形といった図形のことですね。また、「直線」や「曲線」などもシェイプとして扱われます。そして、After Effects にとって、シェイプはさまざまなアニメーション作成のための素材として利用される、重要な要素なのです。

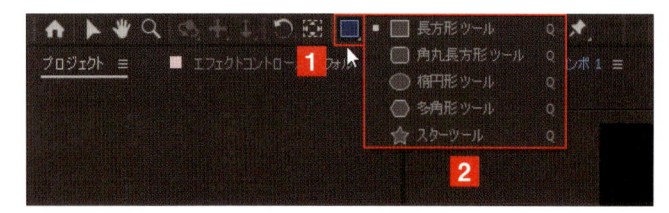

シェイプを描くコマンド

After Effects でシェイプを描くには、ツールバーにあるツールボタンを利用します。デフォルトでは［長方形ツール］**1**ですが、長押ししているとサブメニュー**2**が表示されます。

CHAPTER 04 シェイプを使ったアニメーション

02 長方形を描く

After Effectsの「長方形ツール」では、長方形と正四角形の双方が描けます。ここでは、長方形ツールを利用して四角形を描いてみましょう。

▶ シェイプを作成する

1 ツールを選択する

ツールバーの［長方形ツール］をクリックします**1**。このとき、ツールバーには、シェイプの塗り色と線の色、幅を変更するツールが表示されます**2**。

2 ドラッグして描く

コンポジションパネルでマウスを斜めにドラッグすると**1**、長方形が描けます。このとき、長方形の塗りと線、線の幅は、上記の設定が反映されます。また、コンポジションパネルには、「アンカーポイント」が表示されます**2**。

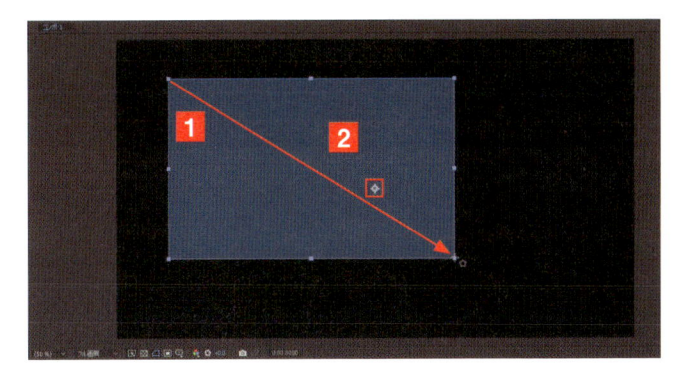

CHECK

長方形の中心からシェイプを描くには、コンポジションパネルで長方形の中心としたい位置にマウスをあわせ、Ctrl（Macはcommand）キーを押しながらマウスをドラッグします。また、Shiftキーを押しながらドラッグすると正方形が描けます。

POINT

「アンカーポイント」とは
「アンカーポイント」のアンカーは「錨（いかり）」という意味で、アニメーションの中心となる点のことです。たとえば、回転の中心、移動の中心、拡大／縮小の中心など、アニメーションするときの中心となる点が、アンカーポイントです。

03

「塗り」を変更する

シェイプを塗りつぶす場合は「塗り」を利用します。たとえば、単色で塗りつぶしてみましょう。塗りの方法は、単色やグラデーションなどを選択できます。

▶ 塗りの方法を選択する

1 塗りつぶし方法を選択する

ツールパネルの［塗りオプション］をクリックすると **1**、「塗りオプション」ダイアログボックスが表示されます **2**。ここで［単色］をクリックし **3**、［OK］をクリックします **4**。

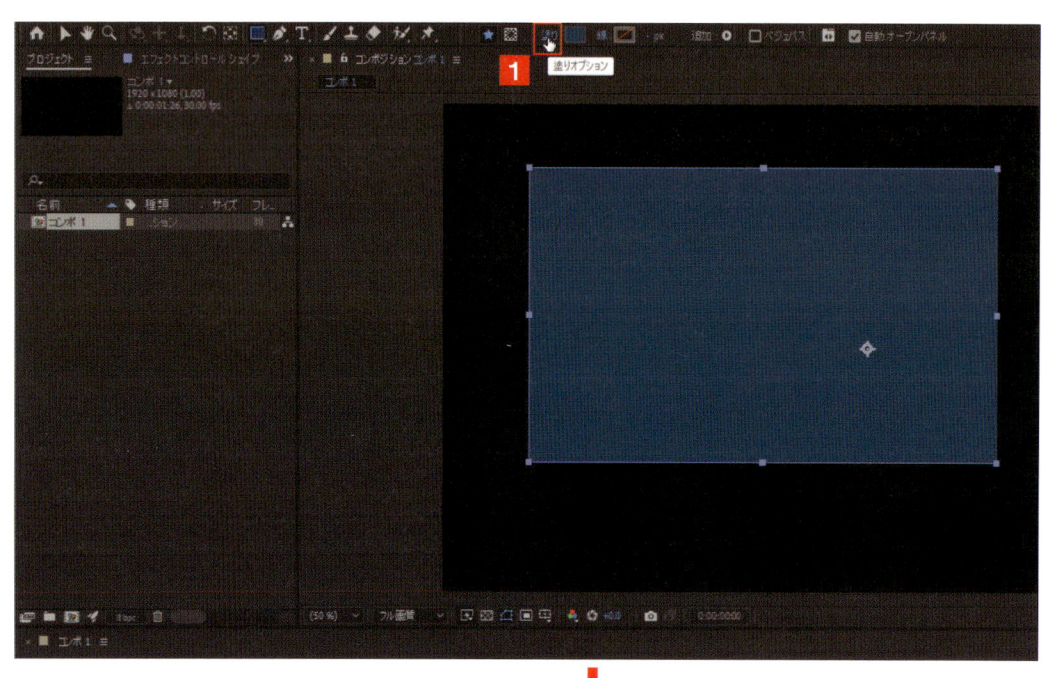

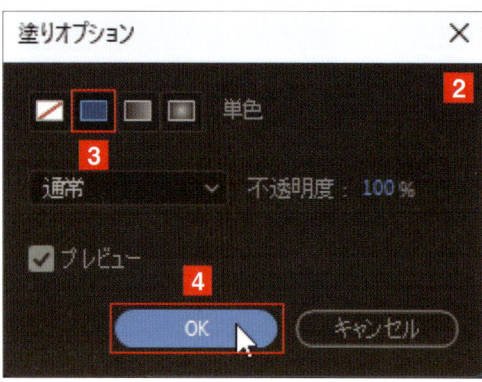

CHECK

シェイプを塗りつぶしたくない場合は、「塗りオプション」ダイアログボックスで［なし］を選択してください。赤い斜めの線のあるアイコンです。

色を選択・変更する

色の選択・変更は、Adobeのカラーピッカーを利用して行います。カラーピッカーはIllustrator
やPhotoshopなどでもおなじみのツールです。

▶ シェイプを塗りつぶす

1 色を選択する

ツールパネルのカラーボックスをクリックすると**1**、カラーピッカーが表示されます**2**。ここで色を選択または
指定し**3**、[OK]をクリックします**4**。

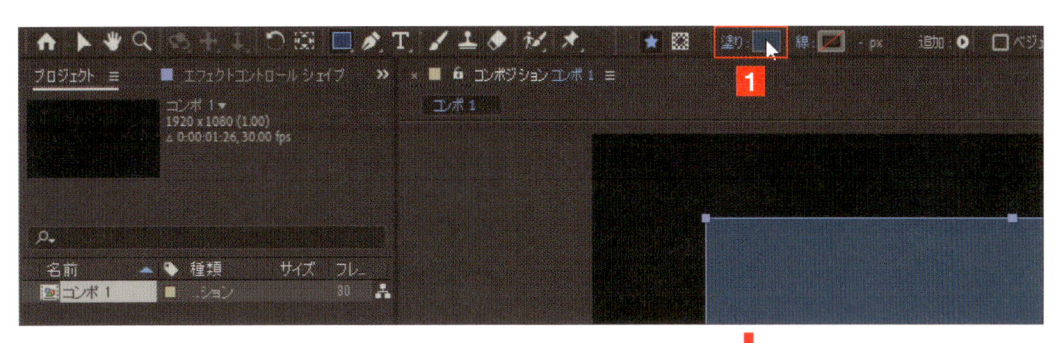

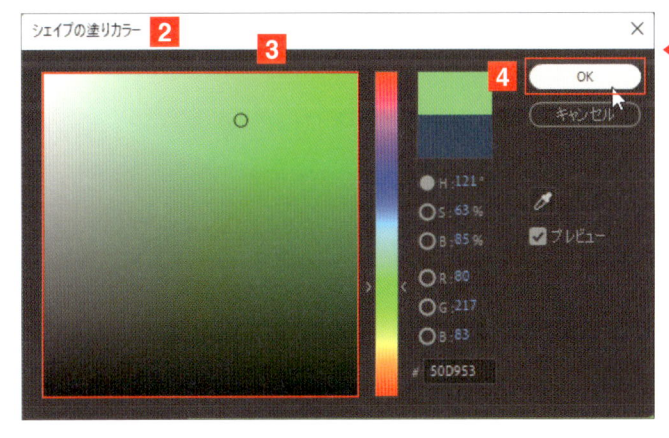

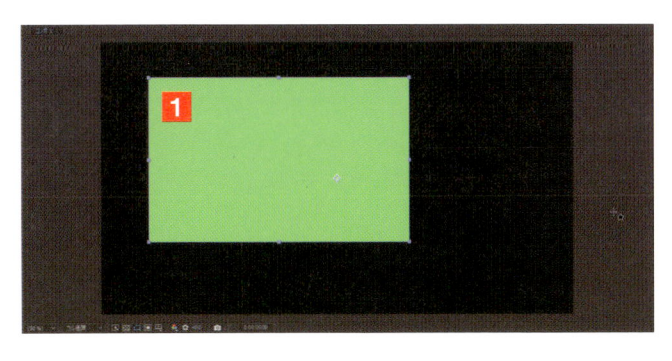

2 選択した色で塗りつぶす

カラーピッカーで選択した色で、シェイプが塗りつぶされます**1**。色の変更も同じ手順で行えます。

05 「線」と「線幅」を設定する

長方形の「線」と「線幅」を設定変更してみましょう。線のオプションで塗り方を選択し、線幅はツールパネルで調整します。

▶ 「線」を有効にして色を設定する

1 「線」を有効にする

画面では、「線」が無効状態（赤い斜め線）です**1**。この状態で［線］をクリックすると、「線オプション」ダイアログボックスが表示されるので**2**、［単色］を選んで**3**、［OK］をクリックします**4**。

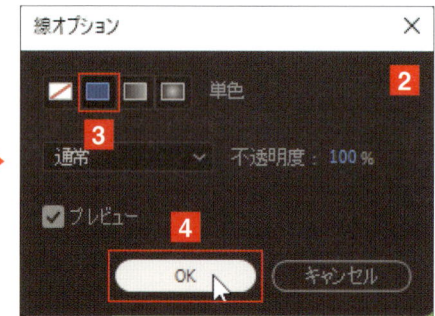

2 色を選択する

「線」の右にある［線カラー］をクリックすると、「シェイプの線カラー」カラーピッカーが表示されます**1**。利用したい色を選択して［OK］をクリックしてください**2**。

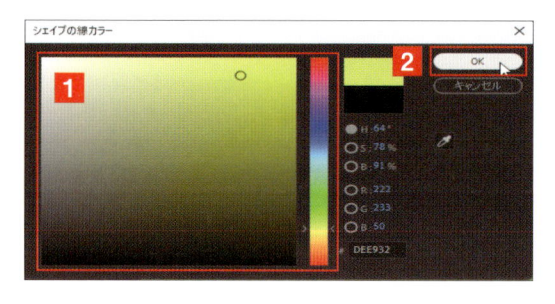

3 「線幅」を変更する

「線カラー」の右に「px」という表示があります**1**。ここにマウスを合わせて左右にドラッグするスクラブ操作を行うと**2**、線の幅を変更できます**3**。

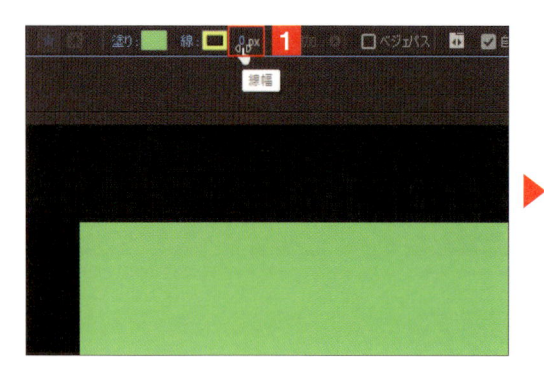
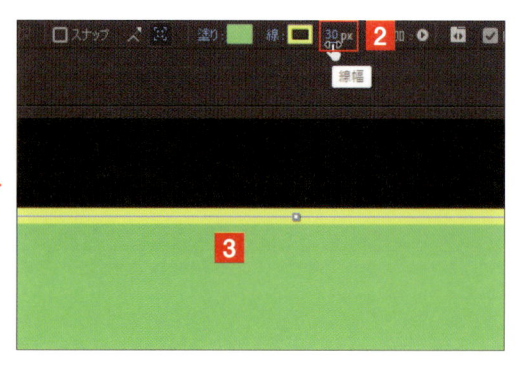

06 楕円を描く

楕円を描きます。ここでは、設定してあるコンポジションパネルいっぱいに作成してみましょう。
一度作成してから、後から目的サイズに変更したほうがスムーズにシェイプが作成できます。

▶ 楕円をツールで描く

1 ［楕円形ツール］を選択する

ツールパネルから、［楕円形ツール］**1** を選択します。長方形ツールなどが表示されている場合は、長押ししてサブメニューから選択します。続けて、「塗り」**2** と「塗りのカラー」**3**、「線」**4** と「線のカラー」**5**、「線幅」**6** も設定します。

2 楕円が描かれる

ツールパネルの［楕円形ツール］アイコンをダブルクリックすると **1**、コンポジションパネルいっぱいに楕円が描かれます **2**。

CHECK

［長方形ツール］などでも、同じようにダブルクリックでコンポジションパネルいっぱいの長方形を描けます。

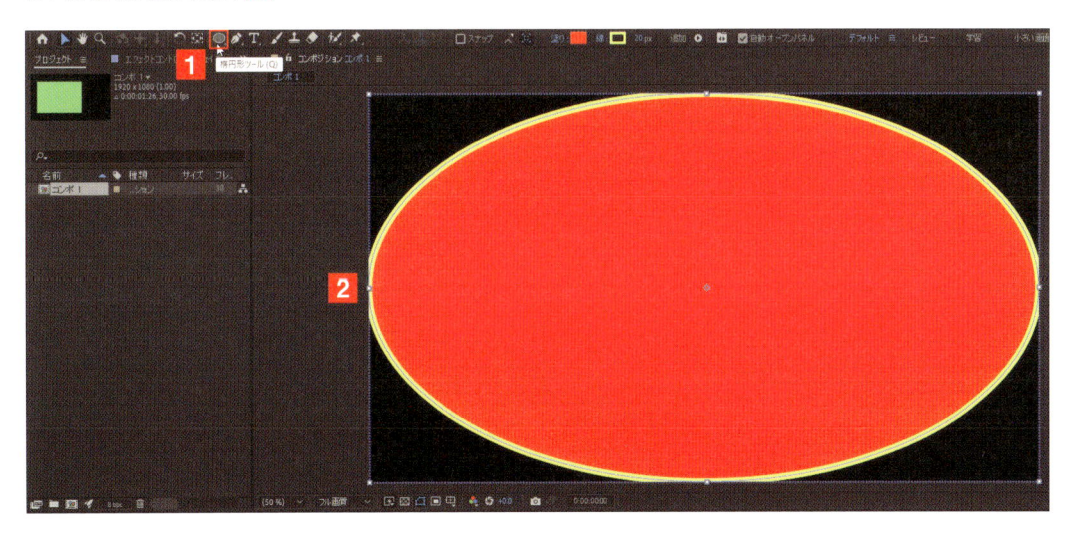

07 正円を描く①

ダブルクリックで描いた楕円を、正円に修正します。SECTION 06で描いた楕円を利用します。
サイズの調整も可能です。

● 楕円を正円に修正する

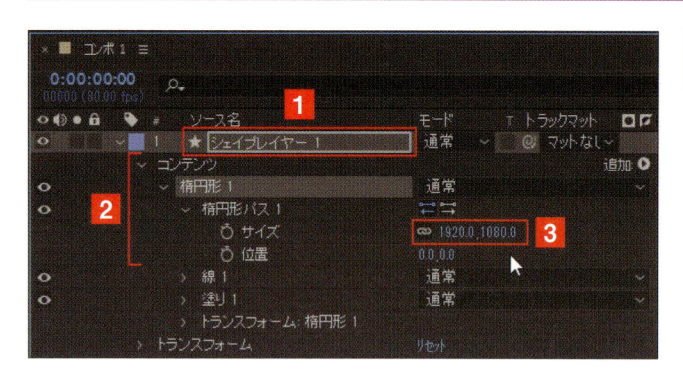

1 「楕円形パス」のレイヤーオプションを開く

タイムラインパネルには「シェイプリレイヤー 1」**1**というシーケンスが作成されています。このレイヤーを展開し、「コンテンツ」→「楕円形 1」→「楕円形パス 1」→「サイズ」**2**を表示します。このとき、パラメーターは「1920.0, 1080.0」**3**と、コンポジションサイズに設定されています。

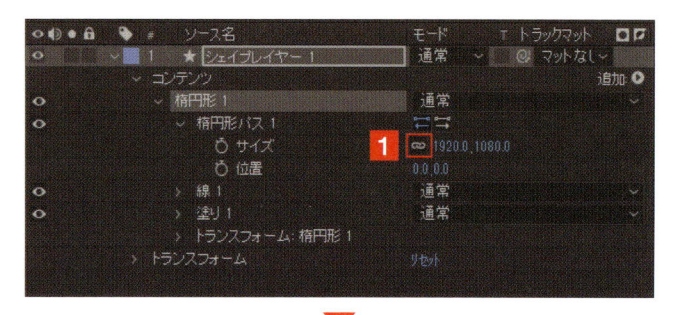

2 サイズのパラメーターを修正する

「サイズ」のパラメーターは 2 つあり、左が X 座標のサイズ、右が Y 座標のサイズになります。また、頭の部分に鎖マークがあるのでこれをクリックしてオフにします**1**。オフにしたら、X、Y の値を入力します。ここでは、「600」「600」と設定しました**2**。

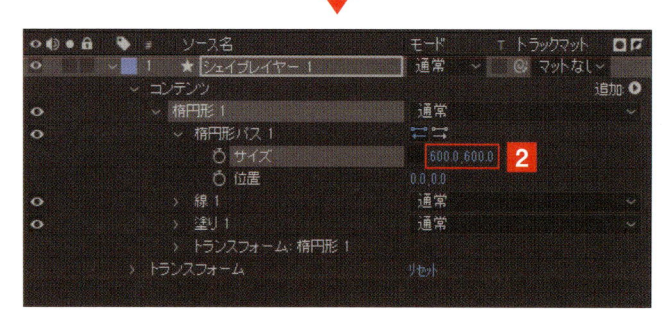

CHECK

鎖のマークをオフにしないと、左右のパラメーターがリンクされていて、一方を変更すると、同じ比率で変更されてしまいます。ここでは個別に値を設定するため、鎖をオフにしています。

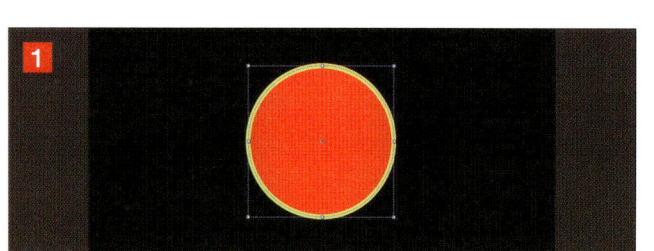

3 正円が描かれる

これで正円が描かれます**1**。長方形の場合なら、正方形が描かれます。

08 正円を描く②

正円を作成する方法は、楕円からレイヤーオプションで修正する方法だけでなく、新機能の「プロパティパネル」を利用して修正する方法もあります。

▶ プロパティパネルで正円に修正する

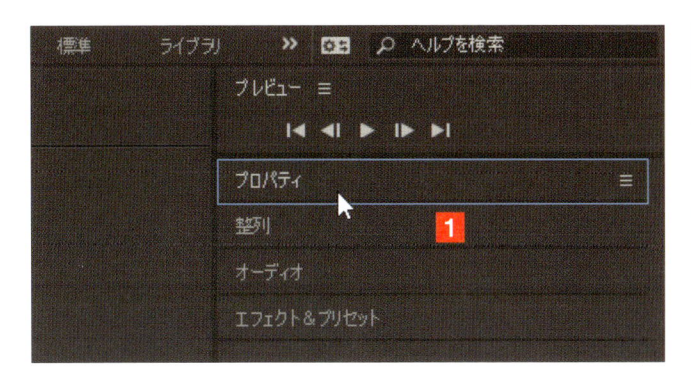

1 プロパティパネルを表示する

SECTION 06 を参考に楕円を描きます。コンポジションウィンドウ右にパネルグループが表示されています。ここで［プロパティ］をクリックして**1**、プロパティパネルを表示します。

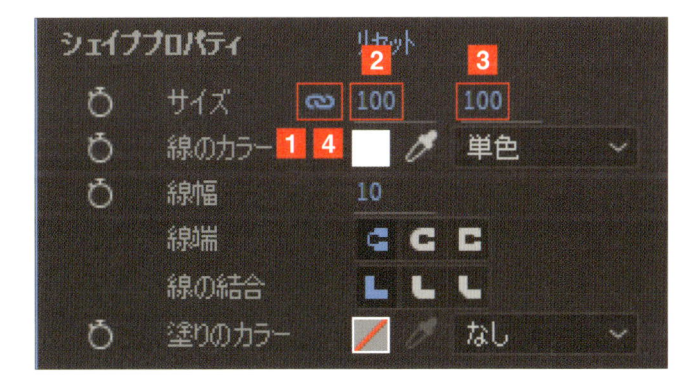

2 プロパティパネルで正円に修正する

表示されたプロパティパネルで、楕円形を正円に修正します。「シェイププロパティ」の「サイズ」でチェーンマークをオフにし**1**、X **2**、Y **3** 共に「100」にパラメーターを変更します。変更したら、再度、チェーンマークをクリックしてオンに戻します**4**。

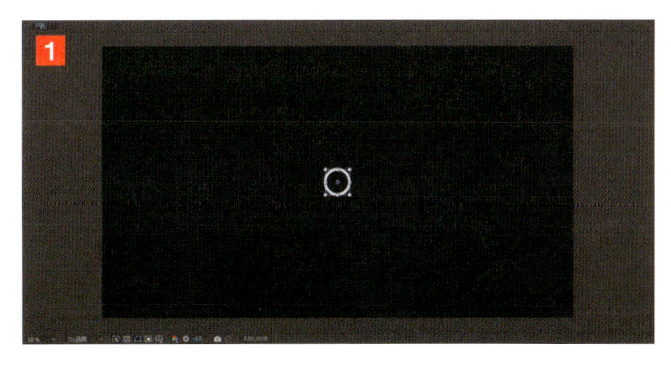

3 正円に修正される

コンポジションパネルには正円が表示されます**1**。

POINT

この方法で正円を作成するメリット
この方法で正円や正方形を作成すると、シェイプの動きの中心（支点）となる「アンカーポイント」が、シェイプの真ん中に設定されます。

シェイプを利用した
アニメーションについて

シェイプを利用したアニメーションは、多種多様です。シェイプだけで作成するアニメーションから、
モーショングラフィックスまで、さまざまなアニメーションに利用されます。

▶ シェイプをアニメーションさせる

シェイプのアニメーション

シェイプを利用したアニメーションで最もオーソドックスなものが、シェイプをそのまま移動させて作成するアニメーションです。複数のシェイプアニメーションを組み合わせてトランジションを作成しています。なお、サンプルファイル「CH-04-Finish-01.aep」で確認できます。

パスのトリミングアニメーション①

複数のシェイプのスケールや線幅を変更するアニメーションを組み合わせて、「パスのトリミング」機能を利用すると、シェイプが表示して消えるアニメーションを作成できます。SECTION 20 でこのアニメーションを作成します。なお、サンプルファイル「CH-04-Finish-02.aep」で確認できます。

パスのトリミングアニメーション②

ラインが伸びるアニメーションを作成し、そのラインがパスのトリミングによって消える動きを組み合わせて、アニメーションを作成します。SECTION 23 でこのアニメーションを作成します。なお、サンプルファイル「CH-04-Finish-03.aep」で確認できます。

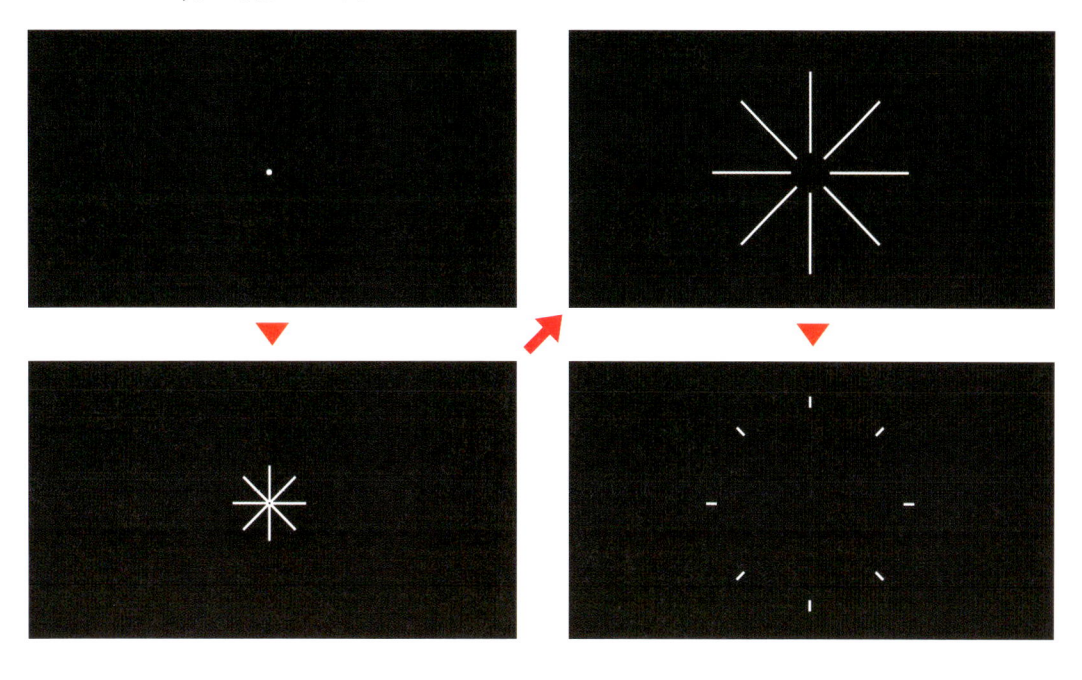

テキストアニメーションとのコラボレーション

シェイプのアニメーションにテキストとマスクのアニメーションを組み合わせることで、メインタイトルなどのモーショングラフィックスを作成します。なお、このアニメーションは、CHAPTER 05 の SECTION 06 で作成します。

ベースアニメーション用の長方形を描く

P.158のシェイプのアニメーションを作成していきます。最初に、1つだけ長方形ツールでシェイプレイヤーを作成し、これにアニメーションを設定します。これをベースとします。

サンプルファイル ▶ CH-04-10.aep

▶ 四角形を描く

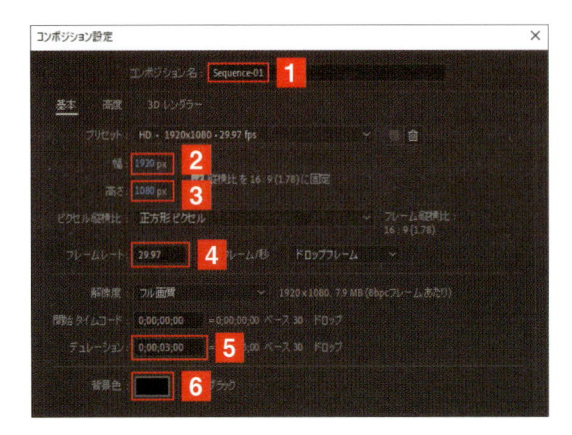

1 新規コンポジションを作成する

新規コンポジションを作成します。「コンポジション名」をわかりやすい名前にして（ここでは「Sequence-01」）**1**、「フレームサイズ」を「幅」は「1920」**2**、「高さ」を「1080」**3**にし、「フレームレート」を「29.97」**4**、「デュレーション」を「3」**5**、「背景色」を［ブラック］**6**に設定します。以上を設定済みのサンプルファイル「CH-04-10.aep」を利用してもOKです。

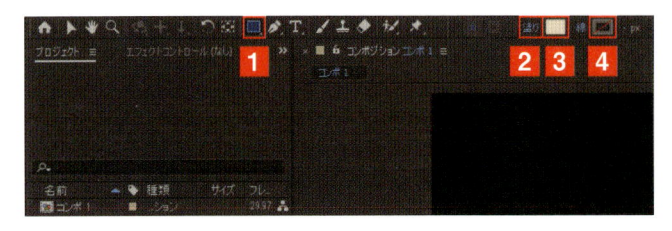

2 描く四角形を設定

これから描く四角形の設定を行います。［長方形ツール］を選択して**1**、「塗り」を［単色］に**2**、「塗りの色」は任意の色にして**3**、「線」は［なし］**4**に設定します。

3 四角形を描く

［長方形ツール］をダブルクリックして**1**、コンポジションパネルと同じサイズの長方形を描きます**2**。タイムラインパネルには、自動的にシーケンスレイヤーが設定されています**3**。

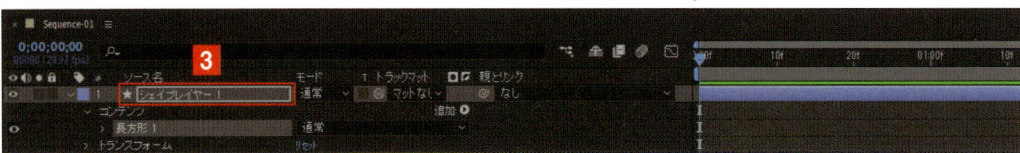

11 アニメーションを設定する

アニメーションは、「エフェクト」にあるカテゴリーの「トランジション」を利用して設定します。なお、アニメーション設定用の5つのポイント（P.078）を確認しましょう。

▶ アニメーションを作成する

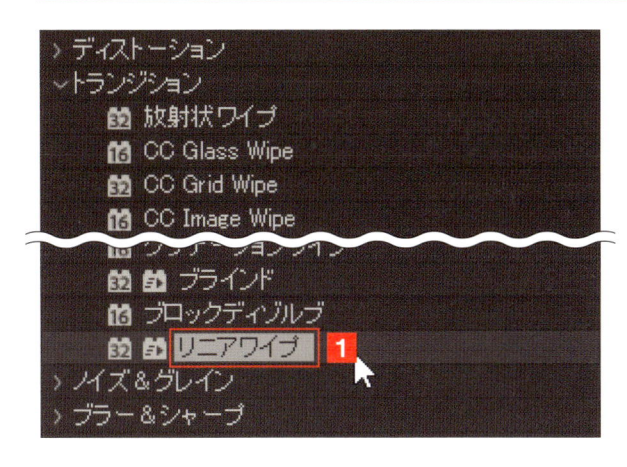

1 エフェクトを適用する

タイムラインパネルのシェイプレイヤーをクリックして選択状態にし、[エフェクト]メニュー→［トランジション］→［リニアワイプ］を選択するか、エフェクト＆プリセットパネルから、［トランジション］→［リニアワイプ］を選択してダブルクリックしてください **1**。

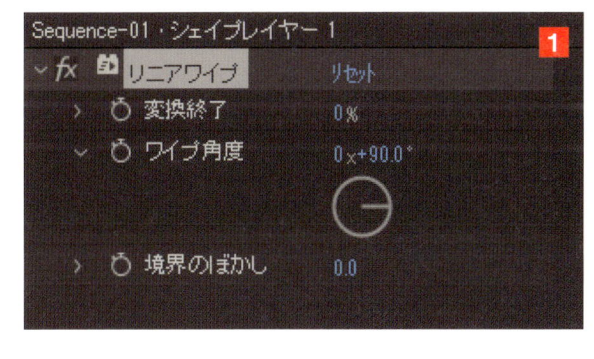

2 エフェクトが設定される

シーケンスレイヤーにエフェクトが設定され、エフェクトコントロールパネルに設定用のオプションが表示されます **1**。

3 時間インジケーターを左端に合わせる

タイムラインパネルの時間インジケーターを左端（0秒の位置）に合わせます **1**。これがアニメーション作成ポイント①です。

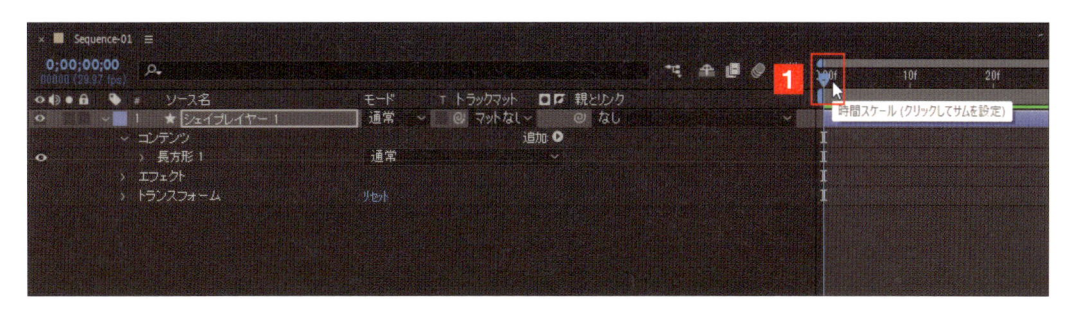

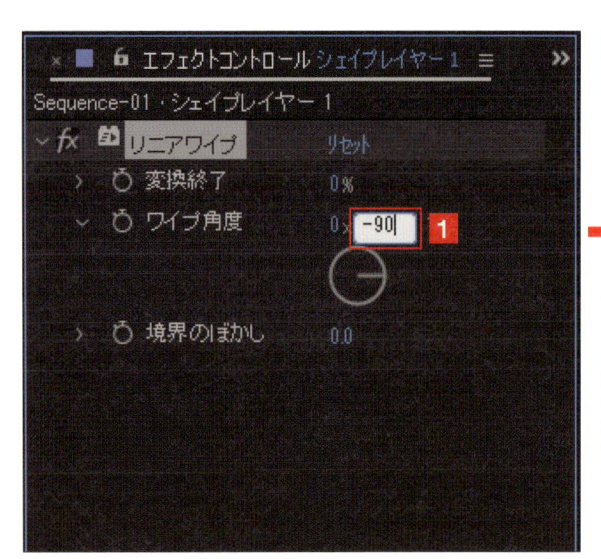

4 ワイプ角度を設定する

ワイプを左から右へ移動させたいので、エフェクトコントロールパネルの「ワイプ角度」を「-90」に変更します**1**。

5 「変換終了」を変更する

オプションの「変換終了」のパラメーターを「0%」から「100%」に変更します**1**。これで、長方形が表示されなくなります**2**。これがアニメーション作成ポイント②です。

6 アニメーションをオンにする

「変換終了」のストップウォッチをクリックして**1**、アニメーションをオンにします。このとき、タイムラインにはキーフレームが自動的に設定されます。これがアニメーション作成ポイント③です。

CHAPTER **04** シェイプを使ったアニメーション

7 時間インジケーターを移動する

時間インジケーターを「08f」の位置にドラッグします 1。タイムラインの 0 秒の位置には、手順 6 の操作で設定されたキーフレームが確認できます 2。これがアニメーション作成ポイント④です。

8 パラメーターを変更する

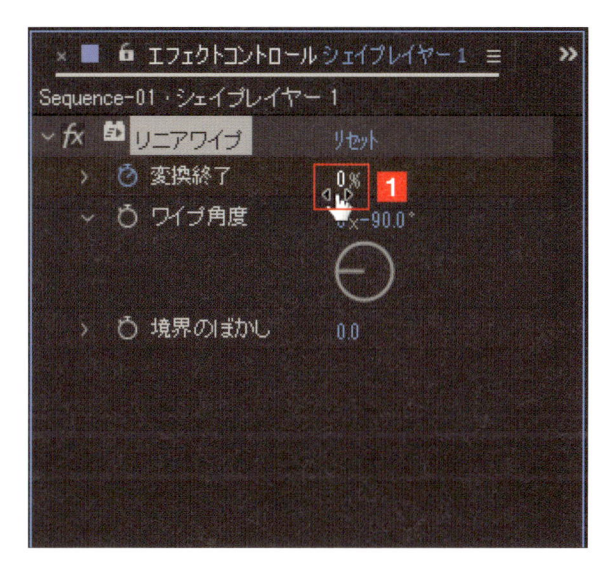

「エフェクトコントロール」パネルにある「変換終了」のパラメーターを「100」→「0」に変更します 1。このとき、タイムラインにはキーフレームが自動的に設定されます。これがアニメーション作成ポイント⑤です。

9 アニメーションを確認する

時間インジケーターを左端に戻し 1、再生してアニメーションを確認します。

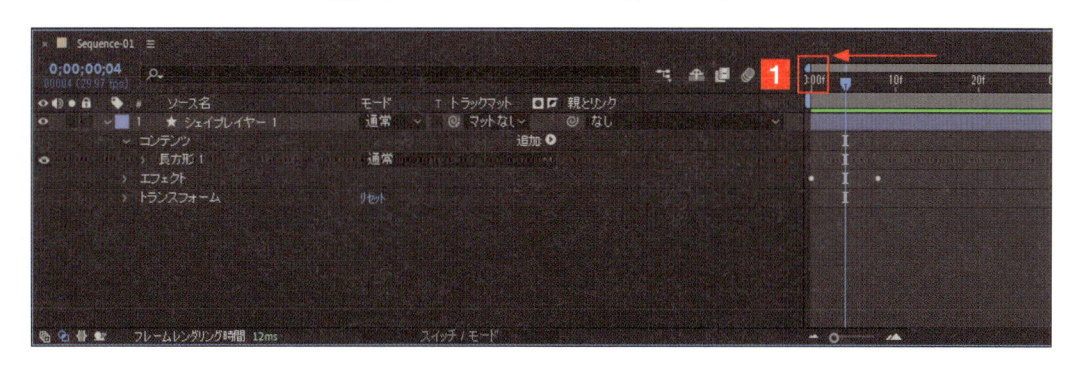

CHAPTER 04 シェイプを使ったアニメーション

12 移動に緩急を付ける

SECTION 11の作業で、タイムラインに設定されたキーフレームにイージーイーズを設定し、移動に緩急を付けます。

● イージーイーズを設定する

1 キーフレームを表示する

タイムラインパネルのシェイプレイヤーを選択し、Uキーを押してください。オプションの「変換終了」に設定したキーフレームが表示されます**1**。表示されない場合は、もう一度Uキーを押してください。画面のように表示されます。

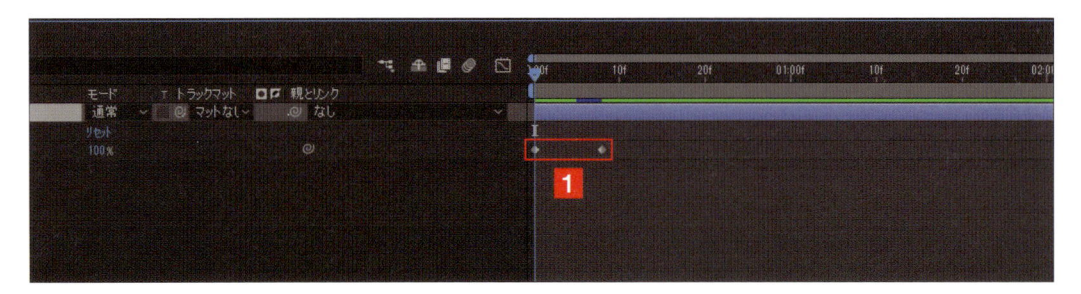

2 イージーイーズを設定する

表示された2個のキーフレームをドラッグして選択し**1**、ファンクションキーの F9 キーを押します。これで「イージーイーズ」が設定されます**2**。

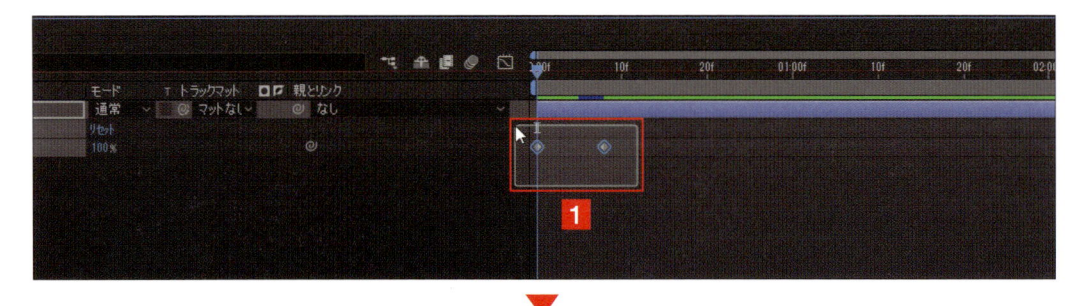

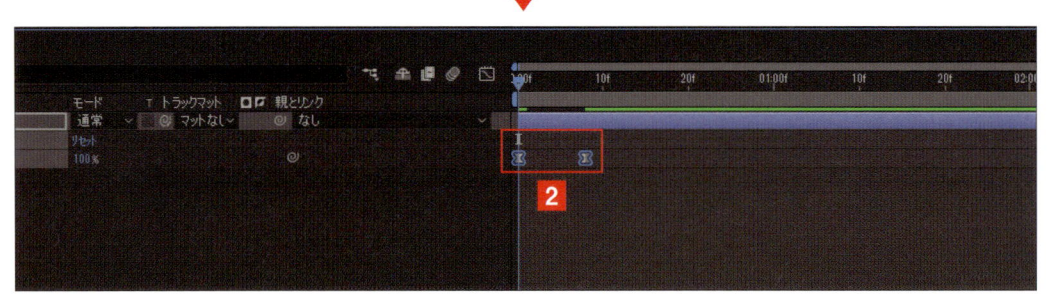

13 緩急を強調する

SECTION 12で付けたイージーイーズによる緩急を強調して、さらに目立たせてみましょう。ここでは、「速度グラフ」を利用します。

● 「速度グラフ」で緩急を強調する

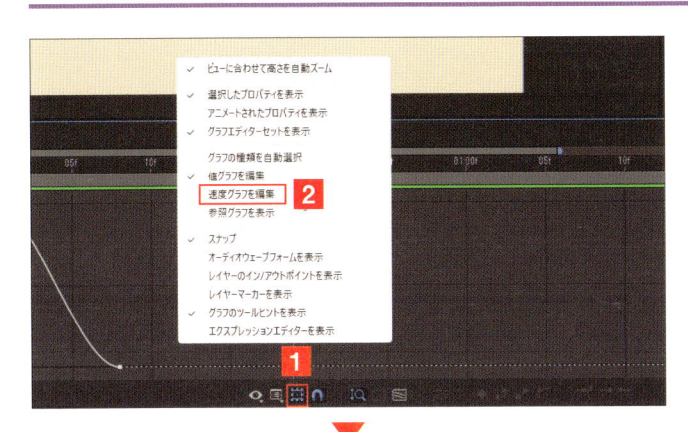

1 「速度グラフ」を表示する

2つのキーフレームを選択した状態で、タイムラインパネルの［グラフエディター］をクリックすると、グラフエディターが表示されます。グラフ内で右クリックするか、タイムライン下にある［グラフの種類とオプションを選択］クリックして **1**、表示されたメニューから［速度グラフを編集］をクリックします **2**。これで、グラフの表示が速度グラフに変わります **3**。

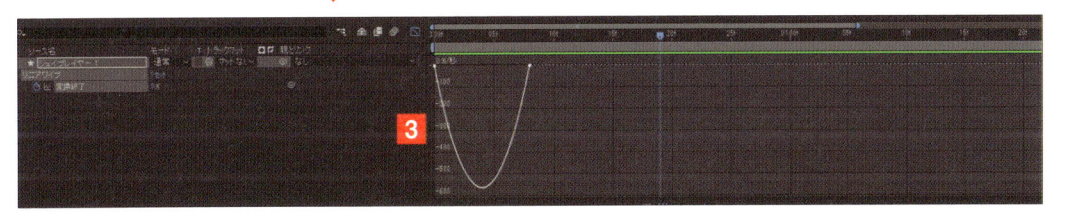

2 「方向点」と「方向線」を表示する

速度グラフのきれいな二次曲線が表示されます **1**。このグラフは「ベジェ曲線」で、このグラフのポイント部分を選択すると **2**、ベジェ曲線を調整する黄色い「方向点」と「方向線」が表示されます **3**。

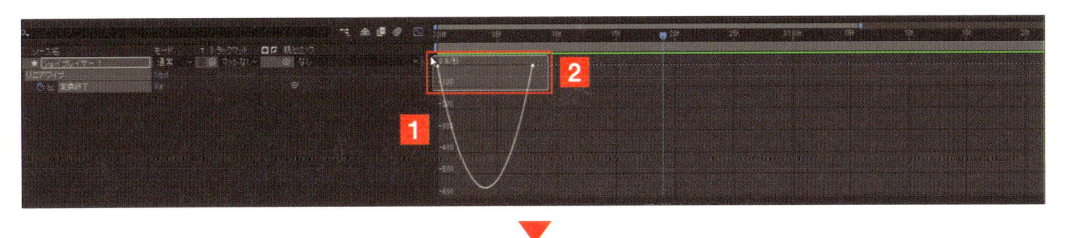

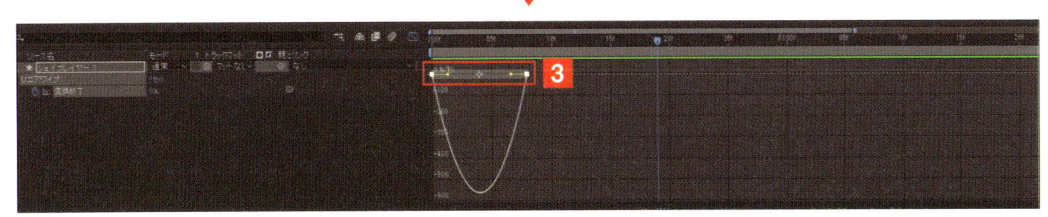

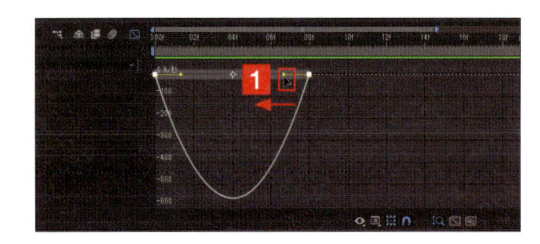

3 右側の方向点を編集する

表示されたポイントの右側の方向点（黄色い●）**1**を、左側にドラッグして**2**、グラフを編集します。このように調整すると、移動直後にスピードを増し、徐々にスピードが落ちるように設定されます**3**。

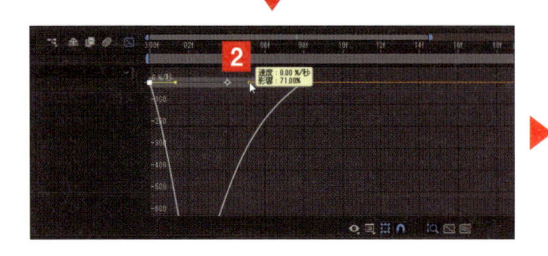

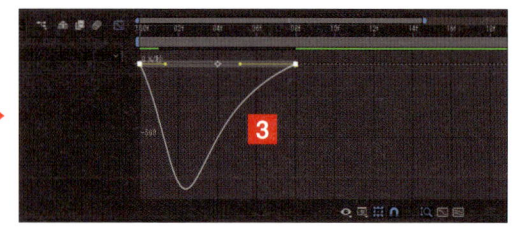

4 左側の方向点を編集する

同じように左側の方向点を右側にドラッグして**1**、グラフを編集します。このように調整すると、移動スピードの加速、減速をコントロールできます**2**。

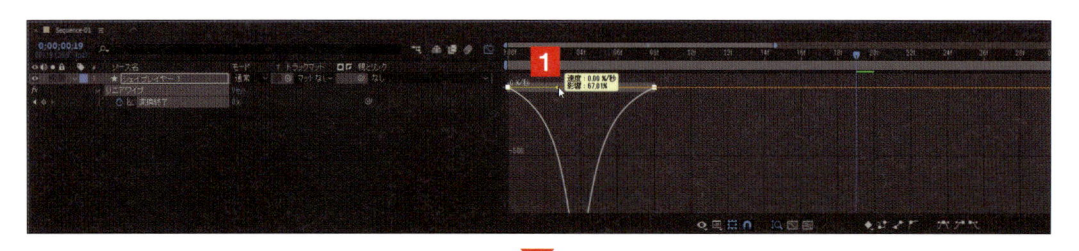

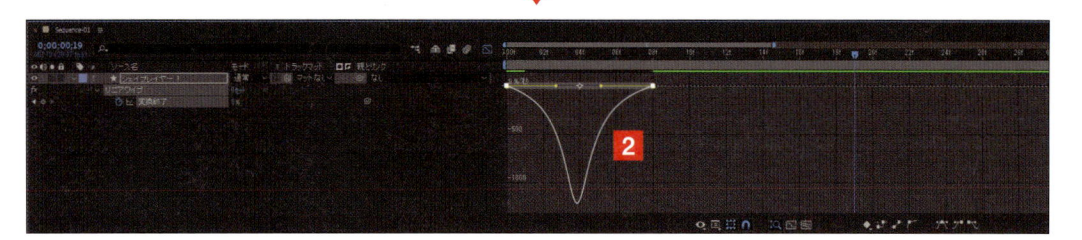

5 グラフエディターを閉じる

イージーイーズの編集が終了したら、[グラフエディター]をクリックして**1**、グラフを閉じます。

CHECK

Ⓤキーを押すと、キーフレームなどのオプション表示を閉じることができます。

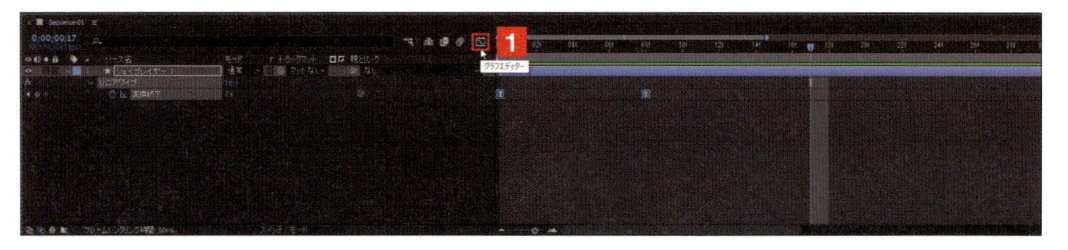

CHAPTER **04** シェイプを使ったアニメーション

14 シェイプレイヤーを複製する

アニメーション設定の終了したシェイプレイヤーを選択し、必要な数だけコピーします。ここでは3色の長方形でアニメーションを作りたいので、2つコピーしてレイヤーを増やします。

▶ レイヤーをコピーする

1 ショートカットキーでコピーする

コピーしたいレイヤーを選択し**1**、 `Ctrl` （Mac は `command` ）＋ `D` キーを 2 回押して、「シェイプレイヤー 1」を2 つコピーし**2**、合計で 3 個のレイヤーを配置します**3**。

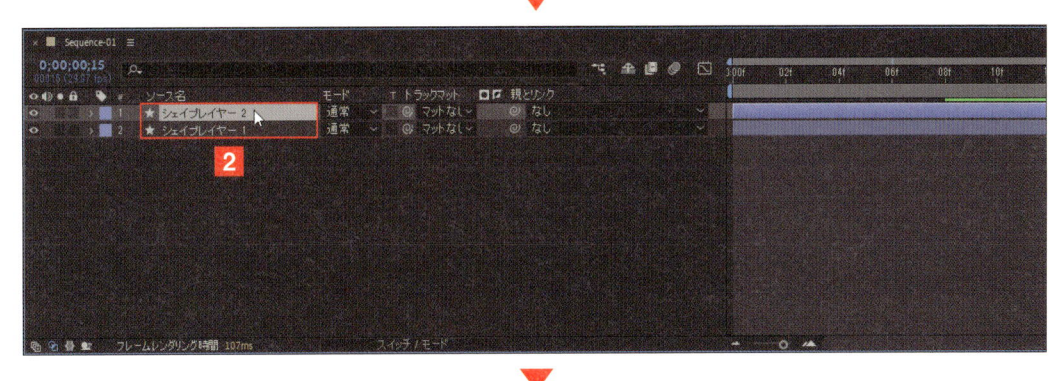

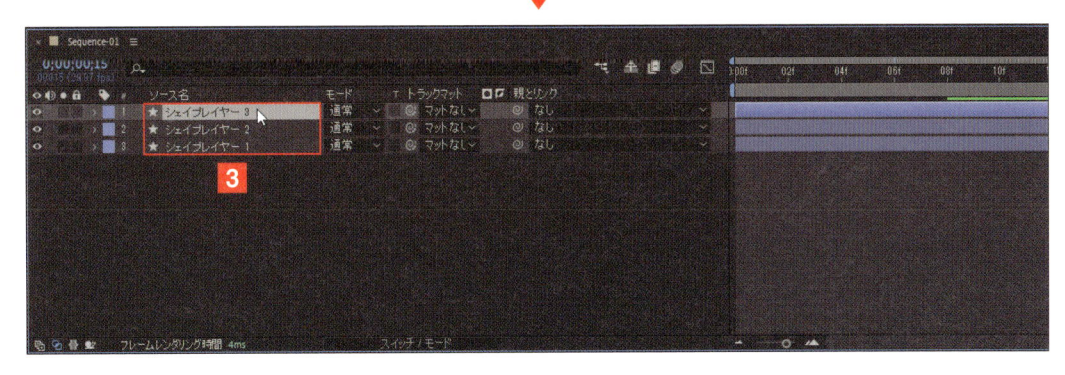

15 シェイプの色を変更する

レイヤーのシェイプの色の変更方法を解説します。SECTION 14でコピーした2つのレイヤーそれぞれのシェイプの色を変更してください。

▶ カラーピッカーを使用する

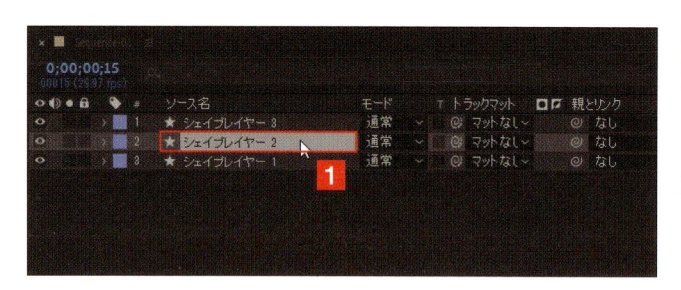

1 カラーピッカーを表示する

色を変更したいシェイプレイヤー「シェイプレイヤー 2」をクリックして選択し **1**、ツールパネルの［塗りのカラー］をクリック **2** してカラーピッカーを表示します **3**。

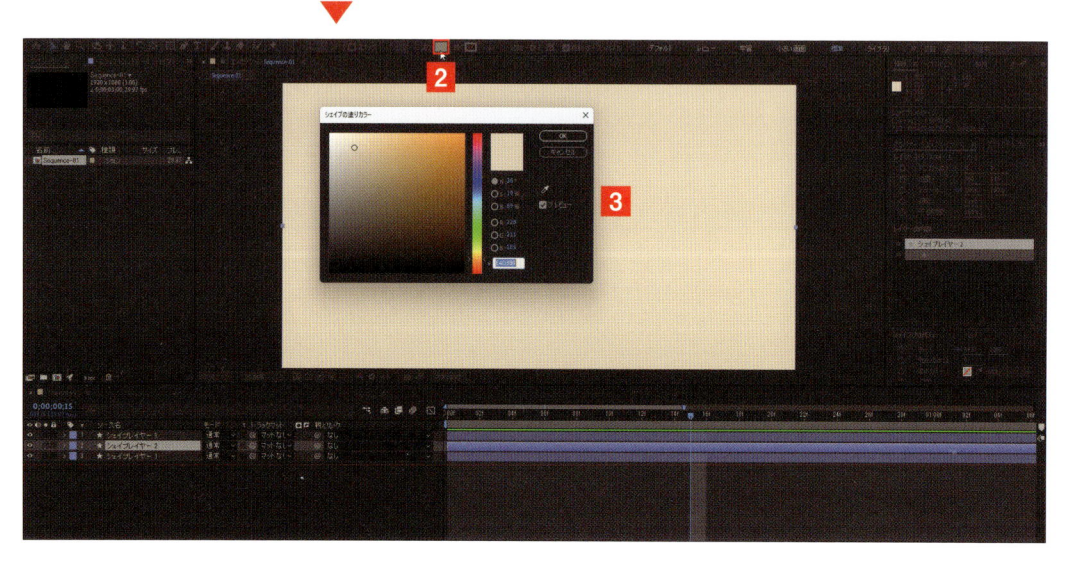

2 カラーを設定する

カラーピッカーで色を選択したら、[OK]をクリックします **1**。同様の方法で、もう1つの「シェイプレイヤー 3」のシェイプも、色を変更します。

アニメーションの
タイミングを調整する

現在の状態では、レイヤーのキーフレーム位置などが全く同じなので、個別のアニメーションが確認できません。そこで、レイヤーを移動させてタイミングを調整します。

▶ タイミングを調節する

1 時間インジケーターを8フレーム目に合わせる

時間インジケーターをドラッグし、「08f」に合わせます**1**。

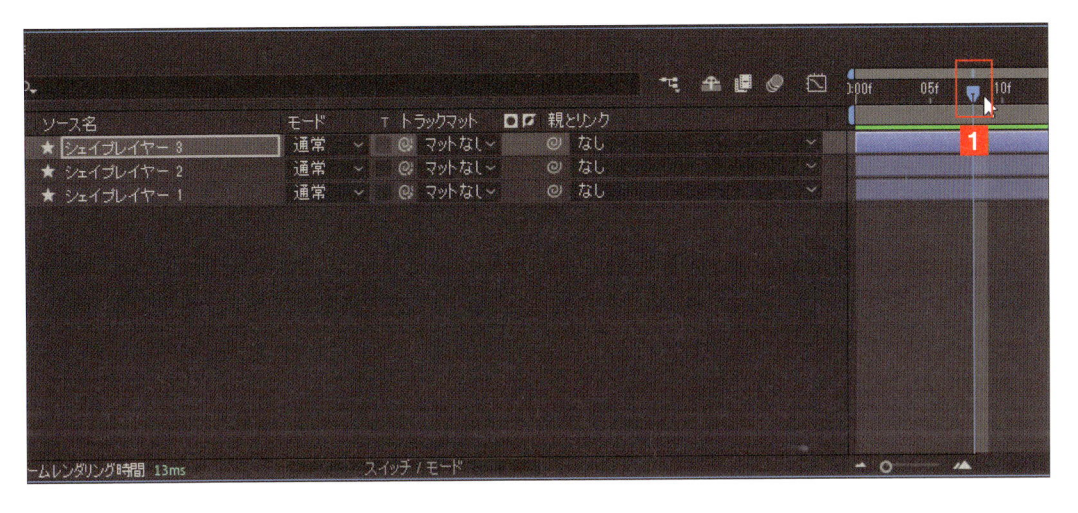

2 レイヤーをドラッグする

2つ目のシェイプレイヤーのレイヤーを**1**、タイムラインで時間インジケーターのある8フレーム目にドラッグします**2**。

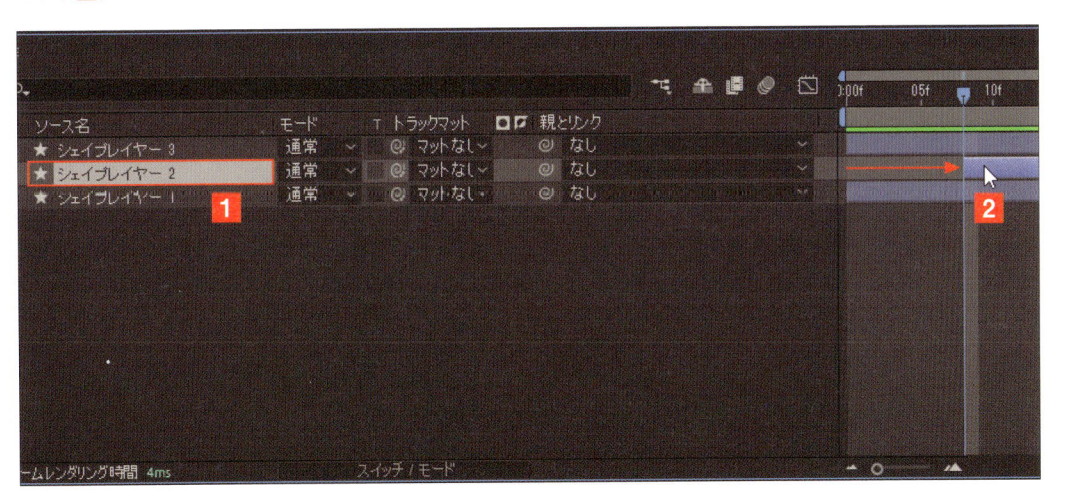

3 3つ目のレイヤーもドラッグする

時間インジケーターを「16f」に合わせ**1**、3つ目のシェイプレイヤーのレイヤー**2**を、この位置までドラッグします**3**。

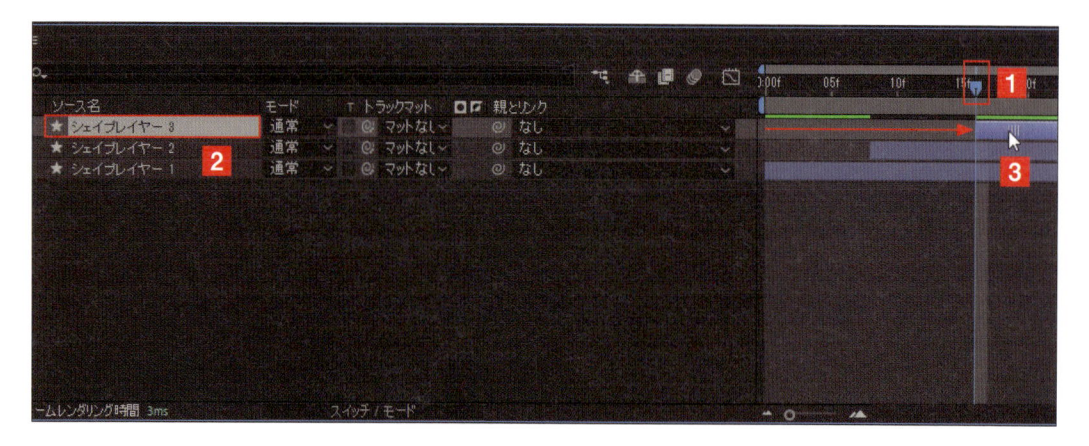

4 アニメーションを確認する

これで3色のシェイプが時間差で表示されるアニメーションができました**1** **2** **3**。

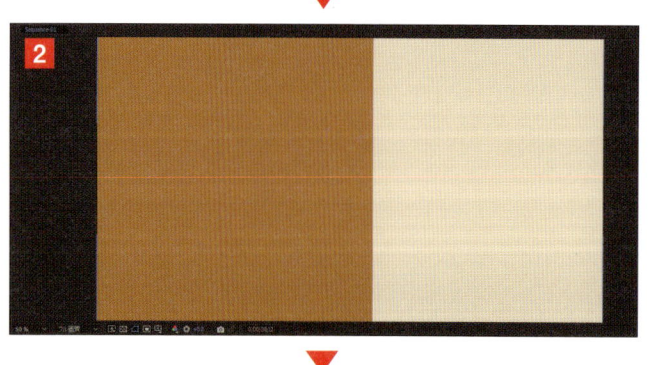

レイヤーをプリコンポーズする

「プリコンポーズ」は複数のレイヤーを1つのレイヤーとしてまとめることで、複数のレイヤーに対して同じ設定を行う場合、1回の設定で済ませることができます。

▶ レイヤーを1つにまとめる

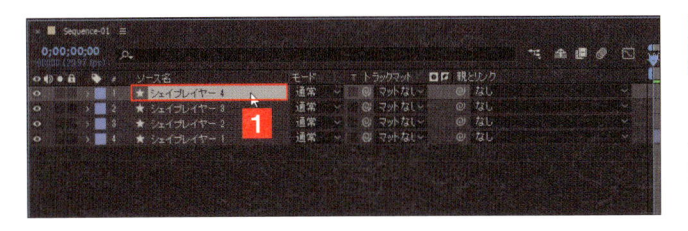

1 レイヤーを複製する

ここでは、3つ目の「シェイプレイヤー3」というレイヤーを、Ctrl（Mac は command）+ D キーでコピーして「シェイプレイヤー4」を作成します 1。

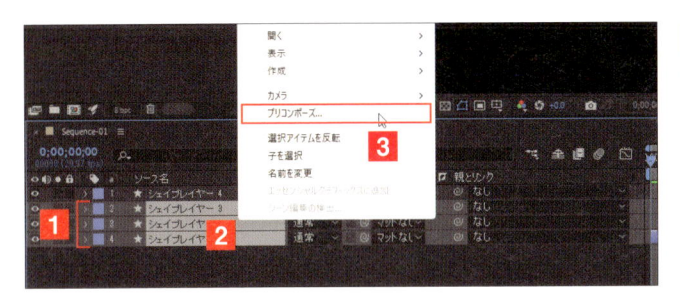

2 プリコンポーズを選択する

レイヤーの「シェイプレイヤー1」「シェイプレイヤー2」「シェイプレイヤー3」を選択し 1、選択したレイヤー上で右クリックしてメニューを表示します 2。ここから［プリコンポーズ］を選択します 3。

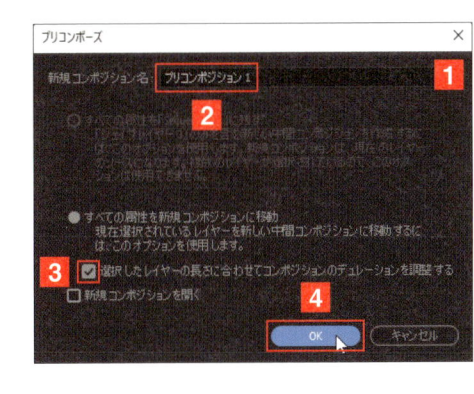

3 プリコンポーズする

「プリコンポーズ」ダイアログボックスが表示されるので 1、適当なコンポジション名（ここでは「プリコンポジション1」）を入力し 2、画面のオプションを選択して 3、［OK］をクリックします 4。これで、3つのレイヤーが1つのレイヤーにまとめられました。

4 レイヤー位置を調整する

4つ目のレイヤーをドラッグし、先頭を1秒（10:00f）の位置に合わせます 1。

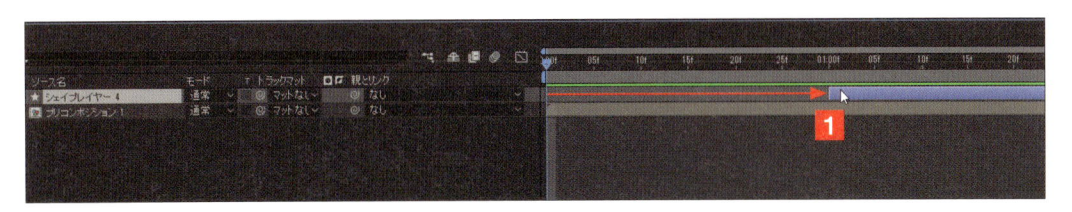

18 トラックマットを設定する

プリコンポーズせずに残したシェイプレイヤーを、トラック全体に適用するマスクとして利用します。
なお、マスクとトラックマットについての詳細はCHAPTER 05を参照してください。

▶ マットを反転させる

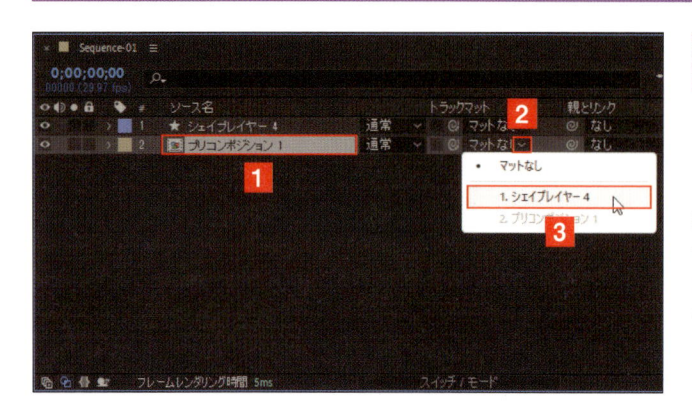

1 トラックマットを選択する

タイムラインパネルで「プリコンポジション1」レイヤーを選択し**1**、「トラックマット」の［∨］をクリックします**2**。表示されたメニューから［シェイプレイヤー4］を選択します**3**。これは、選択したレイヤーをマスクとして利用するという意味になります。

CHECK

「トラックマット」が表示されていない場合は、タイムラインパネル下にある［スイッチ／モード］をクリックしてください。

2 マットを反転させる

デフォルトの設定では、シェイプがマスクとして機能していないため、これを反転させてシェイプが表示されたら透明になるように変更します。「マットの反転」の部分をクリックして**1**、アイコンを表示させて反転を有効にします。

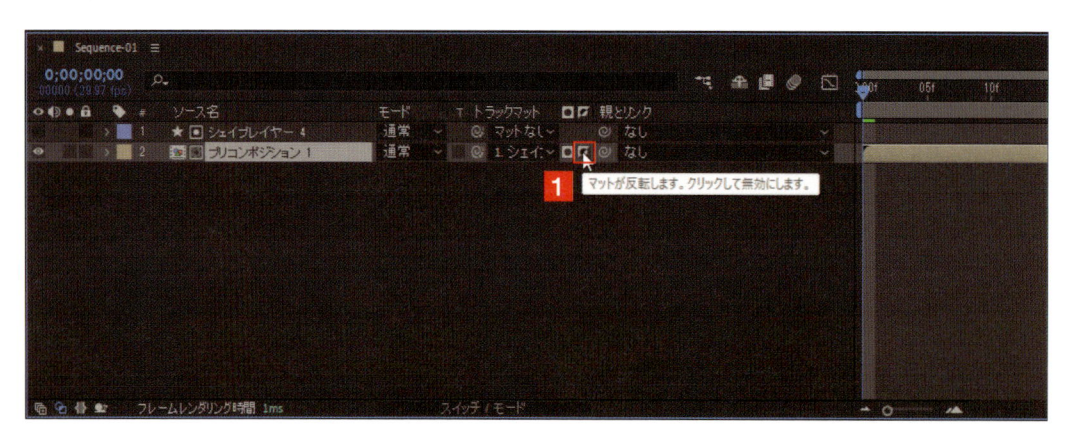

CHAPTER 04 シェイプを使ったアニメーション

19 プリコンポジションを再編集する

プリコンポジション内のレイヤーを修正変更したい場合は、プリコンポジションを展開して再編集します。これでトランジションが完成します。

▶ レイヤーを編集する

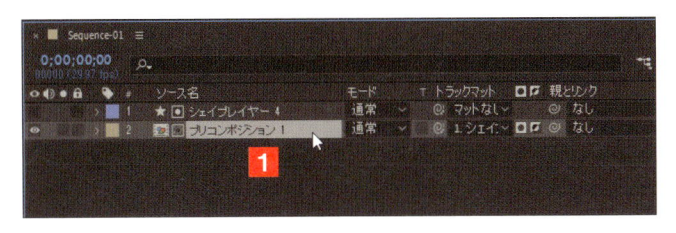

1 プリコンポジションを展開する

タイムラインでプリコンポジションのレイヤーをダブルクリックすると■、プリコンポジションが展開され■、レイヤーを個別に編集できるようになります。

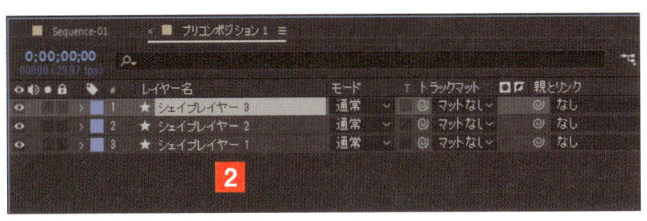

2 レイヤーを編集する

プリコンポジションが展開されたら、レイヤーを編集します。ここでは、8フレーム間隔を5フレーム間隔に修正しました■。修正後は、そのままでかいませんし、レイヤー名のあるタブの左に［×］（閉じる）があるので■、これをクリックしてタブを閉じます。

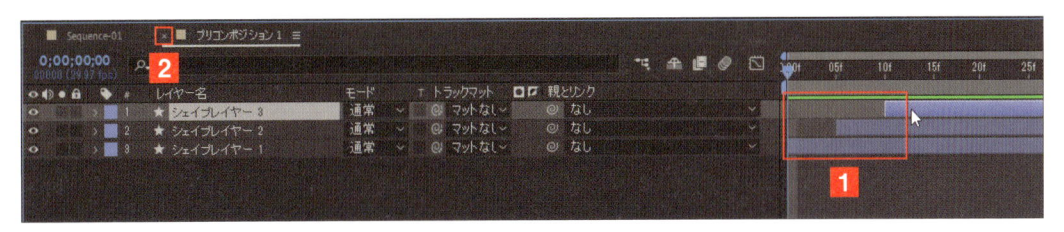

3 トラックマットの調整

トラックマットとして指定したレイヤーの「シェイプレイヤー4」■も、表示位置を「15f」に修正します■。

20 パスのトリミング

「パスのトリミング」を利用すると、パスの開始点と終了点をつなげて自動的にアニメーションさせることができます。ここでは円が拡大して消えるシェイプアニメを作成します。

サンプルファイル ▶ CH-04-20.aep

▶ 基本となる正円を描く

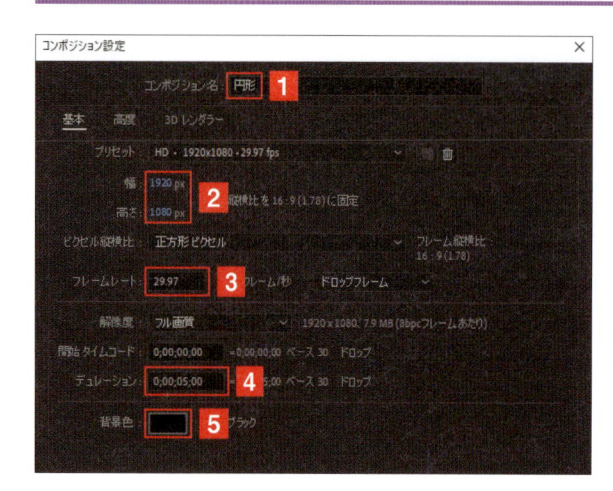

1 新規コンポジションを作成する

新規コンポジションを作成します。サンプルファイル「CH-04-20.aep」を利用しても OK です。ここでは、設定を以下のようにしています。

1 コンポジション名：円形
2 フレームサイズ：1920（幅）×1080（高さ）
3 フレームレート：29.97fps
4 デュレーション：5 秒
5 背景色：ブラック

2 描く円の設定をする

これから描く楕円形の設定を行います。

1 [楕円形ツール] を選択する **2** 塗り：なし **3** 線：単色 **4** 線のカラー：白 **5** 線幅：10px

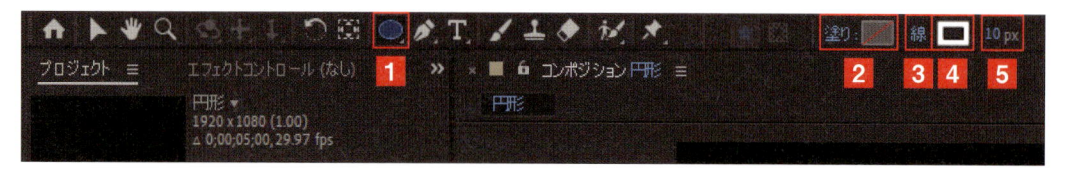

3 描いた楕円をプロパティパネルで正円にする

コンポジションパネルと同じサイズの楕円形を描き、P.157 の手順を参考に、プロパティパネルで正円に修正します**1**。

CHAPTER 04 シェイプを使ったアニメーション

●「パスのトリミング」を利用してアニメーションを作成する

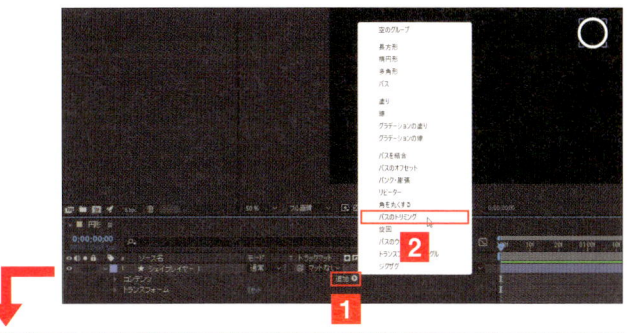

1 「パスのトリミング」を設定する

タイムラインパネルのシェイプレイヤーを展開し、「コンテンツ」の右にある [追加] のボタンをクリックします **1**。表示されたメニューから、[パスのトリミング]を選択します **2**。これで楕円形「シェイプレイヤー 1」のオプションに「パスのトリミング 1」が追加されます **3**。

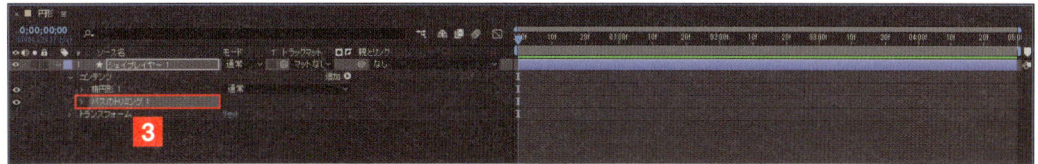

2 時間インジケーターをスタート位置に配置する

時間インジケーターを、タイムラインの左端 0 秒（00:00f）に合わせます **1**。Home キーを押しても左端に合わせられます。続けて、レイヤーの「コンテンツ」→「楕円形 1」→「楕円形パス 1」 **2** を展開し、「サイズ」を「0」に設定します **3**。X と Y が連携しているので、どちらか一方を変更すれば OK です。

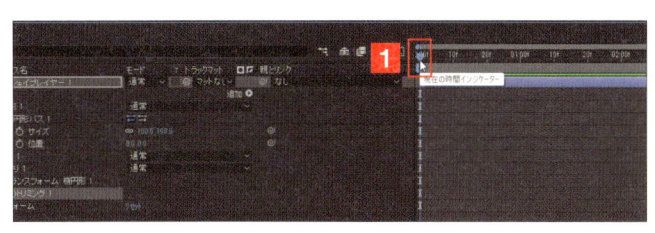

3 アニメーションをオンに設定する

オプションの「線 1」を展開し **1**、「線幅」を「100」に設定します **2**。「サイズ」と「線幅」の先頭にあるストップウォッチをクリックしてアニメーションをオンにします **3 4**。ストップウォッチが青色に変わり **5 6**、タイムラインにはキーフレームが設定されます **7**。

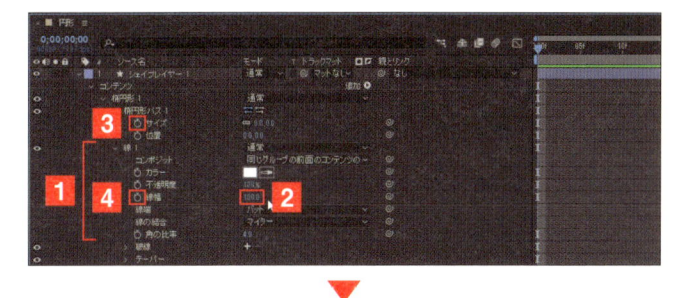

CHAPTER 04

シェイプを使ったアニメーション

4 時間インジケーターを移動する

シェイプレイヤーを選択して U キーを押すと、キーフレームを設定したオプションだけが表示されます**1**。時間インジケーターを 10 フレーム目の「10f」に合わせます**2**。

5 サイズを変更する

「サイズ」のパラメーターを「500」に変更します**1**。続けて、「線幅」のパラメーターを「0」に変更します**2**。

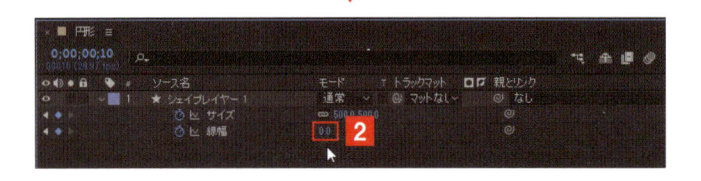

6 アニメーションを確認する

タイムラインを再生して、アニメーションを確認します**1 2 3**。

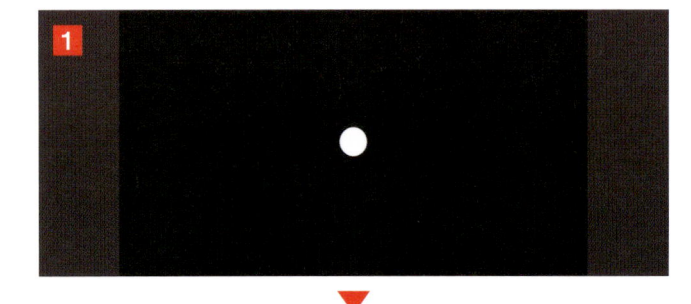

POINT

緩急を設定する

作成したシェイプアニメですが、これにイージーイーズを利用し（SECTION 12-13 を参考に）、緩急を設定してみましょう。基本的には、ほかのアニメーションも同じように設定します。

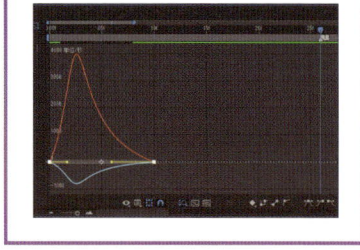

21 ラインのシェイプアニメ①

[ペンツール]を利用してラインを作成し、そのラインをアニメーションさせます。モーショング
ラフィックスでは多用されるアニメーションです。

サンプルファイル CH-04-21.aep

▶「アクションセーフ」を利用してラインを描く

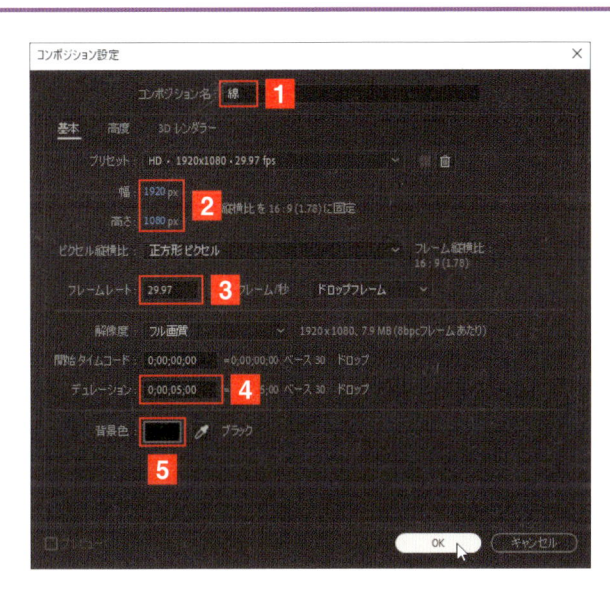

1 新規コンポジションを作成する

新規コンポジションを作成します。サンプルファイル「CH-04-21.aep」を利用してもOKです。ここでは、設定を以下のようにしています。

1 コンポジション名：線
2 フレームサイズ：1920（幅）×1080（高さ）
3 フレームレート：29.97fps（動画との併用を考慮して）
4 デュレーション：5秒
5 背景色：ブラック

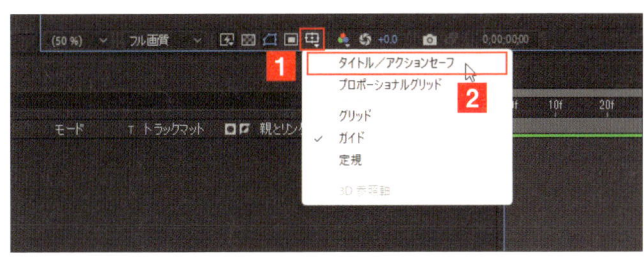

2 「アクションセーフ」を表示する

コンポジションパネルの下部にある［グリッドとガイドのオプションを選択］をクリックし**1**、表示されたメニューから［タイトル／アクションセーフ］を選択します**2**。

CHECK

「アクションセーフ」とは、ブラウン管型のテレビの場合、周辺部分ではブラウン管を固定する枠のために表示されなくなる領域（ゾーン）があり、これを避けて要素を表示するためのガイドが「アクションセーフ」です。なお、「アクションセーフ」には、「タイトルセーフ」といって、この領域内なら確実にテキストを表示できるという領域も併設されています。

3 描くラインの設定をする

これから描くラインの設定を行います。

1[ペンツール］を選択する　**2**塗り：なし　**3**線：単色　**4**線のカラー：白　**5**線幅：10px

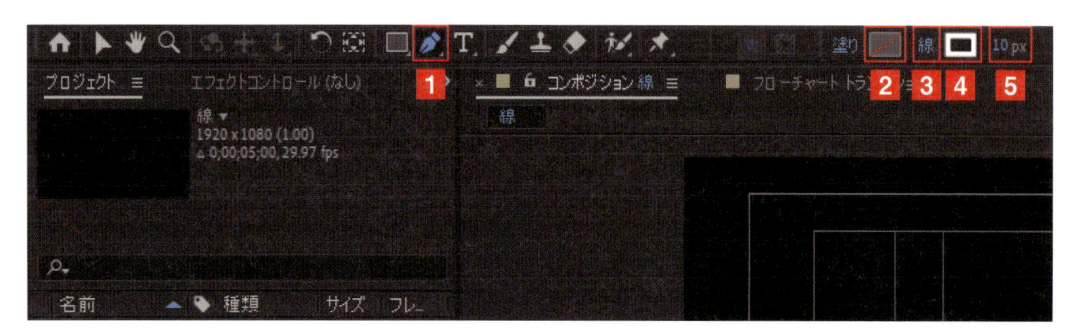

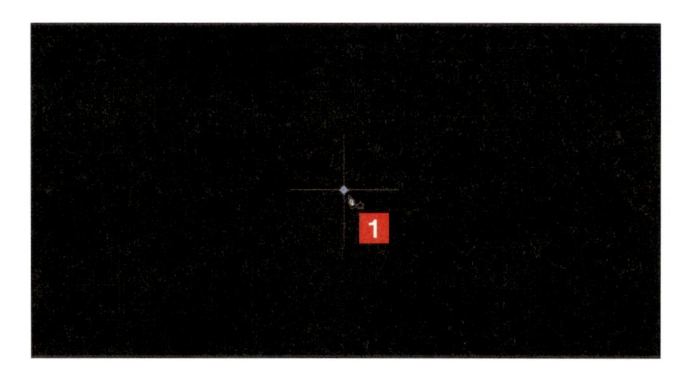

4 中央をポイントする

コンポジションパネルを拡大表示して（ここでは「400%」）、［ペンツール］で［＋］の中央をクリックします**1**。［全体表示］を選択して、表示を元に戻します。

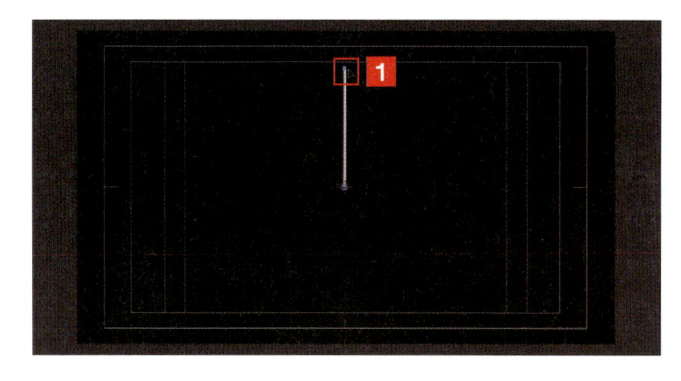

5 ラインを描く

[Shift] キーを押しながら、2個目のポイントを真上のタイトルセーフゾーンあたりでクリックして設定します**1**。なお、ラインを描いたら、ツールパネルの［選択ツール］をクリックして、［ペンツール］を解除してください。

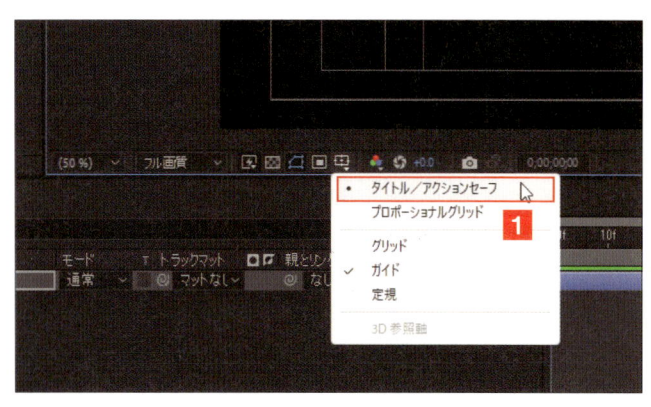

6 アクションセーフをオフにする

ラインを引くことができたら、アクションセーフの表示をオフにします。再度、［タイトル／アクションセーフ］を選択してください**1**。

CHAPTER **04** シェイプを使ったアニメーション

22 ラインのシェイプアニメ②

ラインにアニメーションを設定します。アニメーションは、「パスのトリミング」を利用して設定します。最初に、ラインが伸びるアニメーションを作成します。

▶ [パスのトリミング] を設定する

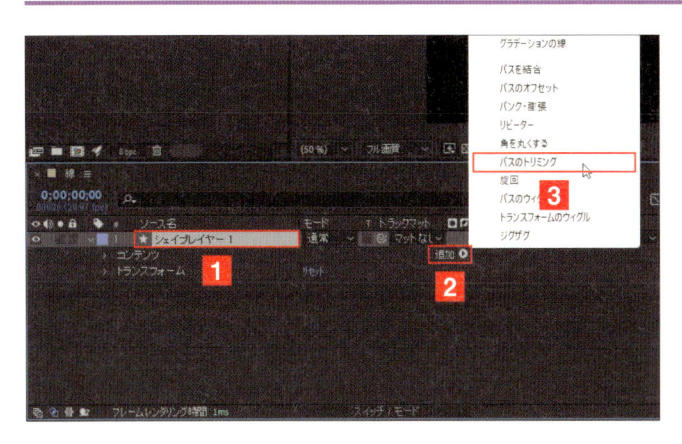

1 「パスのトリミング」を追加する

タイムラインパネルでラインの「シェイプレイヤー1」を選択して展開し**1**、「コンテンツ」の右にある［追加］をクリックします**2**。表示されたメニューから［パスのトリミング］を選択します**3**。

2 オプションが追加される

「シェイプレイヤー1」のレイヤーに、「パスのトリミング1」というオプションが追加されます**1**。オプションを展開すると、「開始点」「終了点」などの設定項目があります**2**。

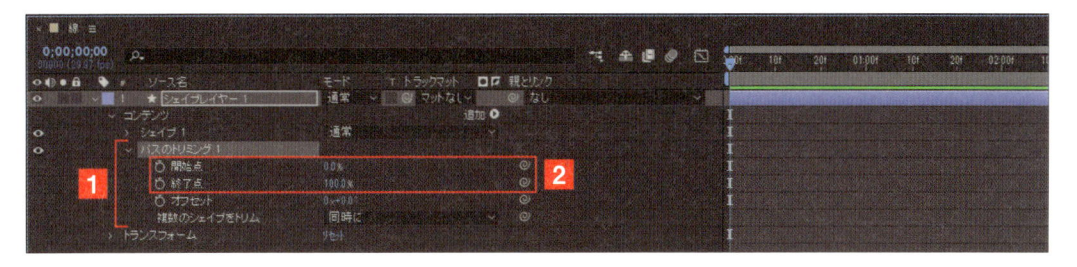

3 時間インジケーターを左端に合わせる

時間インジケーターをタイムラインの左端の0秒の位置に合わせます**1**。

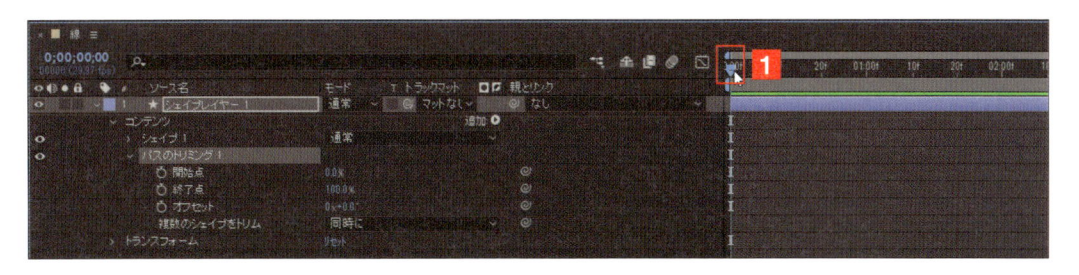

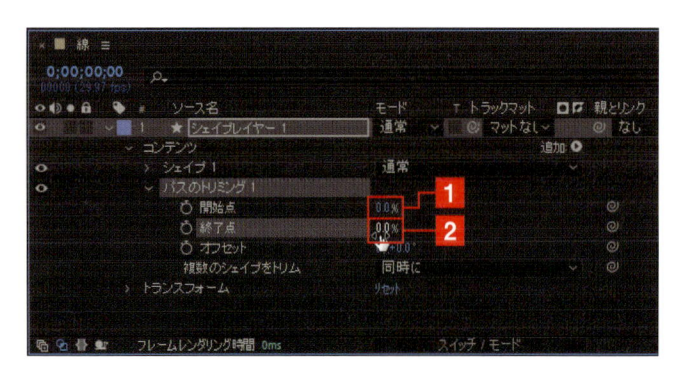

4 パラメーターを設定する

「開始点」が「0%」なのを確認し **1**、「終了点」を「100%」→「0%」に変更します **2**。なお、終了点を「0%」に設定すると、コンポジションパネルでのラインが消えます。

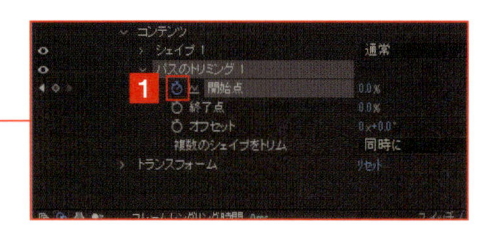

5 「開始点」のアニメーションをオンにする

「開始点」のストップウォッチをクリックしてオンにします **1**。青色表示に変わり、タイムラインにはキーフレームが表示されます **2**。

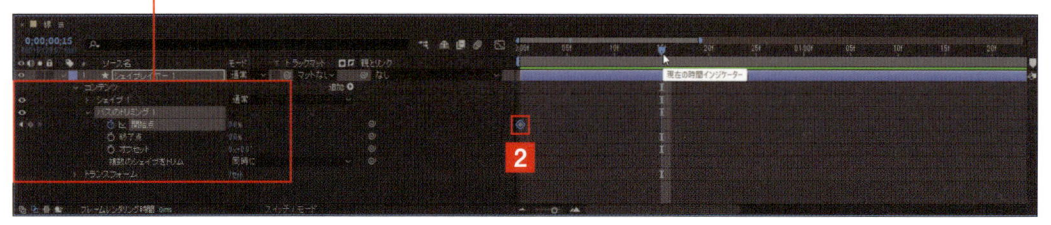

6 時間インジケーターを移動する

時間インジケーターを 15 フレーム目の「15f」に移動します **1**。

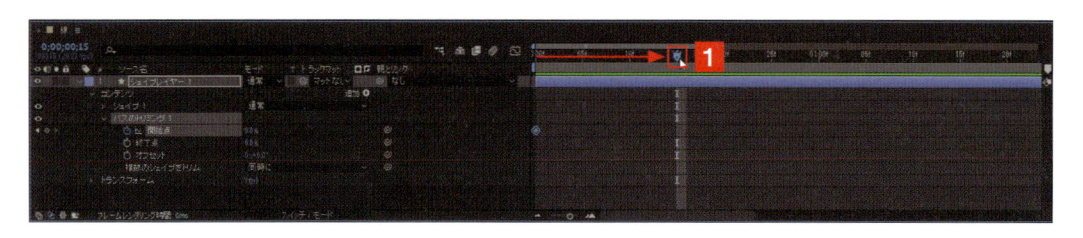

7 「開始点」のパラメーターを修正する

「開始点」のパラメーターを「100%」に変更します **1**。タイムラインには、自動的にキーフレームが設定されます **2**。

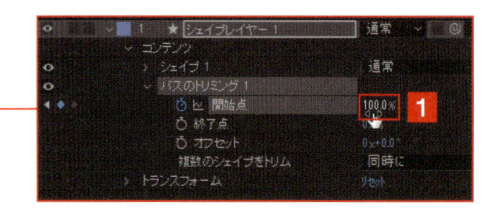

23 ラインのシェイプアニメ③

続いて、伸びるように描かれたラインを後を追って消すアニメーションを設定します。最後にアニメーションを再生して確認します。

▶ ラインが消えるアニメーションを作成する

1 時間インジケーターを移動する

時間インジケーターを、5 フレームの位置（05f）に合わせます **1**。

2 「終了点」のアニメーションをオンにする

「終了点」のストップウォッチをクリックしてオンにします **1**。青色表示に変わり、タイムラインにはキーフレームが表示されます **2**。

3 時間インジケーターを移動する

時間インジケーターを 20 フレーム目の「20f」に移動します **1**。

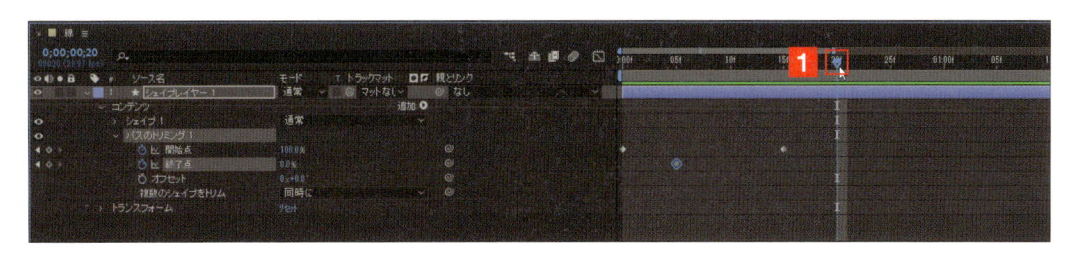

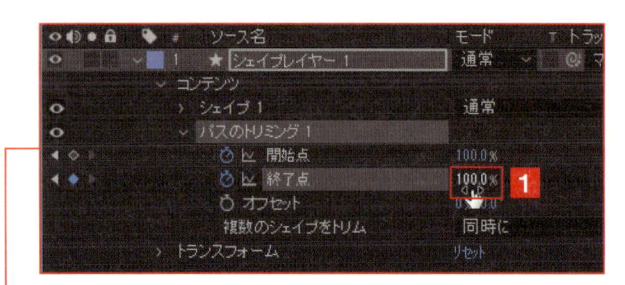

4 「終了点」のパラメーター を修正

「終了点」のパラメーターを「100％」に変更します**1**。タイムラインには、自動的にキ　フレームが設定されます**2**。

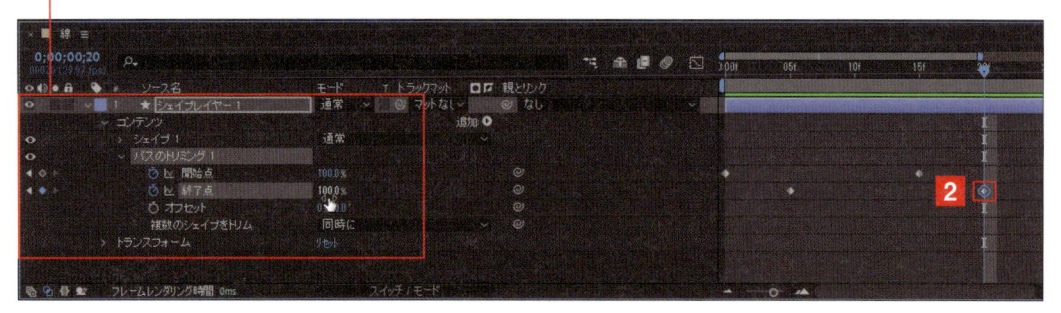

5 アニメーションを 確認する

タイムラインを再生して、アニメーションを確認します**1 2 3**。

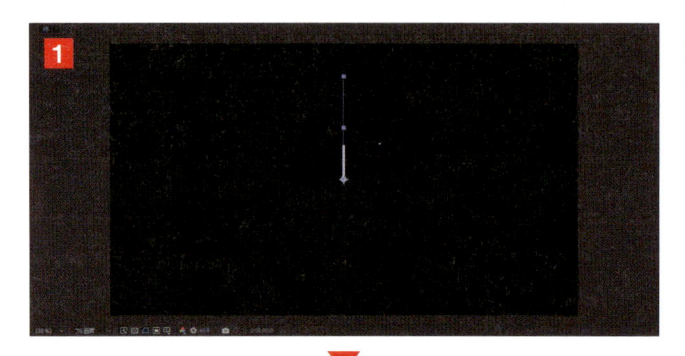

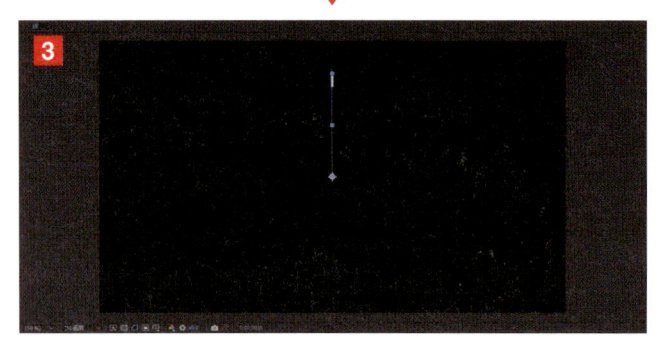

POINT

緩急を設定する
作成したラインのアニメーションですが、これにイージーイーズを利用し（SECTION 12-13 を参考に）、緩急を設定してみましょう。基本的には、ほかのアニメーションも同じように設定します。

CHAPTER **04**

シェイプを使ったアニメーション

24 「リピーター」を設定する

作成したラインのアニメーションに「リピーター」という機能を利用して、このシェイプの複製を作成し、放射状に広がるようにアニメーションを作成します。

▶ 複数個の広がるアニメを作成する

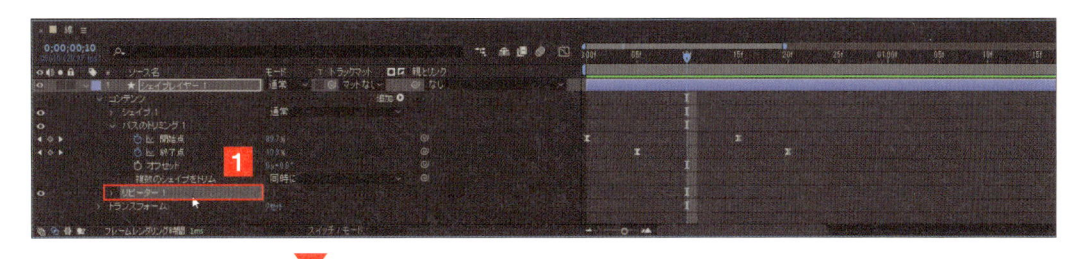

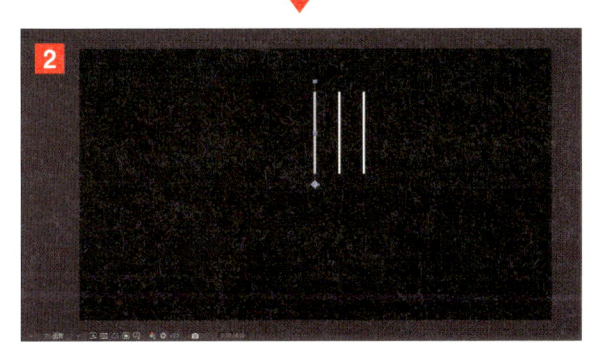

1 [リピーター]を選択する

時間インジケーターを、シェイプのラインがわかりやすい位置に配置したら、「コンテンツ」の右にある「追加」をクリックし、表示されたメニューから[リピーター]を選択します。「リピーター」が適用されると、レイヤーパネルには「リピーター 1」というオプションが追加されます**1**。コンポジションパネルには、3本のラインが表示されます**2**。

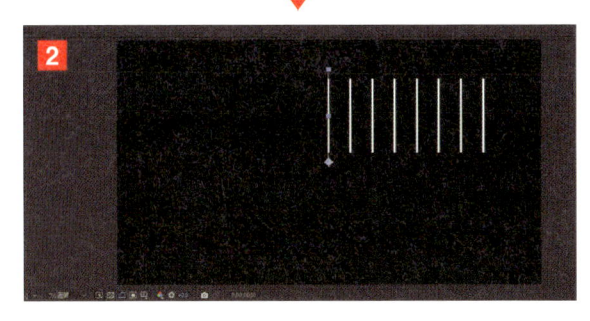

2 コピー数を増やす

「リピーター」は、デフォルトで「コピー数」を3個作るように設定されています。これを「8」に変更します**1 2**。

CHAPTER 04 シェイプを使ったアニメーション

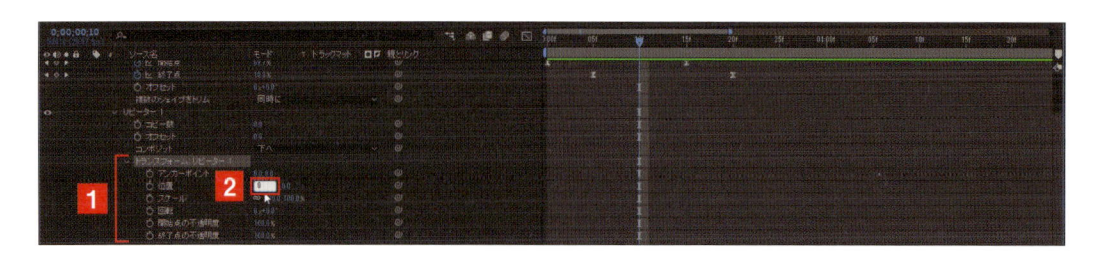

3 「位置」を修正する

コピーした8本のラインが横に広がっているので、これを1つにまとめます。オプションの「トランスフォーム：リピーター1」を展開し **1**、「位置」のパラメーターが「100」（X座標）の部分を「0」に変更します **2**。これで広がった8本が1本にまとまります **3**。

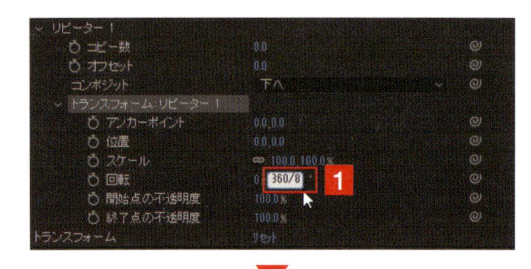

4 放射状に配置する

8本のラインを放射状に配置します。放射状に配置するには、「トランスフォーム：リピーター1」の「回転」に放射角度を入力します。角度は、「0.0°」の部分を「360／8」と入力します **1**。すると、「+45.0°」となり **2**、ラインが放射状になります **3**。

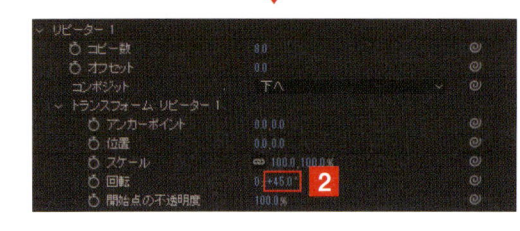

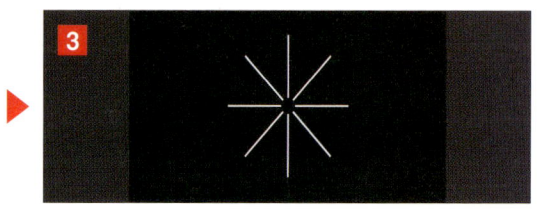

5 アニメーションを確認する

アニメーションが完成したので、プレビューしてみましょう **1 2 3 4**。なお、放射で広がる時間は、「開始点」「終了点」それぞれの2つ目のキーフレーム位置を調整してください。

THE PERFECT GUIDE FOR AFTER EFFECTS

[マスクと
トラックマット]

01 マスクの基本

After Effectsでマスクを利用できるようになると、作成できるアニメーションの幅がグッと広がります。ここでは、マスクの基本について解説します。

サンプルファイル ▶ CH-05-01.aep、0001.mp4

▶ マスクについて

After Effects の「マスク」は、マスクとして指定した範囲を「透明化」したり、逆にマスクした部分だけを見えなくするための機能です。

動画にマスクを適用する

たとえば、次の画面は、読み込んだ動画素材に対して星形（スター）のマスクを作成した例です。この例では、マスクとして指定した範囲が透明化されて表示されます**1**。

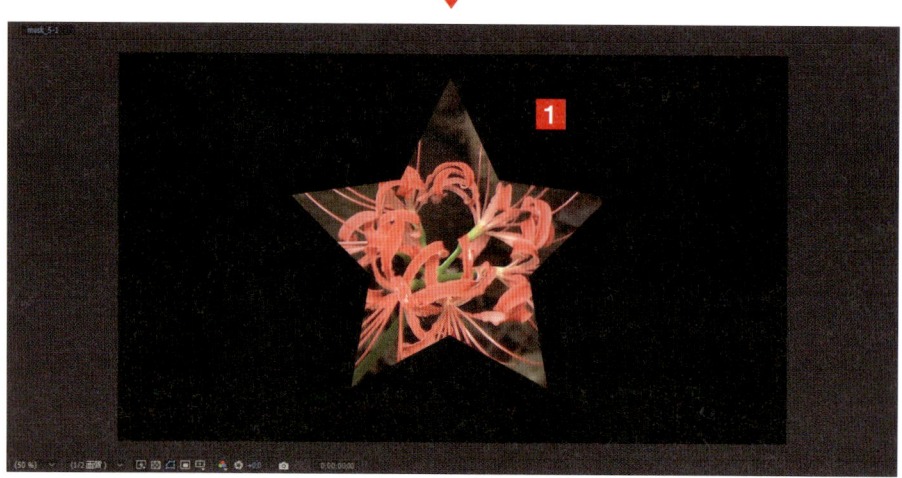

▶「映像」と「平面」レイヤーでマスクを作る

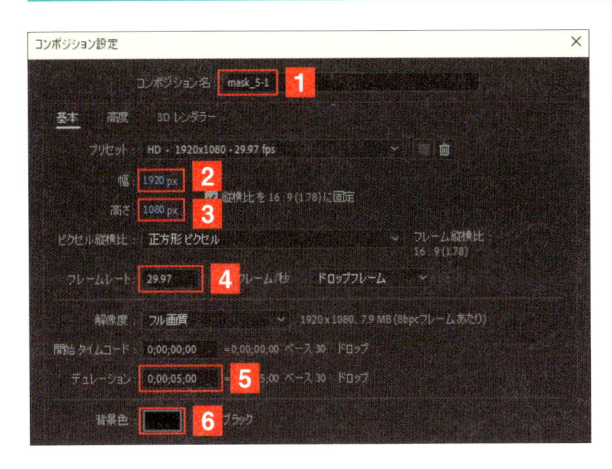

1 新規コンポジションを作成する

マスクの作成用に新規コンポジションを作成します。サンプルファイル「CH-05-01.aep」利用しても OK です。設定は以下の通りです。「コンポジション名」には任意の名前**1**、「フレームサイズ」の「幅」に「1920」**2**、「高さ」に「1080」**3**、「フレームレート」に「29.97」**4**、「デュレーション」に「5」**5**、「背景色」を「ブラック」**6**に、それぞれ設定します。

2 フッテージを配置する

動画「0001.mp4」のフッテージをプロジェクトパネルに読み込みます**1**。プロジェクトパネルからタイムラインパネルにドラッグ＆ドロップすると**2**、レイヤーが自動的に作成され**3**、コンポジションパネルに映像が表示されます**4**。

3 レイヤーを選択する

タイムラインパネルで動画のレイヤーを選択します**1**。

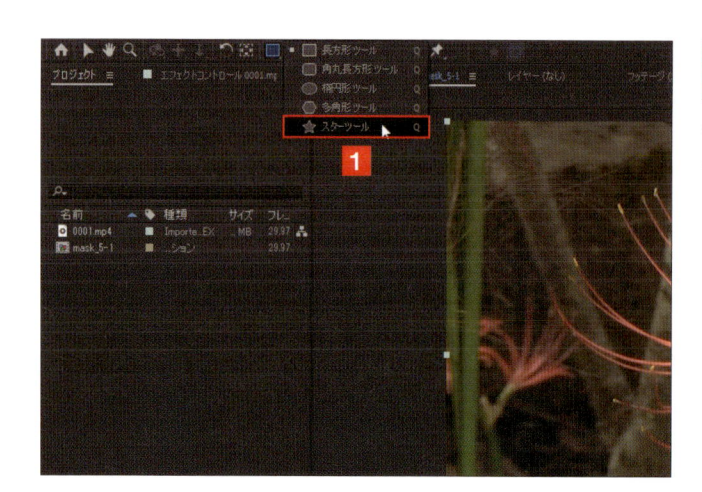

4 スタースールを選択する

ツールパネルで[スターツール]をクリックします **1**。

5 スターを描く

スターツールを選んだら、コンポジションパネルでスターを描きます **1**。 Shift キーを押しながらスターを描くと水平なスターが描け、これが「マスク」になります。

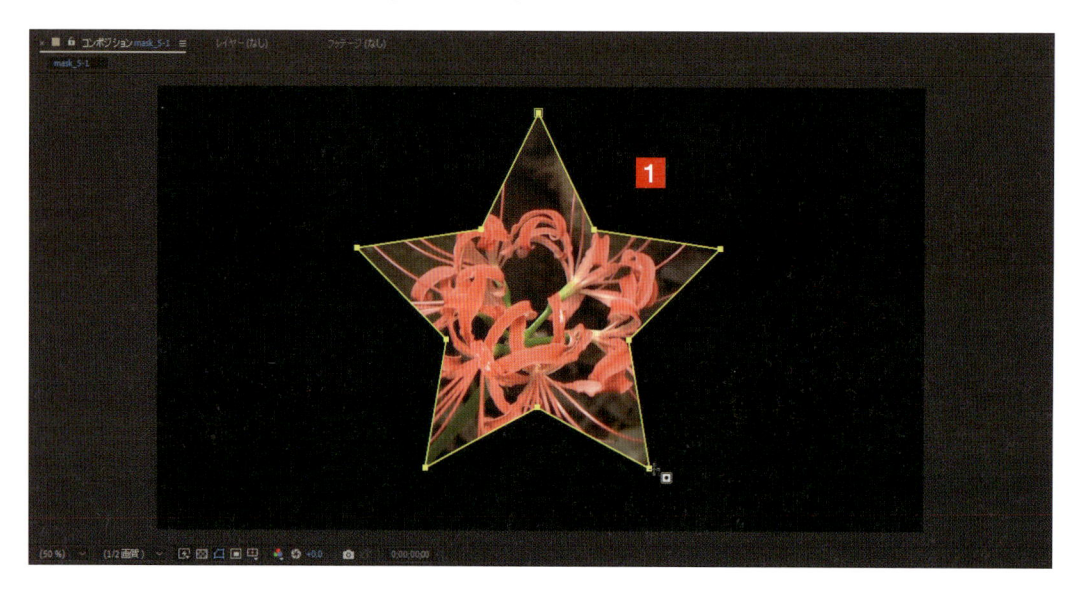

POINT

マスクは必ず選択したレイヤーに作成する

マスクを設定する場合、マスクは[楕円形ツール]や[ペンツール]など、シェイプを作成するためのツールを利用して設定します。そのため、マスクを設定する場合は、マスクを設定したいレイヤーを選択してから描画してください。レイヤーを選択しないでマスクを設定すると、単にシェイプレイヤーが作成されてしまいます。

02 マスクの境界をぼかす

作成したマスクは輪郭がはっきりとしています。これを「マスクの境界のぼかし」のパラメーター数値を変更して、はっきりとした境界をぼかすことができます。

▶ 境界のぼかしを適用する

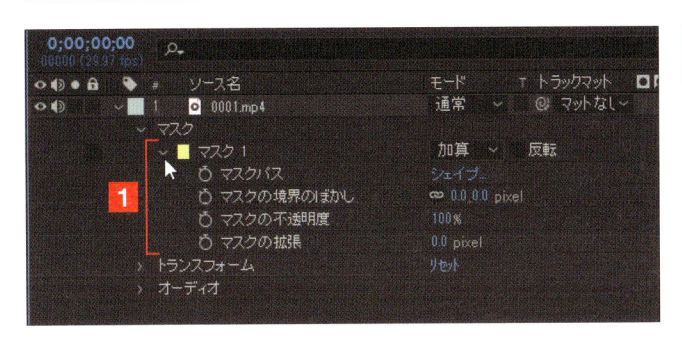

1 マスクのプロパティを表示する

作成した平面レイヤーのプロパティで、「マスク」→「マスク 1」を展開します **1**。

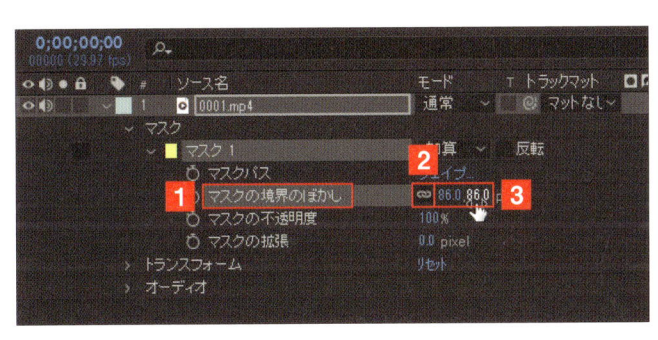

2 境界のパラメーターを修正する

展開したオプションに「マスクの境界のぼかし」があります **1**。パラメーターは X 座標、Y 座標で構成されていますが、鎖マークがあるのでリンクされています **2**。この数値をスクラブで数値を大きくすると **3**、マスクの境界をぼかすことができます。

3 境界にぼかしが設定される

マスクの境界がぼかされます **1**。

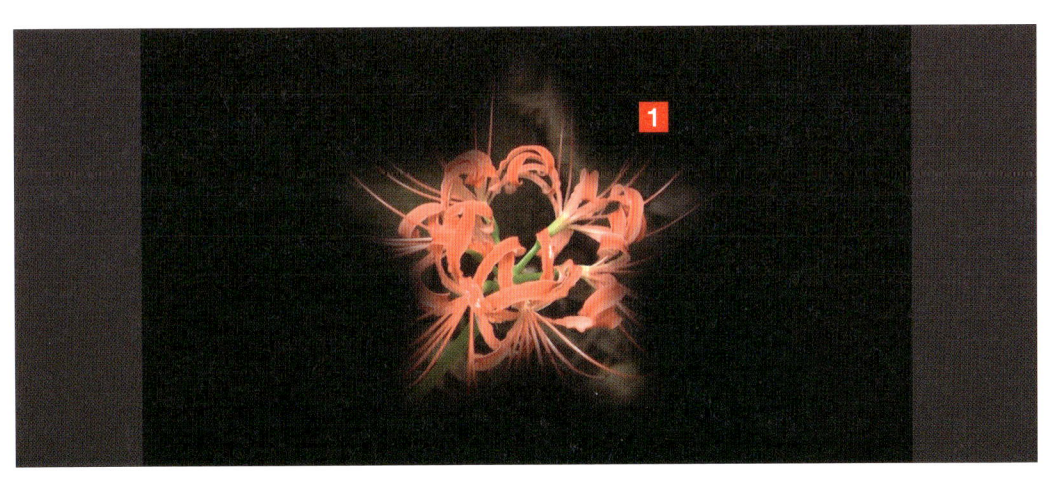

03 マスクと合成する

動画にマスクを設定した場合、マスク以外の部分は透明化されています。したがって、2つの動画を利用すると合成することができます。

サンプルファイル ▶ CH-05-03.aep、0002.mp4

▶ 動画と合成する

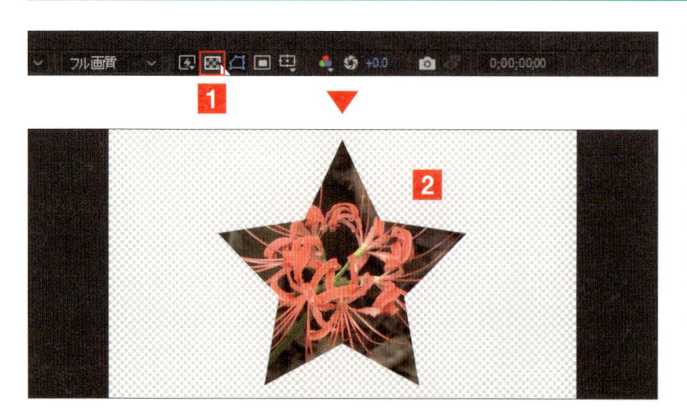

1 背景が透明なことを確認する

サンプルファイル「CH-05-03.aep」を開きます。コンポジションの背景色設定が一時的なもので、実際には透明だということを確認してみましょう。コンポジションパネルの[透明グリッド]をクリックすると**1**、背景が透明なことを確認できます**2**。

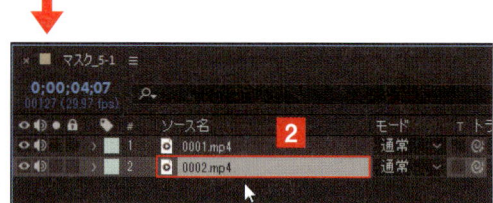

2 動画を読み込み配置する

背景に利用したい動画(ここでは「0002.mp4」)を読み込み**1**、タイムラインパネルでマスクを設定した動画レイヤーの下にドラッグ&ドロップで配置します**2**。

3 マスク動画と合成される

ドラッグ&ドロップして配置した動画が、マスクの背景に合成されて表示されます**1**。

04 マスクを反転させる

設定したマスクを反転したいときも After Effects では簡単です。オン／オフを切り替えるだけ
で、マスクの適用箇所が反転します。

▶ マスクの効果を反転させる

1 反転を有効にする

タイムラインパネルでマスクを設定したレイヤーを展開し、「マスク」→「マスク 1」を表示します**1**。パラメーター
の［反転］のチェックボックスをオンにします**2**。

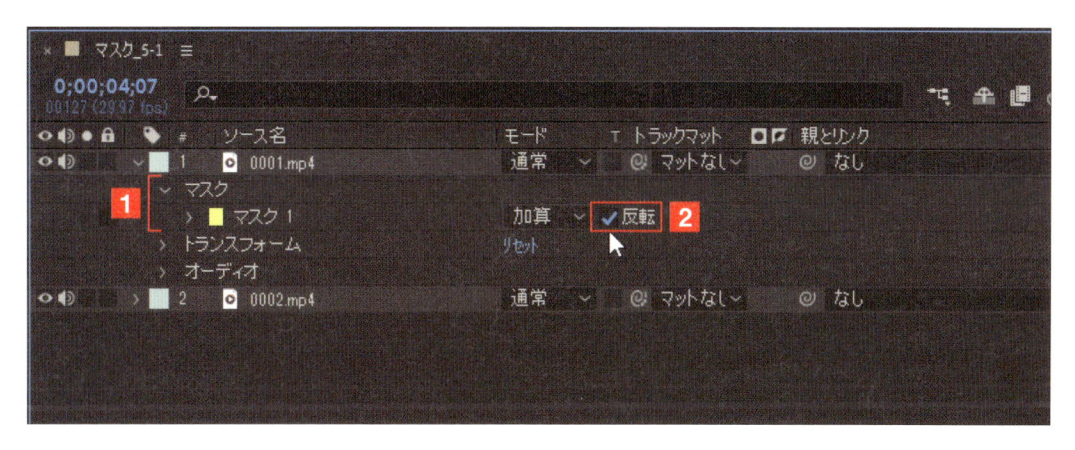

2 マスクが反転表示される

マスクの適用箇所が反転されます**1**。

05 平面レイヤーにマスクを設定する

タイムラインパネルに、平面レイヤーを設定・配置します。この平面レイヤーに対して、マスクを設定します。

サンプルファイル CH-05-05.aep、0003.mp4

▶ 平面レイヤーを配置する

1 新規コンポジションを作成する

マスクアニメーション用に、サンプルファイル「CH-05-05.aep」を開きます。動画「0003.mp4」のフッテージをプロジェクトパネルに読み込みます**1**。プロジェクトパネルからタイムラインパネルにドラッグ＆ドロップすると**2**、レイヤーが自動的に作成され**3**、コンポジションパネルに映像が表示されます**4**。

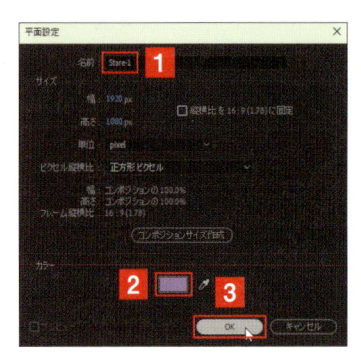

2 「平面」レイヤーを設定する

タイムラインパネルで右クリックし、メニューから［新規］→［平面］を選択して「平面」レイヤーを作成します。「平面設定」ダイアログボックスが表示されるので**1**、わかりやすい任意の「名前」を設定し、「カラー」で好みの色を選択して**2**、［OK］をクリックします**3**。

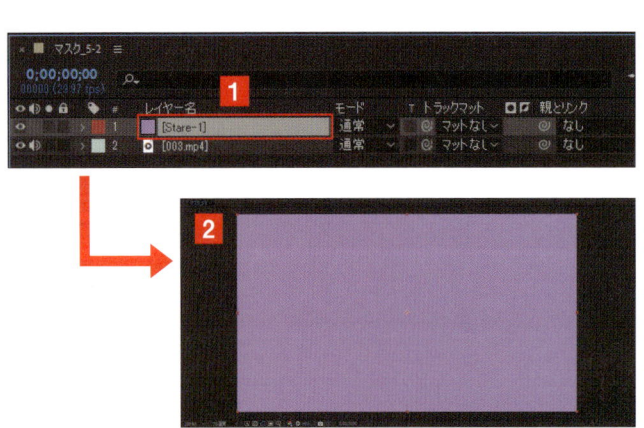

3 平面レイヤーが配置される

タイムラインパネルには、平面レイヤーが先に配置した動画レイヤーの上に配置されます**1**。コンポジションパネルには、単色の平面が表示されています**2**。

CHAPTER 05

マスクとトラックマット

▶ 平面レイヤーにマスクを設定する

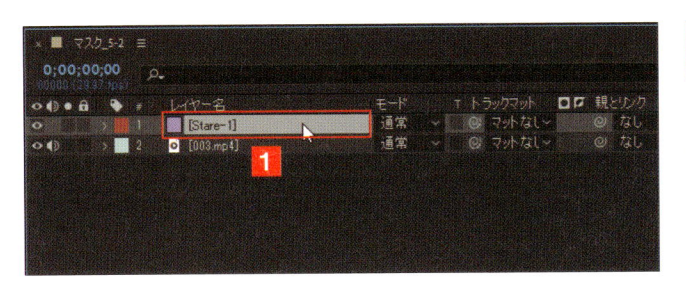

1 平面レイヤーを選択する

タイムラインパネルで平面レイヤーを選択します 1 。

2 平面レイヤー上に多角形を描く

ツールパネルから［多角形ツール］を選択し、選択した平面レイヤー上で多角形を描きます 1 。多角形ツールは、デフォルトで五角形のシェイプが描かれます。

3 マスクの位置を修正する

マスクの位置を変更したい場合は、ツールパネルで［選択ツール］に持ち替え、シェイプの角にある■のハンドルをドラッグして移動します 1 。

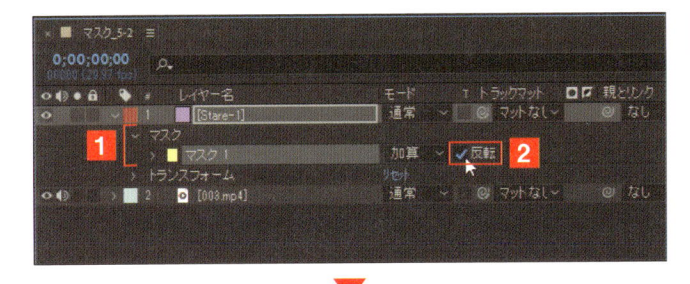

4 マスクを反転させる

平面レイヤーを展開して「マスク」→「マスク 1」を表示すると 1 、「反転」オプションがあるので、このチェックボックスをクリックしてオンにします 2 。これでマスクが反転します 3 。

06 「マスクの拡張」を利用する

平面レイヤーのオプション「マスクの拡張」を利用して、マスクをアニメーションさせます。なお、このアニメーションでは、アニメーションの終了から設定を開始します。

サンプルファイル ▶ CH-05-Finish-01.aep

▶ 「マスクの拡張」でアニメーションを設定する

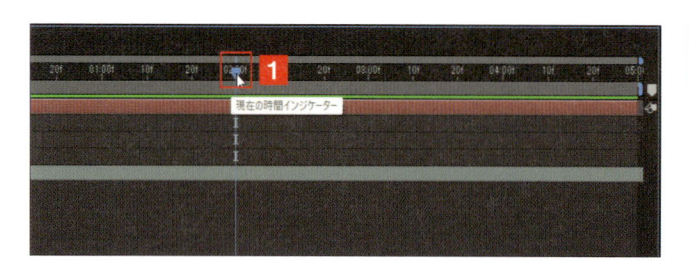

1 アニメーションの 終了位置を決める

時間インジケーターをタイムラインの2秒（02:00f）の位置に合わせます**1**。ここがアニメーション終了の位置になります。

2 マスクの状態を 確認する

この位置でのマスクの形が、アニメーションが終了したときの状態になります**1**。

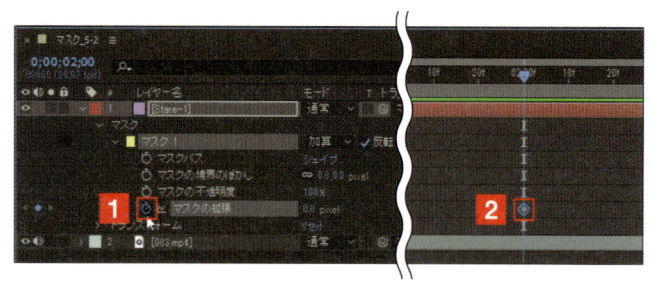

3 アニメーションを オンにする

「マスク1」のオプションを展開し、「マスクの拡張」の左にあるストップウォッチをクリックして、アニメーションをオンにします**1**。タイムラインにはキーフレームが設定されます**2**。

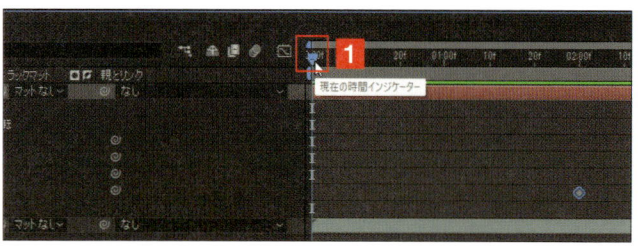

4 時間インジケーターを 0秒に合わせる

時間インジケーターを左端の0秒に移動します**1**。ここがアニメーションスタートの位置になります。

CHAPTER **05** マスクとトラックマット

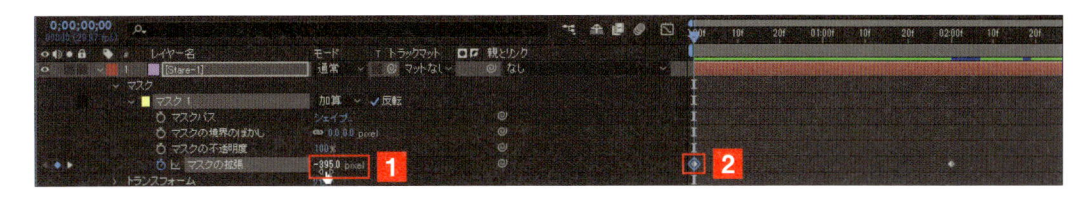

5 パラメーターを変更する

「マスクの拡張」のパラメーターをマイナスに修正します。コンポジションパネルでマスクが消えるまで変更します。画面では「-3950」に修正しています**1**。また、タイムラインにはキーフレームが自動的に設定されています**2**。

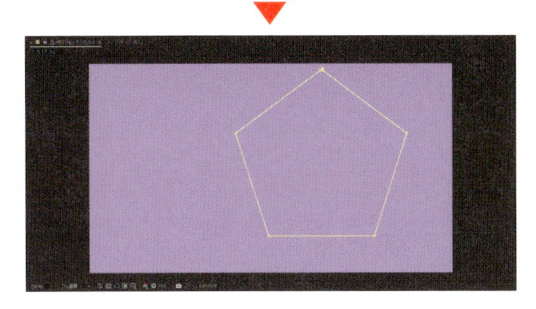

6 アニメーションをプレビューする

プレビューで再生して、アニメーションを確認します**1 2 3**。

7 テキストアニメーションを設定する

P.147 で解説しているテキストアニメーションなどを設定し、アニメーションを確認します**1 2 3**。なお、完成したアニメーションをサンプルファイル「CH-05-Finish-01.aep」としてあります。

07 「マスクパス」を利用する

平面レイヤーに作成したマスクの位置を移動するアニメーションを作成する場合は、「マスクパス」を利用してアニメーションを設定します。

サンプルファイル ▶ CH-05-07.aep、CH-05-Finish-02.aep

▶ 「マスクパス」でアニメーションを設定する

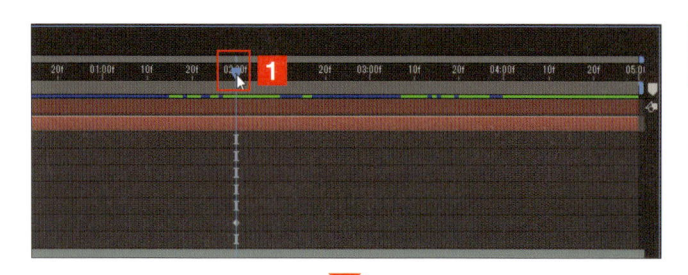

1 アニメーションの終了位置を決める

サンプルファイル「CH-05-07.aep」を開きます。時間インジケーターをタイムラインの2秒（02:00f）の位置に合わせます **1**。ここがアニメーション終了の位置になります。位置としては、SECTION 06 と同じタイムコード位置です。この位置でのマスクの形が、アニメーションが終了したときの状態になります **2**。

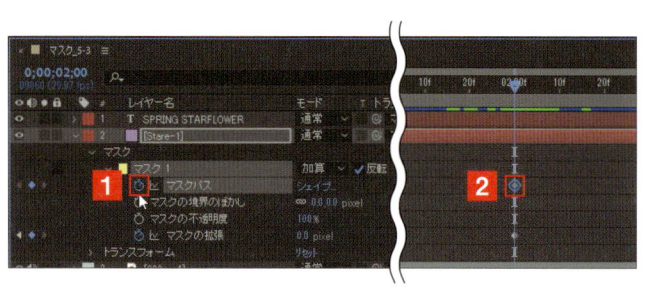

2 アニメーションをオンにする

「マスク1」のオプションを展開し、「マスクパス」の左にあるストップウォッチをクリックして、アニメーションをオンにします **1**。タイムラインにはキーフレームが設定されます **2**。

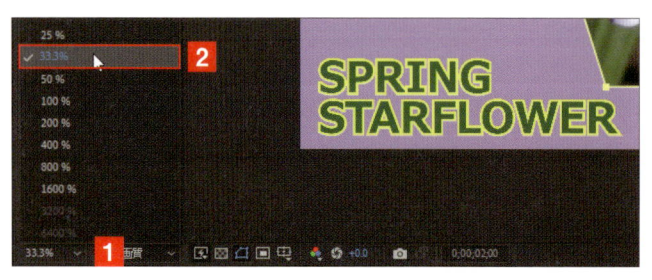

3 拡大率を変更する

コンポジションパネルの表示サイズを変更します。ここでは、「拡大率」の［✓］をクリックし **1**、プルアップ表示されたメニューから［33.3%］などを選択します **2**。

4 時間インジケーターを0秒に合わせる

時間インジケーターを左端の0秒に移動します**1**。ここがアニメーションスタートの位置になります。

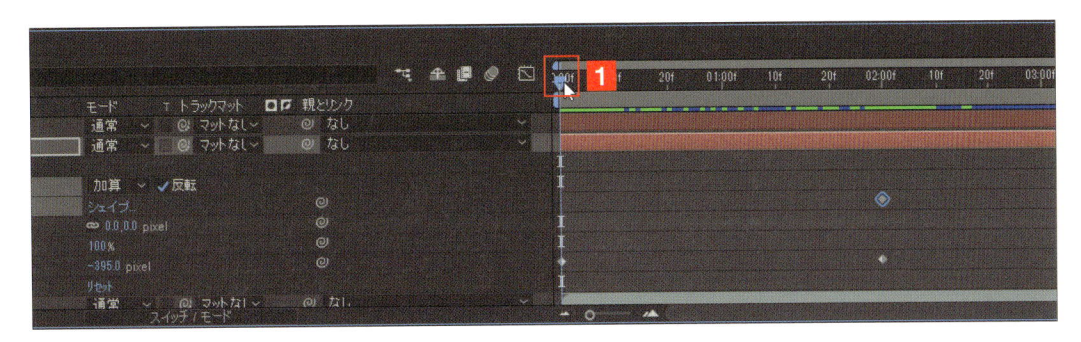

5 マスクを移動する

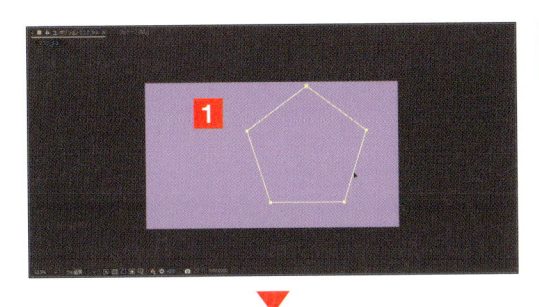

ツールパネルで「選択」ツールに持ち替え、コンポジションパネルにあるマスクのパスをドラッグして位置を変更します**1****2**。もし、画面にマスクパスが表示されていない場合は、パラメーターの「マスク1」をクリックして選択してください。タイムラインにはキーフレームが自動設定されます**3**。

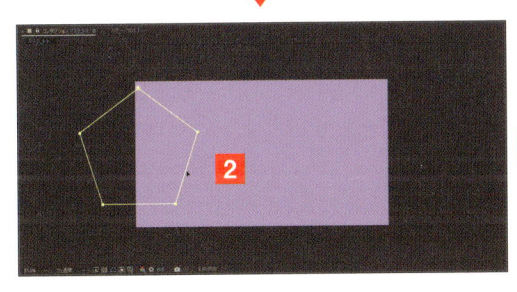

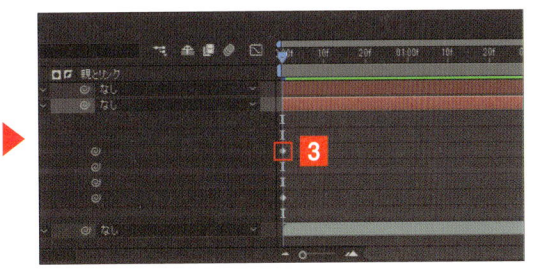

6 アニメーションを確認する

「拡大率」のメニューを表示し、「全体表示」を選択して表示を元の状態に戻します。ここでプレビューで再生して、アニメーションを確認します**1****2****3**。なお、完成したアニメーションは、サンプルファイル「CH-05-Finish-02.aep」としています。

08 「モーションパス」を利用する

マスクは切り抜きだけに利用できるわけではありません。たとえば、「モーションパス」といって、オブジェクトやテキストを移動させる道順(パス)を作成することもできます。

サンプルファイル ▶ CH-05-08.aep、Ramune.png、CH-05-Finish-03.aep

▶ 平面レイヤーを設定する

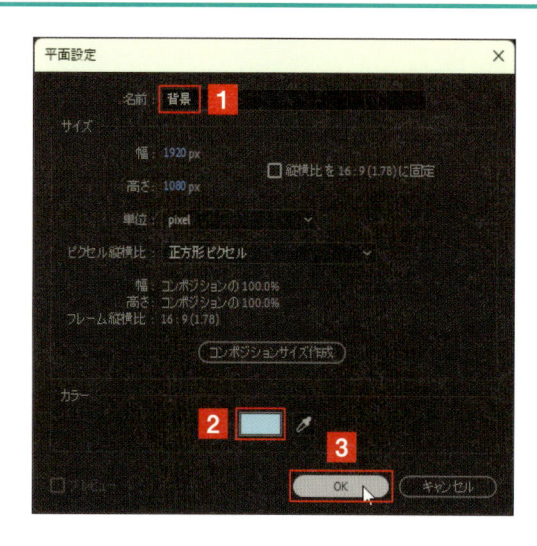

1 新規コンポジションで平面レイヤーを作成する

モーションパスアニメーション用の新規コンポジションとして、サンプルファイル「CH-05-08.aep」を開きます。「平面設定」ダイアログボックスを表示させて、わかりやすい「名前」(ここでは「背景」)を設定し **1**、「カラー」で好みの色を選択して **2**、[OK] をクリックします **3**。

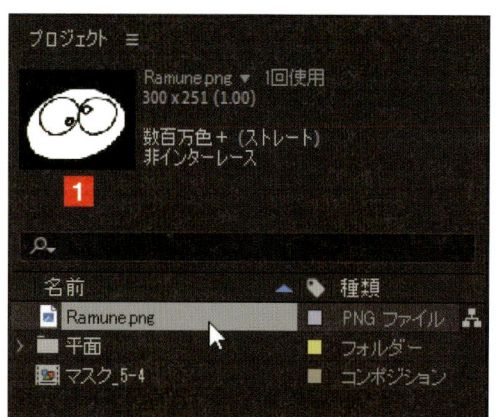

2 オブジェクトを読み込んで配置する

イラストのオブジェクトファイル「Ramune.png」をプロジェクトパネルに読み込み **1**、プロジェクトパネルからタイムラインパネルにある平面レイヤー「背景」の上にドラッグ&ドロップして配置します **2**。これでレイヤーが作成されて、コンポジションパネルにオブジェクトが表示されます **3**。

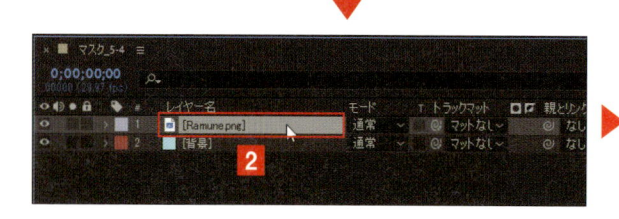

CHAPTER 05 マスクとトラックマット

▶ 「モーションパス」を設定する

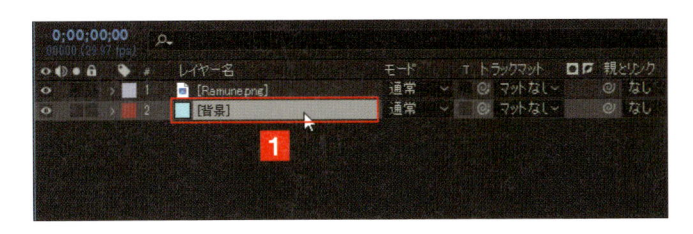

1 平面レイヤーを選択する

タイムラインパネルで平面レイヤーを選択します**1**。これは、モーションパスはオブジェクトのレイヤーには作成できないので、平面レイヤーに作成するためです。

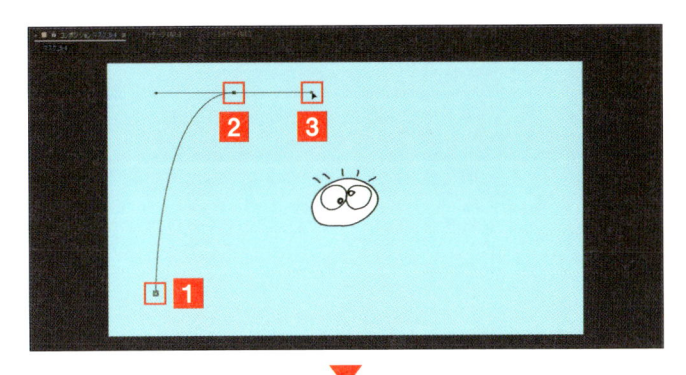

2 ペンツールでパスを作成する

ツールパネルから［ペンツール］を選択し、選択した平面レイヤー上でパスを作成します。パスはベジェ曲線ですので、最初にクリックし**1**、次の2点目をクリックしたら**2**、ボタンを離さずそのまま右にドラッグします**3**。これで方向点付きのベジェ曲線が描けます。同じように、3点目**4**、4点目**5**、5点目**6**も曲線を描きます。

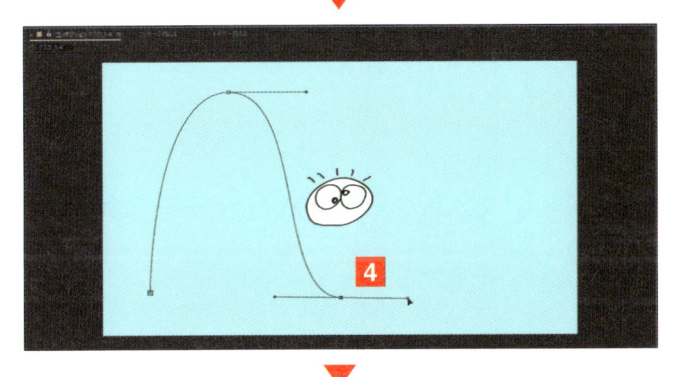

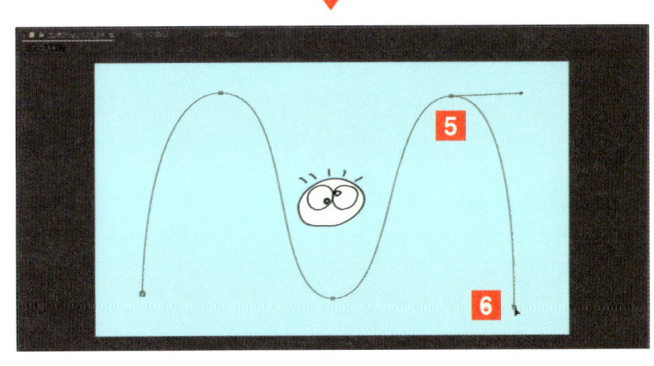

3 マスクをコピーする

平面レイヤーを展開して「マスク」の「マスク1」→［マスクパス］をクリックして選択します**1**。続けて、Ctrl（Macはcommand）＋Cキーでコピーします。

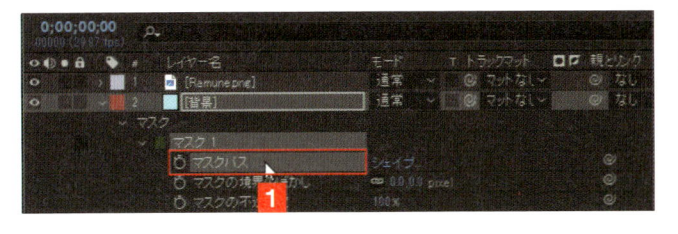

CHAPTER 05 マスクとトラックマット

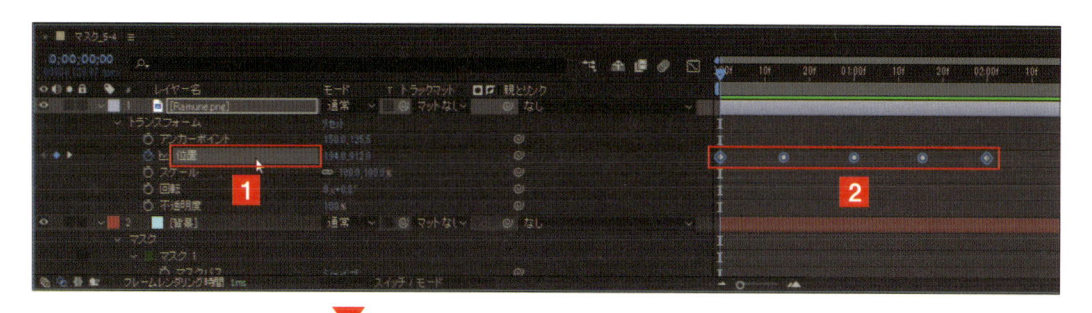

4 マスクをペーストする

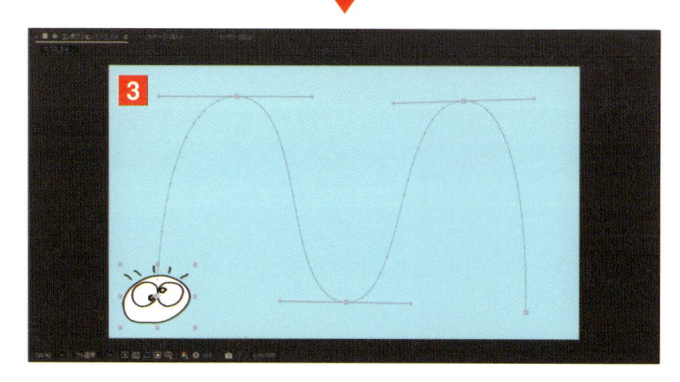

コピーしたマスクを、オブジェクトのレイヤーを展開して「トランスフォーム」の「位置」を選択し **1**、ここに Ctrl（Macは command ）+ V キーでペーストします。「位置」のタイムラインにキーフレームがペーストされ **2**、コンポジションパネルのオブジェクトにもペースト状態が表示されます **3**。

5 キーフレームを確認する

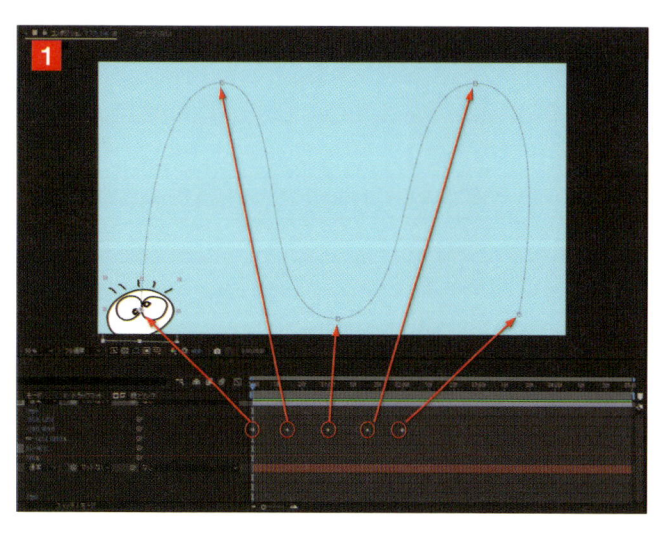

オブジェクトレイヤーにマスクをペーストすると、パスと同時に、ペンツールでクリックした位置に、自動的にキーフレームが設定されており、それがオブジェクトの「位置」にもペーストされます **1**。

CHECK

オブジェクトの顔の傾き等を修正したい場合は、オブジェクトの「回転」のパラメーターで調整できます。

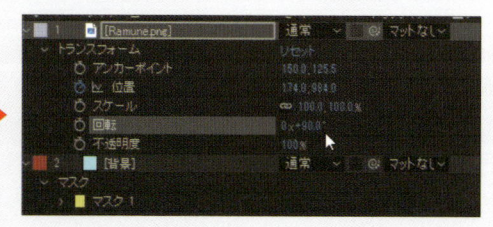

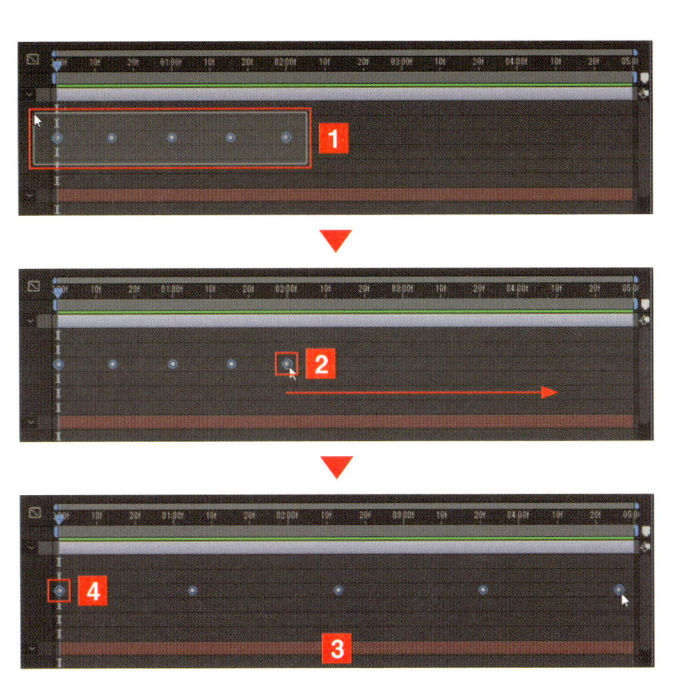

6 キーフレーム位置を調整する

ペーストしたキーフレームは、全体で2秒のデュレーションで設定されています。これを5秒に調整します。ドラグしてキーフレーム全部を選択します**1**。この後、右端のキーフレームを [Alt]（Mac は [option]）キーを押しながら5秒（05:00f）の位置にドラグします**2**。選択されていたキーフレームも適当な間隔で移動します**3**。なお、左端のキーフレームは移動しません**4**。

7 アニメーションを確認する

プレビューで再生して、アニメーションを確認します**1 2 3**。なお、完成したアニメーションは、サンプルファイル「CH-05-Finish-03.aep」としています。オブジェクトの向きについては、SECTION 10を参照してください。

CHAPTER **05**

マスクとトラックマット

09 Illustratorで モーションパスを作成する

オブジェクトが移動するモーションパスはIllustratorでも作成できます。Illustratorをインストールしていない場合は、Creative Cloudからインストールして使用してください。

サンプルファイル ▶ スパイラル.ai

▶ Illustratorでスパイラルのパスを作成する

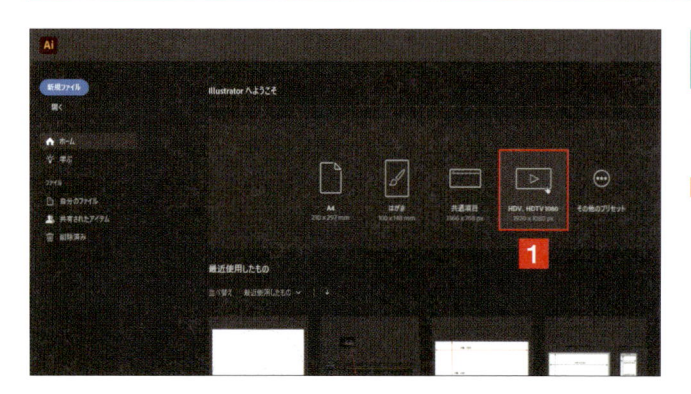

1 フォーマットを選択する

Illustrator を起動し、フォーマットで［HDV、HDTV 1080］などを選択して**1**、新規オブジェクトを作成します。

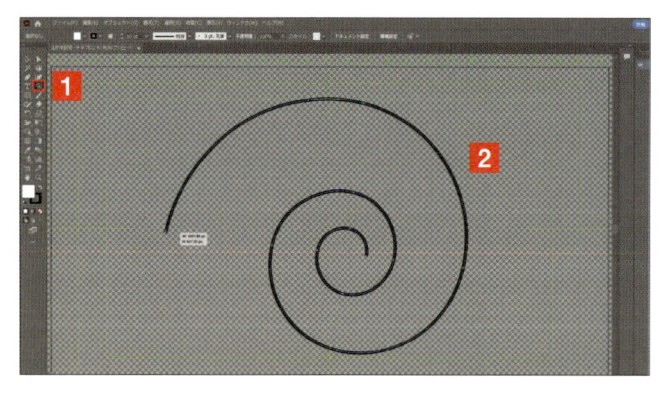

2 Illustratorで スパイラルを作成する

描画ツールから［スパイラルツール］を選択し**1**、スパイラルを描きます**2**。線の太さは自由でかまいません。

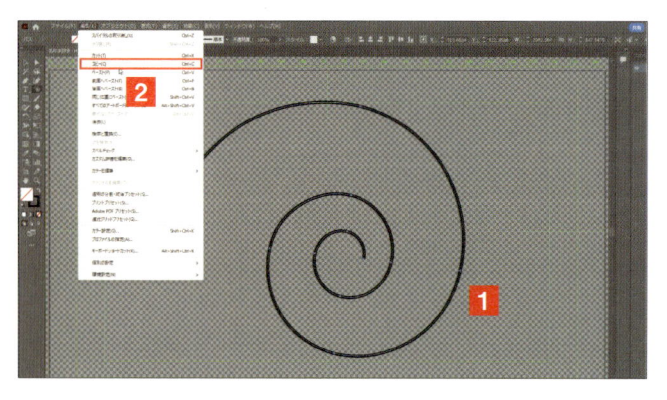

3 パスをコピーする

Illustrator で描いたパスを選択して**1**、［編集］メニュー→［コピー］を選択してコピーします**2**。なお、完成したIllustrator ファイルを「スパイラル.ai」としていますので、それを開いてパスをコピーしても OK です。

CHAPTER

05

マスクとトラックマット

10 Illustratorで作成したパスを利用する

ここでは、Illustratorで作成したパスデータを、After Effectsのコンポジションに読み込んで利用する方法を解説します。なお、新規コンポジションの設定はSECTION 09と同じものです。

サンプルファイル ▶ CH-05-10.aep、Ramune.png、スパイラル.ai、CH-05-Finish-04.aep

▶ Illustratorのパスをペーストする

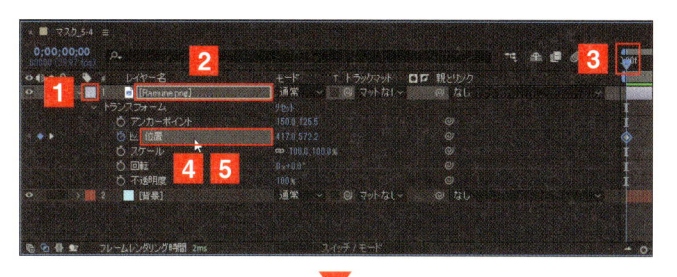

1 After Effectsでオブジェクトの「位置」にペーストする

新規コンポジションとして「CH-05-10.aep」を開きます。After Effectsのタイムラインパネルに平面レイヤー**1**とオブジェクト「Ramune.png」**2**を配置し、時間インジケーターを0秒位置に合わせます**3**。なお、「CH-05-10.aep」にはここまでの設定がされています。オブジェクトのオプションパネルを表示して「トランスフォーム」の［位置］を選択し**4**、ここに Ctrl + V キーでSECTION 09でコピーしたパスをペーストします**5****6**。

2 キーフレーム位置を調整する

ペーストしたキーフレームは、全体で2秒のデュレーションで設定されています**1**。キーフレーム全部を選択し、右端のキーフレームを Alt （Macは option ）キーを押しながら5秒（05:00f）の位置にドラッグします**2**。

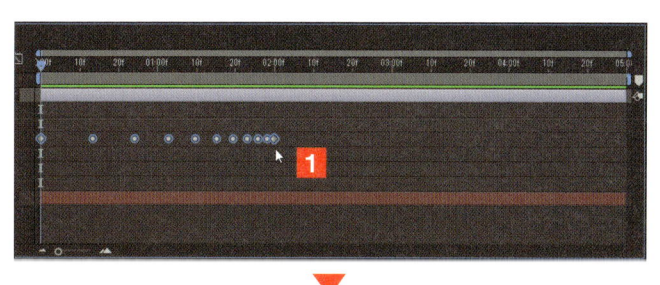

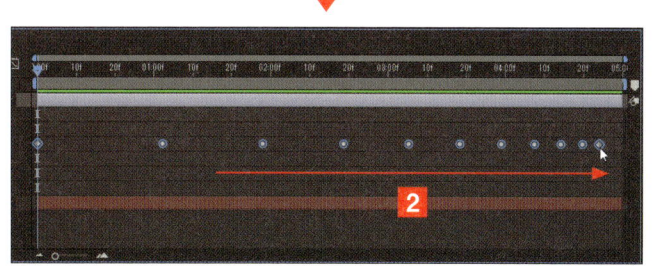

向きを「自動方向」で設定する

1 [自動方向]を選択する

トラックパネルでオブジェクトのレイヤーを選択してから**1**、[レイヤー] メニュー→ [トランスフォーム] → [自動方向] を選択します**2**。

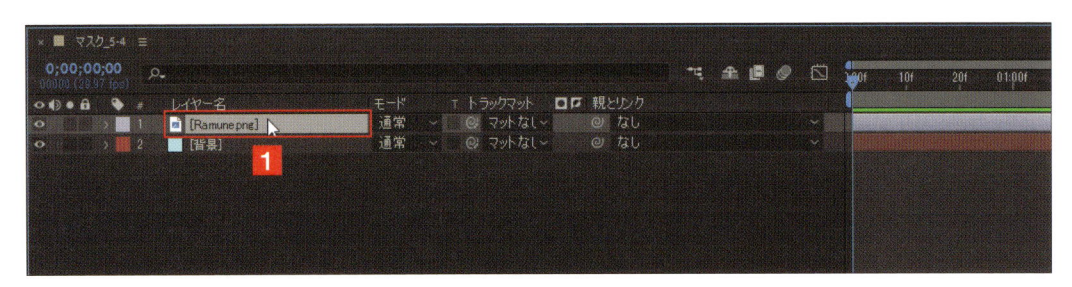

CHECK

デフォルトではオブジェクトは移動方向が変わっても水平のままです。これを、移動方向に応じて向きが自動的に変わるように変更します。

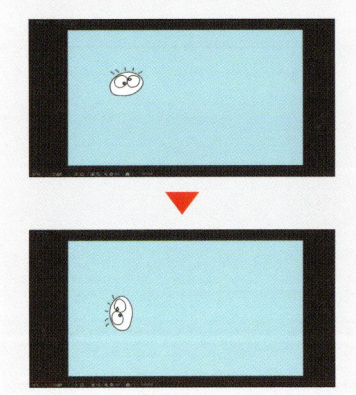

2 [OK]をクリックする

「自動方向」ダイアログボックスが表示されるので**1**、[パスに沿って方向を設定] を選択して**2**、[OK] をクリックします**3**。なお、完成したアニメーションは「CH-05-Finish-04.aep」としています。

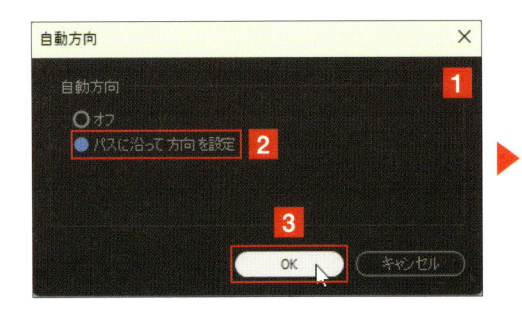

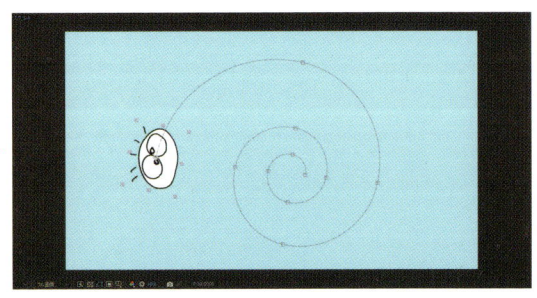

「トラックマット」について

「トラックマット」はオブジェクトの形や色で別のレイヤーを型抜きできる機能で、「アルファマット」と「ルミナンスマット」があります。

▶ 「トラックマット」とは

「トラックマット」とは、2つのレイヤーを利用して合成して映像を作成する機能です。たとえば、下のレイヤーに映像や静止画像を配置します。上のレイヤーにシェイプを作成したり、あるいはテキストを設定します。そして、上のレイヤーに対してトラックマットを設定すると、シェイプやテキストの形で切り抜かれて表示できます。

2種類のマットがあります

トラックマットには、次の2種類のマットがあります。

- **アルファマット**：シェイプやテキストの形で表示する。
- **ルミナンスマット**：色の明るさに応じ、不透明度を変化させて表示する。

トラックマット設定前

トラックマットの例

画面では、「GRAZ」というテキストに対して「トラックマット」を設定し、映像を切り抜いています。

トラックマット設定後

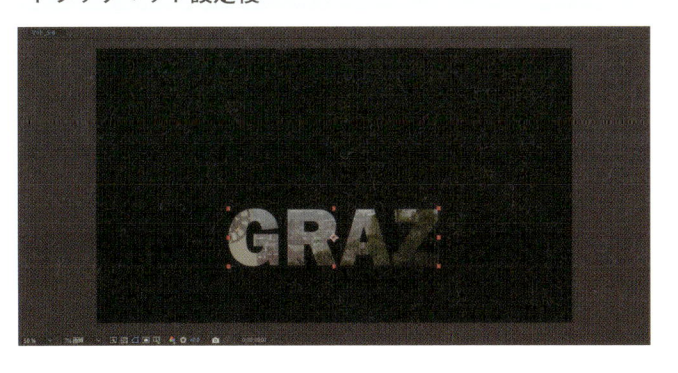

「アルファマット」と「ルミナンスマット」について

「トラックマット」は、レイヤーの「アルファマット」（アルファチャンネル）、「ルミナンスマット」（輝度チャンネル）を利用して型抜きする機能です。

普通にレイヤーを重ねた場合

普通にイラストと平面を重ねると画面のように表示されます。なお、イラストの背景は透明です。

「アルファマット」の場合

アルファチャンネルを利用して型抜きされます。

「ルミナンスマット」の場合

色の輝度（明るさ、輝度チャンネル）によって型抜きされます。

▶ 「アルファマット」と「ルミナンスマット」を組み合わせる

この2つのチャンネルを利用して、「トラックマット」を設定します。平面レイヤーに「キャラクター」のレイヤーをトラックマットとして適用した場合、次の4種類の表示になります。何をどのように組み合わせればどうなるかの参考にしてください。

「トラックマット」を選択

「トラックマット」のメニューから「キャラクター」レイヤーを選択して「トラックマットを適用します。

「アルファマット」の場合

アイコンを確認します。

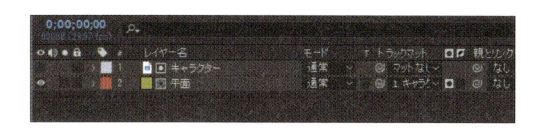

「アルファマット」-「反転」の場合

クリックしてアイコン表示で反転します。

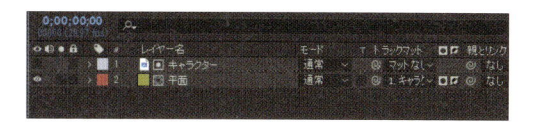

「ルミナンスマット」の場合

「アルファマット」のアイコンをクリックしてルミナンスに変更します。

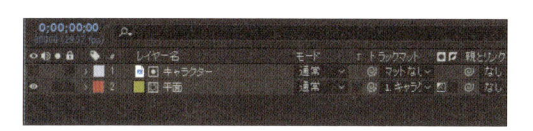

「ルミナンスマット」-「反転」の場合

クリックしてアイコン表示で反転します。

12 「アルファマット」を利用する

ここでは、トラックマットのうち「アルファマット」を利用した公開のせてい方法について解説します。アルファマットでは、「形」で合成されます。

サンプルファイル ▶ CH-05-12.aep、0004.mp4

▶ アルファマットを適用する

1 動画を読み込み配置する

アルファマットを使ったアニメーション用に、新規コンポジション「CH-05-12.aep」を開きます。動画ファイル「0004.mp4」を読み込み**1**、タイムラインパネルに配置します**2**。

2 テキストを入力する

ツールパネルから［横書き文字ツール］を選択し、コンポジションパネルに任意のテキストを入力します（ここでは「GRAZ」）**1**。自動的にテキストレイヤーが作成されます**2**。フォント、文字サイズなどを調整してください。色は何色でも OK です。

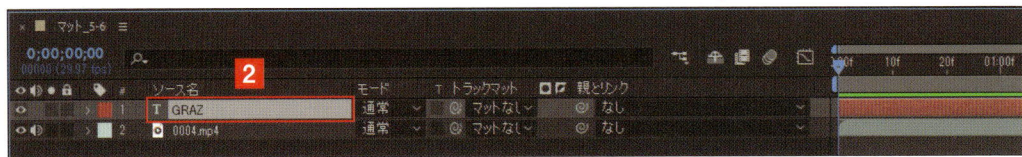

3 アンカーポイントを中央に配置する

テキストレイヤーを選択し、タイムラインツールにある［アンカーポイントツール］を Ctrl （Mac は command ）キーを押しながらダブルクリックします**1**。これでテキストの左下にあったアンカーポイントが中央に移動します**2**。

4 トラックマットレイヤーを選択する

タイムラインパネルの動画素材レイヤーに対して、テキストレイヤーをトラックマットレイヤーとして指定します。指定方法は、動画レイヤーの［マットなし］をクリックして**1**、プルダウンメニューから選択するか**2**、動画レイヤーのピックウィップをテキストレイヤー上にドラッグ＆ドロップしてもかまいません**3**。

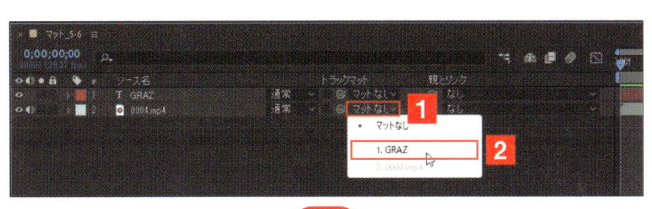

5 トラックマットが設定される

トラックマットが適用され、テキストが型抜きされて映像が表示されます**1**。なお、ここまでの作成ファイルを「CH-05-Finish-05.aep」としています。

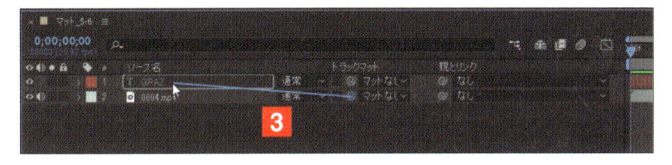

6 タイムラインパネルの表示変化を確認する

タイムラインパネルのレイヤー表示が、トラックマット設定前と後では以下のように変わっていますので確認しておきます。**1**テキストのレイヤーが非表示になる。**2**アイコンが表示されている。**3**トラックマットのレイヤー名が表示される。**4**アルファマットが適用されているアイコンが表示される。

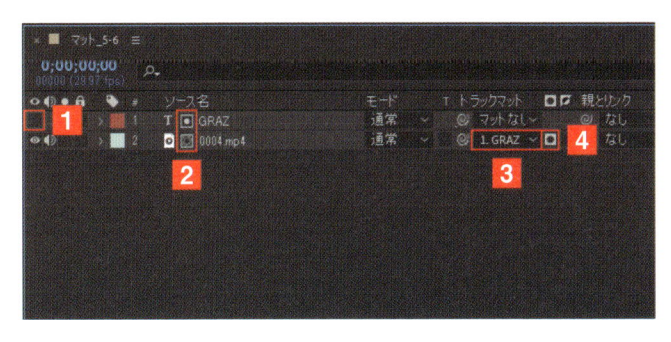

13 アルファマットで作る アニメーション

SECTION 12から続けて、テキストのサイズが変化するアニメーションをトラックマットとして設定されたテキストレイヤーに設定します。

サンプルファイル CH-05-Finish-05.aep

▶ アニメーションを設定する

1 表示位置を調整する

テキストの左右の表示位置を中央に配置します。整列パネルの[水平方向に整列]をクリックします**1**。

2 テキストの表示を 確認する

アンカーポイントが中央にあるのを確認します**1**。テキストがトラックマットのアルファマットとして指定され、型抜きされているのを確認します**2**。

3 「スケール」のアニメーションをオンにする

テキストレイヤーを展開し、時間インジケーターをタイムライン左端の0秒に合わせます**1**。「トランスフォーム」→「スケール」のストップウォッチをクリックしてアニメーションをオンにします**2**。タイムラインにはキーフレームが設定されます**3**。

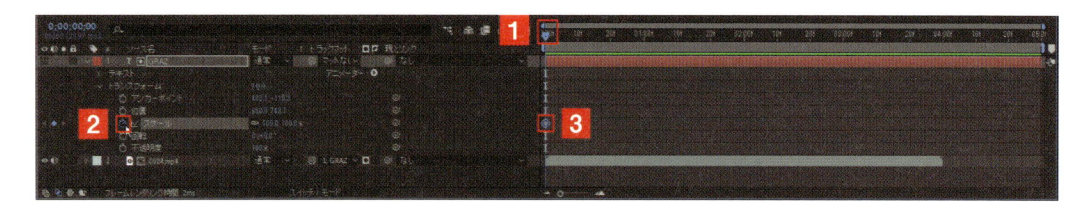

4 時間インジケーターを 3秒に移動する

時間インジケーターをドラッグし、3秒（03:00f）の位置に合わせます**1**。

CHAPTER **05**

マスクとトラックマット

5 「スケール」パラメーターを変更する

テキストレイヤーの「トランスフォーム」にある「スケール」のサイズを調整します**1**。ここでは、テキストの中の映像が画面いっぱいになるまで調整します**2 3 4**。

CHECK

スケールだけではうまくテキストが消えてくれない場合は、「位置」を併用します。設定はサンプルファイル「CH-05-Finish-05.aep」を参考にしてください。

6 イージーイーズを設定する

「サイズ」のキーフレームを選択し、F9 キーでイージーイーズを設定します**1**。続けて、スピードエディターの「速度グラフ」で調整します。最初はゆっくり、後からスピードアップするという緩急に設定します**2 3**。

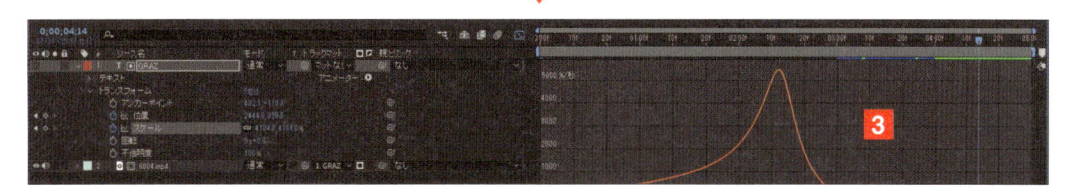

14 背景を設定する

背景が黒くて気になる場合は、平面レイヤーで単色設定したり、あるいはグラデーションを設定するとよいでしょう。

サンプルファイル CH-05-Finish-06.aep

▶ グラデーションを設定する

1 平面レイヤーを一番下に配置する

任意の色を付けた平面レイヤーを作成し、タイムラインパネルで一番下に移動します**1**。これで、平面レイヤーの色が反映されます**2**。

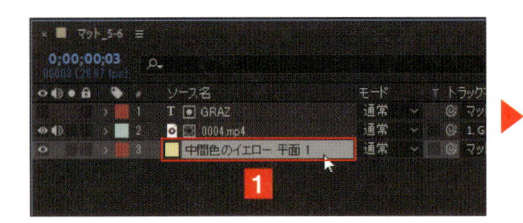

2 グラデーションを設定する

「エフェクト＆プリセット」で「グラデーション」を検索して選択し**1**、平面レイヤーに適用します**2**。

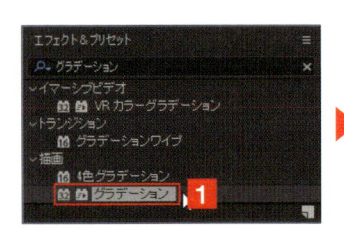

3 グラデーションを調整する

エフェクトコントロールパネルで、グラデションのパターンや色を調整します**1**。なお、完成したものをサンプルファイル「CH-05-Finish-06.aep」としています。

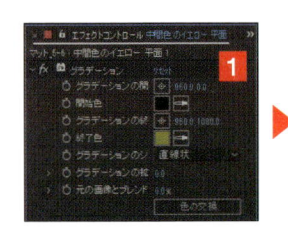

CHAPTER 05 マスクとトラックマット

THE PERFECT GUIDE FOR AFTER EFFECTS

[コールアウト
タイトルの作成]

01 モーショングラフィックスとコールアウトタイトル

「コールアウトタイトル」というのは、映像の中で特に主張したい部分をピックアップし、視聴者に注目してもらうための「モーショングラフィックス」で作成するタイトルスタイルの1つです。

▶ コールアウトタイトル作成の流れ

作成するコールアウトタイトル

コールアウトタイトルにもさまざまなタイプがあり、この例は、テキストは移動しないが被写体と一緒にポイント部分が移動するというコールアウトタイトルです。

❶ ポイントのアニメーション

コールアウトタイトルのポイント部分は、「シェイプアニメーション」で構成しています。シェイプアニメーションの基本機能で作成しているので、ほかへの応用も可能です。参考にしてください。

❷ ラインのアニメーション

ラインを利用したアニメーションです。P.177 で解説しているペンツールを利用したアニメーションではなく、平面レイヤーを利用してラインを作成し、それをアニメーションしています。ペンツールを利用しないで作成するラインの特徴を理解してください。

❸ テキストのアニメーション

ここで利用するテキストアニメーションは、モーショングラフィックスでも使われる定番的なアニメーションです。マスクを利用したアニメーションで、使い方を覚えておけば、いろいろなアニメーションで応用できます。

❹ コールアウト タイトルが消える アニメーション

コールアウトタイトルアニメーションの最後は、表示されたタイトルが表示されたときとは逆の順に消えていくアニメーションを設定します。

02 コールアウトタイトルのポイントを作成する

ここでは、コールアウトタイトルのポイント部分を作成します。シェイプアニメーションの基本ですので、汎用性のあるテクニックといえます。

サンプルファイル CH-06-02.aep、CH-06-Finish.aep

● 2つの円を作成する

1 小さな円を描く

マスクの作成用に、新規コンポジションとしてサンプルファイル「CH-06-02.aep」を開きます。なお、このファイルのコンポジション設定は画面の通りです **1**。続いて、[楕円形ツール]を選択して、コンポジションパネルに Shift キーを押しながら小さな正円を1つ描きます **2**。なお、円の「塗り」は「単色」、「色」は「白」、「線」は「なし」と設定しています。また、この章での完成ファイル「CH-06-Finish.aep」（P.247 の SECTION 20 の作業を完了したもの）も参考にしてください。

2 アンカーポイントを中央に配置する

Ctrl （Mac は command ）キーを押しながらツールバーの［アンカーポイントツール］をダブルクリックして **1**、正円の中央にアンカーポイントを配置します **2**。

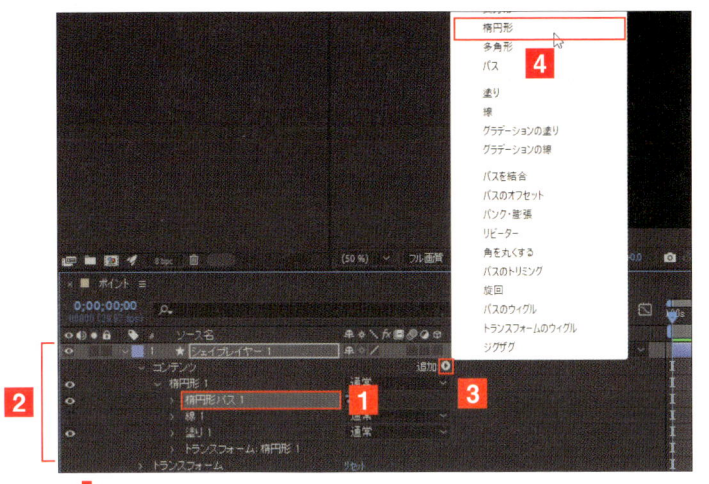

3 楕円を追加する

タイムラインパネルに設定された「シェイプレイヤー1」のオプションを展開し1、「コンテンツ」→「楕円形1」を表示します。ここにある［楕円形パス1］を選択して2、「コンテンツ」右にある「追加」の▶をクリックし3、表示されたメニューから［楕円形］を選択します4。これで、「楕円形パス2」が追加されます5。コンポジションパネルでは、先に描いた正円の外側に、円形が追加されています6。

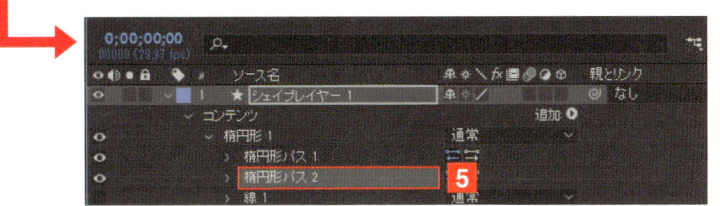

4 パスを結合する

追加した「楕円形パス2」を展開し1、「サイズ」でサイズを先の楕円より少しだけ大きく調整します2。再度「追加」の▶をクリックして表示したメニューから［パスを結合］を選択します3。

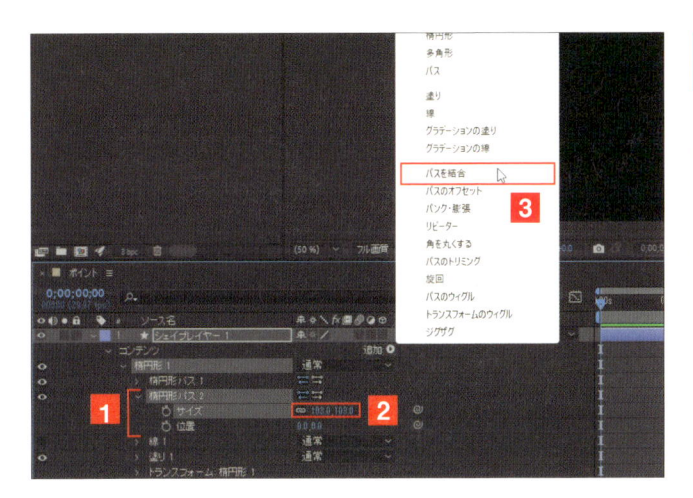

5 楕円をくり抜く

今作成した楕円を、先に作成した楕円でくり抜きます。追加された「パスを結合1」を展開し1、「モード」の右にある［∨］をクリックして2、プルアップメニューから［中マド］をクリックしてください3。楕円がくり抜かれます4。

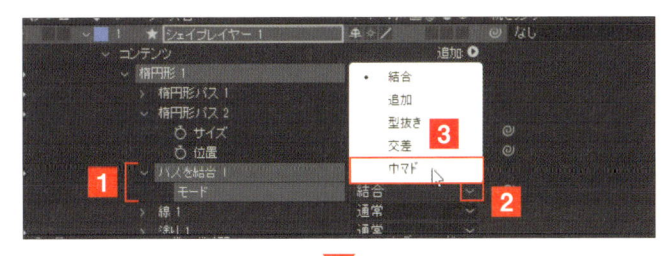

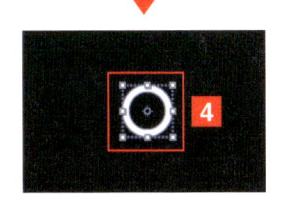

▶ 中に円を作る

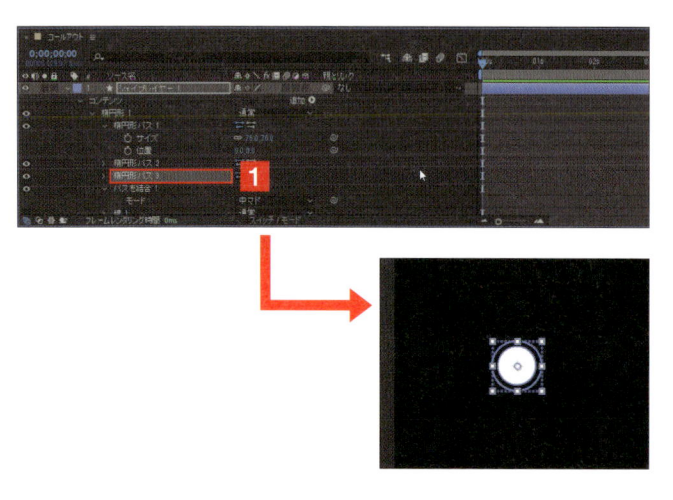

1 楕円形を追加する

もう一度「追加」のメニューから［楕円形］を選択し、「楕円形パス 3」を追加します**1**。

2 オプションを移動する

オプションの「楕円形パス 3」**1**を、「パスを結合 1」の下にドラッグ＆ドロップで移動します**2**。

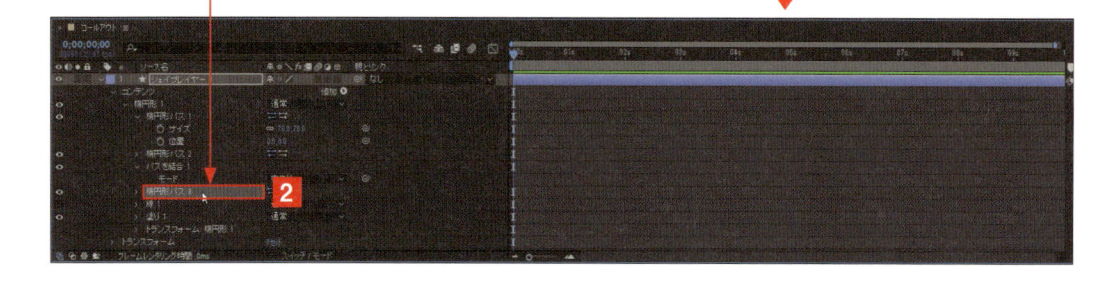

3 サイズを調整する

「楕円形パス 3」を展開し、「サイズ」を調整して小さな円に調整します**1**。そして、「シェイプレイヤー 1」というレイヤー名を**2**、「ポイント」などわかりやすい名前に変更します。レイヤーを選択して Enter キーを押すと、名前を変更できます。

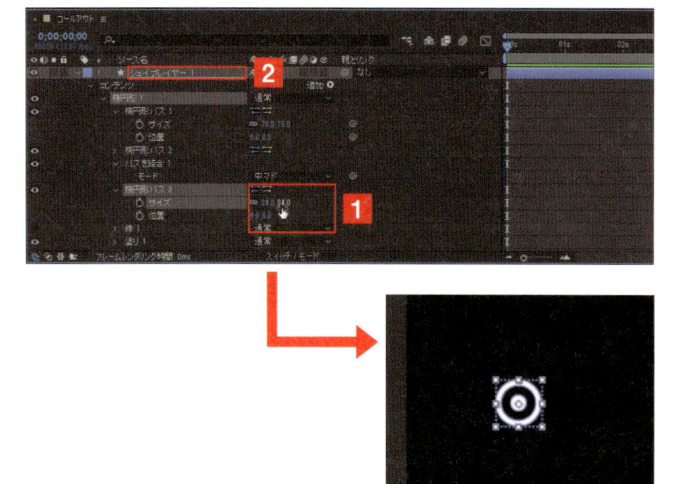

03 ポイントに アニメーションを設定する

ポイントのシェイプができたら、このシェイプにアニメーションを設定します。アニメーションは、望むサイズよりちょっと大きくなって元に戻るという定番のアニメーションです。

サンプルファイル ▶ CH-06-03.aep

▶ シェイプの定番アニメーションを作成する

1 時間インジケーターを合わせる

時間インジケーターを 15 フレーム目（15f）に合わせます**1**。なお、「シェイプレイヤー 1」という名前を、「ポイント」などわかりやすい名前に変更しておきます**2**。

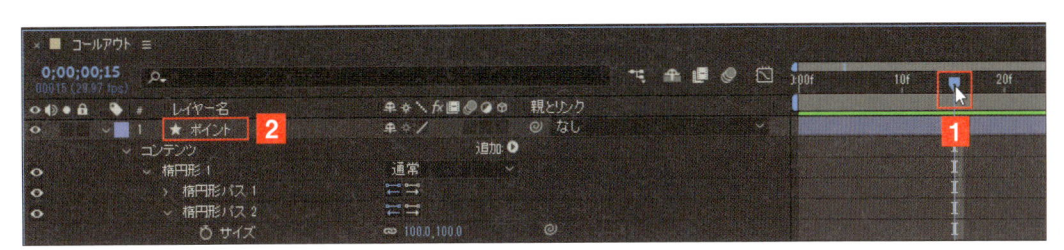

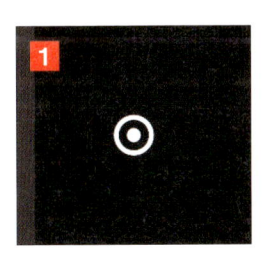

2 完成形を確認する

このときの「ポイント」シェイプの状態を確認します**1**。

3 アニメーションをオンにする

「ポイント」レイヤーを選択して S キーを押し、「スケール」オプションだけを表示します**1**。このストップウォッチをクリックしてアニメーションをオンにします**2**。このとき、タイムラインにはキーフレームが設定されます**3**。

CHECK

この「スケール」は、「トランスフォーム」オプションのスケールです。

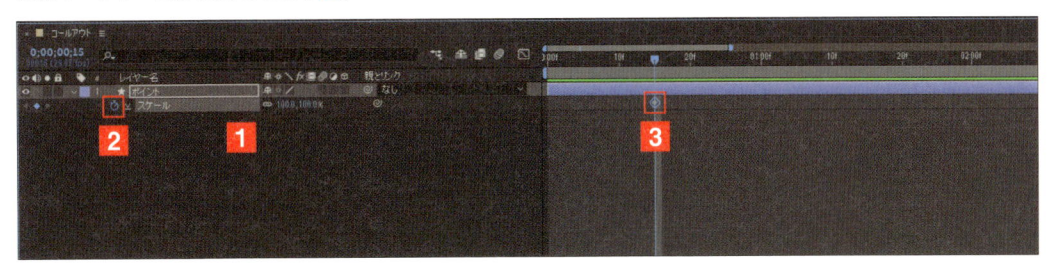

4 時間インジケーターを移動する

時間インジケーターを0秒に合わせます**1**。

5 スケールを変更する

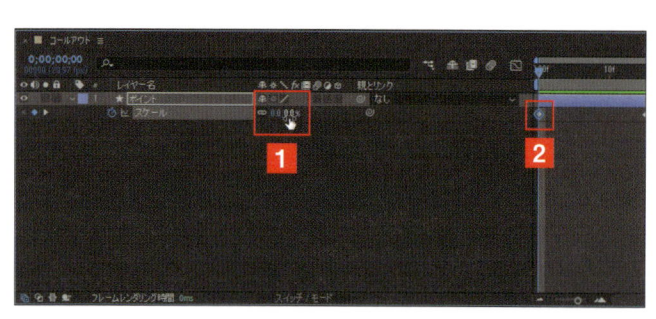

「スケール」のパラメーターを「0%」に変更します**1**。このとき、タイムラインにはキーフレームが自動的に設定されます**2**。

6 アニメーションを確認する

何もないところから「ポイント」が出現するアニメーションを確認します**1 2 3**。

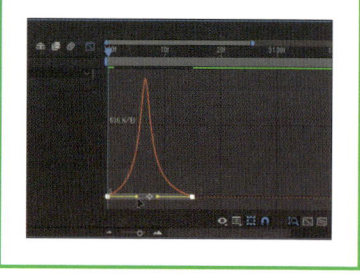

POINT

緩急を設定する

ポイントが表示されるという小さなアニメーションですが、これにイージーイーズを利用し（CHAPTER 04 の P.164 〜 166 を参考に）、緩急を設定してみましょう。目立たない設定ですが、こうした小さな手間をかけることが、アニメーション全体のクオリティをアップしてくれます。

シェイプのサイズを修正する

中の円のシェイプがちょっと大きくなりすぎたので、元に戻るというアニメーションを作成します。
単純にサイズが大きくなるだけでなく、ちょっとしたアクセント的な動きを加えます。

サンプルファイル ▶ CH-06-04.aep

▶ サイズが元に戻るアニメを作成する

1 オプションを展開する

「ポイント」レイヤーを展開して、「コンテンツ」→「楕円形 1」→「楕円形パス 3」を展開します**1**。

2 時間インジケーターを移動する

時間インジケーターを「13f」に合わせます**1**。なお「現在のタイムコード」で位置が確認できます**2**。

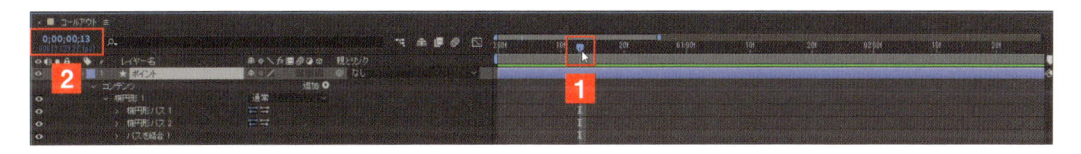

3 サイズを変更する

「サイズ」のパラメーターを、現在のサイズよりちょっと大きく変更します。画面では、「35.0」**1**を「55.0」**2**に変更しています。

CHECK

サイズのパラメーターは、ユーザーの作成サイズによって異なります。

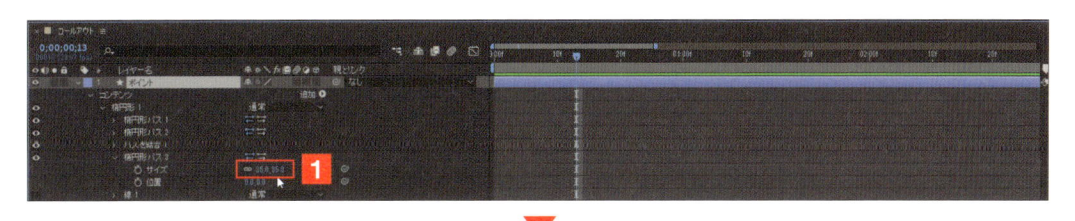

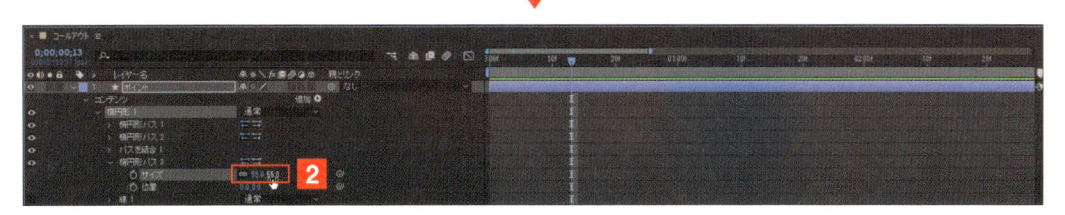

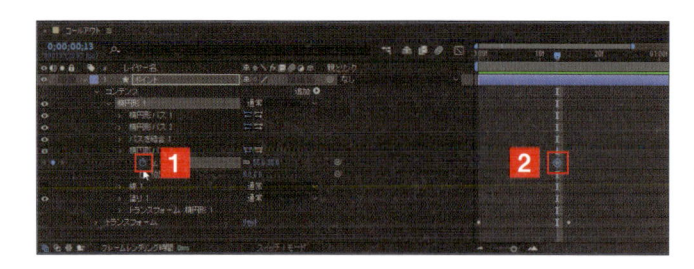

4 アニメーションをオンにする

「サイズ」のストップウォッチをクリックして、アニメーションをオンにします **1**。タイムラインには、キーフレームが自動的に設定されます **2**。

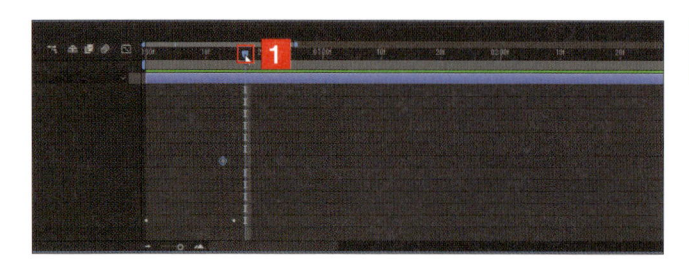

5 時間インジケーターを移動する

時間インジケーターを「17f」に合わせます **1**。

6 サイズを修正する

「サイズ」のパラメーターを「35」に戻します **1**。同時に、タイムラインにキーフレームも自動的に設定されます **2**。

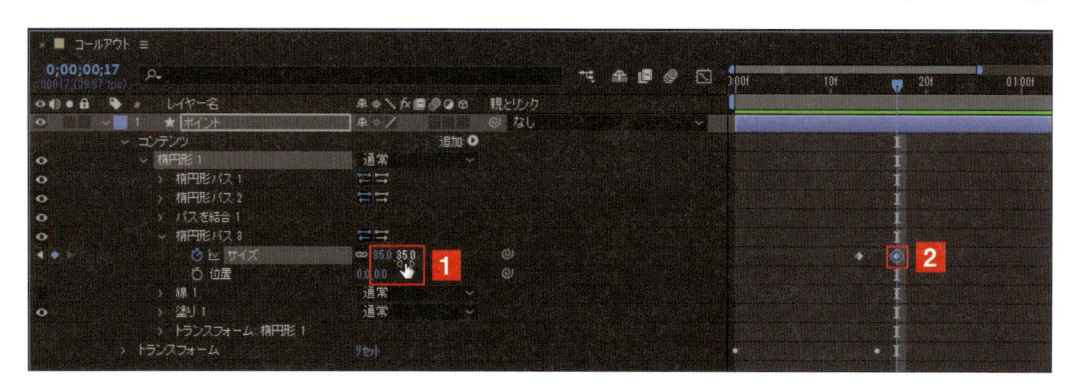

7 隠し味を付ける

時間インジケーターを「11f」に移動して **1**、サイズを「35」に修正します **2**。キーフレームは自動設定されます **3**。これで、元に戻るアニメーションがそれらしく見えるようになります。アニメーションの隠し味です。

CHECK

大きすぎたのでちょっと元に戻すという、イージーイーズとはまた違ったアクセントです。

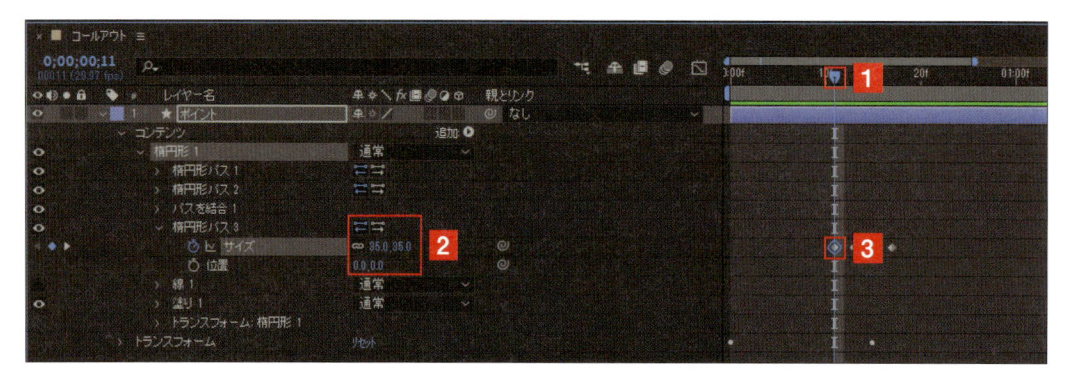

05 「レーザー」でラインを作成する

ラインの両端を個別にアニメーションさせるためには、ペンツールで作成したラインではできないので、エフェクトの「レーザー」を利用してラインを作成します。

サンプルファイル ▶ CH-06-05.aep

▶ エフェクトでラインを作成する

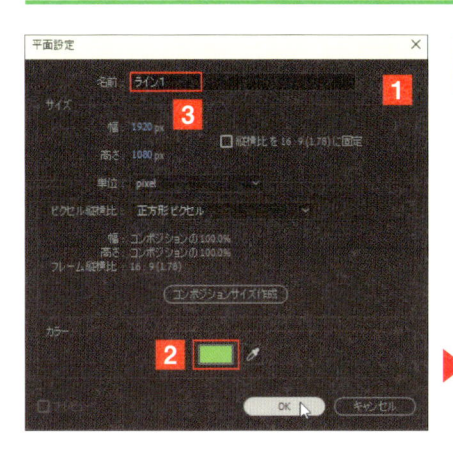

1 平面レイヤーを作成する

タイムラインパネル内で右クリックして［新規］→［平面］で表示される「平面設定」ダイアログボックス**1**で設定して作成します。レイヤーの「カラー」は、ラインには反映しないので、自由でかまいません**2**。「名前」は「ライン1」としました**3**。

2 エフェクトを適用する

エフェクト＆プリセットパネルの検索ボックスに「レーザー」と入力し**1**、検索したエフェクト「レーザー」を、「平面」レイヤーの「ライン1」にドラッグ＆ドロップで適用します**2**。

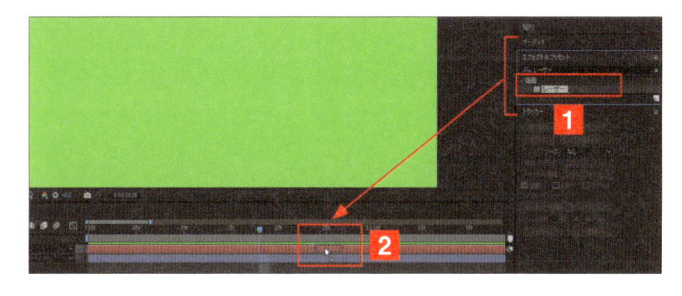

3 平面がラインに変化する

平面レイヤーがラインに変化します**1**。

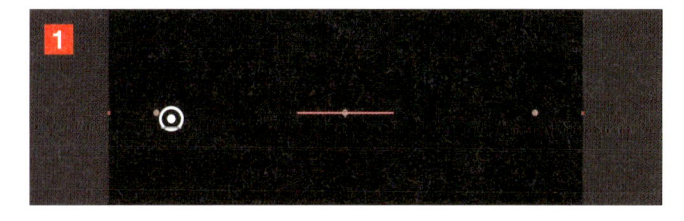

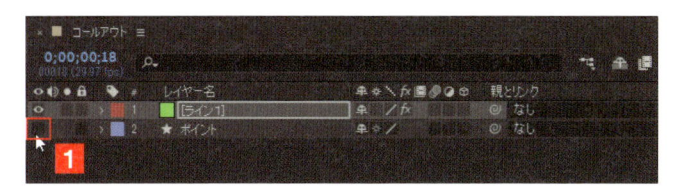

4 「ポイント」を非表示にする

作業の邪魔になるので、「ポイント」レイヤーの表示アイコンをクリックして、一時的に非表示にします**1**。

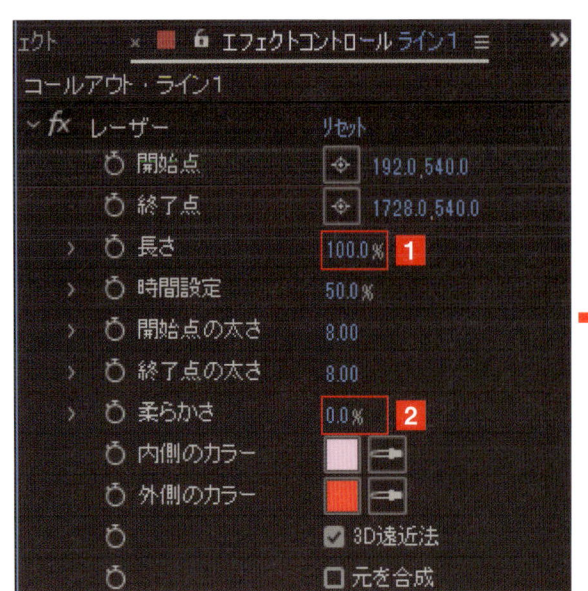

5 パラメーターを調整する

エフェクトコントロールパネルに「レーザー」のオプションが表示されているので、「長さ」を「100%」**1**、「柔らかさ」は「0%」**2**に変更します。

6 カラーを変更する

「内側のカラー」「外側のカラー」と2カ所あるので、カラーボックスをクリックしてカラーピッカーを表示し、どちらも「白」に変更します**1**。

7 ラインを複製する

ラインパネルで Ctrl (Mac は command) + D キーでラインのレイヤーを複製します。複製したら、ライン名を「ライン1」「ライン2」とわかりやすく変更しておきましょう**1**。

06 ヌルオブジェクトを設定する

ラインができたら、このラインをコントロールするためのヌルオブジェクトを作成します。このコールアウトタイトルでは、ヌルオブジェクトが重要な役割を果たします。

サンプルファイル ▶ CH-06-06.aep

▶ ヌルオブジェクトを設定する

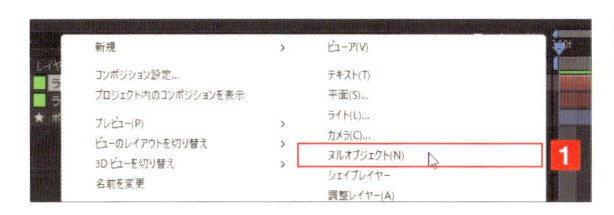

1 「ヌルオブジェクト」を選択する

タイムラインパネル内で右クリックして［新規］→［ヌルオブジェクト］を選択して**1**、ヌルオブジェクトを作成します**2**。

CHECK

「ヌルオブジェクト」の「Null」には「無い」という意味があります。After Effects のヌルオブジェクトは、他のレイヤーと同じようにさまざまな情報を持たせることができるのですが、画面には表示されないという特徴を持っています。

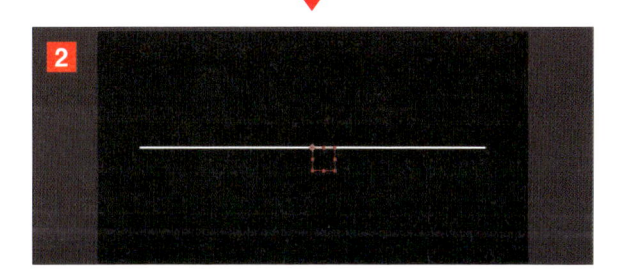

2 アンカーポイントを中央に配置する

ヌルオブジェクトのレイヤーを選択して、Ctrl（Mac は command）キーを押しながら［アンカーポイントツール］をダブルクリックし、アンカーポイントをヌルオブジェクトの中央に配置します**1**。

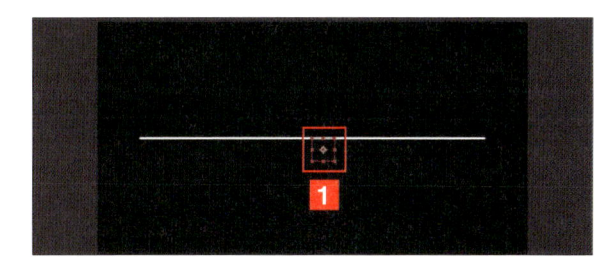

3 ヌルオブジェクトを複製する

ヌルオブジェクトを Ctrl（Mac は command）+ D キーを2回押して2つ複製し、合計で3つ準備します**1**。画面のように位置を変更して、名前をそれぞれ「ヌル1」**1**、「ヌル2」**2**、「ヌル3」**3**と変更します**4**。

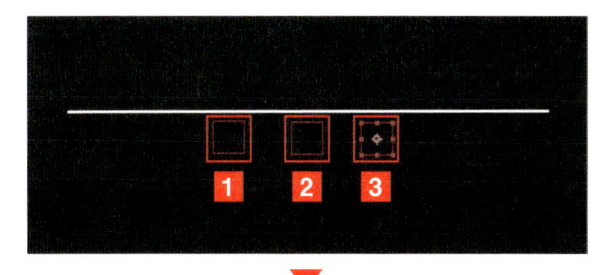

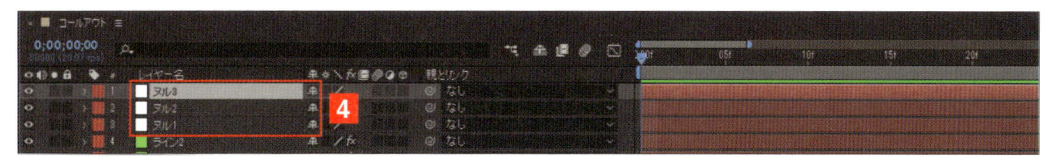

07 ラインとヌルオブジェクトのリンクを設定する

複数のラインを利用する場合、ヌルオブジェクトを「関節」のように利用します。そのため、ラインとヌルオブジェクトの関連付けを行います。

サンプルファイル ▶ CH-06-07.aep

● ラインとヌルオブジェクトを関連付けする

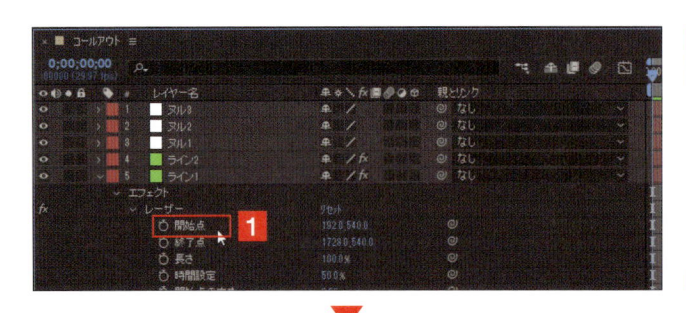

1 「ライン1」の「開始点」を表示する

「ライン 1」レイヤーを展開して「エフェクト」→「レーザー」を表示し、オプションの「開始点」を確認します **1**。「開始点」のストップウォッチを、Alt（Macは Option）キーを押しながらクリックし **2**、エクスプレッションを表示します **3**。

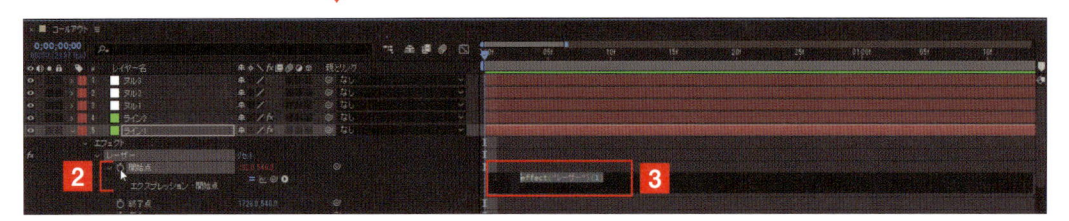

2 アンカーポイントを中央に配置する

レイヤーの「ヌル 1」を展開して「トランスフォーム」を表示し、「位置」を確認します **1**。「ライン 1」の「開始点」に表示されている渦巻き型のピックウィップを **2**、「ヌル 1」のオプション「位置」にドラッグします **3**。

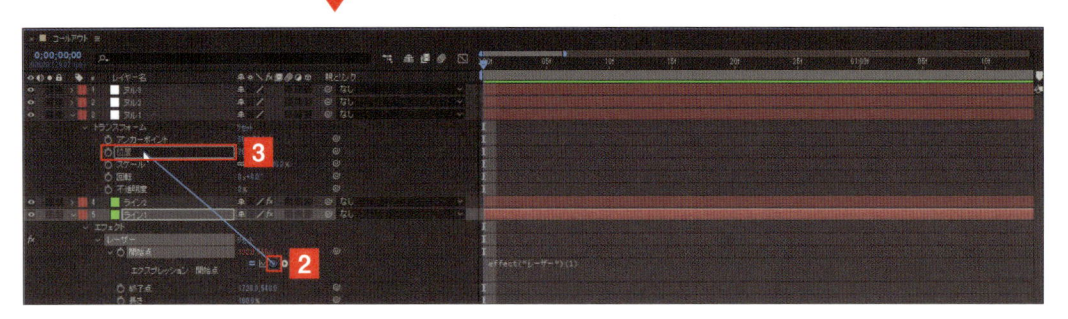

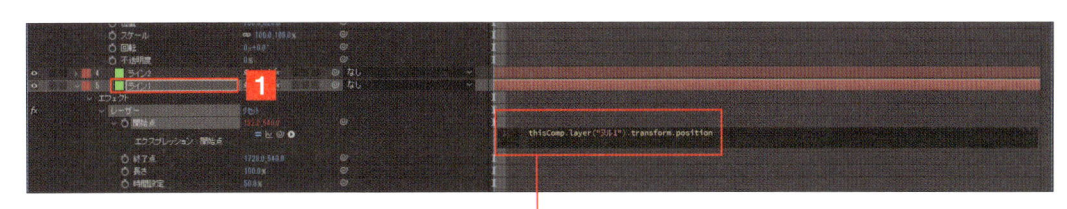

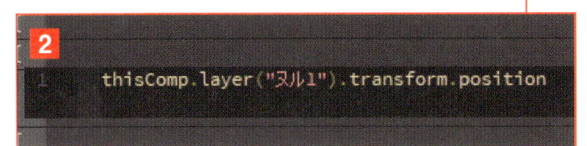

3 エクスプレッションが設定される

タイムラインに **1**、「ヌル 1」とリンク付けられたことを示すエクスプレッションが表示されます **2**。

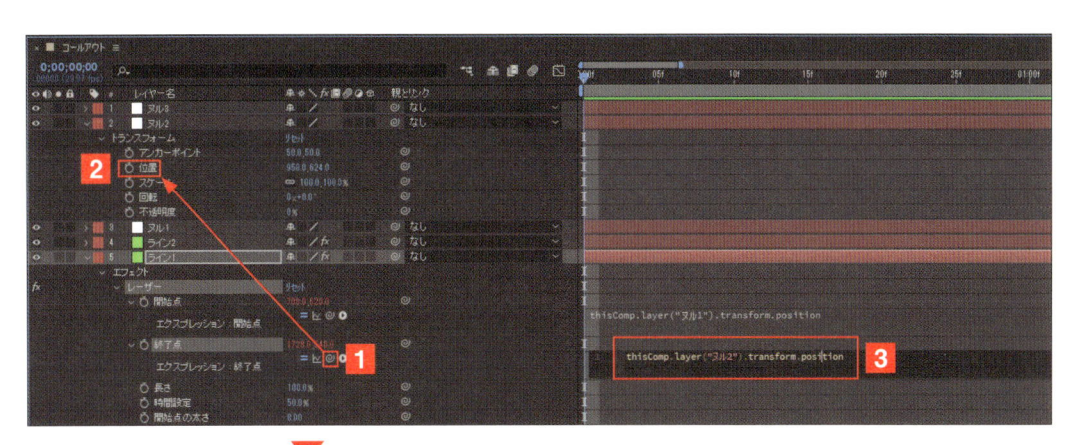

4 「終了点」も親子関係を設定する

同じ方法で、「ライン 1」の「終了点」 **1** を、「ヌル 2」の「位置」 **2** と親子関係をリンク付けします。タイムラインのエクスプレッションを確認します **3**。親子関係をリンク付けすると、ラインとヌルオブジェクトが画面のように表示されます **4**。

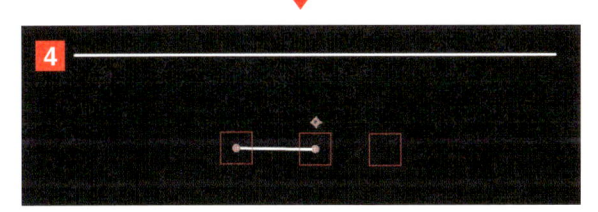

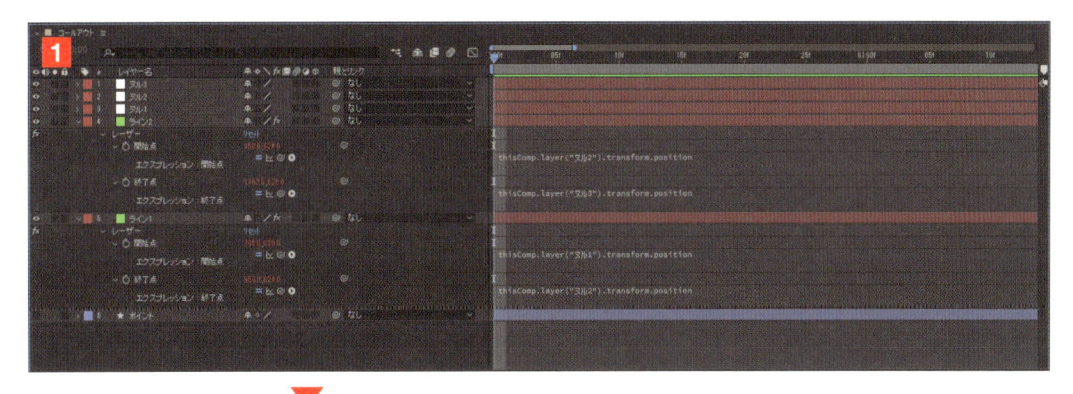

5 「ライン2」もリンクを設定する

「ライン 2」も「ライン 1」と同様の方法で、「ヌル 2」「ヌル 3」と親子関係のリンク付けを行います **1 2**。

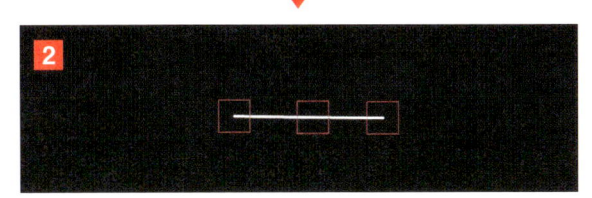

ポイントとヌルのリンクを設定する

コールタイトルの「ポイント」に、ラインと同じように親子関係のリンクを設定します。このとき、ヌルオブジェクトとポイントを同じ位置に配置します。

サンプルファイル ▶ CH-06-08.aep

▶ 「ポイント」に「ヌル1」とリンクを設定する

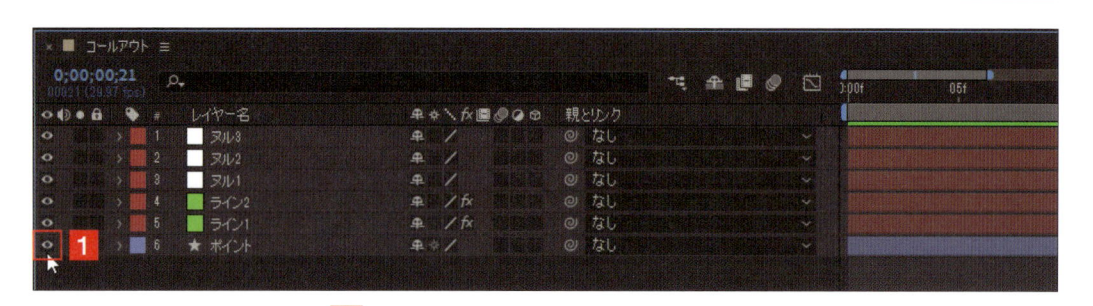

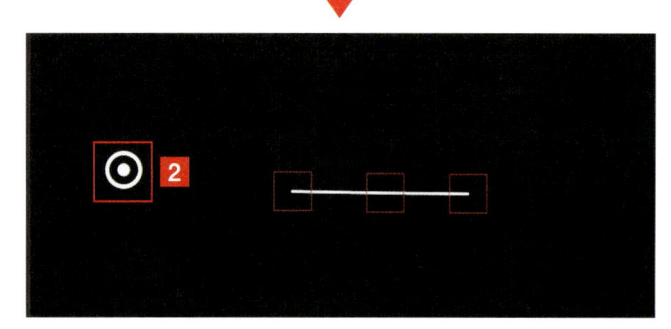

1 「ポイント」を表示する

非表示に設定してある「ポイント」を、タイムラインパネルの「表示／非表示」アイコン**1**をクリックして表示させます**2**。

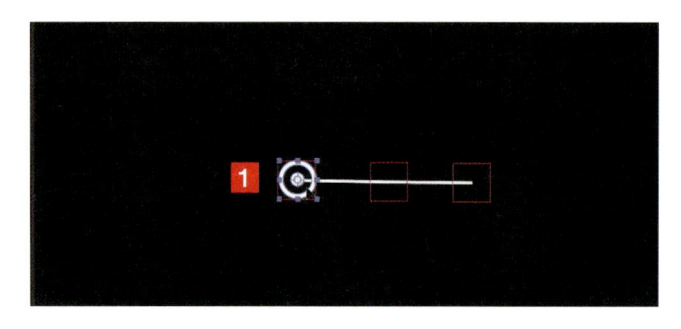

2 「ポイント」を移動する

タイムラインパネルで「ポイント」レイヤーを選択し、コンポジションパネルで表示された「ポイント」の中央を、「ヌル1」にある「ライン1」の先端と一致させます**1**。

CHECK

現在作成しているコールタイトルでは、「ポイント」の◎が移動するオブジェクト上に表示され、その「ポイント」はオブジェクトの移動と一緒に移動するように設定します。さらに、そのポイントから「ライン1」が表示されなければなりません。そのためには、「ポイント」と「ヌル1」が親子関係になければなりません。

3 リンクを設定する

「ポイント」の「トランスフォーム」→「位置」のエクスプレッションを表示し、ピックウィップ**1**を「ヌル1」の「位置」**2**にドラッグ＆ドロップして、親子関係のリンクを設定します。タイムラインには、設定されたエクスプレッションが表示されています**3**。

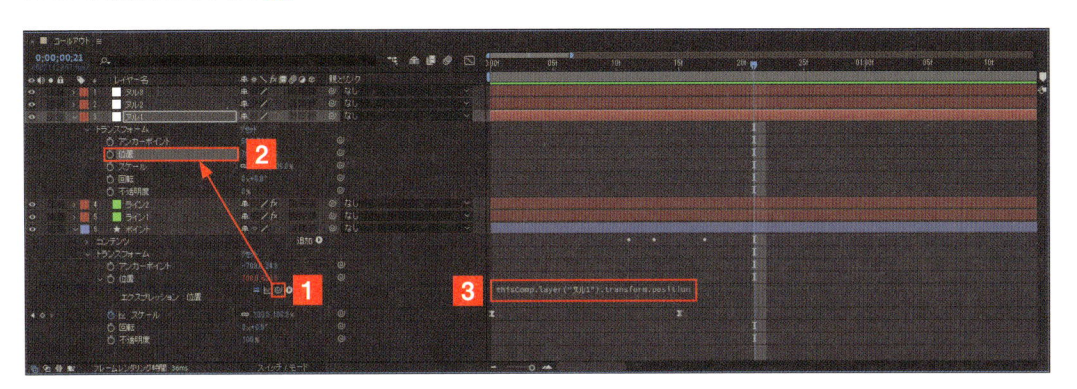

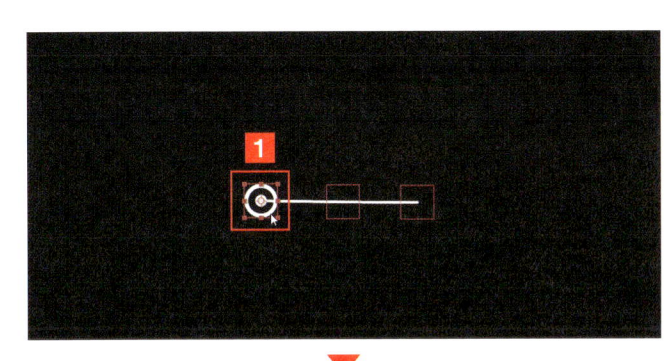

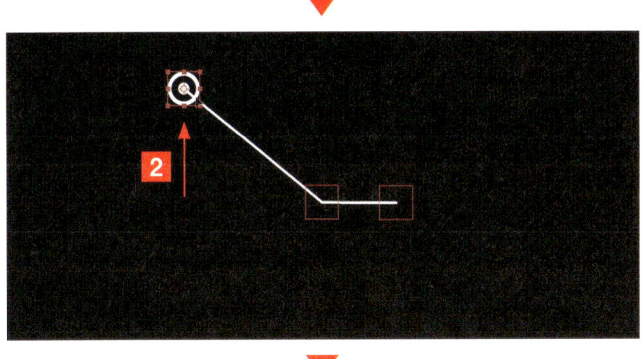

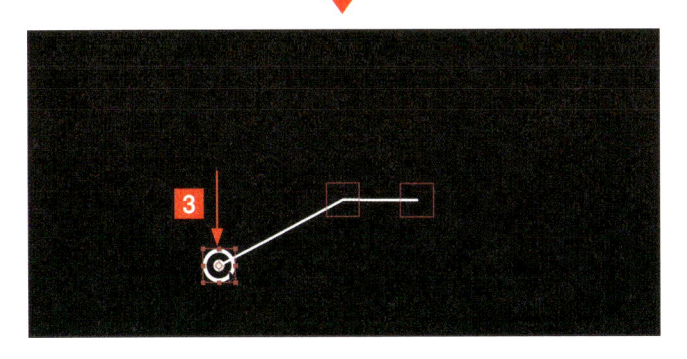

4 「ヌル1」を移動する

タイムラインパネルで「ヌル1」を選択し、コンポジションパネルで「ヌル1」**1**をドラッグすると、「ポイント」と「ライン1」の開始点が一緒に移動します**2 3**。

09 「ライン」の アニメーション設定をする①

ここでは、エフェクト「レーザー」の「時間設定」オプションを利用して、「ポイント」からラインが伸びるアニメーションを設定します。アニメーションは「ライン1」と「ライン2」に設定します。

サンプルファイル ▶ CH-06-09.aep

▶ 「ライン1」のアニメーション設定をする

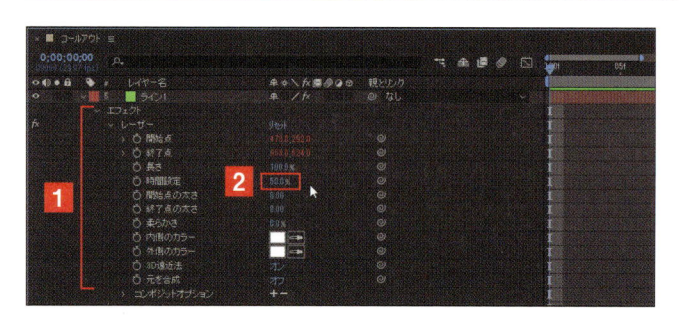

1 「時間設定」の デフォルト値を確認する

「ライン 1」レイヤーの「エフェクト」→「レーザー」を展開し **1**、オプション「時間設定」のデフォルト値が「50％」なのを確認します **2**。

2 時間インジケーターを移動する

時間インジケーターを、「ポイント」アニメーションが終了した「17f」に移動します **1**。ここから、ラインのアニメーションを開始します。

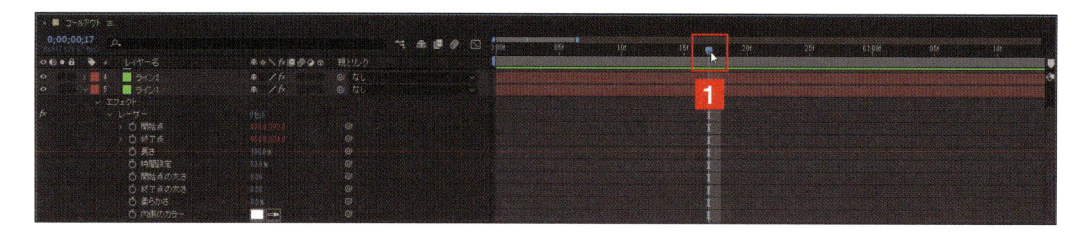

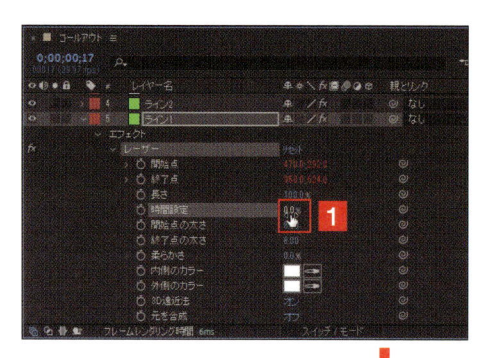

3 「時間設定」の パラメーターを調整する

「時間設定」のデフォルト値「50％」を、「0.0％」に変更します **1**。このとき、「ライン 1」が非表示になります **2**。

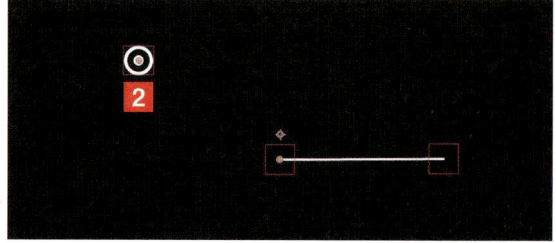

4 アニメーションをオンにする

「時間設定」の左端にあるストップウォッチをクリックしてアニメーションをオンにします **1**。ストップウォッチが青くなり、タイムラインにはキーフレームが設定されます **2**。

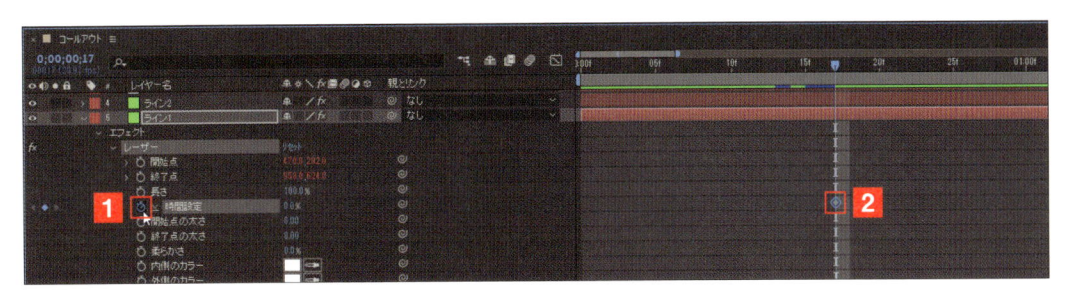

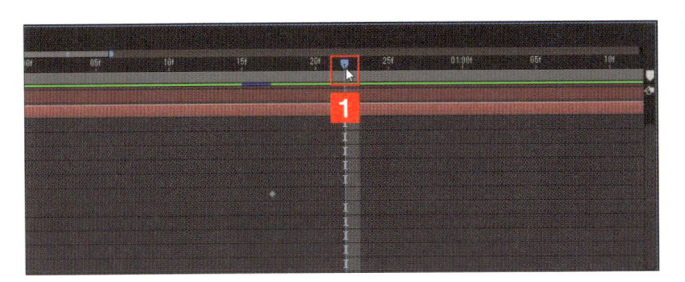

5 5フレーム進める

時間インジケーターを5フレーム進めた「22f」に合わせます **1**。

6 「時間設定」の パラメーターを調整する

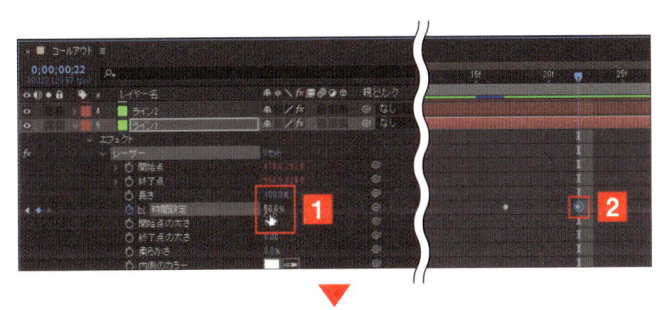

「時間設定」を「0%」から「50%」に戻します **1**。ライムラインにはキーフレームが設定され **2**、コンポジションパネルでは「ライン 1」が表示されます **3** **4**。

CHECK

時間設定を「0%」から「50%」に変更することによって、ラインが伸びるアニメーションになります。これを「100%」にすると、今度は後ろからラインが消えてくるアニメーションが加わってしまいます。したがって、ここは「50%」に設定します。

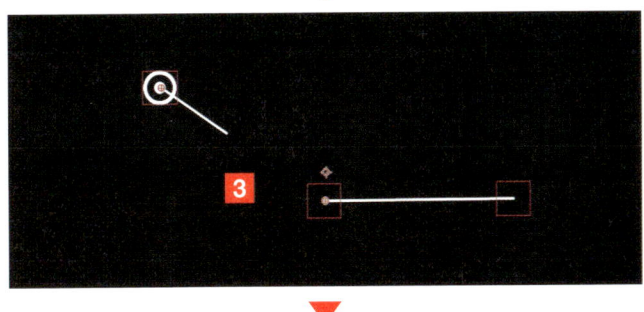

10 「ライン」の アニメーション設定をする②

「ライン1」に続いて、「ライン2」のアニメーション設定をします。「ライン1」と同じく、「時間設定」オプションを利用します。

サンプルファイル ▶ CH-06-10.aep

▶「ライン2」のアニメーション設定をする

1 時間インジケーターを確認する

時間インジケーターが「ライン1」のアニメーションが終了した22フレーム目にあることを確認し**1**、「ライン2」レイヤーの「エフェクト」→「レーザー」を展開します**2**。

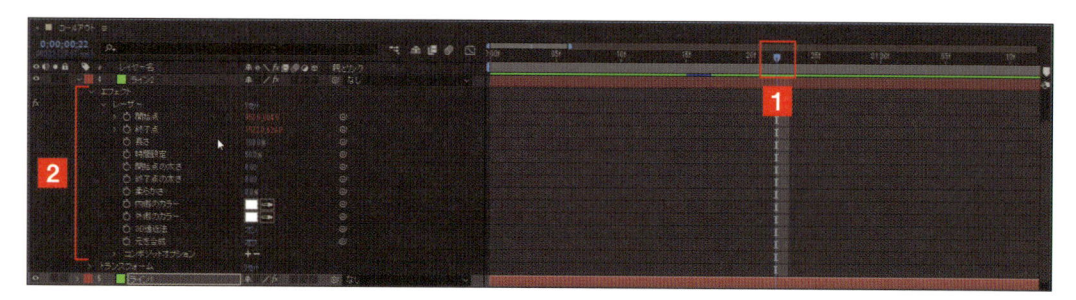

2 「時間設定」のパラメーターを調整する

「時間設定」のデフォルト値「50%」を、「0.0%」に変更します**1**。このとき、「ライン2」が非表示になります**2**。

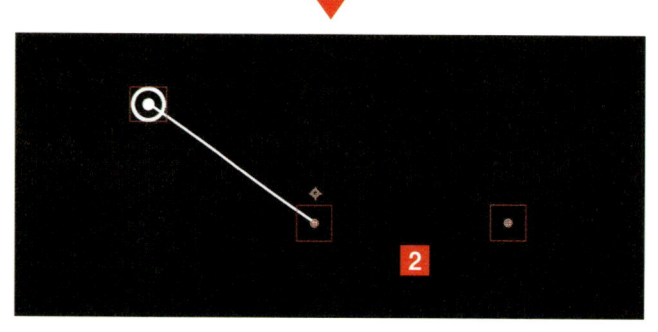

3　アニメーションをオンにする

「時間設定」の左端にあるストップウォッチをクリックしてアニメーションをオンにします**1**。ストップウォッチが青くなり、タイムラインにはキーフレームが設定されます**2**。

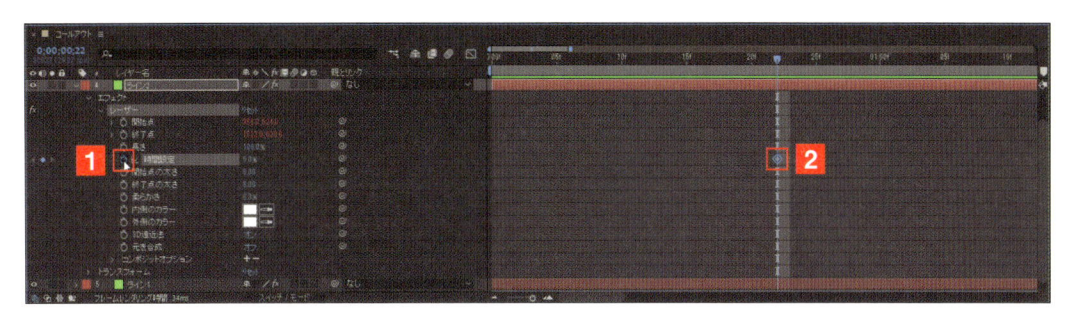

4　5フレーム進める

時間インジケーターを5フレーム進めた27フレーム目に合わせます**1**。

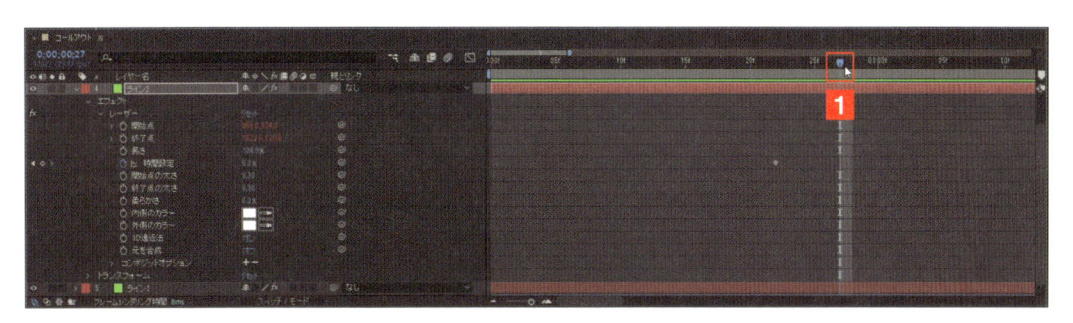

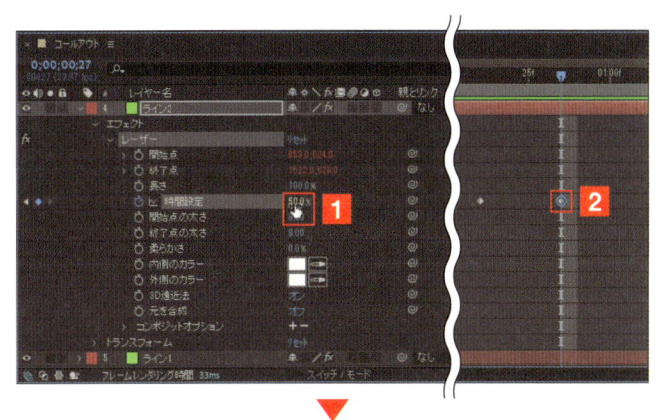

5　「時間設定」の
　　パラメーターを調整する

「時間設定」を「0%」から「50%」に戻します**1**。タイムラインにはキーフレームが設定され**2**、コンポジションパネルでは「ライン2」が表示されます**3**。

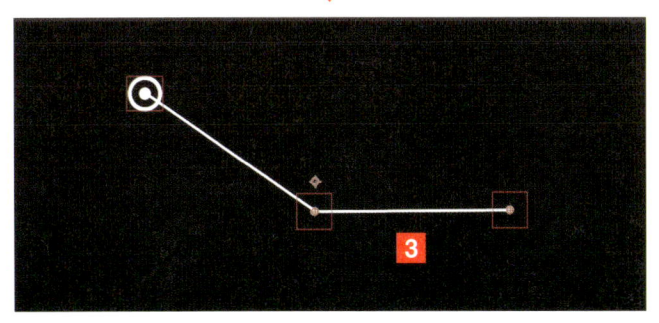

11 トラッキングを設定する

動画データを取り込み、作成したコールアウトタイトルと合成してみましょう。合成のポイントは、トラッキングの設定です。

サンプルファイル CH-06-11.aep、0005.mp4

▶ 動画データをトラッキングする

1 動画をタイムラインパネルに配置する

プロジェクトパネルに動画「0005.mp4」を読み込みます**1**。読み込んだ動画をタイムラインパネルにドラッグ＆ドロップすると、タイムラインへの配置**2**と同時に、コンポジションパネルに映像が表示されます**3**。なお、動画はレイヤーの一番下に配置してください。

2 「トラック」をクリックする

動画データを選択した状態でトラッカーパネルを表示し、[トラック]をクリックします**1**。

3 トラッキングの対象を指定する

レイヤーパネルに切り替わり**1**、パネル内に「トラックポイント1」が表示されています**2**。トラッキング「ポイント」は2つの枠で構成され、それぞれ枠サイズを変更できます**3**。内側の枠はトラッキングの対象に、外側の枠はトラッキング対象が動いた場合、どの範囲内を検出対象とするか範囲を指定します。これを、トラッキング（追尾）したい対象に合わせます**4**。

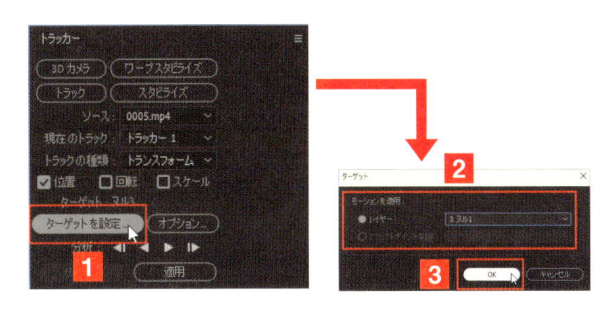

4 ターゲットを設定する

トラッカーパネルで［ターゲットを設定］をクリックし **1**、表示された「ターゲット」ダイアログボックスでトラックポイントと何をリンクするのかを指定します。ここでは、「ヌル 1」とリンクを設定します **2**。設定したら［OK］をクリックします **3**。

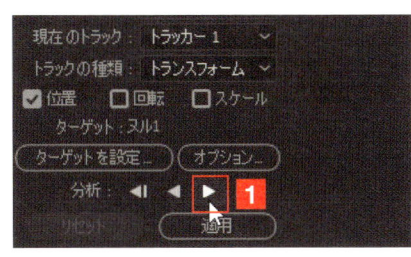

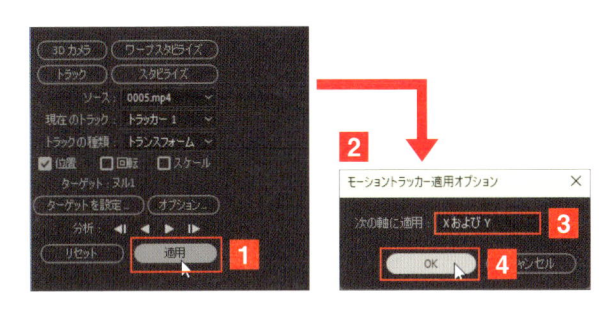

5 分析を実行する

「分析」にある［再生方向に分析］の▶をクリックします **1**。これでトラッキングが開始されます。レイヤーパネルの再生ヘッドとタイムラインパネルの時間インジケーターが動きます。

6 分析結果を適用させる

分析結果を動画データに反映させるため、［適用］をクリックします **1**。適用する軸を選択するダイアログボックスが表示されるので **2**、［X およびY］が選択されているのを確認し **3**、［OK］をクリックします **4**。

7 トラッキングを確認する

トラッキングを行った動画のレイヤーを「モーショントラッカー」→「トラッカー 1」→「トラックポイント」と展開すると **1**、分析結果を確認できます。なお、タイムラインの白いラインは、タイムラインを拡大すると、1フレームことに分析結果が設定されたキーフレームだとわかります **2**。

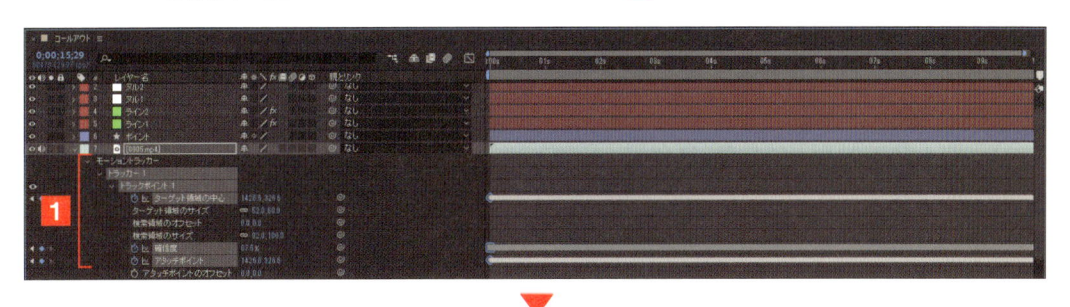

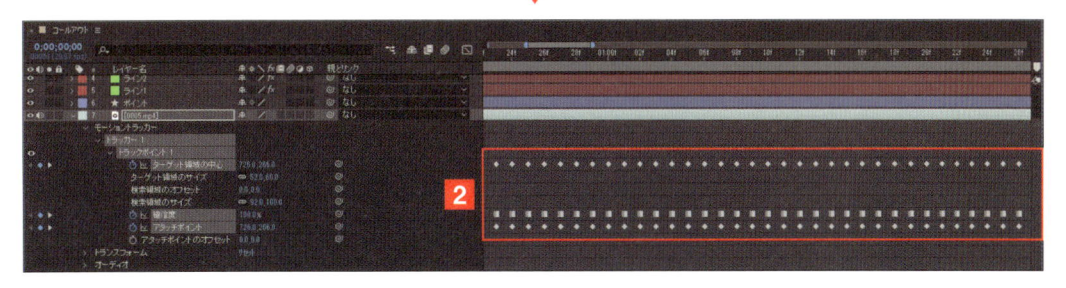

12 ポイントのサイズを調整する

一度設定したシェイプなどは、動きを確認しながら位置やサイズを調整します。ここでは、ポイントのサイズを調整し、全体のバランスを整えます。

サンプルファイル ▶ CH-06-12.aep

▶ レイヤーの「スケール」でサイズ調整する

1 「スケール」を調整する

「ポイント」のレイヤーを展開し、[トランスフォーム]→[スケール]を選択します**1**。このパラメーターを調整して、「ポイント」サイズを修正します**2**。「15f」の位置でのサイズ調整も必要です。なお、パラメーターの表示は、レイヤーを選択して S キーを押せば表示されます。

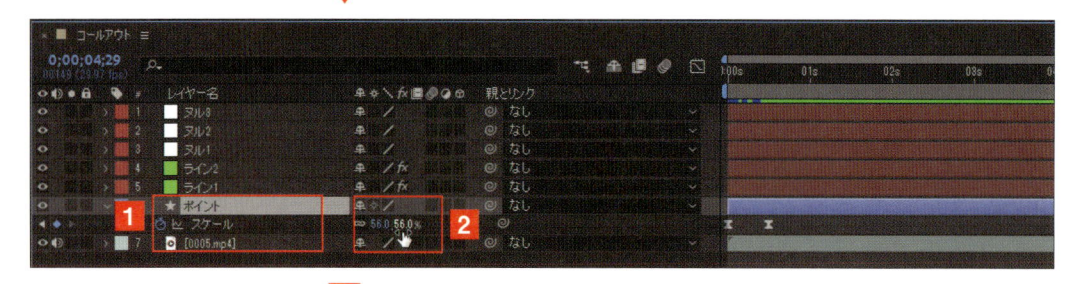

13

ラインの太さを調整する

「ライン1」「ライン2」の太さを調整する場合は、「開始点の太さ」「終了点の太さ」で調整します。両方のラインとも、同じ太さに設定します。

サンプルファイル CH-06-13.aep

▶「ライン1」と「ライン2」の太さを調整する

1 「ライン1」の太さを調整する

「ライン1」レイヤーを「エフェクト」→「レーザー」と展開します**1**。「開始点の太さ」のパラメーターを、デフォルトの「8.00」から「4.00」に調整します**2**。「終了点の太さ」のパラメーターも、デフォルトの「8.00」から「4.00」に調整します**3**。

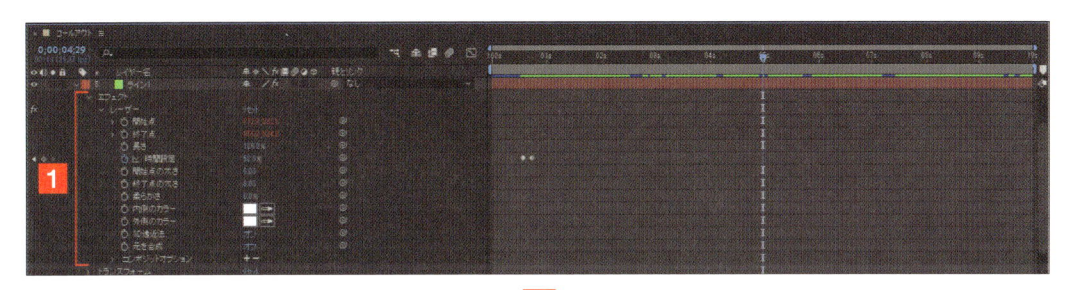

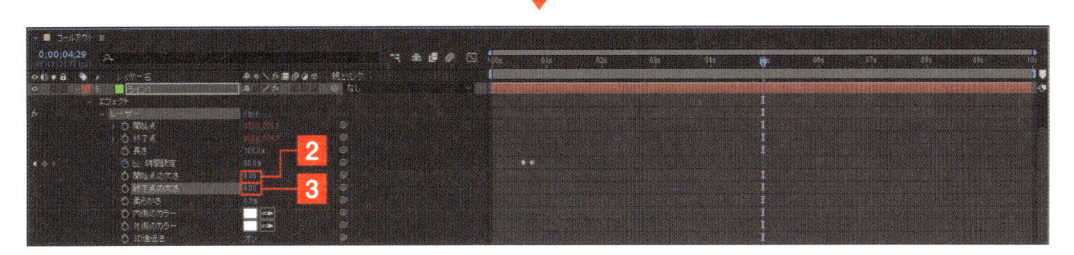

2 「ライン2」の太さを調整する

「ライン2」レイヤーも「ライン1」と同様に、「開始点の太さ」、「終了点の太さ」のパラメーターを、「8.00」から「4.00」に調整します**1**。

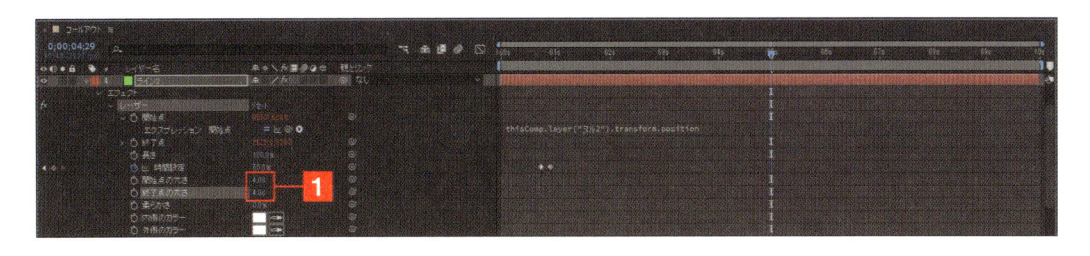

14 ヌルオブジェクトの 位置調整を行う

ラインの表示される位置は、ヌルオブジェクトの位置によって決定されます。ラインが1本のラインで構成されているように、自然な感じに見えるように位置を調整します。

サンプルファイル ▶ CH-06-14.aep

▶ 「ヌル2」「ヌル3」の位置を変更する

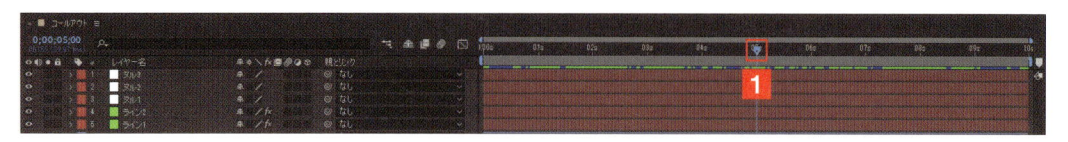

1 時間インジケーターを 配置する

全体のバランスを見るため、時間インジケーターで、プロジェクトのデュレーションの半分である5秒（05:00f）の位置に合わせます**1**。

2 「ヌル2」の位置を変更する

「ヌル2」レイヤーを選択して P キーを押し、「位置」を表示します。ここにある X 座標、Y 座標のパラメーターを調整するか、コンポジションパネルで「ヌル2」をドラッグして位置を変更します**1**。

3 「ヌル3」の位置を変更する

「ヌル3」も、「ヌル2」と同じ方法で位置を変更します**1**。

CHECK

「ヌル2」「ヌル2」を同じ水平位置に配置したい場合は、2つのレイヤーを選択してPキーを押して「位置」を表示します。パラメーターが2つあるので、右側の「X軸」の値を揃えれば、同じ水平位置に配置できます。

15 プリコンポーズを利用する

複数のオブジェクトを同時にコントロールしたい場合、「プリコンポーズ」が効果的です。ここでは、プリコンポーズを利用した設定を解説します。

サンプルファイル ▶ CH-06-15.aep

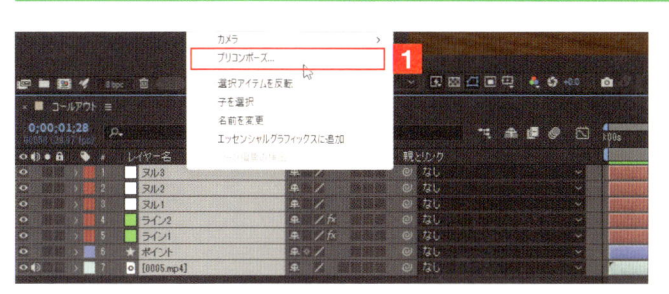

プリコンポーズしてテキストを入力する

1 「プリコンポーズ」を選択する

タイムラインパネルで、すべてのレイヤーを選択して右クリックし、表示されたコンテクストメニューから［プリコンポーズ］をクリックします**1**。

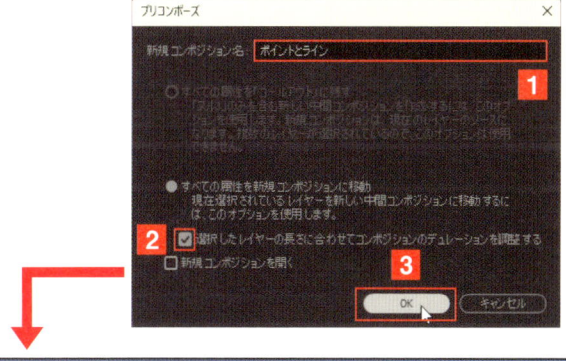

2 名前を入力する

「プリコンポーズ」ダイアログボックスが表示されるので、「新規コンポジション名」を入力して（ここでは「ポイントとライン」）**1**、「選択したレイヤーに〜」にチェックが入っていない場合は入れて**2**、［OK］をクリックします**3**。プリコンポーズされたレイヤーが、タイムラインパネルに表示されます**4**。

3 時間インジケーターを合わせる

コールタイトルのラインが確認できる位置に、時間インジケーターを合わせます。画面では、5秒の位置に合わせています**1**。

4 テキストを入力する

ツールパネルから［横書き文字ツール］を選択して、コンポジション画面上でクリックし、テキストを入力します。ここでは「SNOWMAN」と入力しました **1**。入力したテキストは、フォントサイズや文字色などを調整してください。

5 長方形ツールを選択する

タイムラインパネルでテキストレイヤーを選択し、ツールパネルから［長方形ツール］を選択します **1**。

6 マスクを設定する

テキストを囲むようにドラッグします **1**。このとき、下の枠線は「ライン2」と重なるように配置します。

POINT

Adobe フォントを利用する

システムにないフォントを利用する場合、Adobe フォントを導入しましょう。After Effects に限らず Adobe Creative Cloud のユーザーであれば、2万種以上のフォントを無料で利用できます。

フォントは、テキストパネルのフォント一覧表示する［∨］をクリックし **1**、表示された一覧メニューから選択して、右上にインストールボタンをクリックすれば **2**、パソコンに追加されます。

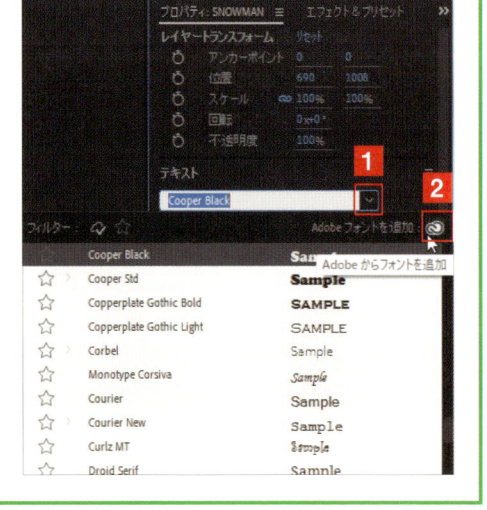

16

テキストに
アニメ効果を設定する

設定したマスクを利用し、テキストのアニメーションを設定します。テキストは、「ライン2」から
ニョキッと上に伸びてくるアニメーションです。

サンプルファイル ▶ CH-06-16.aep

▶ アニメーションを設定する

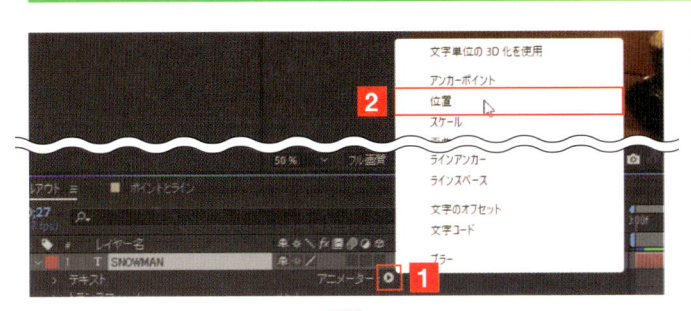

1 アニメーターを
適用する

テキストのレイヤーを展開して[マスク]
を選択し、「テキスト」の右にある「ア
ニメーター」の▶をクリックします**1**。
表示されたメニューから[位置]を選択
してください**2**。レイヤーには「アニメー
ター 1」が追加されます**3**。

2 「位置」を変更する

時間インジケーターを、「ライン 2」の
アニメーションが終了する 27 フレーム
目に合わせます**1**。テキストレイヤーの
「テキスト」→「アニメーター 1」にあ
る「位置」の 2 つあるパラメーターの
うち、右側にある X 軸の座標値を変更
します**2**。コンポジションパネルでテキ
ストがマスクの外に移動して消える位置
に合わせてください**3**。

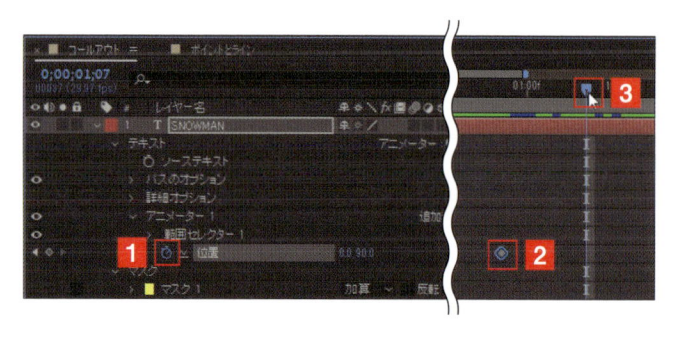

3 アニメーションを
オンにする

「位置」のストップウォッチをクリックして、アニメーションをオンにします**1**。タイムラインには、自動的にキーフレームが設定されます**2**。続けて、時間インジケーターを 10 フレーム進めて、1 秒 7 フレーム目に合わせます**3**。

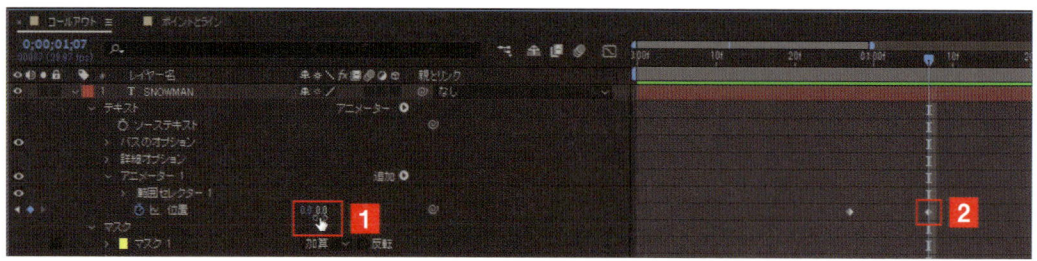

4 「位置」の
パラメーターを戻す

「位置」のパラメーター値を元の「0.0」に戻すと**1**、タイムラインにはキーフレームが設定され**2**、コンポジションパネルにはテキストが表示されます**3**。

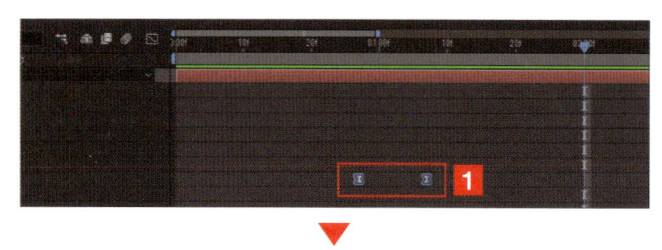

5 イージーイーズを
設定する

タイムラインに設定されたキーフレーム 2 個を選択して F9 キーを押して、イージーイーズを適用します**1**。続けて速度グラフを表示して**2**、緩急を調整します**3**。CHAPTER 04 の P.164 ～ 166 を参考にしてください。

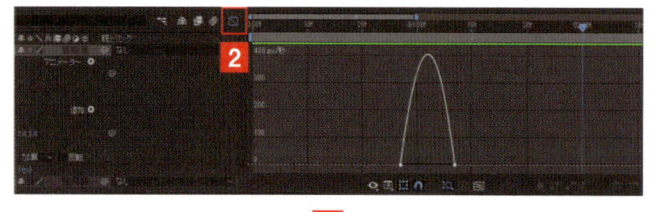

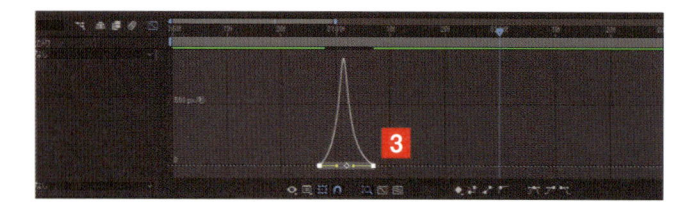

コンポジションの デュレーションを変更する

アニメーションを最初に作成するときに、コンポジションのデュレーションを設定していますが、デュレーションは後からでも変更が可能です。ここでは、変更手順を解説します。

サンプルファイル CH-06-17.aep

▶ デュレーションを変更する

1 コンポジションを表示する

プリコンポーズで作成されたコンポジションを表示します。プロジェクトパネルでダブルクリックするか、タイムラインでタブをクリックして表示します。デュレーションが16秒あります**1**。

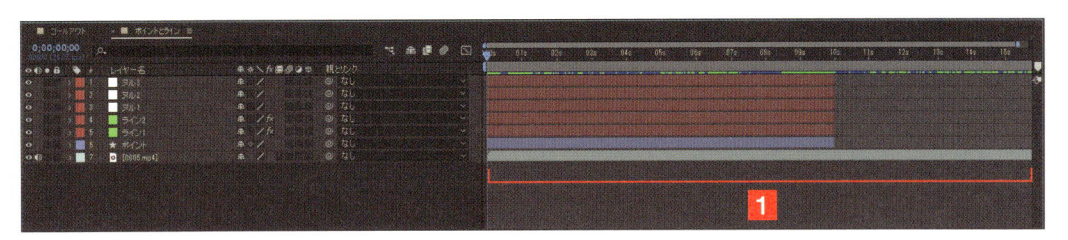

2 「デュレーション」を 変更する

[コンポジション] メニュー→ [コンポジション設定] を選択して、「コンポジション設定」ダイアログボックスを表示します**1**。「デュレーション」が16秒あるので、ここを10秒に変更して**2**、[OK] をクリックします**3**。

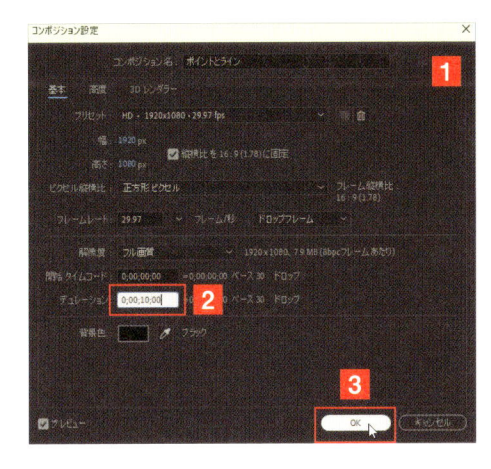

3 デュレーションが変わる

タイムラインパネルでは、コンポジションのデュレーションが10秒に変更されています**1**。

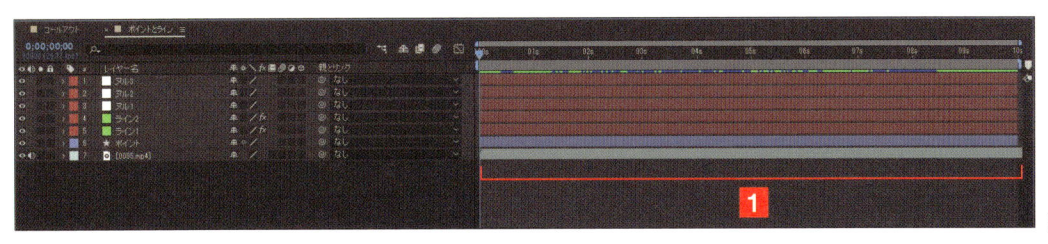

18 キーフレームの設定値を変更する①

表示されたラインが、徐々に消えていくアニメーションを設定します。なお、ラインが消える順番は、「ライン2」→「ライン1」の順に消えるように設定します。

サンプルファイル ▶ CH-06-18.aep

▶ キーフレームの設定値を変更してラインを消す

1 ラインのキーフレームを表示する

プリコンポジションした場合は、プリコンポジションを表示して、レイヤーの「ライン1」と「ライン2」を選択します**1**。U キーを押してキーフレームを表示します**2**。

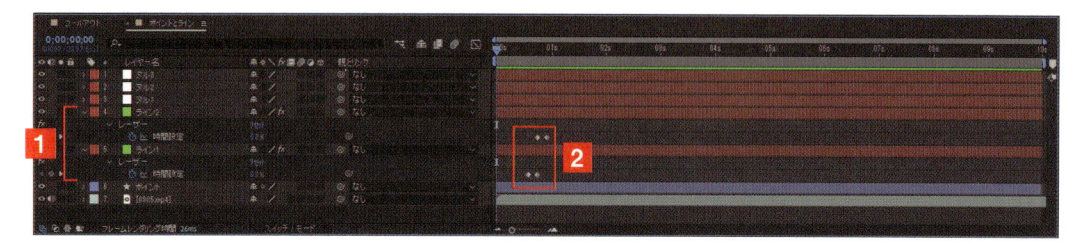

2 キーフレームをコピー＆ペーストする

「ライン2」の2つのキーフレームを選択し**1**、Ctrl（Mac は command）＋ C キーでコピーします。時間インジケーターを8秒の位置に移動し**2**、コピーしたキーフレームをペーストします**3**。

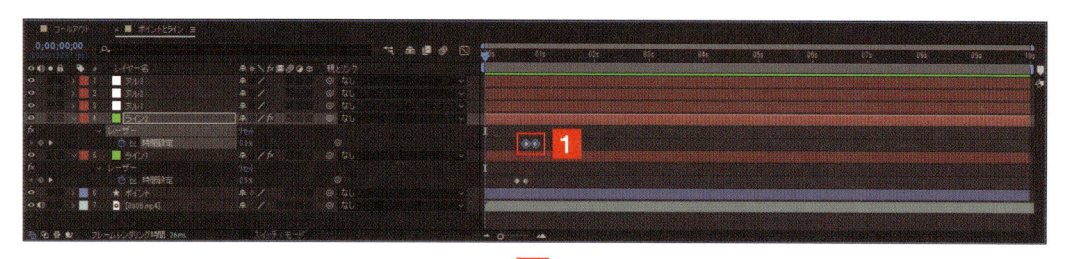

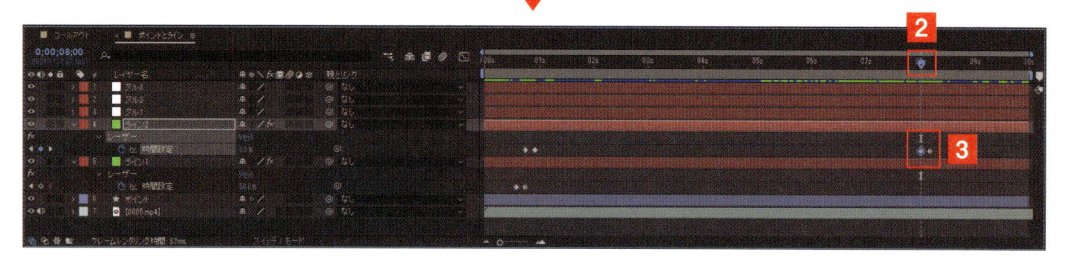

3 キーフレームの順番を入れ替える

ペーストしたキーフレームの左右を入れ替えます**1 2**。配置位置としては、5フレーム先の位置に移動させます。

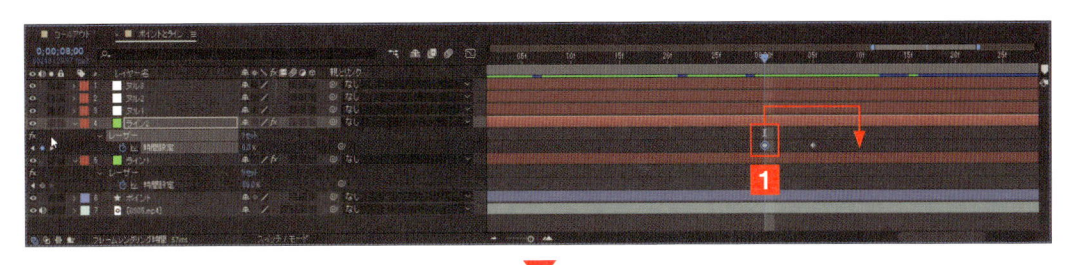

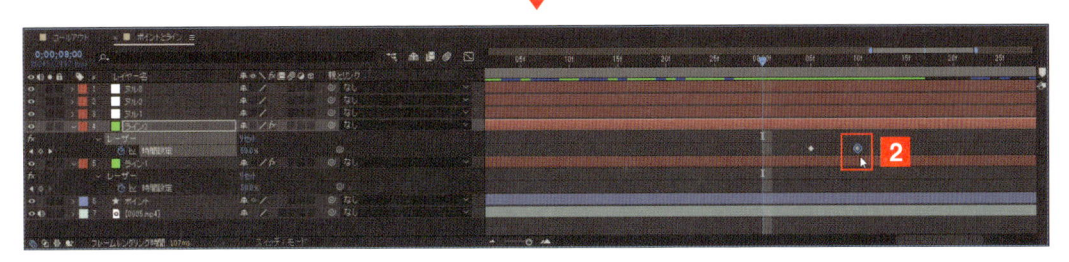

4 「ライン1」も同様に設定する

「ライン1」のキーフレームも同様にコピー＆ペーストして、順番を入れ替えます**1 2**。配置位置は「ライン2」の2つ目のキーフレーム位置に合わせます。これで、「ライン2」が消えてから「ライン1」が消えるようになります。

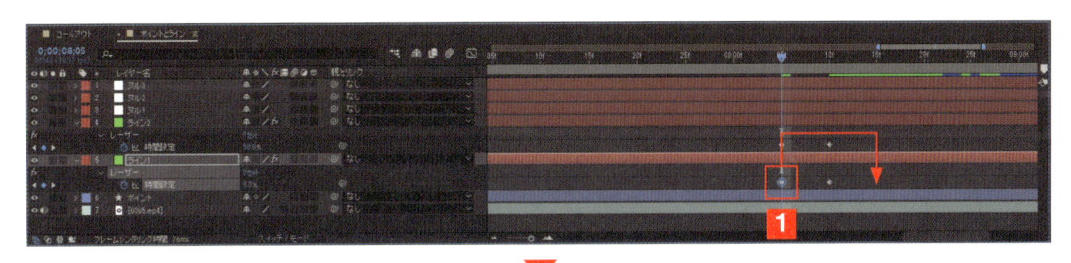

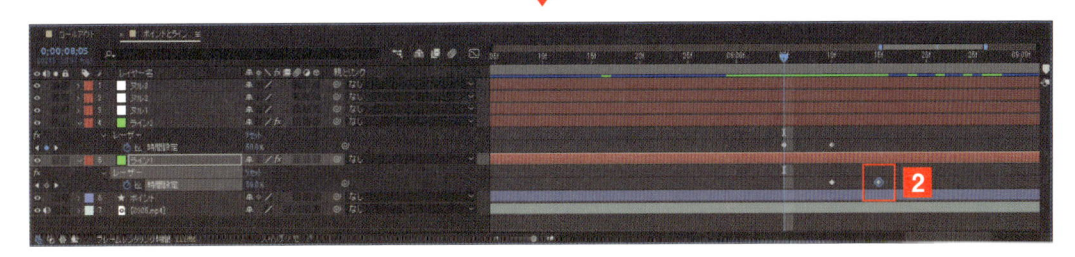

19 キーフレームの設定値を変更する②

ここでは、キーフレームの設定値を変更して、ポイントが消えるように調整します。設定は、ポイントを表示するときのキーフレームの順番を入れ替えることで実現します。

サンプルファイル ▶ CH-06-19.aep

▶ キーフレームの設定値を変更してポイントを消す

1 キーフレームをコピー＆ペーストする

「ポイント」の「スケール」に設定してある2つのキーフレームをコピーします**1**。コピーしたキーフレームを、ここでは8秒の位置にペーストします**2**。

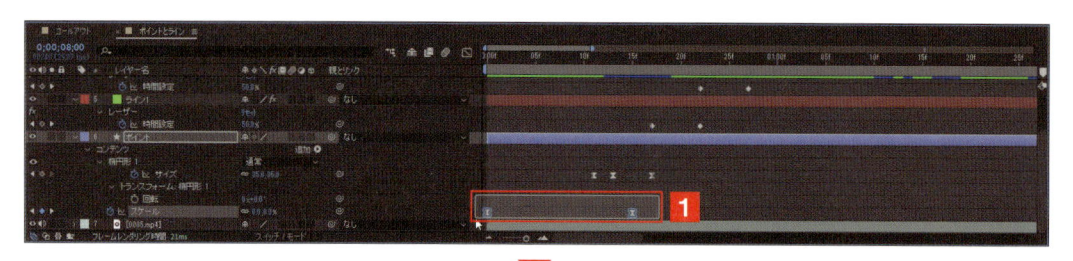

2 キーフレームの順番を入れ替える

ペーストしたキーフレームの順番を入れ替えます。ここは、位置的に2つ目のキーフレームより15フレーム先に配置しています**1**。

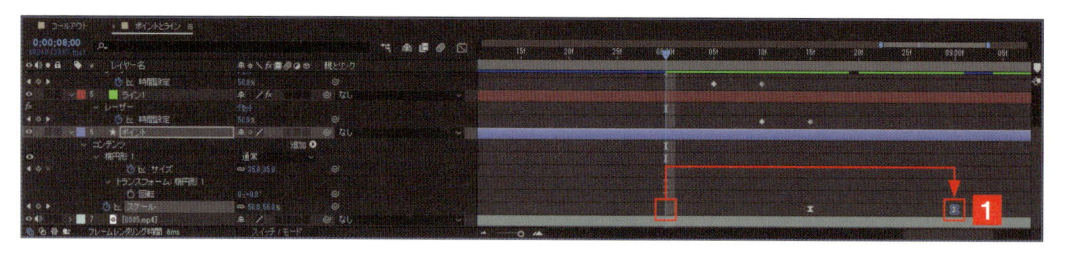

20 「時間反転」を利用する

テキストの消去にはマスクアニメーションを逆再生して消す方法を利用します。この場合、「時間反転」というコマンドを利用します。

サンプルファイル ▶ CH-06-20.aep

▶ 「時間反転」を利用して逆再生する

1 レイヤーを分割する

テキストレイヤーを選択して適当な位置に時間インジケーターを合わせ **1**、ショートカットキーの Ctrl （Macは command ） ＋ Shift ＋ D キーで分割します **2**。

CHECK

テキストレイヤーだけ選択して分割しないと、プリコンポーズのレイヤーも分割されてしまいます。

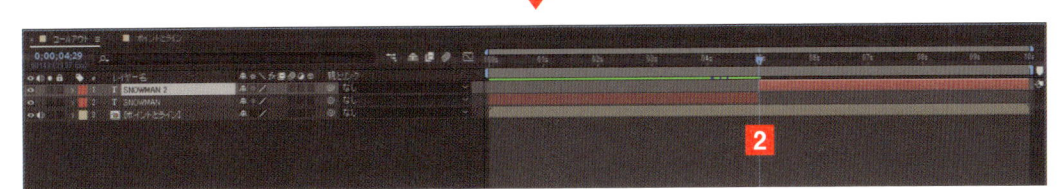

2 不要レイヤーを削除する

分割したレイヤーのうち右側は不要なので選択して **1**、 Delete キーで削除します **2**。

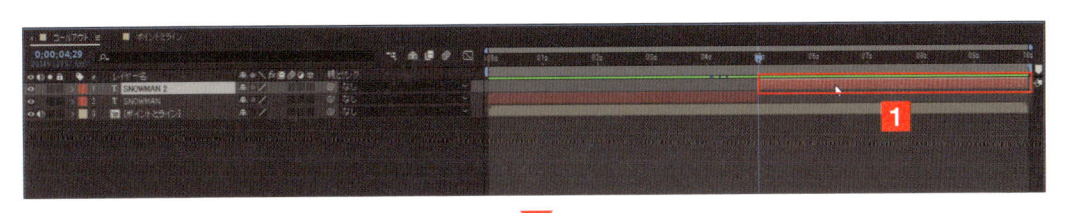

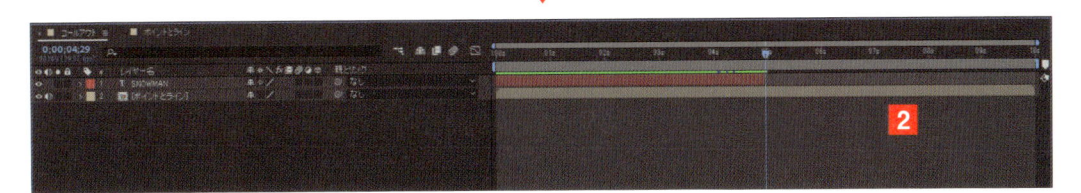

3 レイヤーを複製する

残ったレイヤーを選択し ■1、<kbd>Ctrl</kbd>（Mac は <kbd>command</kbd>）＋ <kbd>D</kbd> キーで複製を作成します ■2。

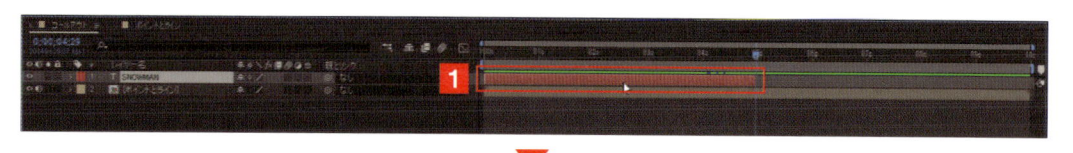

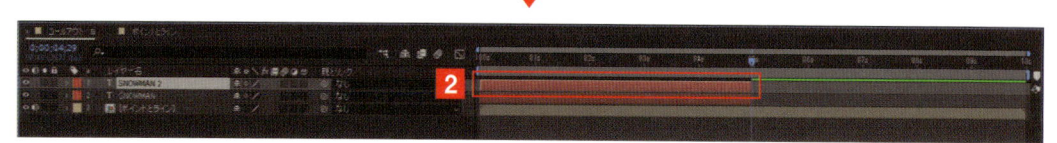

4 「時間反転」を適用する

複製したレイヤーを右クリックし ■1、表示されたコンテクストメニューから［時間］→［時間反転レイヤー］を選択します ■2。これでこのレイヤーに時間反転が適用されます。

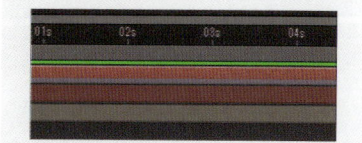

CHECK

「時間反転レイヤー」を適用されたレイヤーは、レイヤーの下側にグレーな部分が表示されます。

5 タイミングを調整する

複製したレイヤー位置を右にドラッグし ■1、テキストが消えてから「ライン 2」が消え始めるようにタイミングを合わせます。

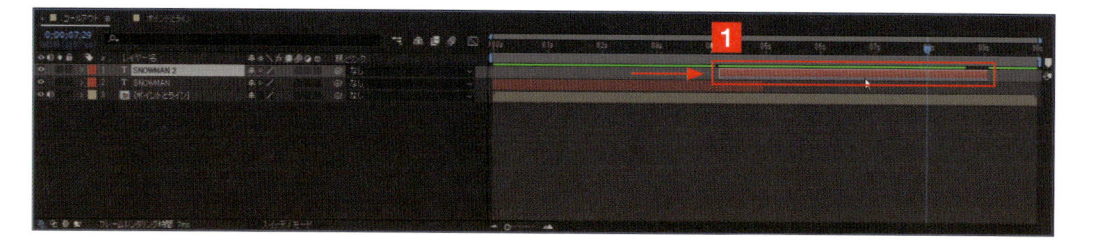

POINT

ラインに「時間反転」を適用しない理由
「ライン 1」「ライン 2」も、基本的には「時間反転」を適用できます。ただし、今回作成しているアニメーションでは、被写体の動きに応じて「ライン 1」が移動しています。このラインに「時間反転」を適用すると、動きが逆再生されてしまうため、とても不自然になってしまいます。そのため、ラインはキーフレームのコピー＆ペーストで、「ポイント」は「時間反転」で消えるように設定しています。

THE PERFECT GUIDE FOR AFTER EFFECTS

［ エフェクトの設定 ］

01 エフェクトを適用する

ここでは、オーソドックスな演出として、使われることが多い、映像をモノクロ化するエフェクトについて解説します。

サンプルファイル ▶ CH-07-01.aep、0003.mp4

▶ モノクロの映像にする

1 新規コンポジションを作成する

新規コンポジションとしてサンプルファイル「CH-07-01.aep」を読み込み、動画ファイル「0003.mp4」をプロジェクトパネルに読み込みます。読み込んだ動画データをタイムラインパネルにドラッグ＆ドロップして配置すると、コンポジションパネルに映像が表示されます**1**。

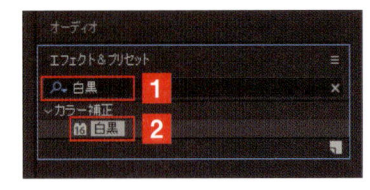

2 エフェクトを検索して適用する

エフェクト＆プリセットパネルの検索ボックスに「白黒」と入力して**1**、Enter キーを押し、エフェクトを検出します**2**。

3 エフェクトを適用する

検出したエフェクト「白黒」を、コンポジションパネルにドラッグ＆ドロップします**1**。エフェクト「白黒」が適用されました**2**。

02 エフェクトを削除する

レイヤーに適用したエフェクトを削除する場合は、エフェクトコントロールパネルで削除したいエフェクトを選択して Delete キーで削除します。

▶ モノクロのエフェクトを削除する

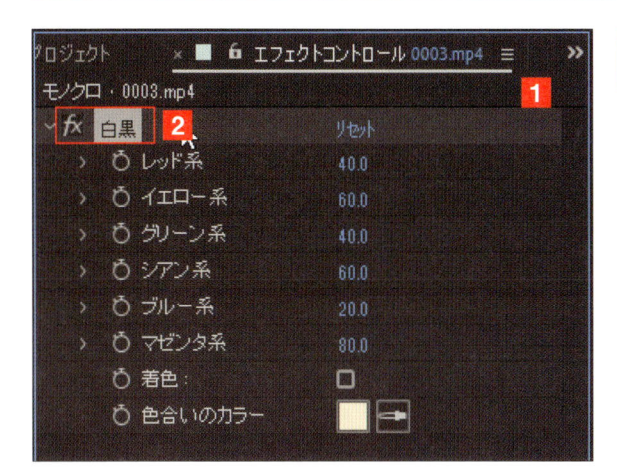

1 エフェクトを選択する

エフェクトコントロールパネルを表示し**1**、削除したいエフェクト（ここでは「白黒」）を選択します**2**。

2 Delete キーで削除する

Delete キーを押すと、適用したエフェクトが削除されます**1**。

POINT

オン／オフで効果を確認できる

エフェクトを設定した際、そのエフェクトを設定する前（Before）と後（After）を表示し、効果を確認します。効果は、エフェクトコントロールパネルにある設定したエフェクト名の［fx］というボタンをクリックして確認します。

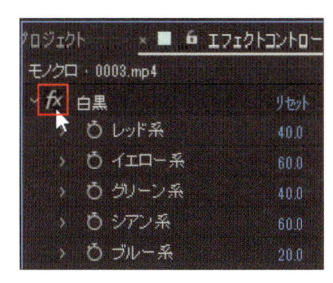

・オンの状態

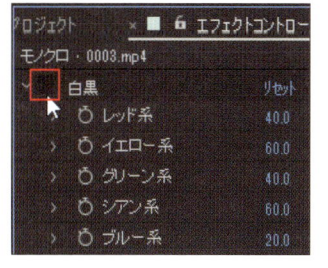

・オフの状態

03 エフェクトを追加する

利用したい効果を強調したい場合、さらに適用したエフェクトを強調するようなエフェクトを追加で適用します。ここではメリハリのあるモノクロに調整します。

▶ エフェクトを追加する

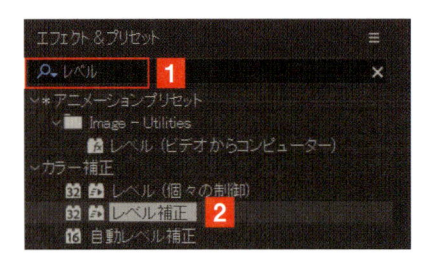

1 エフェクトを検索する

SECTION 01 の状態から進めます。エフェクト＆プリセットパネルの検索ボックスに「レベル」と入力して Enter キーを押し **1**、エフェクトを検出します **2**。

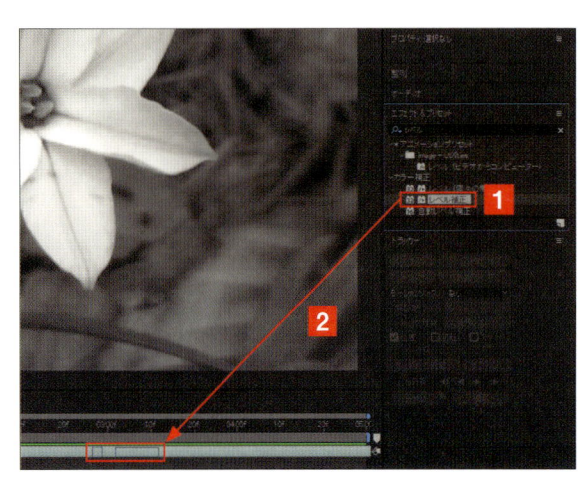

2 エフェクトを適用する

検出したエフェクト「レベル補正」を **1**、タイムラインパネルのレイヤーにドラッグ＆ドロップで適用します **2**。コンポジションパネルにドラッグ＆ドロップしても適用できます。

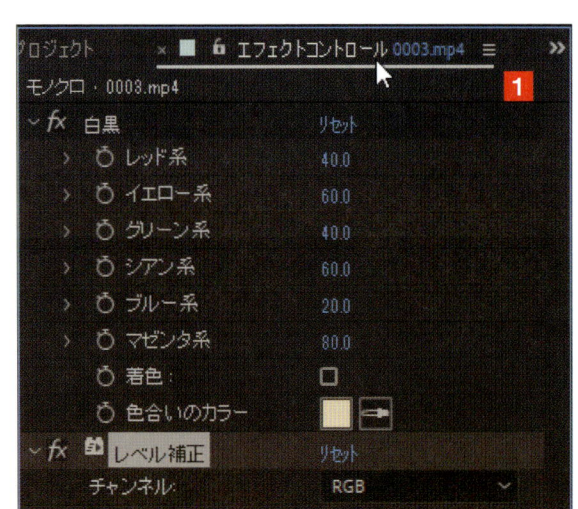

3 エフェクトコントロールパネルを確認する

エフェクトはドラッグ＆ドロップで適用しただけでは、「白黒」のように即座に適用されません。通用は、オプションを調整する必要があります。エフェクトコントロールパネルで行います **1**。なお、エフェクトコントロールパネルは、エフェクトを適用すると、アクティブになります。表示されていない場合は、[エフェクトコントロール] のタブをクリックしてください。

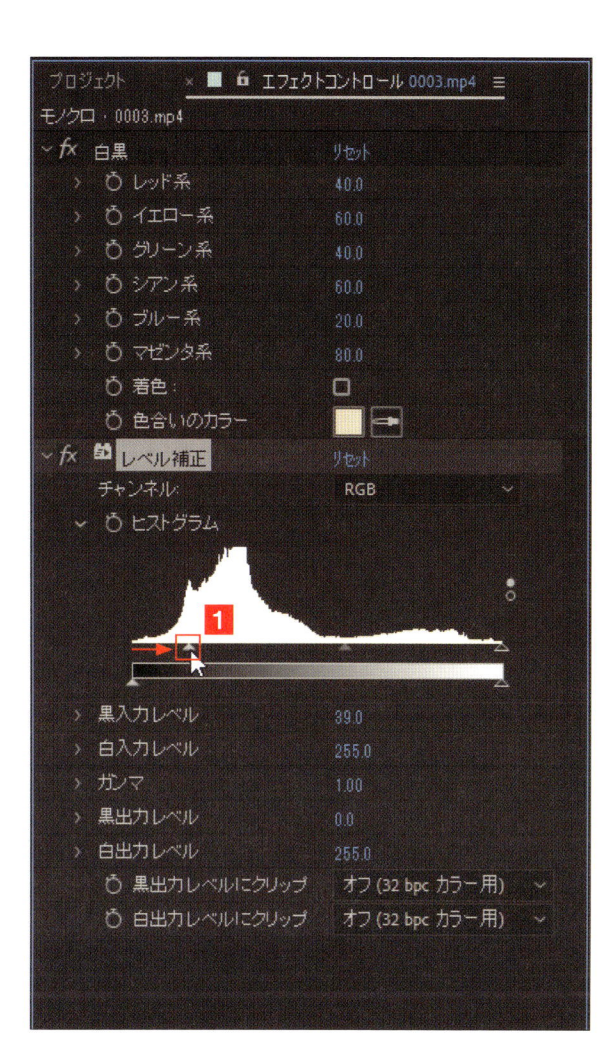

4 オプションを調整する

「レベル補正」のエフェクトにある「ヒストグラム」の▲レベルスライダーを調整します。「黒入力レベル」の▲を右にドラッグして**1**、コントラストを高めます。

CHECK

「ヒストグラム」の各項目は以下の通りです。
1 入力レベル
2 出力レベル
3 黒入力レベル
4 ガンマ
5 白入力レベル

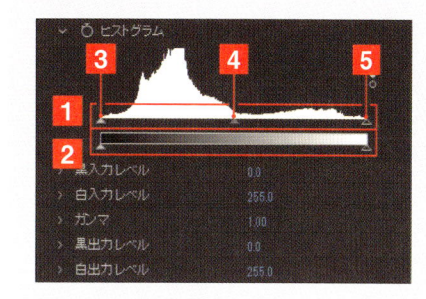

※ガンマ：輝度の分布状態を調整

5 コントラストが調整される

ヒストグラムのオプションをそれぞれ調整し、好みのコントラストに調整します**1 2**。

CHECK

ヒストグラムは、大きく分けて、以下の「入力レベル」と「出力レベル」という2つがあります。
・**入力レベル**：元データのピクセルが持っている階調を調整する
・**出力レベル**：表示されている状態の階調を調整する
今回の例でいえば、入力レベルの「黒」のピクセルを調整したということです。

04 複数のエフェクトを適用する

エフェクトの活用では、1つのレイヤーに複数のエフェクトを設定することで、効果を演出します。したがって、どのエフェクトをどの順番でどう適用するかがポイントです。

▶ 複数の効果の異なるエフェクトを適用する

1 「CC Toner」を見つける

エフェクト&プリセットパネルから、「CC Toner」というエフェクトを見つけます。なお、「CC Toner」は、「Color Correction」→「CC Toner」にあります **1**。

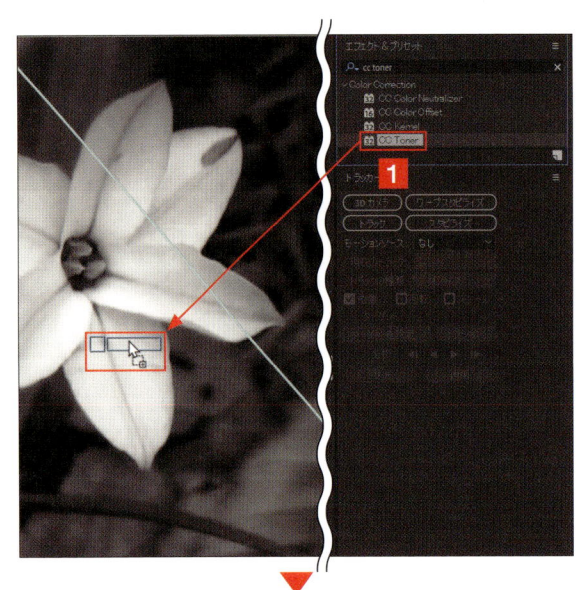

2 レイヤーに適用する

「CC Toner」をモノクロ化してあるレイヤーまたはコンポジションパネルにドラッグ&ドロップで適用します **1**。モノクロ状態の映像に効果が適用されます **2**。

CHECK

「CC Toner」は、イメージを5段階に分け、それぞれに自由に色を設定できるエフェクトです。ここでは、その中から2色の色を設定するというオプションを利用しました。

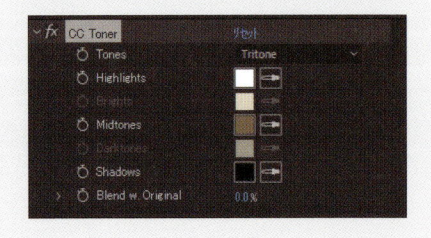

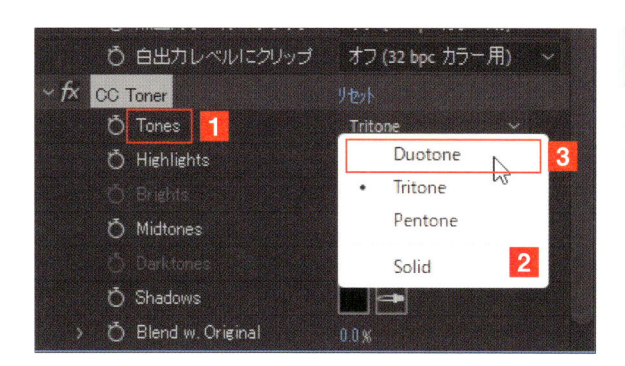

3 効果を調整する

エフェクトコントロールパネルで、「CC Toner」
のオプション「Tones」①のメニューを表示し②、
[Duotone] を選択します③。

4 オプションを調整する

アクティブになっている「Highlights」①、
「Midtones」②、「Shadows」③それぞれのカ
ラーボックス④をクリックして、カラーピッカー
を表示し⑤、色と明るさを選択します。まずは、
「Highlights」と「Midtones」の確認して、[OK]
をクリックします⑥。

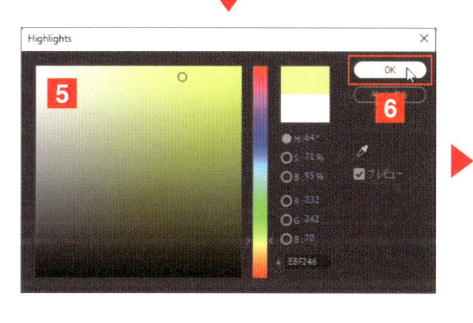

5 オプションの「Shadows」を調整する

残りの「Shadows」も、カラーボックスから色
を選択し①、カラーピッカーで適用します②。

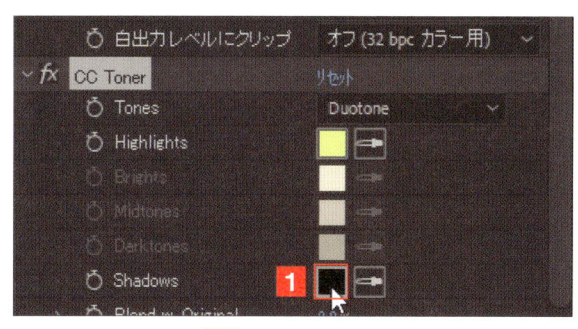

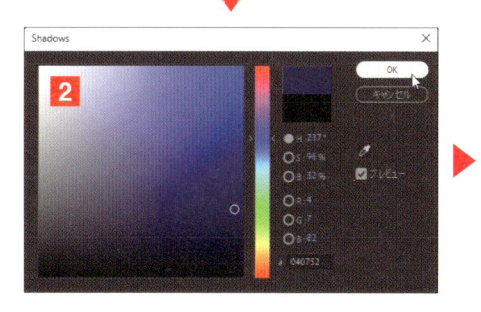

05 映像をノイジーに仕上げる

複数のエフェクトを多用して効果を演出する例として、映像をレトロなビデオテープ風の映像に演出してみましょう。現在のデジタル映像よりボケてノイズの多い感じに仕上げます。

サンプルファイル ▶ CH-07-05.aep、0003.mp4

▶ 映像をノイジーに仕上げる

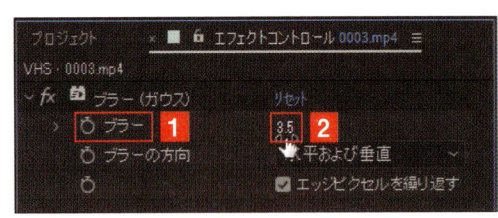

1 ガウスを設定する

新規コンポジションとしてサンプルの「CH-07-05.aep」を読み込み、動画データ「0003.mp4」をプロジェクトパネルに読み込みます。読み込んだ動画データをタイムラインパネルに配置します。エフェクト＆プリセットパネルの「ブラー＆シャープ」にある「ブラー（ガウス）」を適用します。エフェクトコントロールパネルの「ブラー」でボケ具合を調整します**1**。パラメーターを「3」から「4」程度に設定します。画面ではあまりボケないように、「3.5」に設定しています**2**。

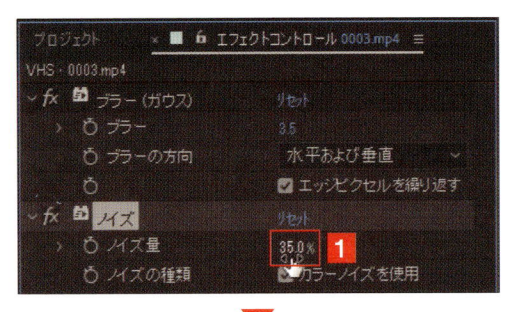

2 ノイズを設定する

エフェクト＆プリセットパネルの「ノイズ＆グレイン」にある「ノイズ」を適用します。エフェクトコントロールパネルで、オプションの「ノイズ量」を「35％」程度に設定します**1**。

CHECK

ノイズをあまり目立たせたくない場合は、「ノイズ」を設定した後に「ガウス」を設定してください。

06 エラーを表現する

ビデオテープは、よれてくると映像の「折れ」のようなエラーが発生します。それを再現し、画面の下から上にアニメーションさせます。

サンプルファイル CH-07-06.aep

▶ エラーをアニメーションする

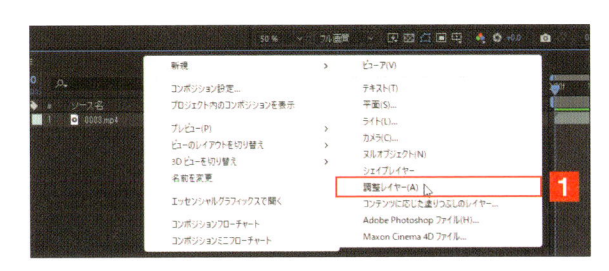

1 調整レイヤーを設定する

「CH-07-06.aep」を開きます。エラーのエフェクトは、調整レイヤーを配置して設定します。タイムラインパネルで右クリックし、[新規] → [調整レイヤー] **1**を選択すると、タイムラインパネルに調整レイヤーが配置されます**2**。

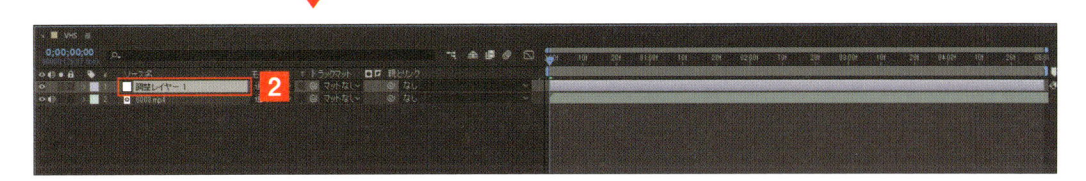

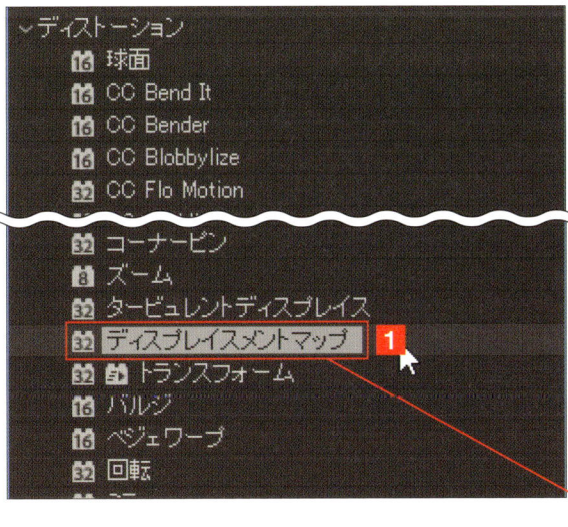

2 「ディスプレイスメントマップ」を設定する

配置した調整レイヤーに、エフェクト＆プリセットの「ディストーション」にある [ディスプレイスメントマップ] を適用します**1 2**。

CHECK

エフェクトの「ディスプレイスメントマップ」は、ディスプレイスメット（置き換え）マップといって、ピクセルを水平、あるいは垂直に移動させることで、イメージを歪める効果を表現します。

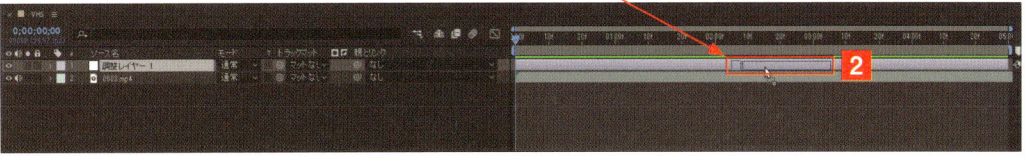

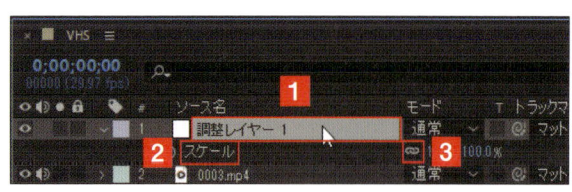

3 「スケール」を調整する

調整レイヤーを選択し**1**、S キーを押してレイヤーオプションの「スケール」を表示します**2**。表示されたら、[リンク] をクリックしてリンクを解除し**3**、「Y 軸」のパラメーターを「3％」程度に設定します**4**。

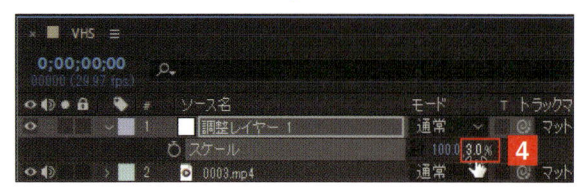

4 「位置」を表示させる

調整レイヤーを選択した状態で、P キーを押します。これで、「スケール」表示が「位置」の表示に切り替わります**1**。

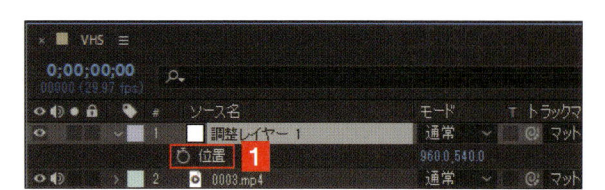

5 マップの位置を一番下に変更する

「位置」の「Y 軸」の値を変更し**1**、ディスプレイスメントマップを画面の一番下に移動します**2**。

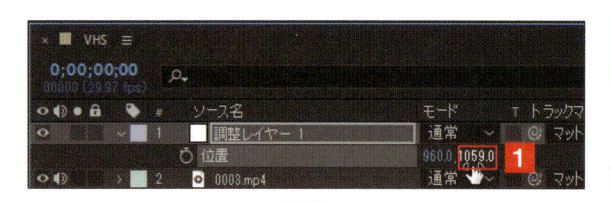

6 時間インジケーターを左端に合わせる

時間インジケーターを、タイムラインの左端 0 秒に合わせます**1**。

7 アニメーションをオンにする

「位置」のストップウォッチをクリックしてアニメーションをオンにします**1**。同時にタイムラインにはキーフレームが設定されます**2**。

CHAPTER 07 エフェクトの設定

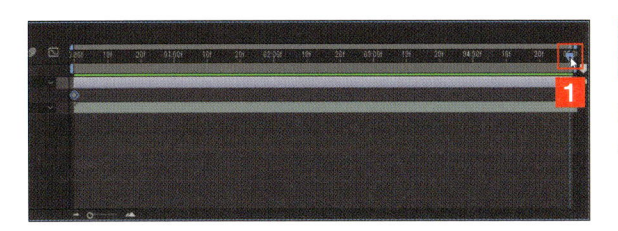

8 時間インジケーターを 5秒に合わせる

時間インジケーターを、タイムラインの最後の5秒に移動します**1**。

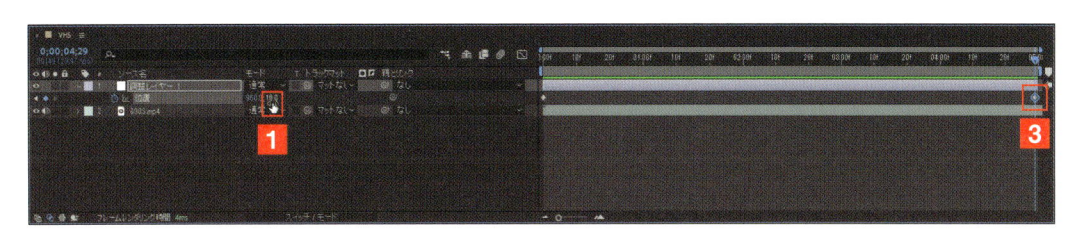

9 マップを一番上に移動する

「位置」の「Y軸」のパラメーターを変更し**1**、ディスプレイスメントマップを一番上に移動します**2**。このとき、タイムラインにはキーフレームが自動設定されます**3**。「コンポジション」パネルには、移動のパスが表示されています**4**。

10 「ディスプレイスメントマップ」を調整する

エフェクトコントロールパネルの「ディスプレイスメントマップ」の「最大水平置き換え」**1**や「最大垂直置き換え」**2**のパラメーターを調整して、エラーを目立つように修正します。

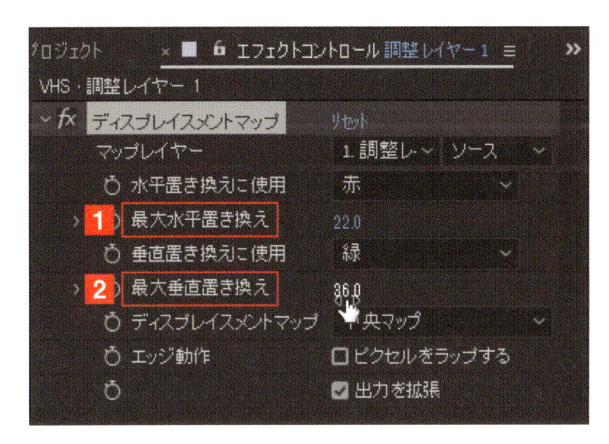

CHECK

ここではエラーがわかりやすいように「3」の操作でディスプレイスメントマップを3%に設定しています。実際には「1%」位のほうがリアリティがあります。

11 レイヤー名を変更する

「調整レイヤー」はわかりやすい名前に変更します。ここでは、「エラー」としました**1**。

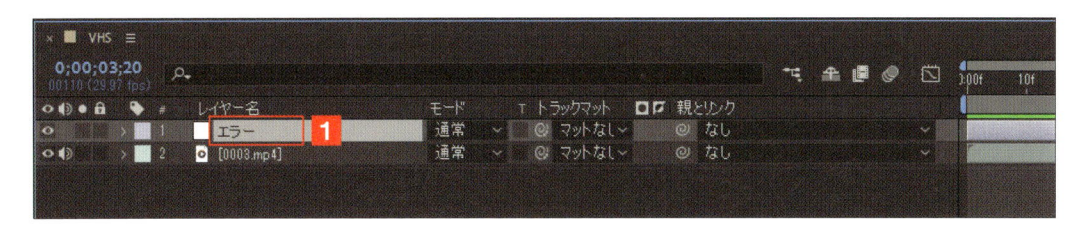

07 「チャンネル設定」エフェクトを適用する

映像をRGBのチャンネルごとに調整できるようにするエフェクト「チャンネル設定」で、ブラウン管特有のRGBの色ズレを表現します。

サンプルファイル ▶ CH-07-07.aep

▶ ブラウン管特有のRGBの色ズレを表現する

1 レイヤーをプリコンポーズする

サンプルファイル「CH-07-07.aep」を開きます。レイヤーをすべて選択して右クリックして［プリコンポーズ］を選択します **1**。表示された「プリコンポーズ」ダイアログボックスで、名前を「RGB ズレ」**2**として、「選択したレイヤー〜」にチェックが入っているのを確認して **3**、［OK］をクリックします **4**。これで、プリコンポーズができました **5**。

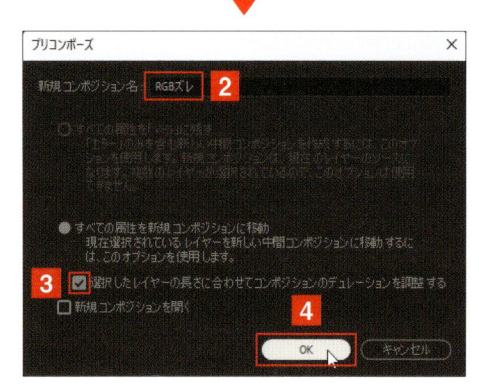

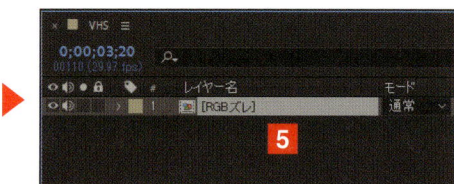

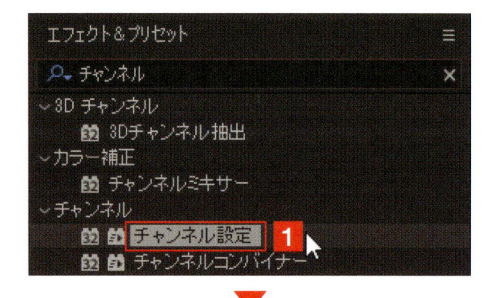

2 「チャンネル設定」を適用する

プリコンポーズしたレイヤーに対して、エフェクトの「チャンネル設定」を適用します。エフェクトコントロールパネルから、「チャンネル設定」エフェクトを見つけ **1**、レイヤーに適用します（ここではコンポジションパネルに設定しました）。「チャンネル設定」は、「チャンネル」カテゴリーにあります。

CHECK

「チャンネル設定」は映像を RGB のチャンネルごとに調整できるようにするエフェクトです。

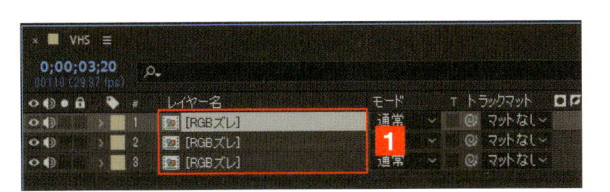

3 複製を作成する

設定したプリコンポーズレイヤーを、ショートカットキーで2つ複製し、合計で3つのレイヤーにします**1**。

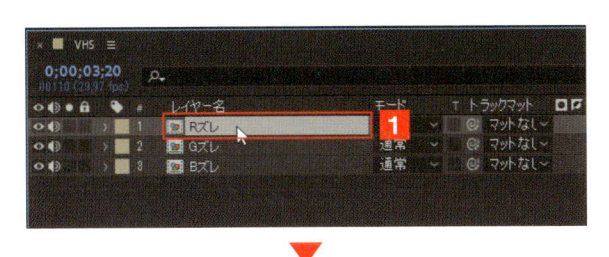

4 レイヤー名を変更する

レイヤー名をわかりやすいように、上から「Rズレ」「Gズレ」「Bズレ」と変更します**1**。

5 「赤」のみ残す

「Rズレ」レイヤーを選択して**1**、「エフェクトコントロール」パネルを表示します**2**。「緑」と「青」の表示を「フルオフ」**3**に変更します。「赤」はそのままです**4**。

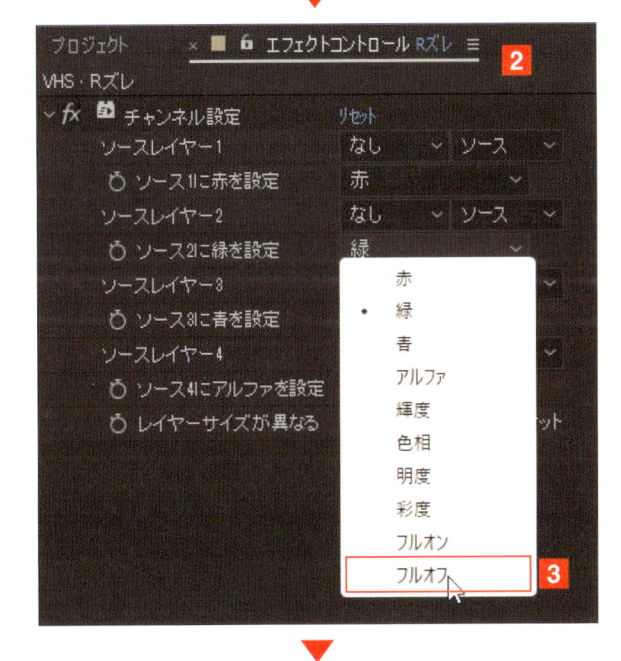

6 「緑」、「青」のチャンネルも操作する

「Gズレ」と「Bズレ」のレイヤーも、同じように調整します。「Gズレ」は「緑」以外をフルオフ**1**、「Bズレ」は「青」以外をフルオフに設定します**2**。

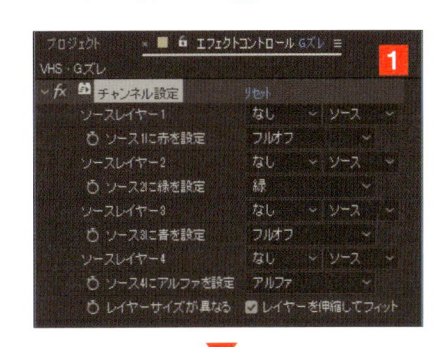

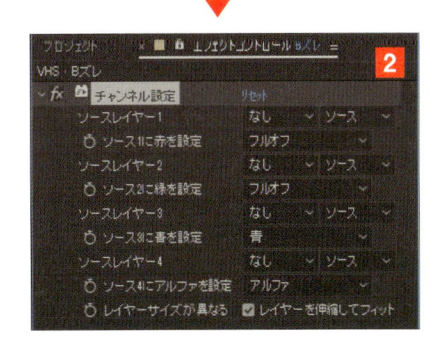

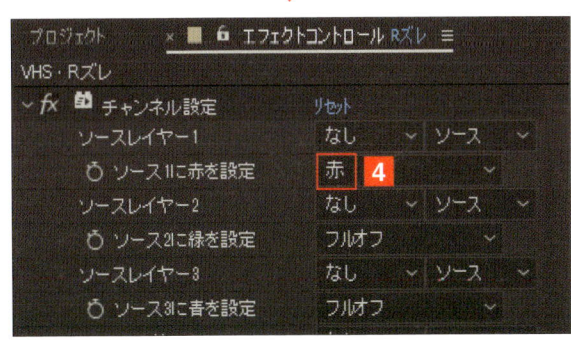

7 表示モードを変更する

現状では、「R ズレ」の赤チャンネルだけが表示されている状態です**1**。そこで、「R ズレ」と「G ズレ」のレイヤーモードを「スクリーン」**2**に変更します。これで、「R ズレ」と「G ズレ」のチャンネルが「B ズレ」と合成され、元の状態で表示されます**3**。

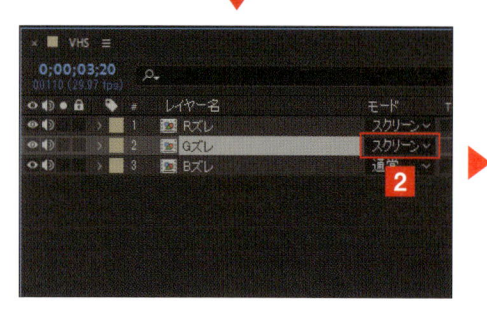

8 「R」チャンネルをずらす

「R ズレ」のレイヤーを選択して P キーを押し、オプションの「位置」を表示します**1**。左（X 軸）のパラメーターを変更し**2**、赤のチャンネルを少しだけずらします**3**。

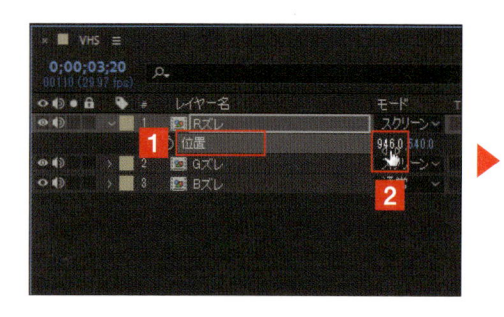

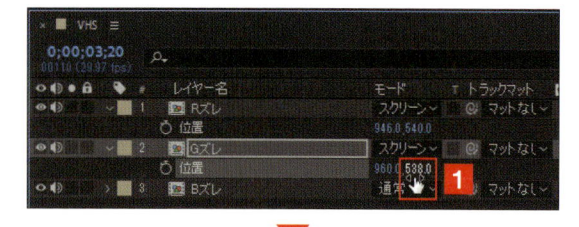

9 「G」チャンネルをずらす

「R ズレ」と同じ方法で、「G ズレ」の「緑」チャンネルの、今度は右の「Y 軸」の方向を少しだけずらします**1**。

CHECK

ここでは効果がわかりやすいように大きくずらしていますが、実際にはほんの少しだけずらしたほうが、リアリティが出ます。

08 アスペクト比を変更する

現在主流のアスペクト比は16:9ですが、以前は4:3が標準でした。そこで、ここではVHS風に設定したコンポジションのアスペクト比を、4:3に変更します。

サンプルファイル CH-07-08.aep

▶ アスペクト比を4:3に変更する

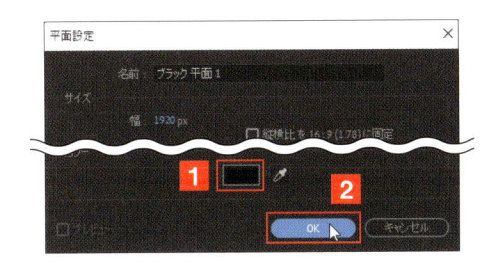

1 平面レイヤーを設定する

「CH-07-08.aep」を開きます。タイムラインパネルで右クリックし、[新規] → [平面] を選択して表示された「平面設定」ダイアログボックスで、色を [黒] に設定して**1**、[OK] をクリックします**2**。

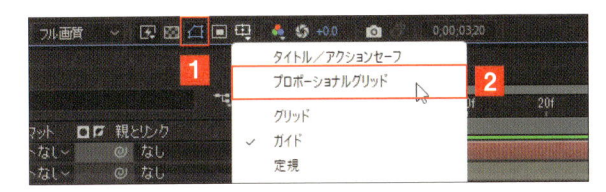

2 「プロポーショナルグリッド」を表示する

コンポジションパネル下のオプションボタンをクリックして**1**、メニューを表示し、[プロポーショナルグリッド] を選択します**2**。

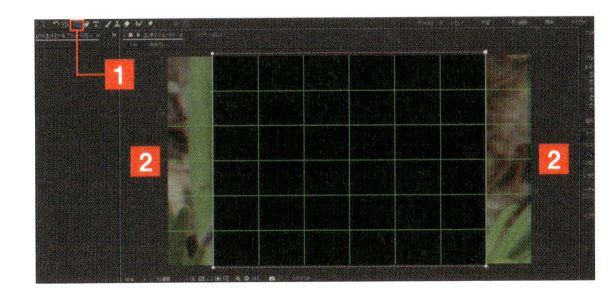

3 マスクを設定する

[長方形ツール] を選択し**1**、グリッドの両サイド1マスの列を残して**2**、マスクを設定します。

4 マスクを反転する

マスクを反転させて**1**、[プロポーショナルグリッド] をもう一度選択して非表示にして完成です**2**。

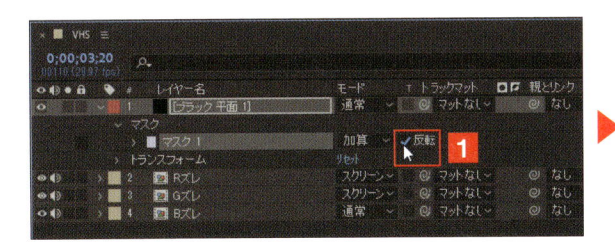

「CC Pixel Polly」について

「CC Pixel Polly」という、オブジェクトを粉砕して飛び散らすという効果を演出するエフェクトがあります。これを利用したアニメーションを作成してみましょう。

● 「CC Pixel Polly」を利用したアニメーション

After Effects でパーティクル系のアニメーションとしては、この後の P.271 ページで解説する「CC Particle World」などが知られていますが、ここでは、「CC Pixel Polly」を利用して、光の粒が集まって文字を構成し、再び光の粒となって飛び散るというアニメーションです。

CC Pixel Pollyのアニメーション

光の粒で構成された文字が、光の粒となって飛び散っていくアニメーション例です 1 2 3 4 。

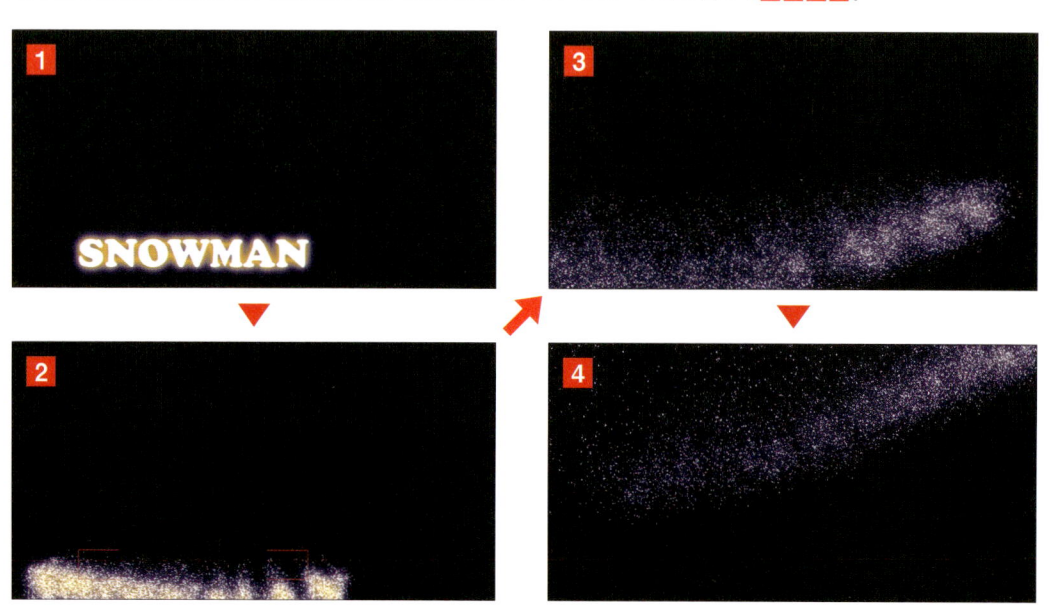

POINT

「CC Pixel Polly」について
「CC Pixel Polly」は、本来はオブジェクトを粉砕して飛び散らすという効果を演出するエフェクトです。

10 テキストが光粒となって飛び散るアニメーション

最初に、テキストが光の粒となって飛び散るアニメーションを作成します。なお、テキストのフォントは好きなものに変えてもOKです。

サンプルファイル CH-07-10.aep

▶ 「CC Pixel Polly」を利用する

1 「CC Pixcel Polly」を適用する

サンプルファイル「CH-07-10.aep」を開き、テキスト（ここでは「SNOWMAN」）を入力します**1**。今回は、サンプルの映像と合成したいので、そのスペースを考慮して入力し、アンカーポイントをテキストの中央に配置します**2**。「エフェクト＆プリセット」→「Simulation」→「CC Pixel Polly」エフェクトを、ドラッグ＆ドロップで適用します**3**。

2 エフェクトを確認する

時間インジケーターをドラッグし、エフェクトを確認します**1**。テキストが破壊され、下に落ちます**2**。

3 パラメーターを調整する

「CC Pixel Polly」のパラメーターを調整し、テキストが小さな光の粒となって右側上空へ飛び散るように調整します。最初に、時間インジケーターが0秒の位置にあるのを確認し、「Gravity」（重力）を「-0.7」に変更します**1**。これで、上に飛び散るように変更できます。

4 アニメーションをオンにする

「Force Center」（飛び散る際の中心となる位置）
のストップウォッチをオンにします **1**。タイム
ラインには、キーフレームが設定されます **2**。

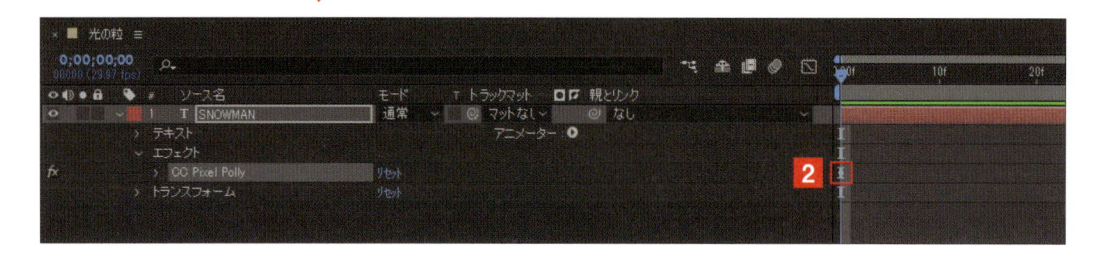

5 時間インジケーターを 2秒に合わせる

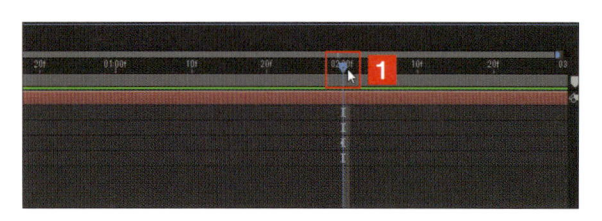

時間インジケーターを2秒（02.00f）の位置に
合わせます **1**。

6 パラメーターを変更する

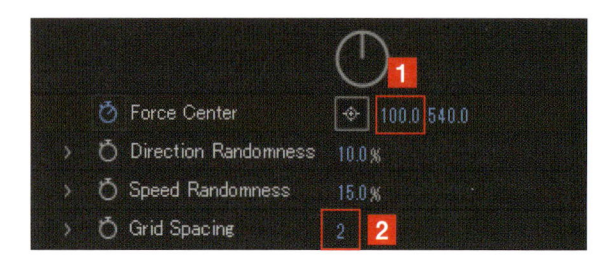

「Force Center」のパラメーターのうち、左側
のX座標を「100」に変更します **1**。これで、
破片が右上に飛んでいくようになります。また、
「Grid Spacing」（破片の大きさ）を「2」に変
更します **2**。

7 破片の形を変更する

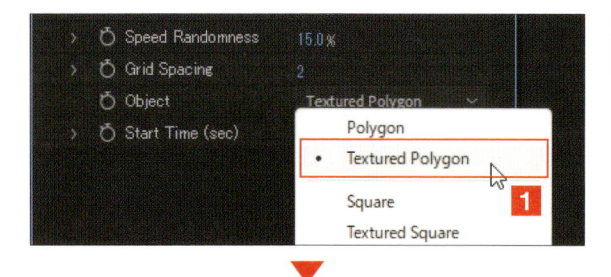

「Object」は、メニューから「Textured Polygon」
を選択します **1**。これで、光の粒のような破片
に変更できます **2**。

11 「グロー」エフェクトを設定する

「グロー」は、オブジェクトのピクセルをさらに明るくし、オブジェクトから光を拡散しているような効果を演出するエフェクトです。

サンプルファイル ▶ CH-07-11.aep

▶ 粒に「グロー」を設定する

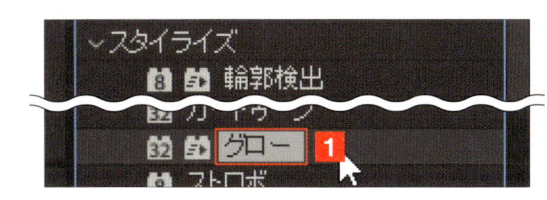

1 「グロー」を適用する

「CH-07-11.aep」を開きます。「エフェクト&プリセット」で「グロー」エフェクトを見つけて、テキストレイヤーに適用します。「グロー」は「スタイライズ」カテゴリーにあります **1**。

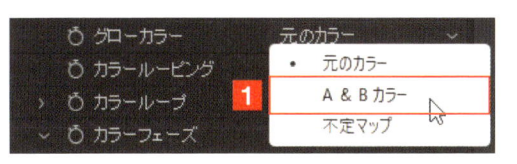

2 「グロー」のカラーを選択する

オプション「グローカラー」の選択メニューから［A&Bカラー］を選択します **1**。

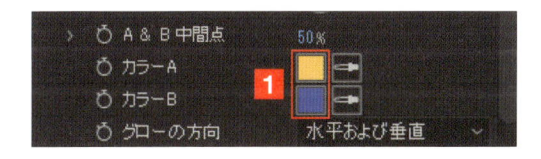

3 色を設定する

「カラー A」、「カラー B」のそれぞれのカラーボックスをクリックし、それぞれの色を好みで設定します **1**。

4 オプションを変更する

オプション「グローの半径」を「50」**1**、「グロー強度」を「4」**2**に設定します。テキストが光の粒となって飛び散るアニメーションが完成です **3** **4** **5**。

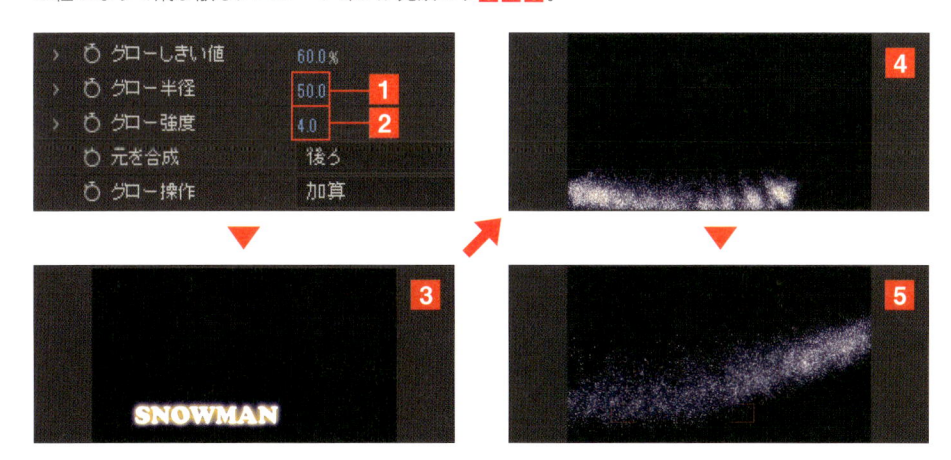

12 「光の粒」コンポジションを適用する

作成した飛び散るアニメーションを映像と合成し、光が集まってテキストになるアニメーションに修正します。

サンプルファイル CH-07-12.aep、0005.mp4、CH-07-Finish-01.aep

▶ 映像と合成して光粒をテキストにする

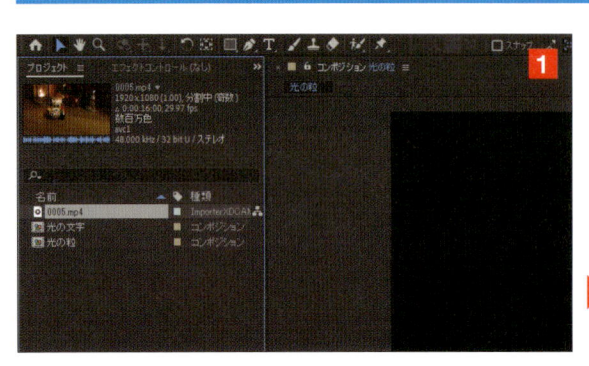

1 動画を配置する

「CH-07-12.aep」を開いて、タイムラインパネルの「光の文字」コンポジションに動画ファイル「0005.mp4」を読み込んで1、配置します2。

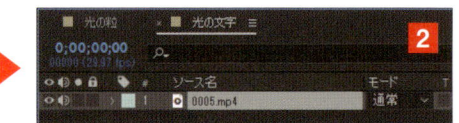

2 コンポジションを配置する

SECTION 10 〜 11 で作成した「光の粒」コンポジションを動画レイヤーの上に配置します1。

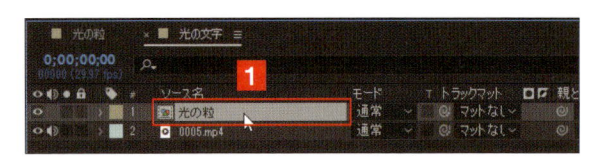

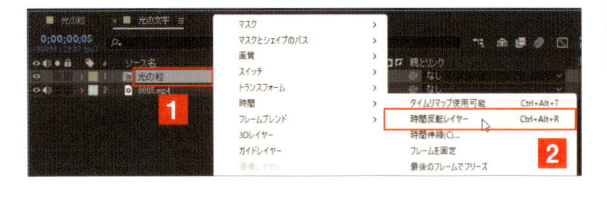

3 時間を反転させる

追加した「光の粒」レイヤーを右クリックし1、表示されたコンテクストメニューから［時間］→［時間反転レイヤー］2を選択します。

4 アニメーションを確認します

完成したアニメーションを確認します12。ここまでの完成ファイル「CH-07-Finish-01.aep」があります。

13 テキストレイヤーを複製する

光の粒が集まって文字ができた瞬間に文字が消えてしまうので、テキストレイヤーを追加します。また、テキストが表示された後、そのテキストが飛び散るようにコンポジションを複製します。

サンプルファイル CH-07-13.aep

▶「光の粒」コンポジションを追加配置する

1 テキストレイヤーをコピーする

「光の粒」コンポジションを開き**1**、テキストレイヤーを Ctrl（Mac は command ）＋ C キーなどでコピーします**2**。

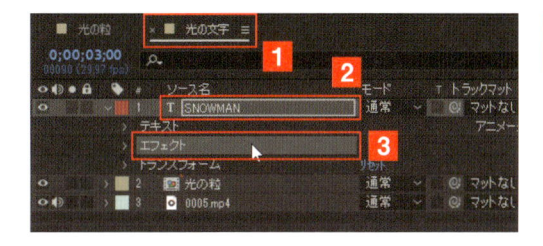

2 テキストレイヤーをペーストし、エフェクトを削除する

「光の文字」コンポジションに切り替え**1**、コピーしたテキストをペーストします**2**。ペーストレイヤーを展開して［エフェクト］を選択し**3**、 Delete キーで削除します**4**。

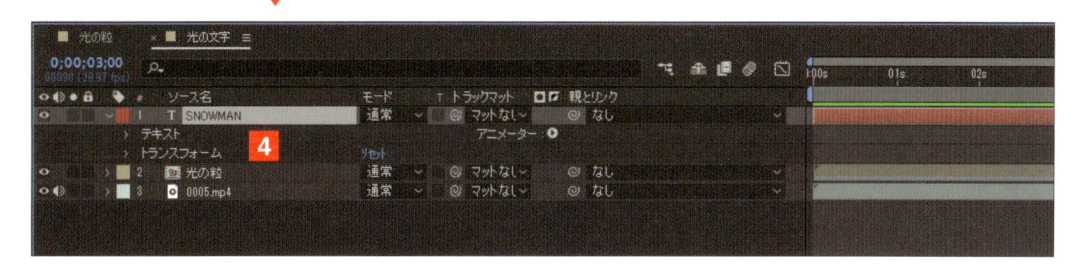

3 テキストのデュレーションを調整する

ペーストしたテキストレイヤーの開始位置を「光の粒」の直後に移動します**1**。テキストのデュレーションを 3 秒から**2**、2 秒に短くします**3**。

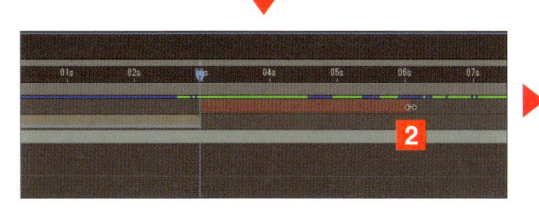

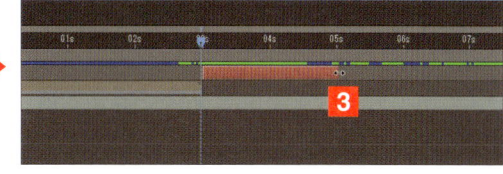

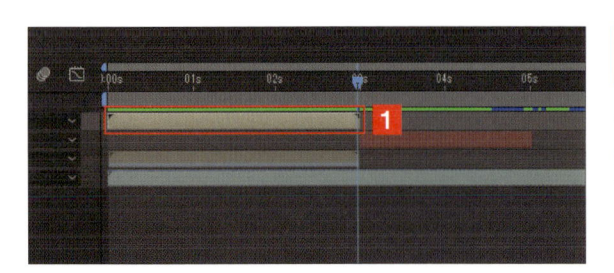

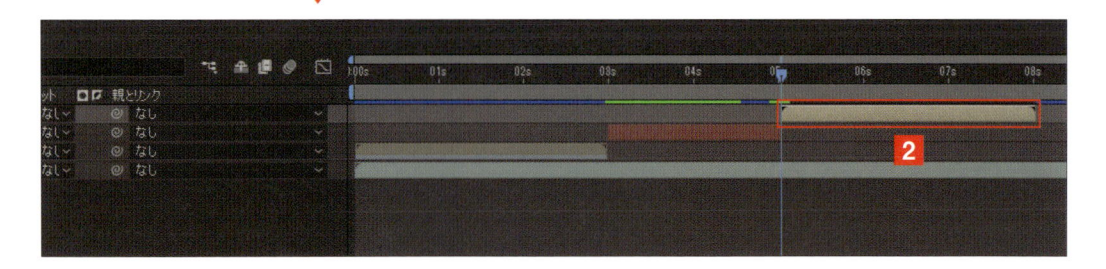

4 「光の粒」コンポジションを追加配置する

もう一度「光の粒」コンポジションをレイヤーに追加配置し**1**、開始位置をテキストの最後に合わせます**2**。

5 アニメーションの完成

SECTION10 ～ 13 と作業してくると、画面のような光の粒を利用したアニメーションが完成します**1****2****3****4****5****6**。完成したファイル「CH-07-Finish-02.aep」があります。

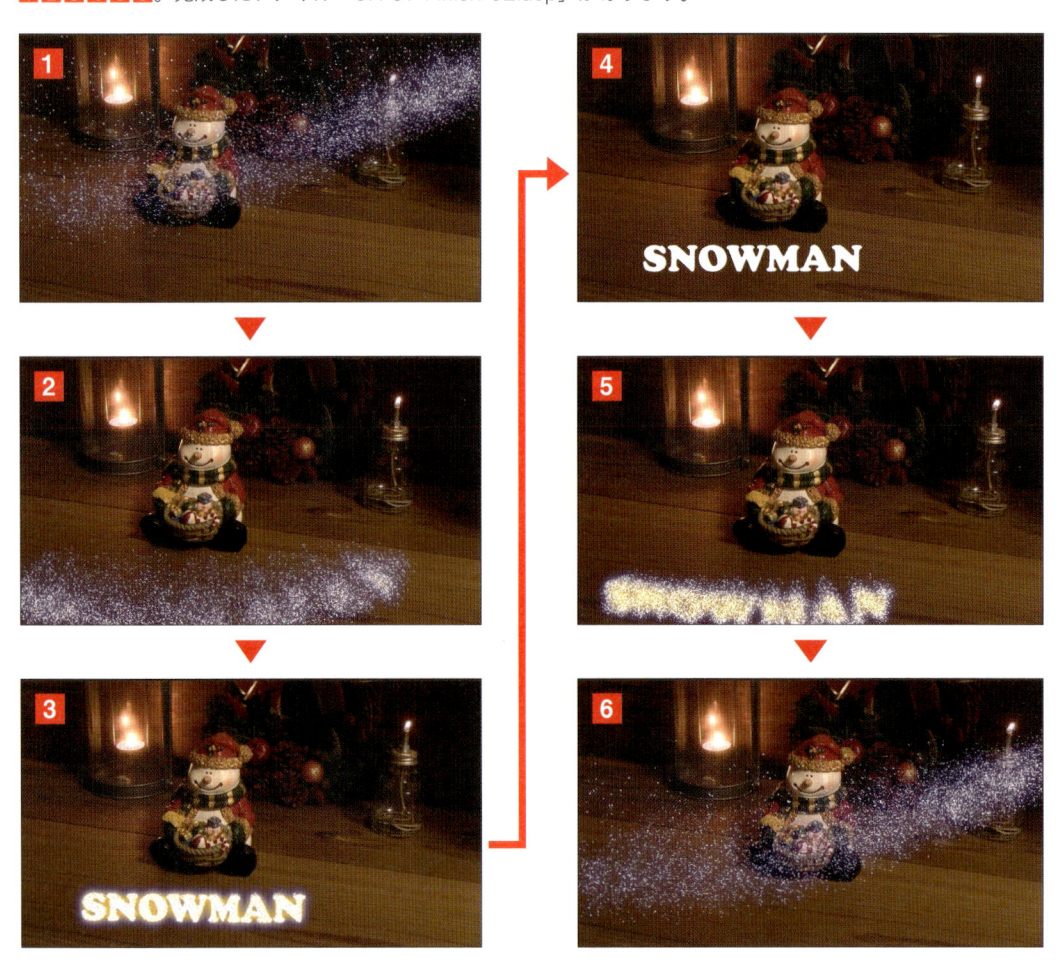

14 パーティクルで映像を演出する

ここでは、「CC Particle World 」を利用して、紅葉が舞い散るアニメーションを作成します。ポイントは、数多いオプションの使いこなしにあります。

サンプルファイル ▶ CH-07-14.aep、Momiji_R.png

▶ パーティクルアニメーションを作る

1 平面レイヤーを設定する

新規コンポジションとして「CH-07-14.aep」を開きます。タイムラインパネルを右クリックし、黒い背景で平面レイヤーを設定します **1**。名前は「もみじ」**2** としました。

2 「CC Particle World 」を適用する

設定した平面レイヤーに、「CC Particle World 」エフェクトを適用します **1 2**。時間インジケーターをドラッグすると **3**、パーティクルを確認できます **4**。

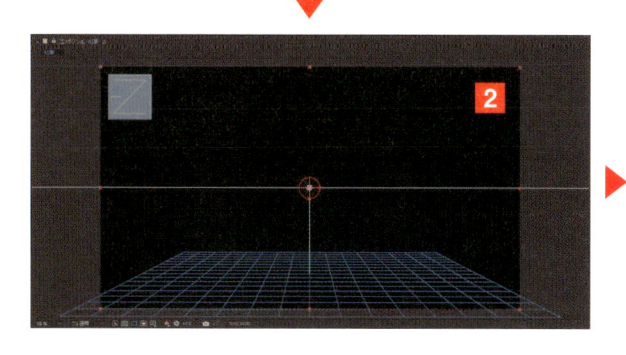

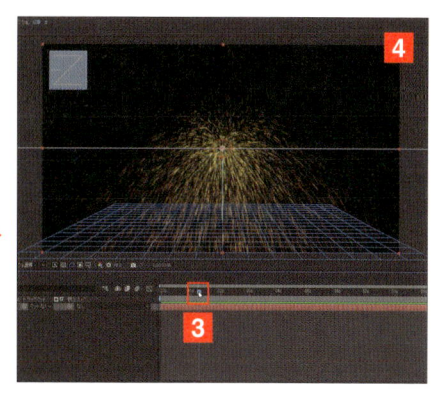

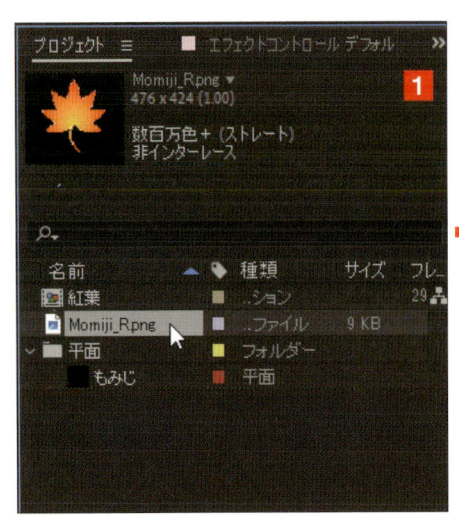

3 置き換えるテクスチャーを配置する

紅葉のイラスト「Momiji_R.png」をプロジェクトに読み込み
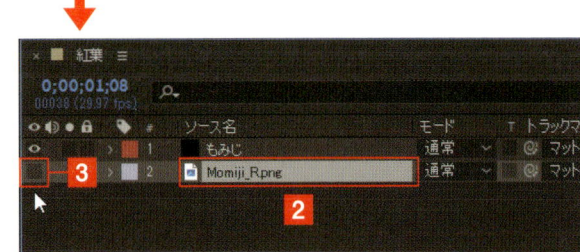
1、タイムラインに配置します2。なお、タイムラインに配置したら、非表示にします3。

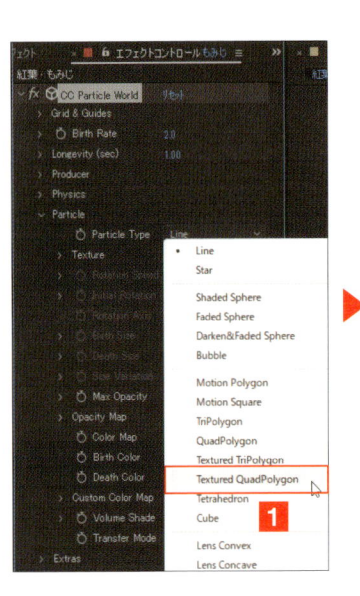

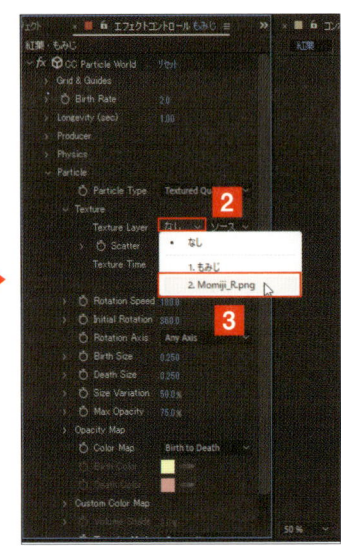

4 「Particle Type」の変更

パーティクルの光の粒を、紅葉に変えます。[Particle]→[Particle Type]→[Textured QuadPolygon]を選択します1。「Particle」を展開して、[Texture]→[Texture Layer]の[なし]をクリックし2、[Momiji_R.png]を選択します3。

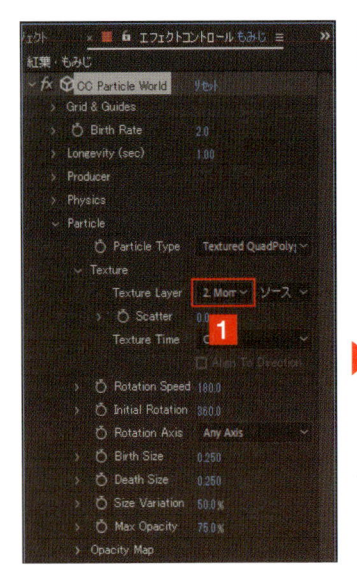

5 紅葉が表示される

イラストを選択すると1、パーティクルが紅葉に置き換えられて表示されます2。

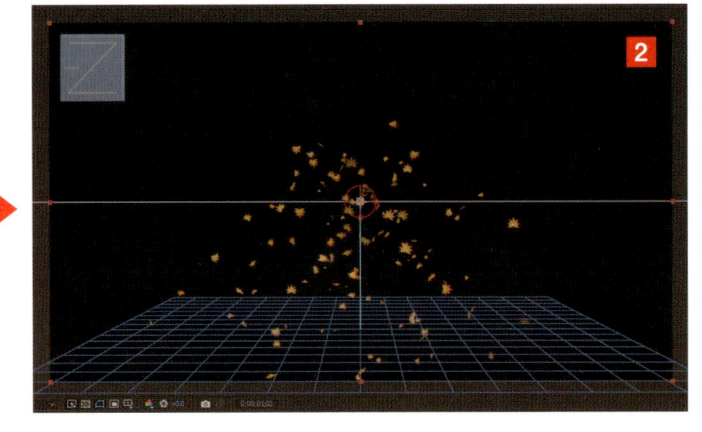

パーティクルの発生源を調整する

パーティクルには発生源があり、これを調整することができます。発生源を調整して、紅葉が舞い落ちるように表現を変えてみましょう。

▶ 発生源の変更と調整をする

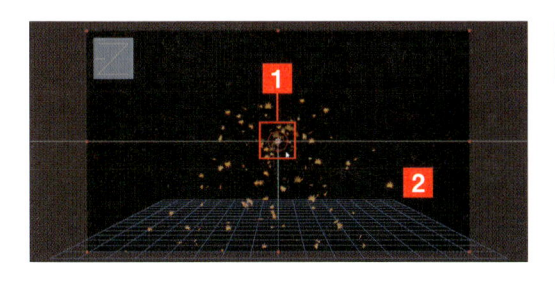

1 発生源を確認する

パーティクルの発生源はフレーム中央にある赤い○の中心で**1**、噴水のようにパーティクルが吹き出しています**2**。

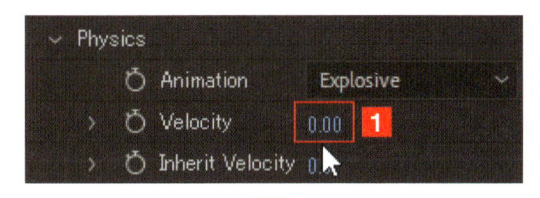

2 発生速度を変更する

「Physics」（物理的制御）の「Velocity」（発生速度）を「0.00」に設定し**1**、パーティクルの発生速度を変更します**2**。

CHECK

手順**2**と**3**の操作によって、紅葉が一塊になって発生している状態になります。

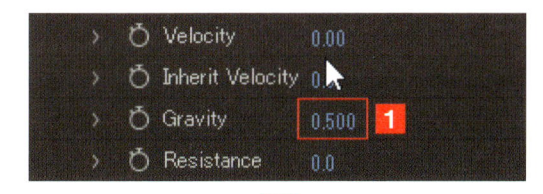

3 重力の強さを変更する

「Physics」（物理的制御）の「Gravity」（重力）を「0.5」に設定し**1**、パーティクルへの重力の影響を小さくします**2**。

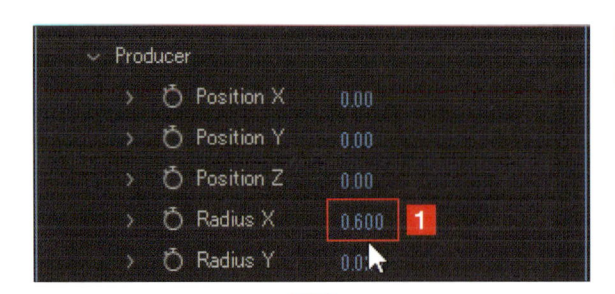

4 発生源の点を広げる

現状では、紅葉の発生源が一点なので、これを左右に広げます。「Producer」（制作者）の「Radius X」（半径）の数値を変更し **1**、発生源の点を左右に広げます **2**。

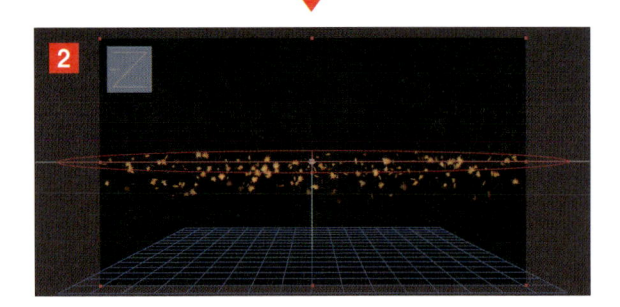

5 発生源の奥行きを広げる

発生源の奥行きを広げます。「Producer」（制作者）の「Radius Z」のパラメーターを変更し **1**、Z軸方向（奥行き）に広げます。画面のように、手前の葉は大きく、奥の葉は小さく見えることで、奥行き感が変わります **2**。

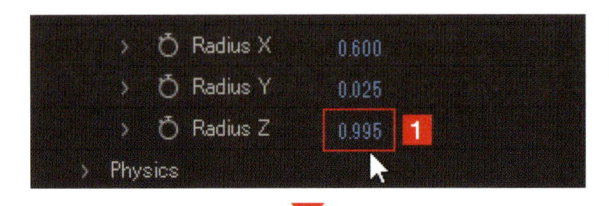

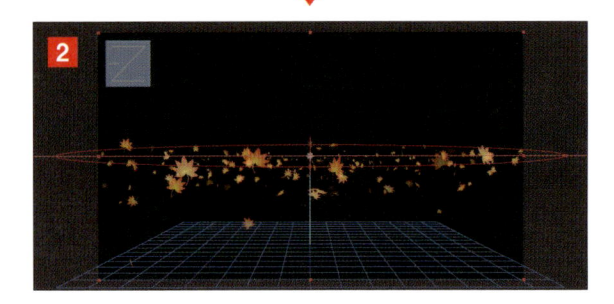

6 発生源の位置を変更する

紅葉の発生位置がフレームの中央になっているので、これをフレームの上よりやや外側に変更します。「Producer」（制作者）の「Position Y」のパラメーターを変更し **1**、発生源の位置を上に移動します **2**。

CHECK

「コンポジション」パネルが 3D 仕様で表示され、奥行き感などが確認できます。表示を消したい場合は、フレームの外でマウスをクリックしてください。

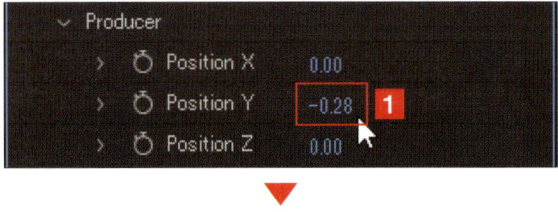

CHAPTER **07** エフェクトの設定

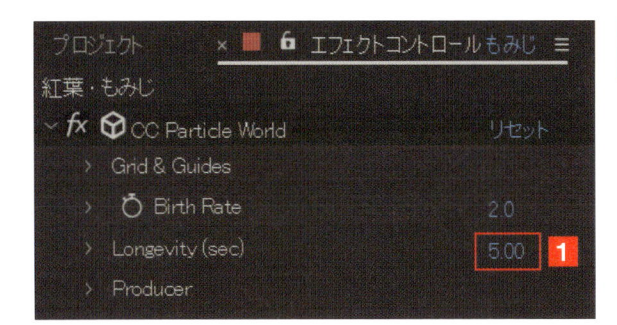

7 寿命を延ばす

紅葉が生まれてから消えるまで1秒（デフォルト値）と短いので、これを延ばします。「Longevity（sec）」（寿命：秒）のパラメーターを「5秒」程度に変更します**1**。

8 紅葉の量を減らす

現状では紅葉が多量に発生しているので、発生量を減らします。「Birth Rate」のパラメーターを「0.5」程度に変更します**1**。

9 風で流れるようにする

紅葉が上から真下に落ちているので、風邪で右側に流れているように設定します。「Physics」→「Gravity Vector」（X、Y、Z方向の重力値の設定）の「Gravity X」を「0.450」などに設定します**1**。

葉が落ちるエフェクトを作成する

紅葉の散るアニメーションに、緑の葉の落ちるアニメーションを追加します。ただ、葉の量は圧倒的に少なくすることと、葉の落ちる方向なども微妙に変更しましょう。

サンプルファイル CH-07-16.aep、Momiji_G.png

▶ 「Birth Rate」を利用する

1 緑の葉を配置する

サンプルの緑の紅葉のイラスト「Momiji_G.png」を SECTION 15 で作成したプロジェクト（CH-07-16.aep でも可）に読み込みます**1**。緑の紅葉イラストをタイムラインに配置し**2**、非表示にします**3**。

2 平面レイヤーをコピーする

平面レイヤーの「もみじ」を、Ctrl（Mac は command）+ D キーで複製して、「もみじ 2」とします**1**。

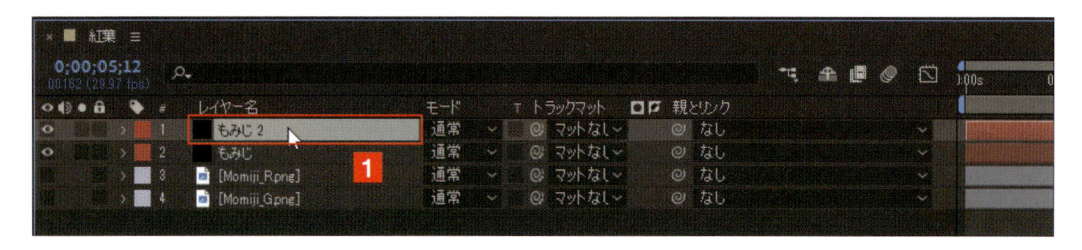

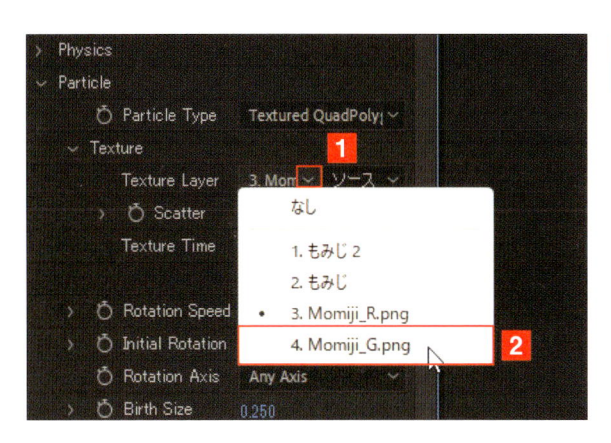

3　テクスチャーを入れ替える

テクスチャーを、赤の紅葉「Momiji_R」から緑の紅葉「Momiji_G」に変更します。「Particle」を展開して、[Texture]→[Texture Layer]の[∨]をクリックして **1**、[Momiji_G.png] を選択します **2**。

4　葉の量を減らす

「Birth Rate」のパラメーターを「0.1」程度に変更します **1**。

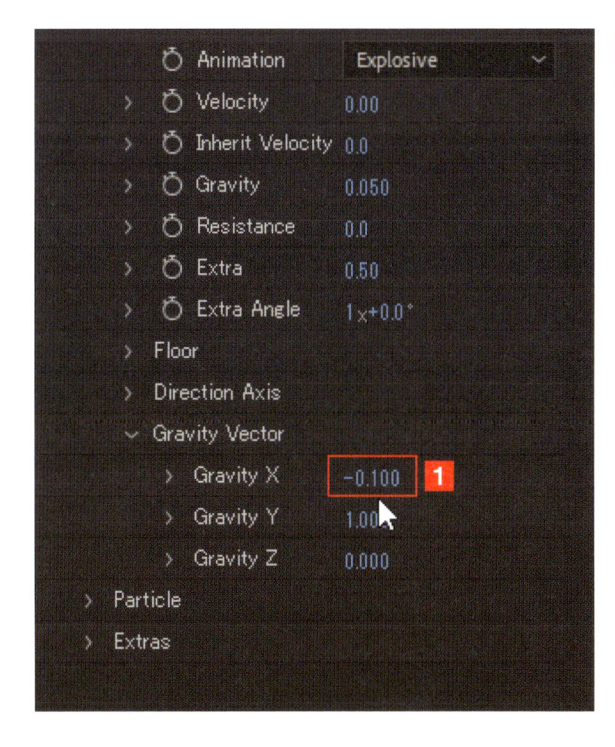

5　落ちる方向を変更する

葉の落ちる方向を微妙に変更します。[Physics]→[Gravity Vector]（X、Y、Z方向の重力値の設定）の [Gravity X] を、「0.2」〜「-0.1」などに設定します **1**。

動画と合成する

動画などと合成する場合は、新規にコンポジションを作成して「タイムライン」パネルに動画を配置し、そこへコンポジションを配置してください。

サンプルファイル CH-07-17. aep、0004.mp4、CH-07-Finish-03.aep

▶ コンポジションを配置する

1 新規コンポジションに 動画を配置する

新規コンポジション「CH-07-17.aep」を開いて、タイムラインに動画「0004.mp4」を配置します**1**。

2 「紅葉」コンポジションを配置する

新規コンポジションに配置した動画の上に、「紅葉」コンポジション（SECTION 15 〜 16 で作成したもの）を配置します**1**。

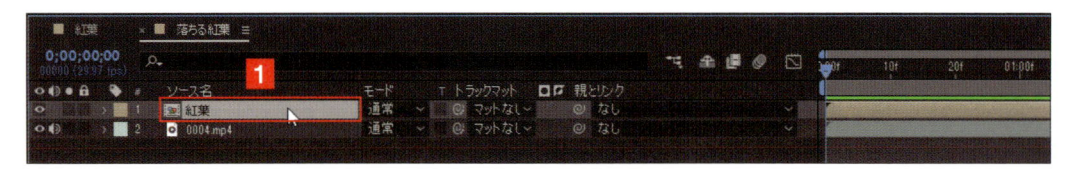

3 開始位置を調整する

最初の紅葉の葉が落ちてくるまで、ちょっと時間が掛かります**1**。この時間を調整したい場合は、「紅葉」コンポジションを左にドラッグしてください**2**。開始位置が早まります。なお、完成ファイル「CH-07-Finish-03.aep」があります。

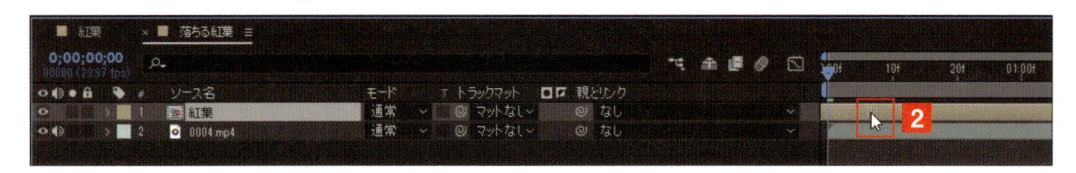

[3Dを使った アニメーション]

01 3Dレイヤーを利用する

After Effectsでは、3D空間でのアニメーションも作成できます。3Dの作成で利用するのが、「3Dレイヤー」です。これを有効にすることで、3D空間を利用できるようになります。

サンプルファイル ▶ CH-08-01.aep

▶ 3Dレイヤーをオンにする

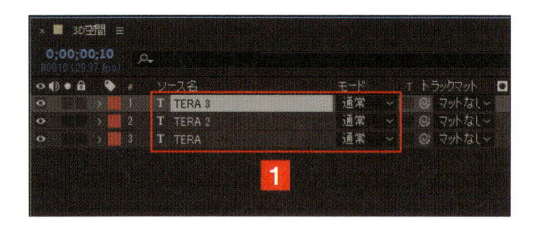

1 テキストレイヤーを複製

サンプルファイル「CH-08-01.aep」を開くと2Dのアニメーションが作成してあります。この2Dアニメーションのテキストレイヤーを、Ctrl（Macはcommand）＋Dキーで2つ複製します。合計で3つ準備します**1**。

2 テキストの色を変更する

複製した2つのテキストは、それぞれ文字の色を変更しておきます**1****2**。

TERA	TERA 2	TERA 3

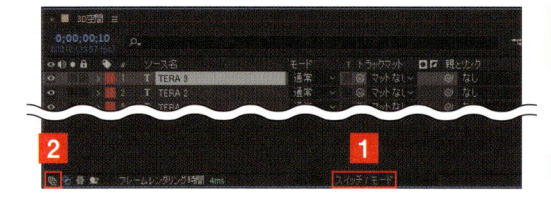

3 「スイッチ」を表示する

タイムラインパネルに「スイッチ」が表示されていない場合は、パネル下の「スイッチ／モード」をクリックするか**1**、左端にある「スイッチを表示または非表示」をクリックして**2**、スイッチを表示します。

4 3Dレイヤーをオンにする

3Dレイヤーのチェックボックスをクリックしてオンにします**1**。これで、3D空間が利用できるようになります。テキストが選択されていると、3Dハンドルが表示されます**2**。

CHAPTER 08

3Dを使ったアニメーション

02 3Dアニメーションを追加する

3Dレイヤーを追加したテキストに3Dのアニメーションを追加します。ここでは、スケールを変更した後に3Dで回転するアニメーションを加えます。

サンプルファイル ▶ CH-08-02.aep、CH-08-Finish-01.aep

▶ 3Dの回転アニメーションを追加する

2D空間の場合

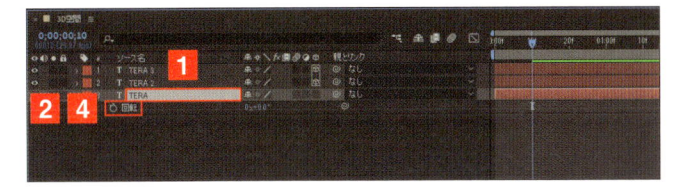

3D空間の場合

1 オプションの「回転」を表示する

サンプルファイル「CH-08-02.aep」を開きます。タイムラインパネルでテキスト「TERA」レイヤーを選択して**1**、Rキーを押し、「回転」を表示します**2**。3Dレイヤーがオンになっているので**3**、2D空間の場合**4**とは異なり、オプションが増えています**5**。

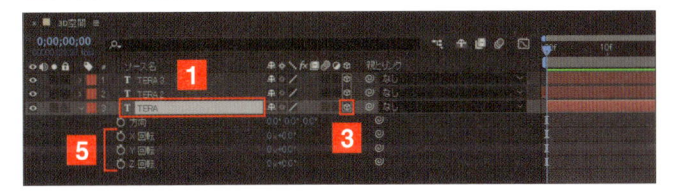

2 時間インジケーターを合わせる

時間インジケーターを「10f」に合わせます**1**。

3 アニメーションをオンにする

「X回転」が「0°」なのを確認して**1**、ストップウォッチをクリックしてアニメーションをオンにします**2**。タイムラインにはキーフレームが設定されます**3**。

4 時間インジケーターを移動する

時間インジケーターを10フレーム進めて、「20f」に合わせます**1**。

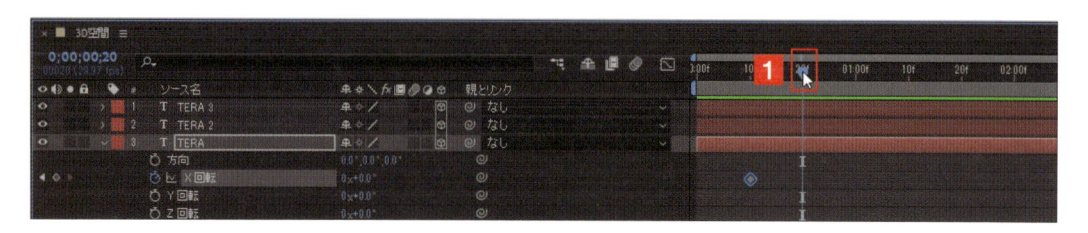

5 「X回転」を変更する

「X回転」を「90°」に設定変更します**1**。タイムラインにはキーフレームが設定されます**2**。

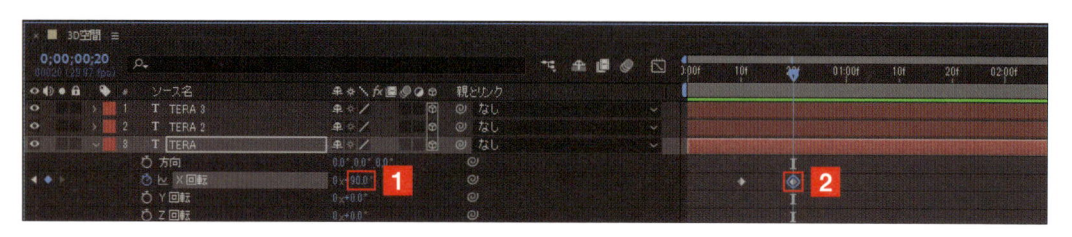

6 X回転するアニメーションを設定する

X軸を中心に回転するように設定します**1 2 3**。

CHECK

「3Dレイヤー」を利用して2Dから3D空間に変更すると「Z軸」（奥行き）が追加されます。このZ軸により、X軸、Y軸の回転が立体的に見えます。

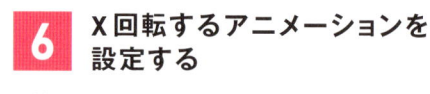

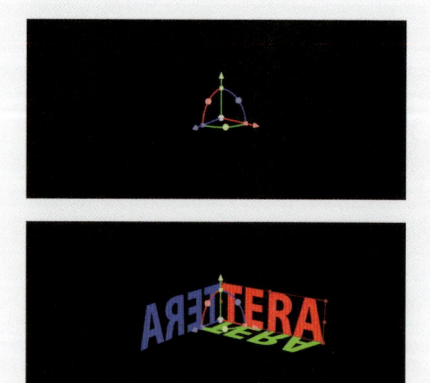

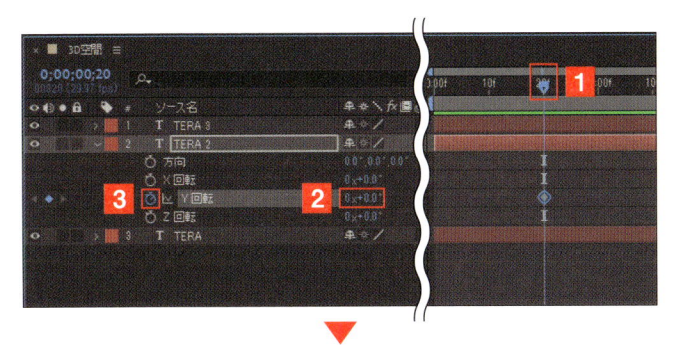

7 「TERA2」を回転させる

「TERA2」は時間インジケーターを「20f」に合わせ **1**、「Y回転」が「0°」なのを確認します **2**。ストップウォッチをクリックしてアニメーションをオンにします **3**。さらに、時間インジケーターを10フレーム進めて1秒の位置で **4**、「Y回転」を「90°」に設定します **5**。

8 アニメーションが完成する

2D空間のアニメーションと3D空間のアニメーションを組み合わせて、動きを設定してみました **1 2 3 4 5 6**。なお、完成ファイルは「CH-08-Finish-01.aep」です。

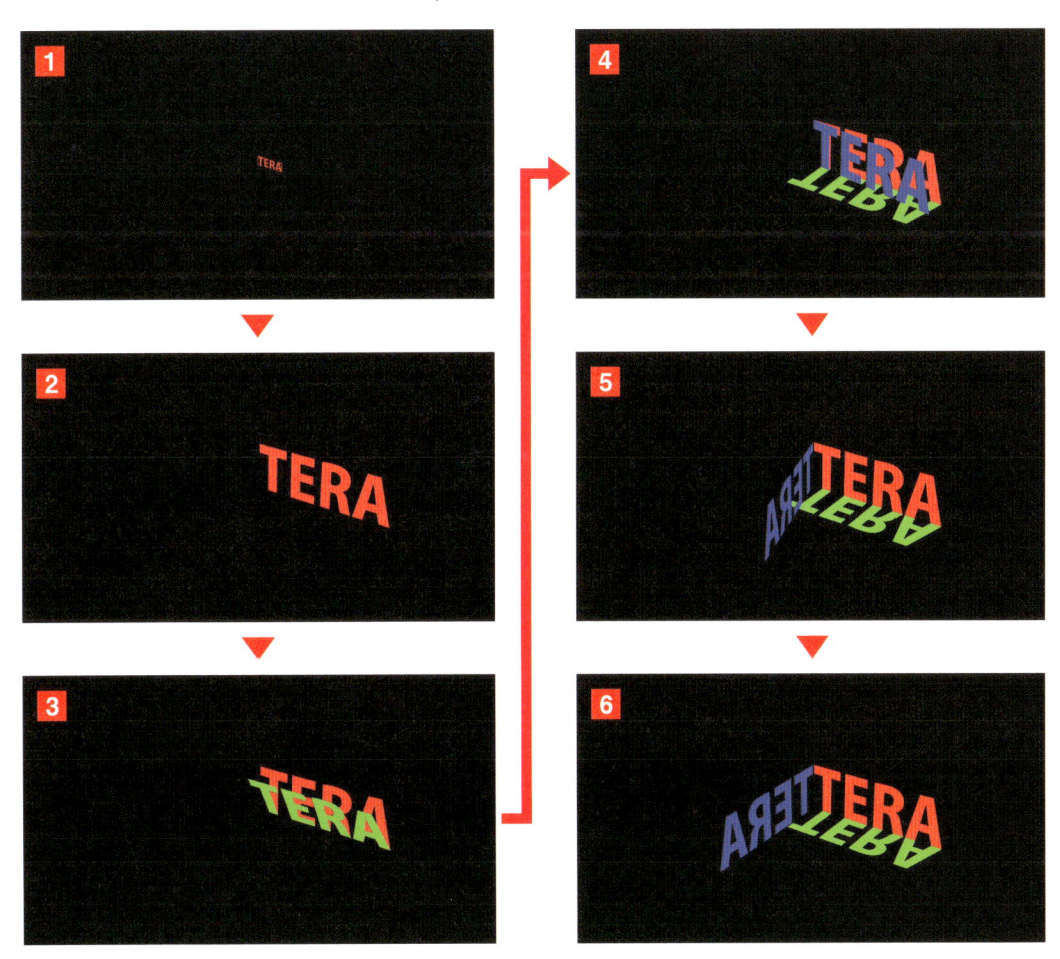

03 カメラレイヤーを使う

3Dアニメーションでは、「カメラレイヤー」の使いこなしも重要なポイントです。ここでは、カメラレイヤーの基本的な使い方について解説します。

サンプルファイル CH-08-03.aep

▶ カメラレイヤーを追加する

1 テキストを入力／カスタマイズする

3Dアニメーションでも新規コンポジションは2D空間で作成します。サンプルファイル「CH-08-03.aep」を開きます。テキスト名は、色がイメージしやすいように設定してあります。なお、表示してある位置は同じです。また、3Dレイヤーはオンに設定しています**1**。

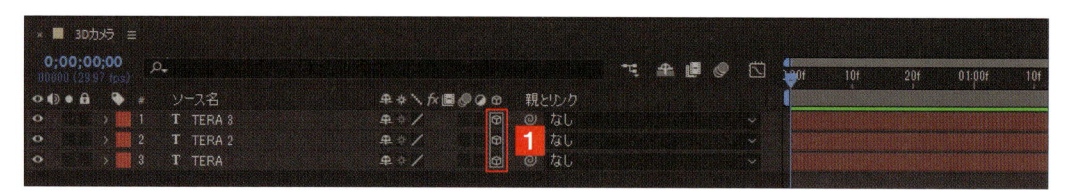

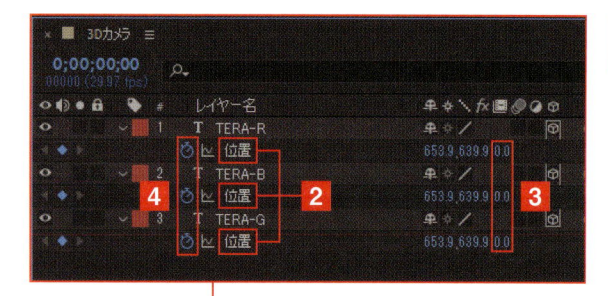

2 アニメーションを設定する

時間インジケーターを左端0秒に合わせ**1**、レイヤーを選択していない状態で P キーを押して「位置」を表示します**2**。このとき、3つのテキストレイヤーのZ軸が「0.0」なのを確認して**3**、ストップウォッチをクリックしてアニメーションをオンにします**4**。これでキーフレームが設定されます**5**。

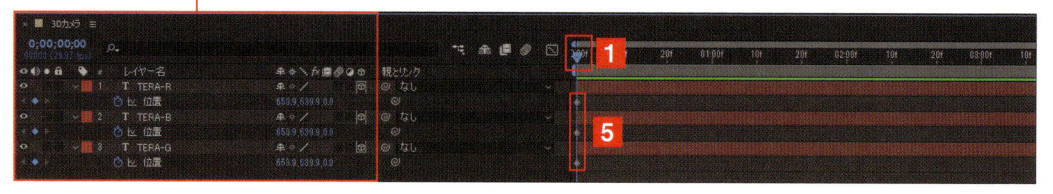

CHECK

「位置」の場合、それぞれの座標値は、次の軸の順番で並んでいます。

X軸　Y軸　Z軸

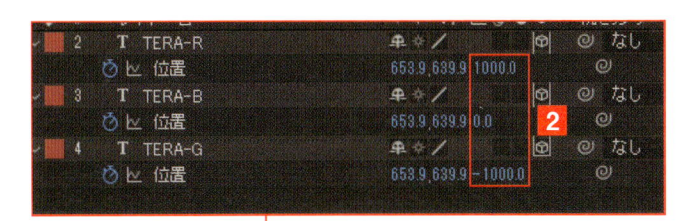

3 z座標を変更する

時間インジケーターを1秒（01:00f）の位置に合わせ**1**、それぞれのZ軸の座標値を次のように変更します**2**。

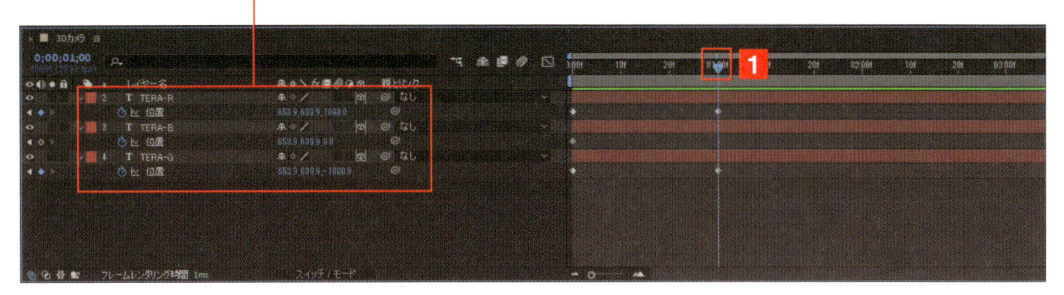

4 カメラレイヤーを追加する

タイムラインパネルで右クリックし、[新規]→[カメラ]を選択します**1**。「カメラ設定」ダイアログボックスが表示されるので**2**、デフォルトのまま[OK]をクリックします**3**。これでカメラレイヤーが追加されました**4**。

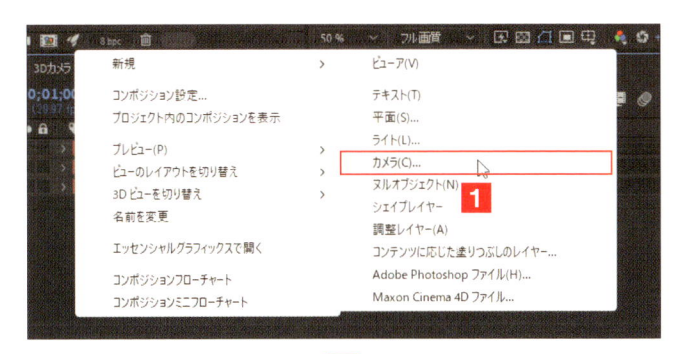

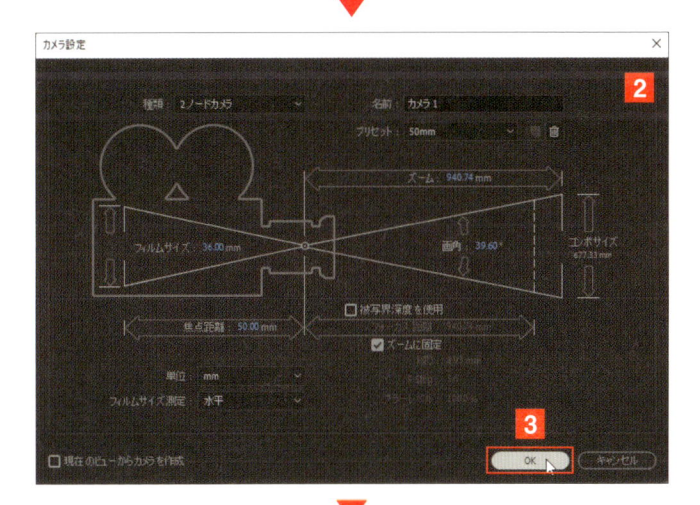

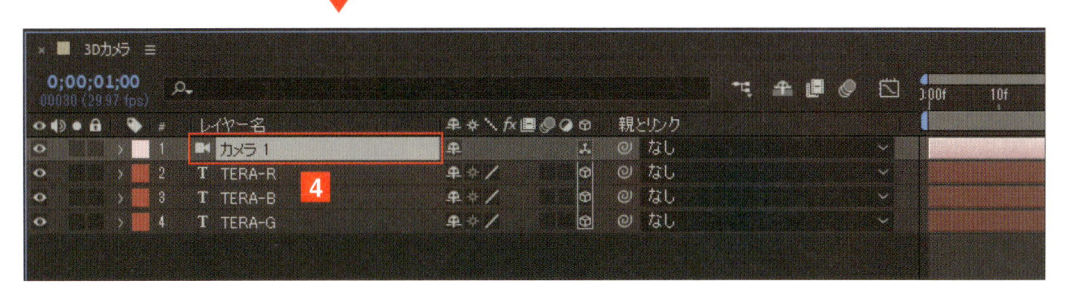

04 目標点を確認する

設定したカメラレイヤーで、「位置」のパラメーターを変更してみましょう。カメラには「目標点」というものがあるので、これを確認してみます。

▶ 目標点を確認してオンにする

1 「位置」を操作する

カメラレイヤーを選択して P キーを押し「位置」を表示します 1 。ここで、Z軸の数値を左にスクラブし 2 、テキストに近づいていきます。このとき、カメラの種類は「アクティブカメラ」に設定されています 3 。

CHECK

「アクティブカメラ」は動きを録画するためのカメラです。したがって、アクティブカメラに表示されたまま動きがアニメーションとして表示されます。そのほかのカメラは、基本的にカメラの位置や動きを確認するためのカメラです。

2 カメラが反転する

カメラをテキストに近づけていくと 1 、画面では緑の文字を通り抜け 2 、さらに青文字に近づいて通り抜けます 3 。このあと、カメラが反転して、赤文字が表示されなくなります 4 。これは、アクティブカメラが青文字にある「目標点」を中心に移動しているからです。

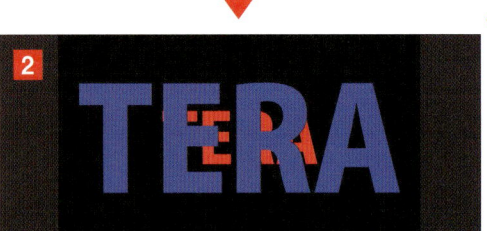

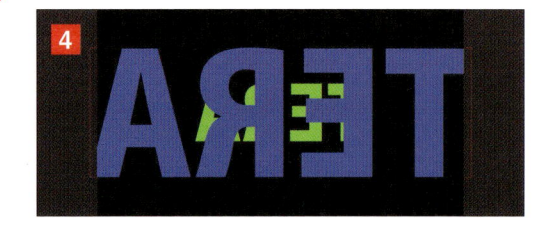

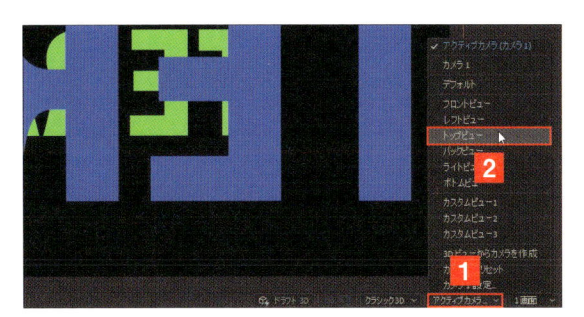

3 目標点を確認する

［アクティブカメラ］をクリックして **1**、メニューを表示し、［トップビュー］ **2** という上から見るカメラを選択します。「拡大率」 **3** を変更して全体を表示してみます。この場合、「青のテキスト」の中央に目標点があることがわかります **4**。カメラは、この目標点を捉えるように追従移動しているのです。確認したら **5**、アクティブカメラに戻します。

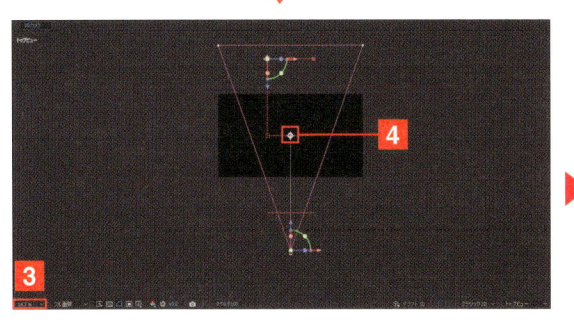
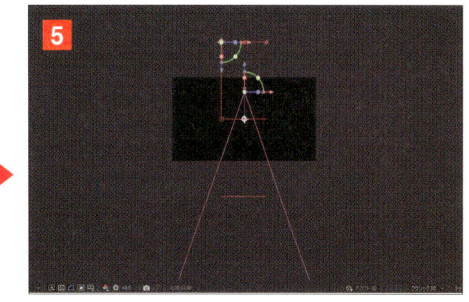

CHAPTER 08

3Dを使ったアニメーション

4 目標点をオフにする

カメラレイヤーを右クリックし、［トランスフォーム］→［自動方向］を選択すると **1**、「自動方向」ダイアログボックスが表示されます **2**。ここで「自動方向」を［オフ］に設定して **3**、［OK］をクリックすると **4**、目標点が表示されなくなり、カメラは目標点を追いかけなくなります **5**。

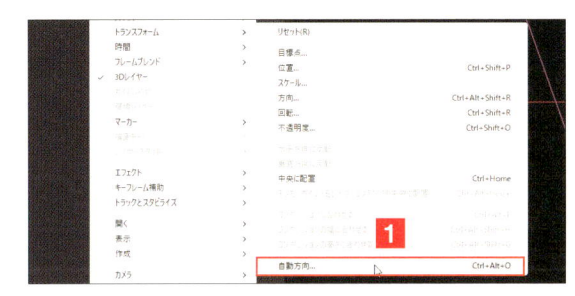

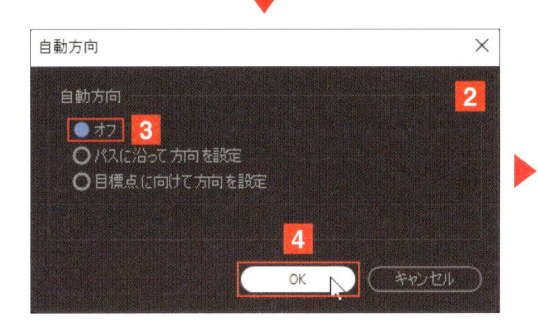
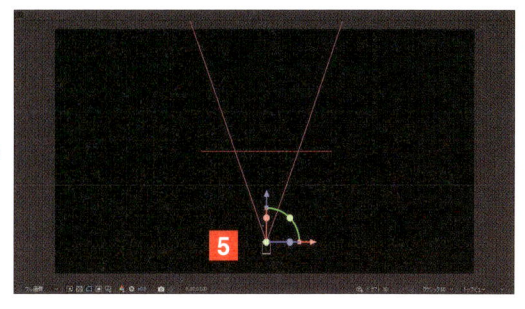

5 目標点をオンにする

再度「自動方向」ダイアログボックスを表示し **1**、［目標点に向けて方向を設定］をオンに戻し **2**、［OK］をクリックします **3**。

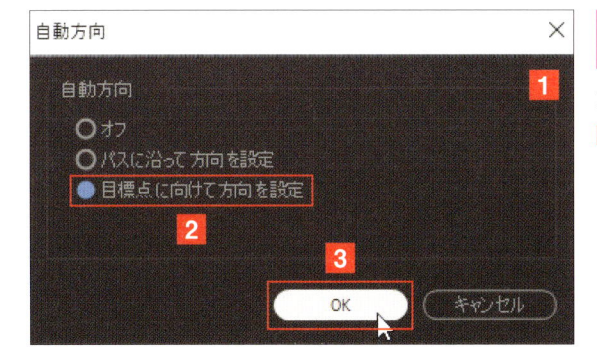

カメラを操作する3つのギズモ

カメラの操作は、オプションのパラメーターより3つの専用ギズモを利用したほうが便利です。ただし、使い方にちょっとコツが必要なので、わかりやすく解説します。

▶ 3つのギズモでカメラを操作する

3つのギズモ

ツールパネルには、カメラ用のナビゲーションツールとして3つのギズモが備えられています。

1 周回ツール（Orbit）ツール：マウスドラッグで、目標点やカーソルの回りを周回する。

2 パンツール：マウスの上下ドラッグで上下に、左右ドラッグで左右に移動する。

3 ドリーツール：マウスの上下左右ドラッグで、Z軸方向の前後に移動する。

CHECK

上記のカメラナビは、ツールパネルでボタンを選ばなくてもマウスで操作できます。`Alt`（Mac は `Option`）キーを押すと、マウスがカメラのアイコンに変わります。この状態でボタンドラッグすると、以下のコントロールができます。

`Alt`（Mac は `Option`）＋左ボタンドラッグ	：周回ツール
`Alt`（Mac は `Option`）＋ホイールの押し込みドラッグ	：パンツール
`Alt`（Mac は `Option`）＋右ボタンドラッグ	：ドリーツール

周回ツール

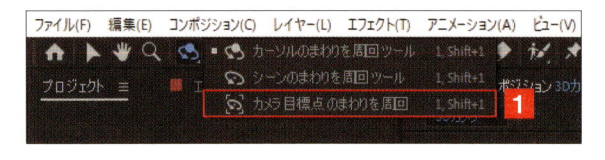

パンツール

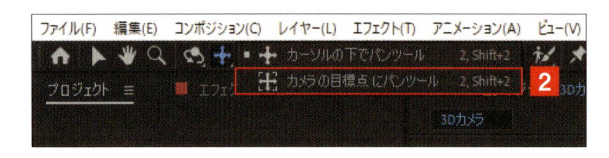

ドリーツール

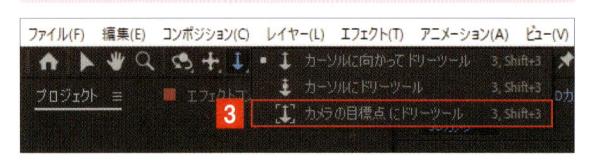

おすすめのメニュー

3つのギズモは、長押ししているとサブメニューが表示されます。ここでおすすめは、目標点を対象に動かすと、動きをイメージしやすいということです。デフォルトでは「カーソルの回りを周回ツール」などカーソルが中心になるのですが、これは、マウスを左、右ドラッグする場合、マウスを置いた位置が基準になるため、思った動作と異なることが多いのです。これも慣れですが、操作としては、囲ったメニューがおすすめです**1** **2** **3**。

06 カメラを操作する

カメラ操作を利用して、アニメーションを作成してみましょう。カメラ操作を、そのまま記録するというようなイメージで作成します。

サンプルファイル CH-08-06.aep、CH-08-Finish-02.aep

▶ カメラを操作してアニメーションを作成する

1 左右のカメラを設定する

「CH-08-06.aep」を開きます。表示オプションから「2画面」**1**を選択します。右画面は、右画面をクリックしてから**2**、カメラ種類のメニューを表示して［アクティブカメラ］を選択します**3**。左画面は、左画面をクリックしてから**4**、メニューを表示して［カスタムビュー1］を選択します**5**。これで、左画面でカメラとオブジェクトの関係を客観的に把握でき**6**、右画面で記録される動きを確認できます**7**。

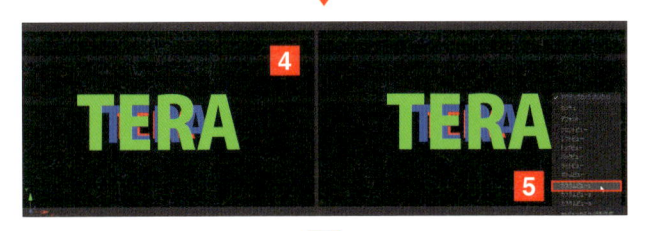

CHECK

「カスタムビュー」は3D空間をさまざまな角度から表示するための「視点」で、カメラやオブジェクトの位置関係を客観的に確認することができます。視点は3種類のカメラツールで動かせますが、その動きはカメラには連動されません。ただし、選択ツールで移動させると、連動します。

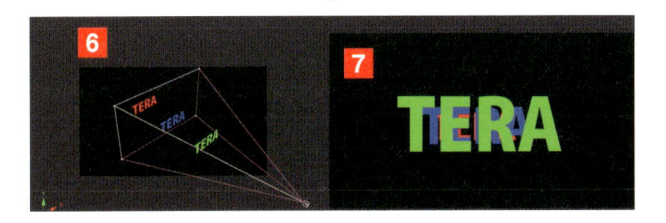

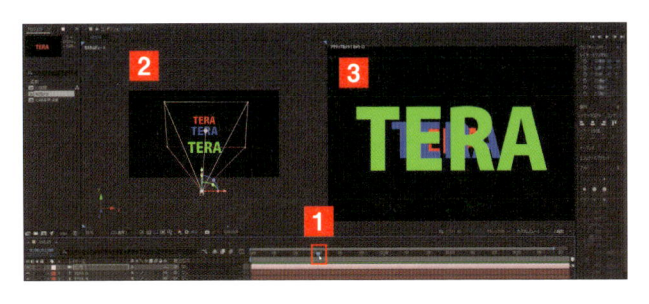

2 時間インジケーターを合わせる

時間インジケーターを1秒（01:00f）の位置に合わせます**1**。このときのカメラの状態です**2 3**。

3 アニメーションをオンにする

「カメラ1」の［位置］を選択して**1**、ストップウォッチをクリックしてアニメーションをオンにします**2**。タイムラインにはキーフレームが設定されます**3**。

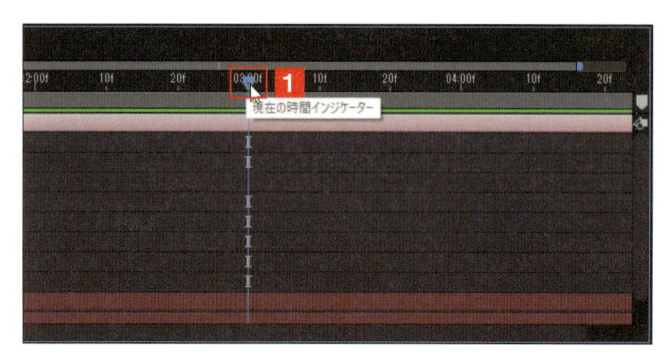

4 時間インジケーターを移動する

時間インジケーターを3秒（03:00f）の位置に合わせます**1**。

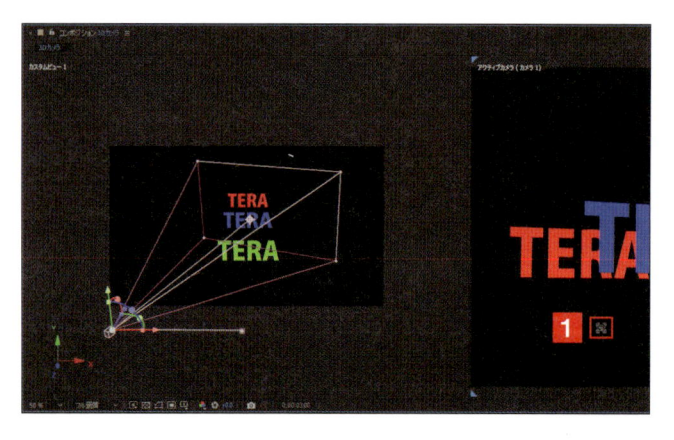

5 ［周回ツール］でドラッグする

［周回ツール］（カメラ目標点の周りを周回）をクリックして選択し、右画面のアクティブカメラ上をドラッグします**1**。

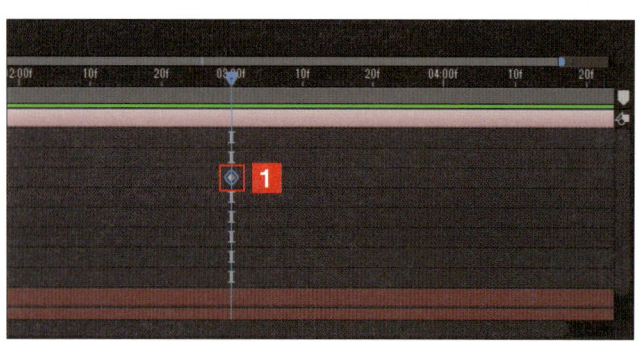

6 キーフレームが設定される

3秒の位置にキーフレームが設定され**1**、アニメーションが記録されます。完成ファイルは「CH-08-finish-02.aep」です。

07 被写界深度について

3D空間では「被写界深度」というものが、立体感、奥行き感を表現するときに重要になります。この被写界深度を利用して、アニメーションを作成してみましょう。

▶ 被写界深度とは

「被写界深度」というのは、カメラのピントを合わせることができる範囲のことをいいます。たとえば、「被写界深度が深い」というと、いわゆる「パンフォーカス」といわれる状態で、手前から奥までピントを合わせることができます。これを、カメラでは「焦点距離が長い」といいます。

これに対して「被写界深度が浅い」というと、ピントを合わせる範囲が狭くなり、ピントの合っている以外の手前や奥はピントが合わない状態をいいます。これをカメラでは、「焦点距離が短い」といいます。

被写界深度が深い場合

被写界深度が深いと、近景、中景、遠景のすべてにピント（フォーカス）が合い、いわゆるパンフォーカスの状態になります。

被写界深度が浅い場合

被写界深度が浅い場合の状態です。この場合、中景にピントを合わせると、近景、遠景はピントがボケた状態になります。ピントを合わせた被写体を注目させたいときに便利です。

08 被写界深度を操作する

ここでは、近景、中景、遠景の3つのレイヤーを作成し、被写界深度を利用したアニメーションを作成してみましょう。被写界深度は、カメラオレイヤーのオプションに用意されています。

サンプルファイル ▶ CH-08-08.aep、CH-08-finish-03.aep

▶ 被写界深度を利用する

1 新規コンポジションを開く

新規コンポジションとして「CH-08-08.aep」を開きます。これは SECTION06で作成したコンポジションと同じもので、名前を「3D 被写界深度」と変更しています**1**。

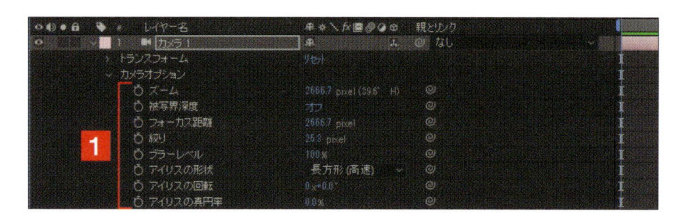

2 カメラオプションを展開する

カメラレイヤーを展開すると「トランスフォーム」と「カメラオプション」があり、「カメラオプション」を展開します**1**。

3 「被写界深度」をオンにする

「被写界深度」がデフォルトでは［オフ］なので、これをクリックして［オン］にします**1**。

4 「フォーカス距離」を調整する

2画面表示に切り替えたコンポジションパネルの左を「トップビュー」に切り替えます**1**。この状態で［フォーカス距離］をクリックして**2**、数値をスクラブなどで変更すると**3**、ピントの合う位置が四角のラインで表示されます**4**。

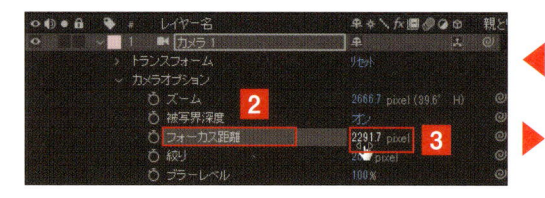

5 「フォーカス距離」でアニメーションを開始する

時間インジケーターを 2 秒（02:00f）の位置に合わせ **1**、「フォーカス距離」を手前の「TERA_G」に合わせます **2**。「絞り」は「800」に変更します **3**。それぞれのストップウォッチをクリックしてアニメーションをオンにし **4**、タイムラインにキーフレームが表示されます **5**。これで、ピントが緑色の「TERA」に合います **6**。

CHECK

「絞り」のパラメーターの数値を大きくするか小さくするかで表示が変わります。「絞り」の値が大きいと焦点距離が長くなります。「絞り」の値が小さいと焦点距離が短くなります。

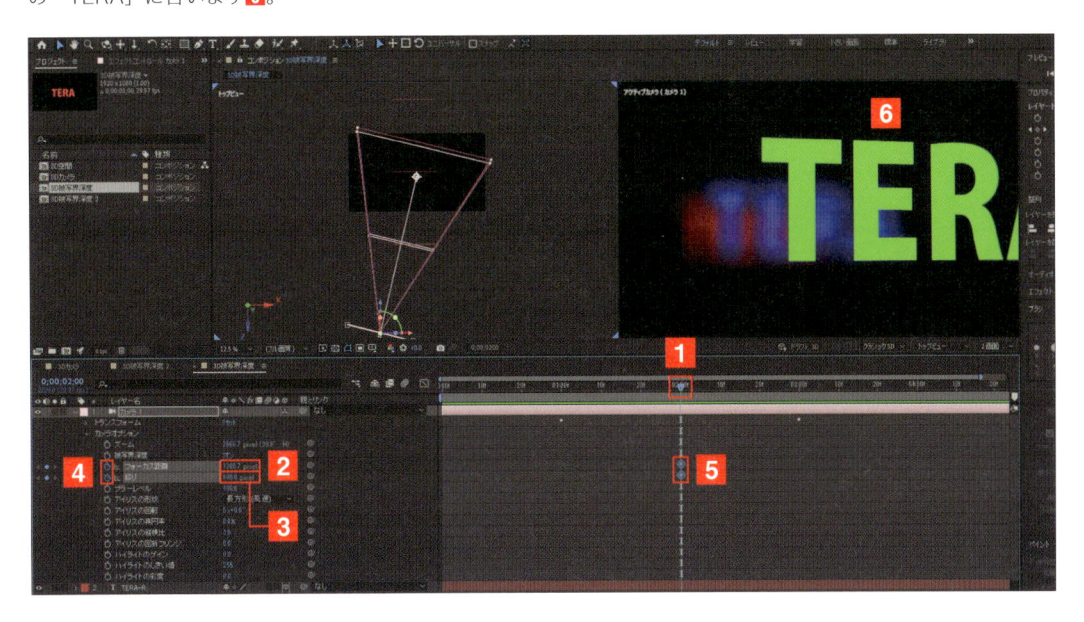

6 「フォーカス距離」を移動する

時間インジケーターを 4 秒（04:00f）の位置に移動し **1**、「フォーカス距離」のパラメーターを修正して、青色の「TERA_B」に合わせます **2 3 4**。タイムラインにはキーフレームが設定されます **5**。完成ファイルは「CH-08-finish-03.aep」です。

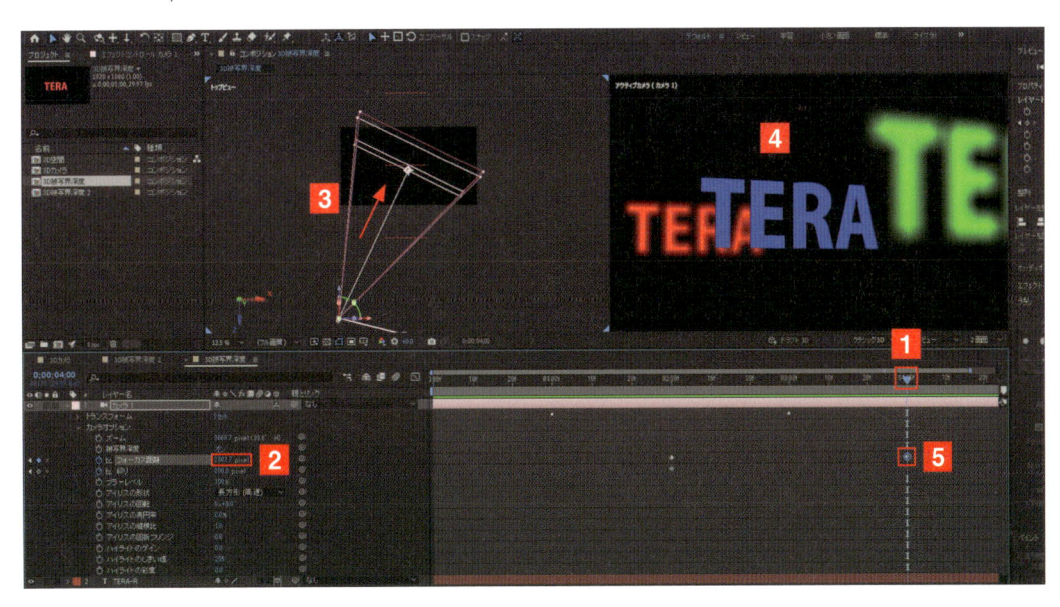

09 「押し出し」で 3D文字を作成する

デフォルト状態の3D環境では、いわゆる立体的な3D文字は表示できません。これは「押し出し」によって作成しますが、そのためには「3Dレンダラー」を「Cinema 4D」に変更します。

サンプルファイル ▶ CH-08-09.aep、CH-08-finish-04.aep

▶ 「3Dレンダラー」を「Cinema 4D」に変更する

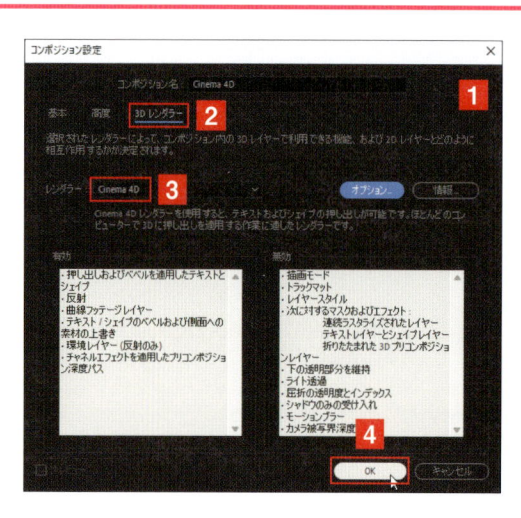

1 「3Dレンダラー」を 切り替える

新規コンポジションとして「CH-08-09.aep」を開きます。「コンポジション設定」ダイアログボックスを表示して **1**、[3D レンダラー] タブをクリックします **2**。「レンダラー」は [Cinema 4D] を選択し **3**、[OK] をクリックします **4**。

CHECK

「有効」には搭載されている Cinema 4D でできること、「無効」にはできないことが記されています。

2 テキストを入力／ カスタマイズする

好みのテキストを入力します（ここでは「TERA」）**1**。なお、サンプルファイルは入力済みです。色、サイズは自由です。

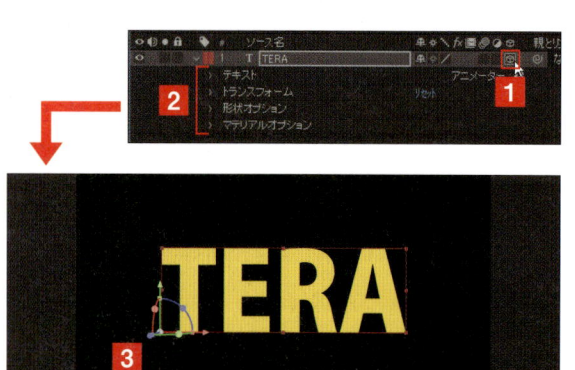

3 「3Dレイヤー」をオンにする

レイヤーを展開すると「テキスト」と「トランスフォーム」のオプションがあり、スイッチの「3D レイヤー」をオンにします **1**。するとオプションが増え **2**、コンポジション画面には 3D ハンドルが表示されます **3**。

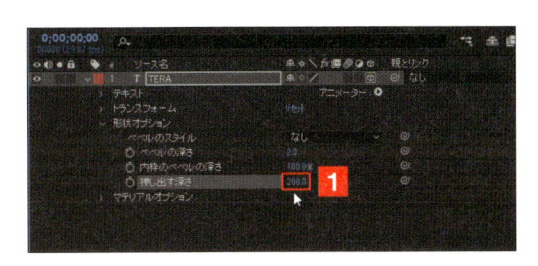

4 テキストを押し出す

レイヤーを展開し、「形状オプション」を開きます。ここにある「押し出す深さ」を、「0.0」から「200」に変更します**1**。これで3D文字となりました**2**。なお、3Dレイヤーで3D化したテキストレイヤーは、カメラ用の3種類のギズモで操作できます。ここでは、「周回ツール」で回転させてみました**3**。

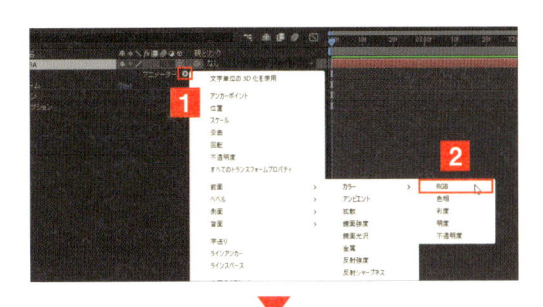

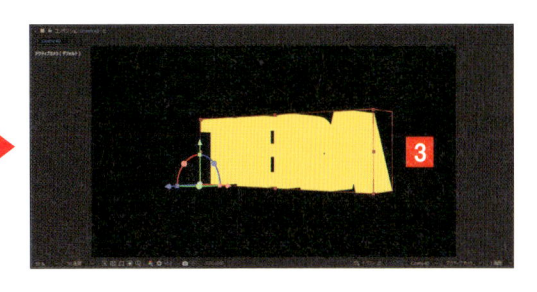

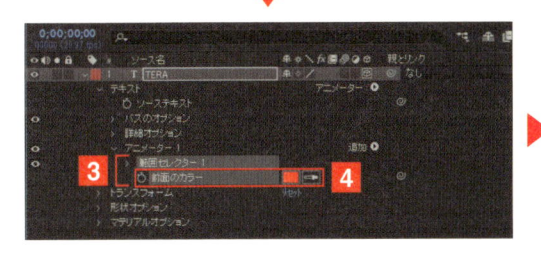

5 前面の色を変更する

テキストは、前面、側面などの色を変更できます。たとえば、前面の色を変更してみましょう。「テキスト」オプションの右にある「アニメーター」の▶をクリックし**1**、[前面]→[カラー]→[RGB]を選択します**2**。「アニメーター1」にオプションが追加され**3**、「範囲セレクター」に「前面のカラー」が追加されます**4**。

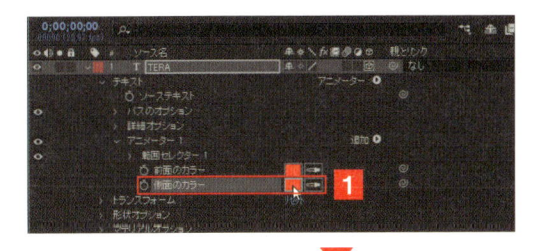

6 側面の色も変更する

同様の方法で側面の色も変更します。このとき、範囲セレクターのカラーボックスをクリックして**1**、カラーピッカーを表示して**2**、色を変更できます**3**。完成ファイルは「CH-08-finish-04.aep」です。

10 3D文字にライトを適用する

作成した3D文字にライトを適用すると、よりリアリティのある3D文字を作成できます。アニメーターによる色の設定も必要ありません。

サンプルファイル ▶ CH-08-10.aep

▶ ライトを適用する

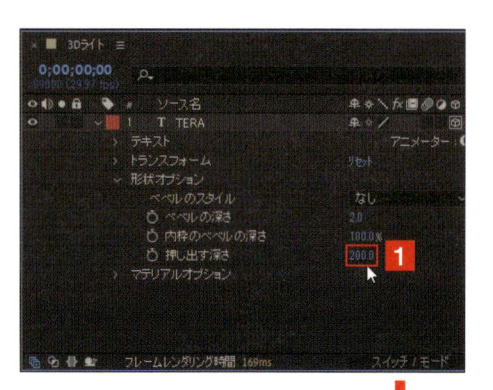

1 押し出しを適用する

新規コンポジションとして「CH-08-10.qep」を開きます。「コンポジション名」は「3D ライト」です。「押し出す深さ」を「200」に設定し **1**、テキストを押し出して 3D 文字を作成します **2**。

2 カメラレイヤーを追加する

タイムラインパネルで、カメラレイヤーをデフォルトの設定で **1**、追加します **2**。

3 カメラ用のギズモで調整する

カメラ用のギズモ「周回ツール」などを利用し、回転した視野を作成します **1**。

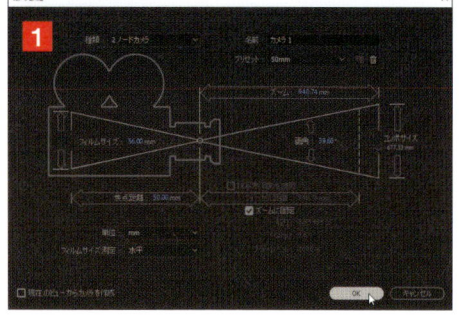

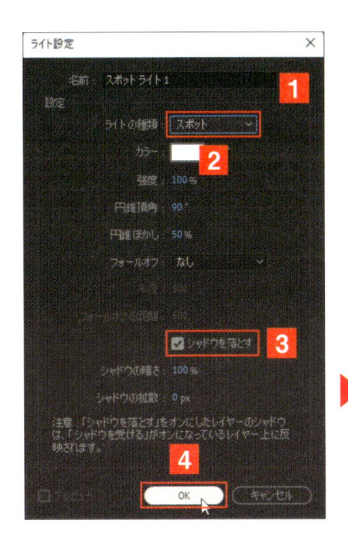

4 ライトを追加する

「タイムライン」パネルで右クリックし、[新規] → [ライト] でライトレイヤーを追加します。「ライト設定」ダイアログボックスが表示されるので **1**、[スポット] を選択します **2**。また「シャドウを落とす」のチェックを入れて **3**、[OK] をクリックします **4**。

5 ベベルを追加する

テキストレイヤーを展開し **1**、「形状オプション」→「ベベルのスタイル」の [なし] をクリックします **2**。表示されたプルダウンメニューから [角型] を選択します **3**。

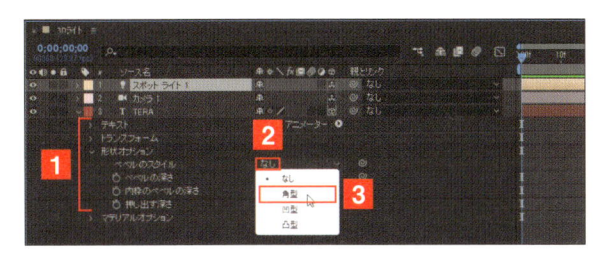

6 「ベベルの深さ」を変更する

「ベベルの深さ」のパラメーターを「10」に変更すると、テキストのエッジが処理されます **1**。

7 「シャドウを落とす」をオンにする

テキストレイヤーの「マテリアルオプション」→「シャドウを落とす」を [オン] に変更すると **1**、ライトによる影が表示されます **2 3**。

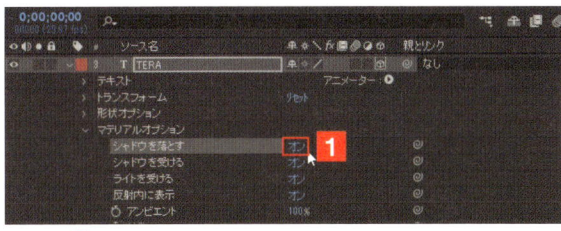

11 ライトをアニメーションする

適用したライトを、背景を設定してアニメーションさせてみましょう。ここでは背景を設定し、3D文字の影をその背景に落とす効果も加えています。

サンプルファイル CH-08-11.aep、CH-08-Finish-05.aep

▶ ライトを回転させる

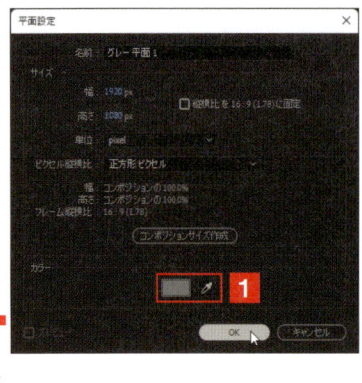

1 平面を移動する

新規コンポジションとして「CH-08-11.aep」を開きます。タイムラインパネルで平面レイヤーを追加し、カラーは「グレー」と設定しました**1**。設定した平面はテキストの前に表示されています**2**。追加した平面レイヤーの「3Dレイヤー」をクリックしてオンにします**3**。平面レイヤーを展開し、「トランスフォーム」→「位置」にある「Z軸」のパラメーターを奥（プラス方向）に変更します。ここでは「400」に修正しています**4**。

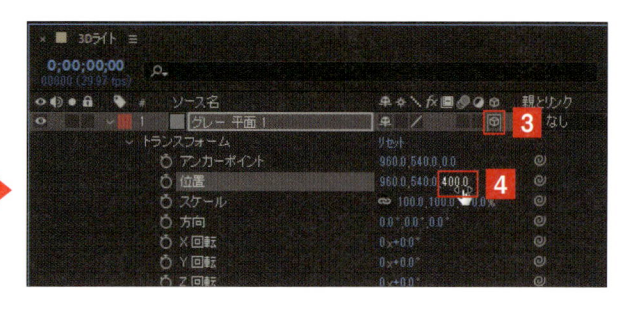

2 ライトの影を調整する

スポットライトのレイヤーを展開し、「ライトオプション」→「シャドウの拡散」のパラメーターを「0.0」から「50」などプラスに修正します**1**。これでパキパキとしたテキストのシャドウが、「影」らしくなります**2**。必要に応じて、「シャドウの暗さ」なども「75%」程度に変更しておきます**3**。

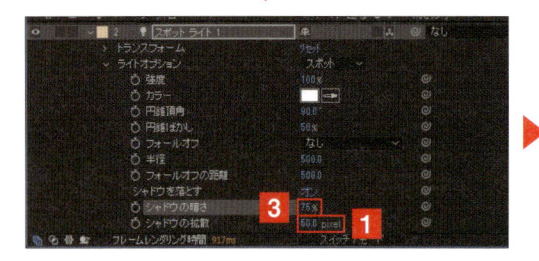

3 ライトを移動する

テキスト全体がもう少し明るくなるように、ライトの位置をテキストから離します（ライトの「位置」のZ軸を
マイナス方向にする）。スポットライトのレイヤーを選択して P キーを押し、「位置」を表示します**1**。ここでは
Z軸を「-1000」程度に変更します**2**。

4 アニメーションスタートの設定をする

時間インジケーターを0秒に合わせ**1**、スポットライトのレイヤーを展開します**2**。「トランスフォーム」→「Y回転」
が「0x+0.0°」なのを確認して**3**、ストップウォッチをオンにします**4**。タイムラインには、キーフレームが設定
されます**5**。

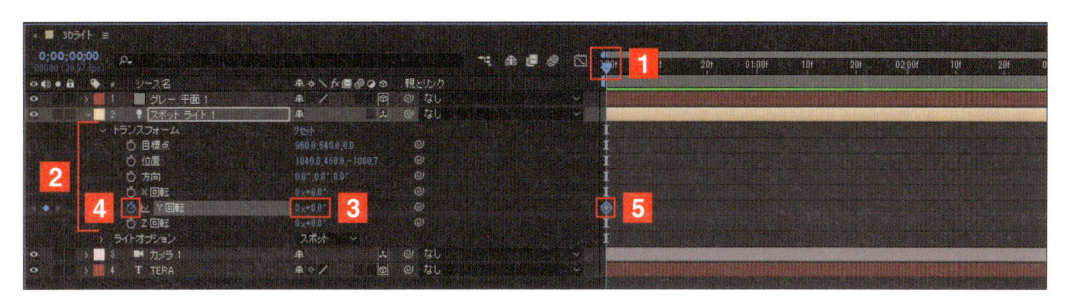

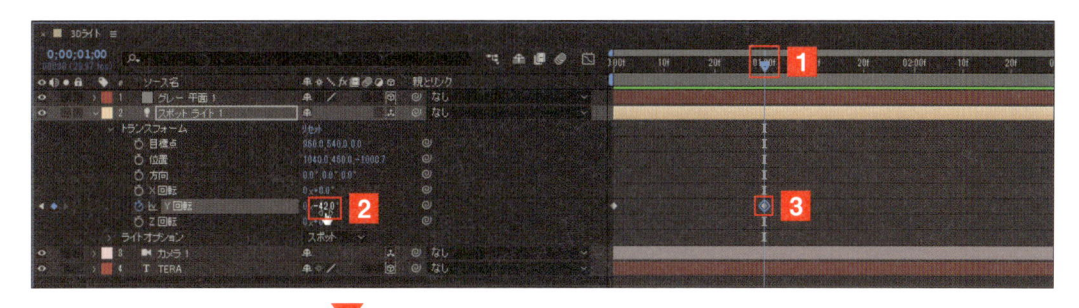

5 ライトを回転させる

時間インジケーターを1秒（01:00f）
の位置に合わせ**1**、「Y回転」の角度を
ライトがテキストの左側に振るように変
更します**2**。タイムラインには、自動的
にキーフレームが設定されます**3**。

6 ライトを右に回転させる

時間インジケーターを2秒（02:00f）の位置に合わせ**1**、今度は「Y回転」の角度を、ライトがテキストの右側に振るように変更します**2**。タイムラインには、自動的にキーフレームが設定されます**3**。

7 キーフレームをコピー＆ペーストする

先に作成した3個のキーフレームをすべて選択して、[Ctrl]（Macは[command]）+ [C]キーでコピーします**1**。これを、時間インジケーターを3秒の位置に合わせ**2**、[Ctrl]（Macは[command]）+ [V]キーでペーストします**3**。これでアニメーションの完成です。完成ファイルは「CH-08-Finish-05.aep」です。

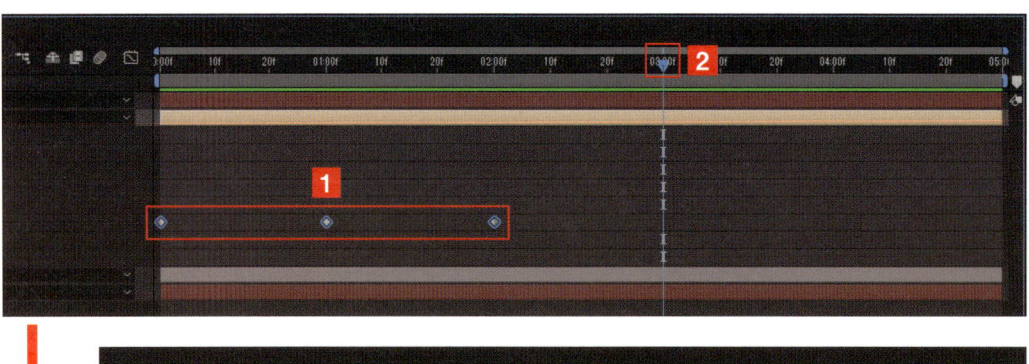

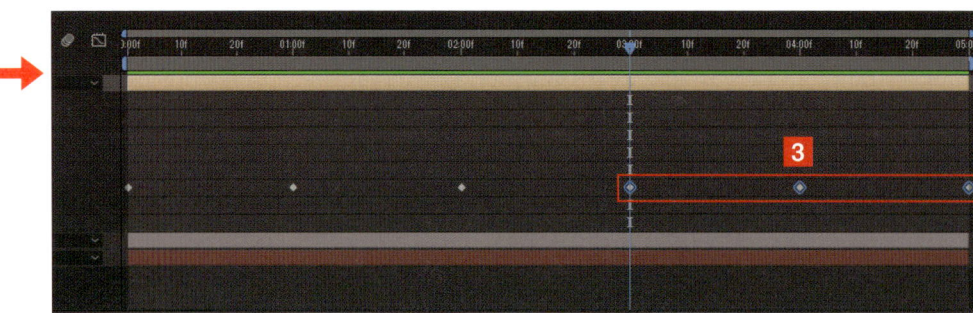

12 3D 空間のホログラム用 テキストを作成する

動画を利用して、ホログラム的なアニメーションを作成してみましょう。最初にホログラムで利用するテキストデータから作成します。

サンプルファイル ▶ CH-08-12.aep、CH-08-Finish-06.aep

▶ 枠とテキストを作成する

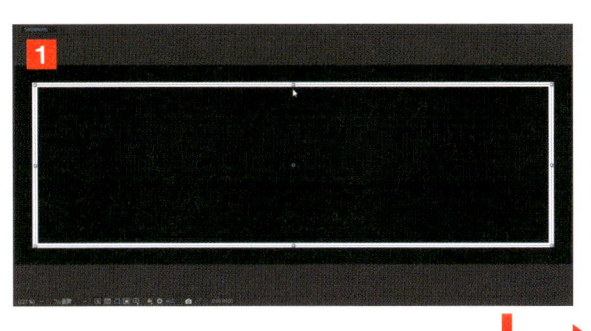

1 シェイプレイヤーを作成する

新規コンポジションとして「CH-08-12.aep」を開きます。コンポジション名は「SNOWMAN」です。長方形ツールでシェイプを作成します **1**。作成したら、シェイプレイヤーの「コンテンツ」右にある「追加」から、「パスのトリミング」を選択して適用します **2**。

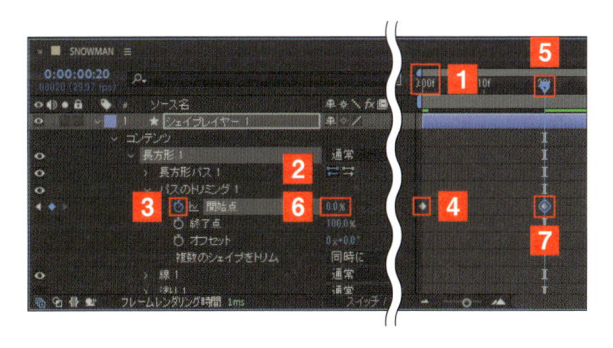

2 「開始点」のアニメーションを設定する

時間インジケーターを 0 秒に合わせ **1**、「コンテンツ」→「長方形 1」→「パスのトリミング」→「開始点」→「100％」と設定し **2**、ストップウォッチをクリックしてアニメーションをオンにします **3**。これでキーフレームが設定されます **4**。さらに時間インジケーターを 20 フレームに合わせ **5**、「開始点」のパラメーターを「0％」と変更します **6**。キーフレームが設定されたのを確認してください **7**。このあと、キーフレームは F9 キーでイージーイーズを設定します。

3 シェイプを複製してテキストを入力する

「シェイプレイヤー 1」を選択して Ctrl（Mac は command ）＋ D キーでシェイプレイヤーを複製します **1**。テキストを入力します（ここでは「SNOWMAN」。サイズは自由ですが、「塗り」は「なし」、「ストローク」は「あり」で、適当な太さで作成します **2**。

4　点滅のアニメーションを設定する

テキストが表示される際、点滅するように「不透明度」でアニメーションを設定します。テキストレイヤーを選択して T キーを押し、「不透明度」を表示して以下のように 10 フレーム目から 2 フレーム間隔で設定します。**1** アニメーションをオン、**2** 0%、**3** 100%、**4** 0%、**5** 100%。

5　「位置」のアニメーションをオンにする

3 つのレイヤーを選択して「3D レイヤー」をクリックして有効にします **1**。再生ヘッドは 20 フレームの位置に合わせ **2**、3 つのレイヤーを選択して P キーで「位置」を表示します **3**。表示されたら、ストップウォッチをクリックして、3 つともアニメーションをオンにします **4**。キーフレームが設定されます **5**。

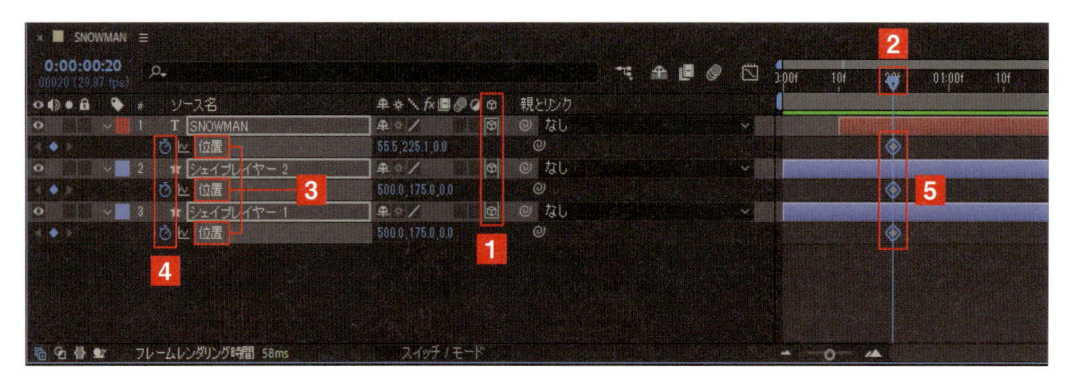

6　ライトを右に回転させる

時間インジケーターを 1 秒の位置に合わせ **1**、「シェイプレイヤー 1」の「位置」の「Z 軸」を「-70」**2** に変更してキーフレームを設定し **3**、シェイプを前に出します。時間インジケーターを 1 秒 10 フレームの位置に合わせ **4**、テキストレイヤーの「位置」の「Z 軸」を「-40」**5** に変更してキーフレームを設定して **6**、テキストをちょっとだけ前に出します。完成ファイルは「CH-08-Finish-06.aep」です。

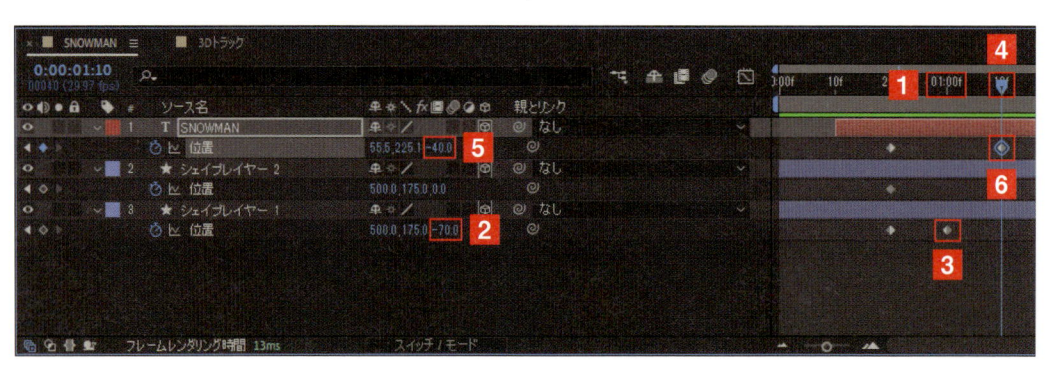

ホログラムを作成する①

テキストレイヤーを映像のカメラに合わせて立体的に合成する貯めに利用するのが、3Dトラッカーです。ここでは、3Dトラッカーの設定方法について解説します。

サンプルファイル ▶ CH-08-13.aep、0005.mp4

▶ 3Dトラッカーを適用する

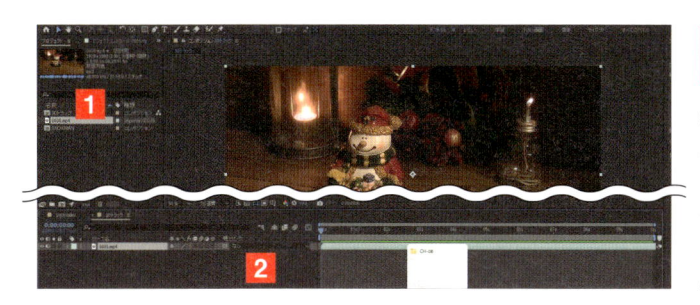

1 動画を配置する

新規コンポジションとして「CH-08-13.aep」を開きます。コンポジション名は「3Dトラック」としました。「プロジェクト」パネルに動画「0005.mp4」を読み込み**1**、コンポジションパネルかタイムラインパネルにドラッグ&ドロップして配置します**2**。

2 3Dトラッカーを適用する

「エフェクト&プリセット」から「3D カメラトラッカー」を検索して**1**、レイヤーに適用するか、[ウィンドウ]メニュー→[トラッカー]を選択してパネルを表示し、[3D カメラ]をクリックします。分析が開始されます**2**。

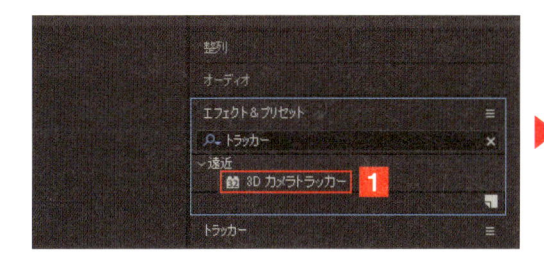

3 分析が終了する

分析が終了すると、「カメラを解決中」と表示され**1**、その後、カラフルな「トラッキングポイント」というものが表示されます**2**。

4 「平面とカメラを作成」を選択する

トラッキングポイント上をマウスでドラッグすると丸い円が表示されます**1**。これは3点以上のトラッキングポイントを選ぶと表示されるのですが、適当なポイントを選んで右クリックし、表示されたメニューから［平面とカメラを作成］をクリックします**2**。

CHECK

メニューで「ヌルとカメラを作成」を推奨する解説が多いのですが、この後の作業がピックウィップでの親子関係の設定、「位置」情報の修正など作業工程が多くなります。それに比較して、「平面とカメラを作成」は作業工程が少なくわかりやすいので、筆者としてはこちらをおすすめします。

5 平面が作成される

画面上に、四角形の平面が作成されます**1**。また、タイムラインパネルには、「3D トラッカーカメラ」**2**と「平面1をトラック」**3**というレイヤーが作成されます。

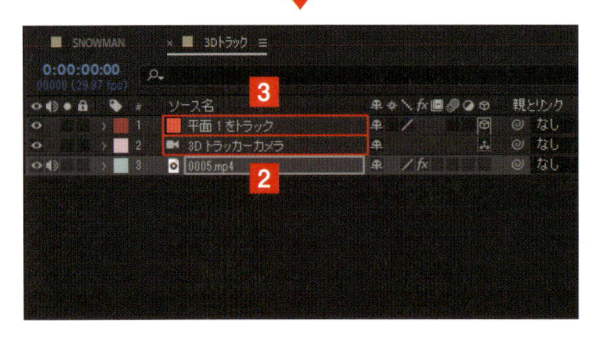

6 「スナップ」をオンにする

ツールパネルにある「スナップ」のチェックボックスをクリックして**1**、有効にしておきます。

14 ホログラムを作成する②

ここでは、ホログラム用に作成したテキストと、3Dトラックで検出した3D情報とを合成し、3D空間にテキストを配置します。

サンプルファイル ▶ CH-08-14.aep

▶ 枠のコンポジションを読み込む

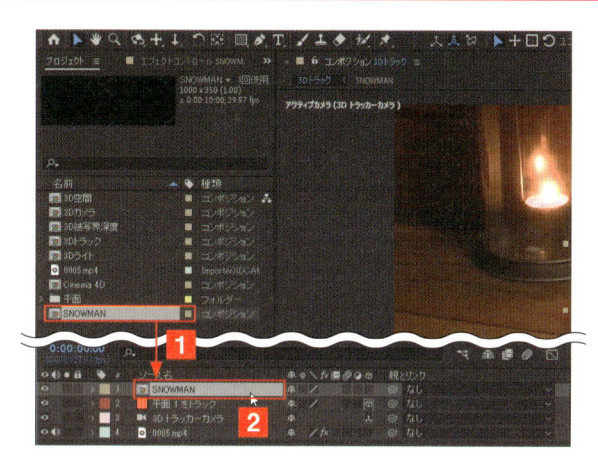

1 オブジェクトを取り込む

SECTION 12 で作成した「SNOWMAN」のコンポジションを、「3Dトラック」のタイムラインパネルにドラッグ＆ドロップで配置します**1**。配置は、レイヤーの一番上に配置します**2**。

2 3Dレイヤーをオンにする

取り込んだコンポジションの［3Dレイヤー］をオンにします**1**。これで「コンポジション」パネルには3Dハンドルが表示されます**2**。

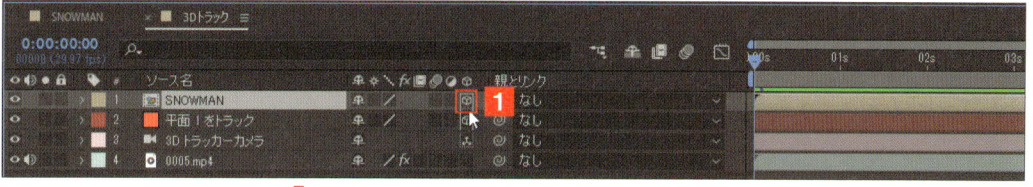

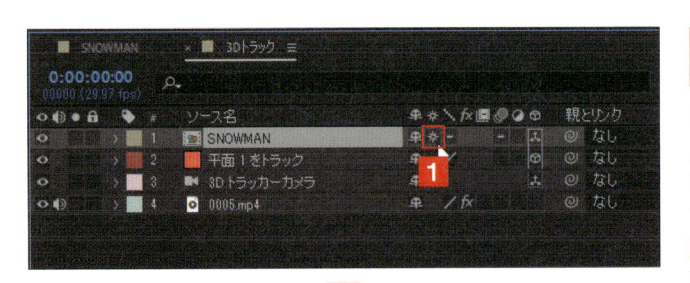

3 「コラップストランスフォーム」をオンにする

「SNOWMAN」には、立体化するアニメーションが設定されています。これを有効にするため、[コラップストランスフォーム]をクリックしてオンにします **1**。これで、立体化のアニメーションが有効になります **2**。

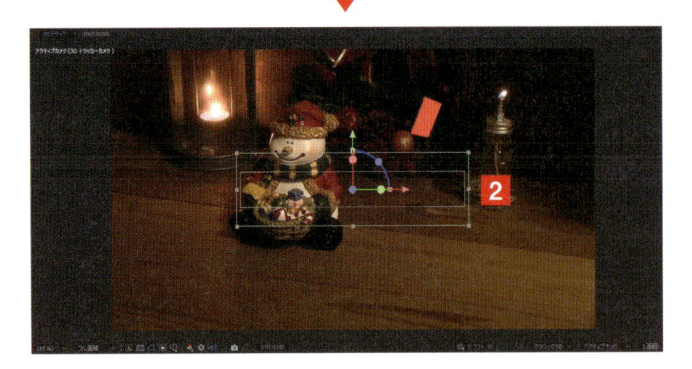

4 平面にスナップさせる

表示された 3D ハンドルを平面にドラッグすると、サイズが小さくなってピタッとスナップされます **1**。

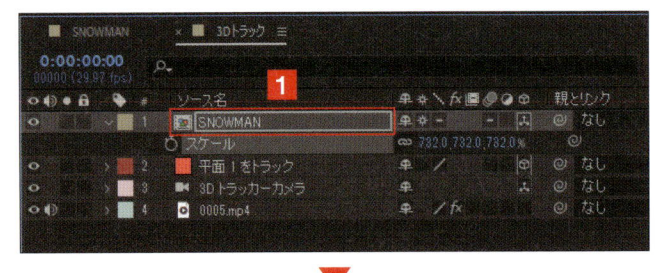

5 サイズを調整する

タイムラインパネルでレイヤーを選択して **1**、⑤ キーを押し、「スケール」でサイズを調整します **2**。

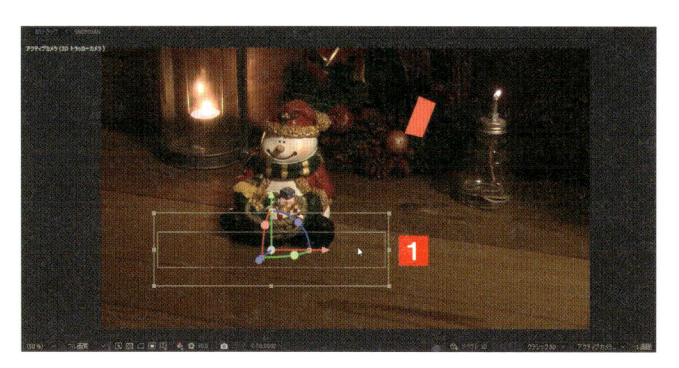

6 位置を調整する

オブジェクトをドラッグして、表示位置を調整します**1**。

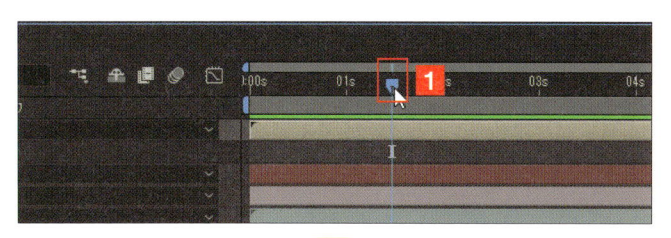

7 オブジェクトを表示する

時間インジケーターをドラッグし**1**、アニメーションが再生された状態にします**2**。

8 「回転」で向きなどを調整する

オブジェクトの 3D ハンドルをドラッグするか**1**、レイヤーを展開して「トランスフォーム」を開き、「方向」や各回転のパラメーターを調整します**2**。

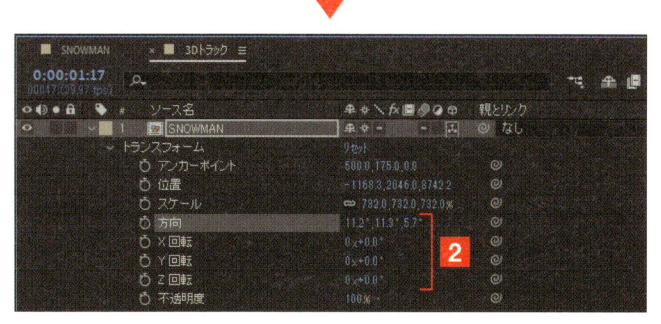

15 ホログラムを作成する③

シェイプやテキストをホログラム風に仕上げます。ここでは、シェイプやテキストに色を設定しています。

サンプルファイル ▶ CH-08-15.aep、CH-08-Finish-07.aep

▶ ホログラムを仕上げる

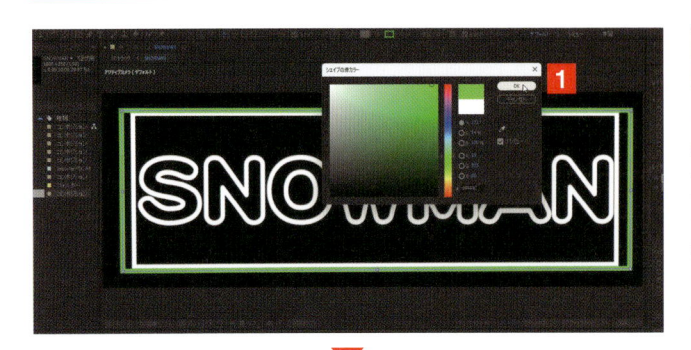

1 シェイプに色を設定する

「SNOWMAN」コンポジションに切り替え、「シェイプレイヤー 1」の色を変更します。レイヤーを選択し、ツールパネルの「線のカラー」をクリックします。表示されたカラーピッカーで色を選択します1。同様の方法で「シェイプレイヤー2」も色を変更します2。

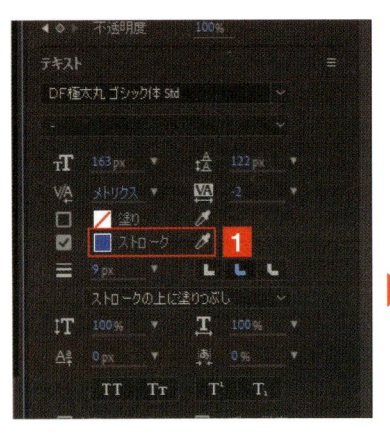

2 テキストの色を変更する

テキストの色は、テキストパネルの「ストローク」で変更します1。

CHAPTER

08

3Dを使ったアニメーション

3 色を確認する

「3D トラック」コンポジションに戻り、色を確認します**1**。気に入った色になるまで修正します。

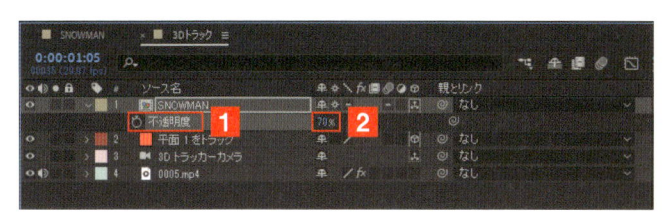

4 不透明度を調整する

「SNOWMAN」レイヤーの「不透明度」を T キーで表示し**1**、不透明度を下げます**2**。

5 レイヤーを複製する

「SNOWMAN」レイヤーを 3 つコピーし、全部で 4 つにします**1**。

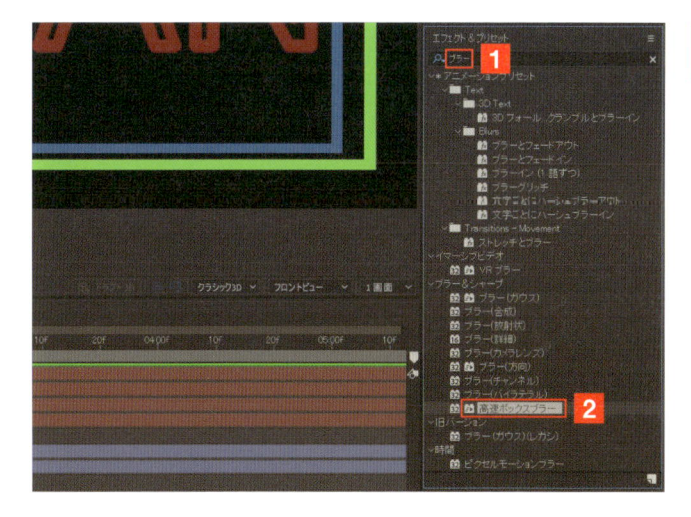

6 エフェクトを検索する

エフェクト＆プリセットパネルの検索ボックスに「ブラー」と入力し**1**、「高速ボックスブラー」を検索します**2**。

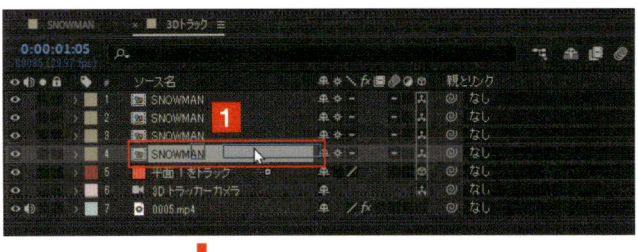

7 エフェクトを適用する

「高速ボックスブラー」を一番下の4つ目のレイヤーに適用し **1**、エフェクトコントロールパネルで「ブラーの半径」を調整します。画面では「30.0」に設定しています **2**。

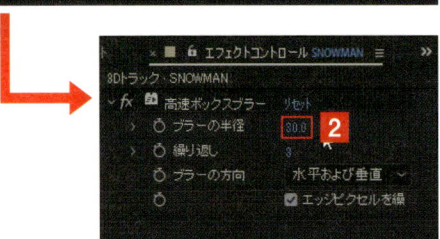

8 エフェクトをコピー&ペーストする

エフェクトコントロールパネルのエフェクト「高速ボックスブラー」をコピーします **1**。コピーしたエフェクトを、3つ目、2つ目のレイヤー名を選んでペーストします。一番上にはペーストしません。ペーストした「高速ボックスブラー」の「ブラーの半径」を調整して完成です。3つ目の「ブラー半径」は「15」 **2**、2つ目の「ブラー半径」は「5」に設定します **3**。

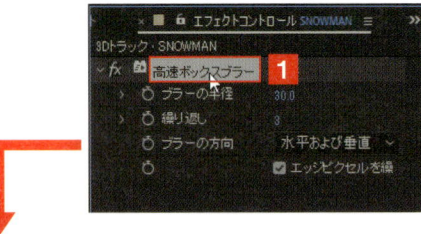

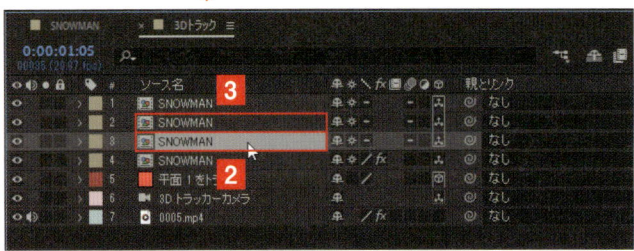

9 完成したホログラムアニメーションを確認します。

再生してホログラムアニメーションを確認します **1 2 3**。
完成ファイルは「CH-08-Finish-07.aep」です。

CHAPTER 08

3Dを使ったアニメーション

エクスプレッション の設定

01 エクスプレッションの基本

「エクスプレッション」というのは、プログラムです。そして、プログラムを勉強するために、最初に知っておくべき基本的なことが3つあります。

▶ 3つの基本的な要素

「エクスプレッション」というのはプログラムです。そのため、プログラムとして知っておかなくてはいけない要素が、「記号」「代入」「イコール」の3つあります。
また、「エクスプレッション」が何のためのプログラムかというと、次のような目的のために利用されます。

・キーフレームでの設定を自動化できる。
・アニメーションを短時間で作成できる。
・複雑なアニメーション作成もできる。
・モーショングラフィックスの作成ツールとして利用できる。

などいろいろありますが、簡単にいえば、「アニメーション作成を簡略化できる」ということです。

● **四則演算の記号**

加算：+
減算：-
乗算：*
除算：/

①計算式で使う「記号」

プログラムで利用する計算式は、「四則演算」を利用して記述します。そして、記述するときには、必ず「半角」で入力しなければなりません。

● **Aの式**

a = 5

②「代入」について

本来であれば、Aの式は
「a」は「5」と等しい
という意味になります。しかし、プログラミングの世界では、次の意味になります。
「a」に「5」を代入する
この場合の「a」は「変数」と呼ばれるもので、いろいろな値を一時的に保存できる入れ物です。そして、ここでは、
「変数aに5という値を入れる（代入する）」
という意味になります。

● **イコールの式**

a == 5;

③「イコール」について

いわゆる「イコール」（等しい）の式は、「=」を2つつなげます。
最後の「;」（セミコロン）は「プログラムが1行終わる」という意味の記号です。これを半角で入力するということも覚えておきましょう。

02

シェイプに
キーフレームを設定する

ここでは、エクスプレッションを利用する前に、シェイプをキーフレームでアニメーションをさせます。

サンプルファイル ▶ CH-09-02.aep

▶ キーフレームを設定する

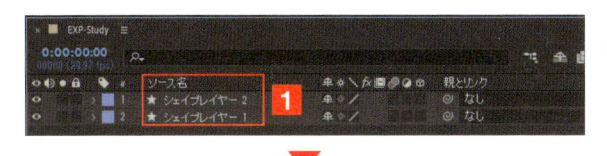

1 四角形シェイプを2つ描く

新規コンポジションとしてサンプルファイル「CH-09-02.ape」を開きます。四角形のシェイプが2つ作成されています**1**。アンカーポイントは、シェイプの中央に移動しておき、Ctrl（Macは command ）＋ D キーで複製して色を変更します**2**。

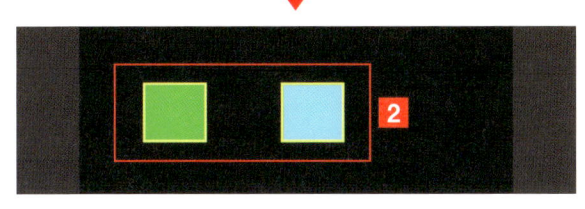

2 「回転」プロパティを表示する

R キーを押して、2つのレイヤーの「回転」プロパティを表示させます**1**。

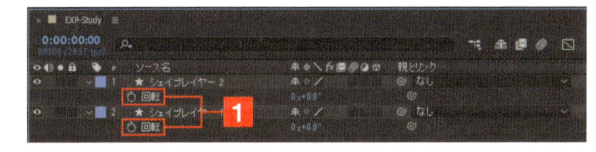

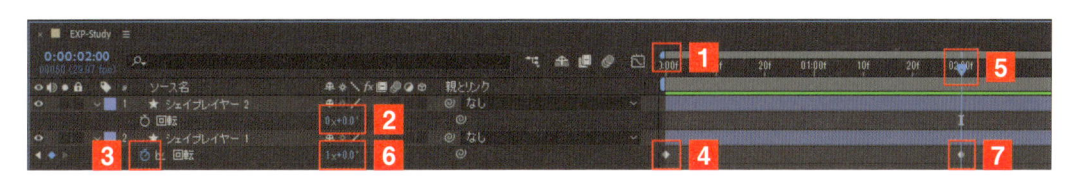

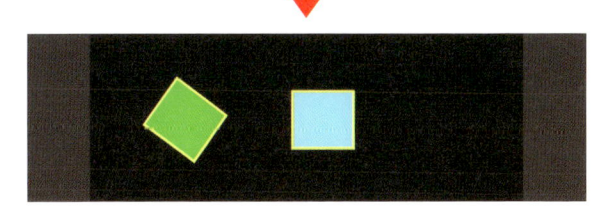

3 キーフレームで回転させる

「シェイプレイヤー1」に、0秒から2秒の間で1回転するように、以下のように設定します。

1 0秒に時間インジケーターを合わせる。
2 パラメーターが「0x+0.0°」なのを確認。
3 ストップウォッチをクリックしてアニメーションをオンにする。
4 キーフレームが設定される。
5 2秒（02:00f）に時間インジケーターを合わせる。
6 1回転（1x+0.0°）を設定する。
7 キーフレームが設定される。

03 エクスプレッションで リンクさせる

ここでは、エクスプレッションを利用して、1つのシェイプに設定したアニメーションを、他のシェイプにリンクさせる方法について学びましょう。

サンプルファイル ▶ CH-09-03.aep

▶ エクスプレッションでもう1つのシェイプにリンクさせる

1 エクスプレッション入力エリアを表示する

サンプルファイル「CH-09-03.aep」を開きます。「シェイプレイヤー 2」の「回転」のストップウォッチを、[Alt] (Macは [Option]) キーを押しながらクリックして**1**、エクスプレッションの入力エリアを表示します**2**。パラメーターが赤色に変わります**3**。

2 ピックウィップを設定する

渦巻き型のピックウィップ（エクスプレッションピックウィップ）を、「シェイプレイヤー 1」のプロパティ名「回転」の上にドラッグ＆ドロップします**1**。

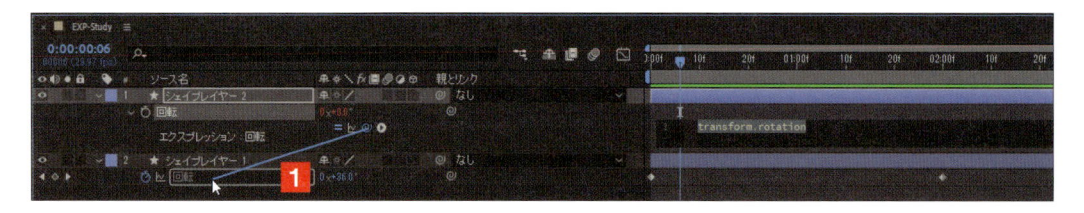

3 エクスプレッションが表示される

エクスプレッションが表示されます**1**。

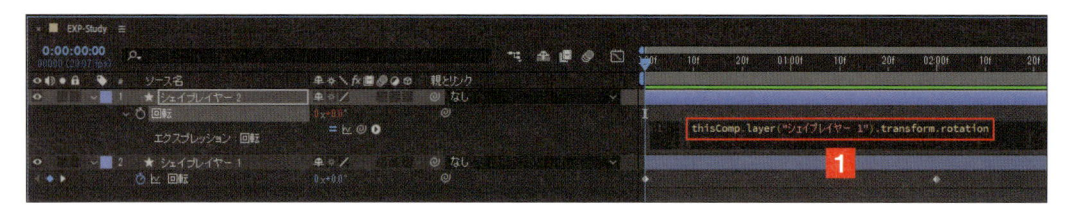

04 エクスプレッションを確認する

ここでは、先のSECTIONでシェイプに設定したエクスプレッションが、きちんと動作するかどうかを確認してみましょう。

サンプルファイル ▶ CH-09-04.aep、CH-09-Finish-01.aep

▶ エクスプレッションの動作を確認する

1 エクスプレッションを確定する

何もないところをクリックして**1**、エクスプレッションを確定します。

CHECK

ピックウィップを操作したのにエクスプレッションが表示されていない場合は、ストップウォッチ左にある矢印をクリックしてください。

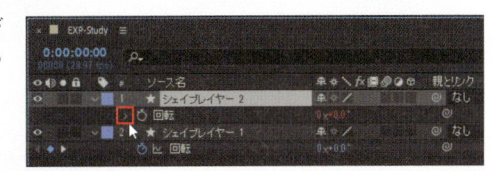

2 エクスプレッションを確認する

時間インジケーターをドラッグして、双方のシェイプが回転することを確認します**1 2**。完成ファイルは「CH-09-Finish-01.aep」です。

05 覚えておきたい エクスプレッションの操作

ここでは、設定したエクスプレッションのコピーや削除、エクスプレッションの表示方法など、基本的な操作方法について解説します。

▶ エクスプレッションの操作方法について

エクスプレッションを設定、利用する場合、最低限覚えておきたい基本操作があります。ここでは、代表的な操作方法について解説します。

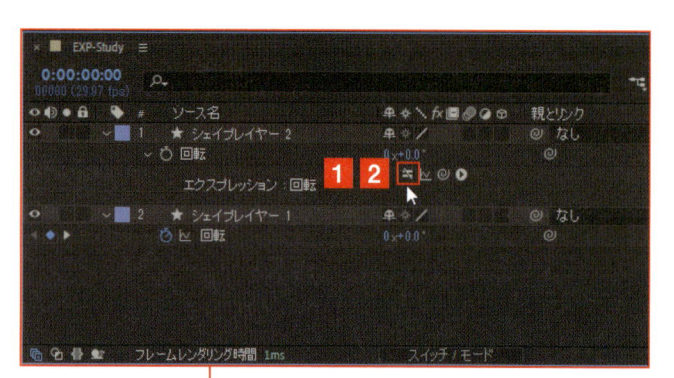

エクスプレッションの一時的なオフ

エクスプレッションを一時的にオフにしたい場合は、エクスプレッション入力エリアに表示されているアイコンから、[=] をクリックしてください**1**。斜線が入って一時的にオフになり、パラメーターの表示も青に戻ります**2**。

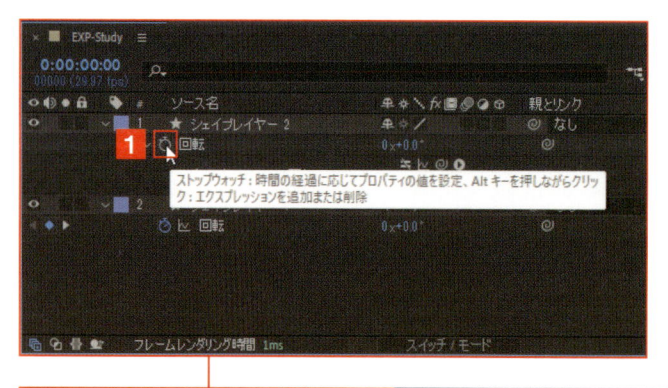

エクスプレッションの削除

設定したエクスプレッションを完全に削除したい場合は、ストップウォッチを Alt（Mac は Option ）キーを押しながらクリックしてください**1**。設定前のデフォルト状態に戻ります。

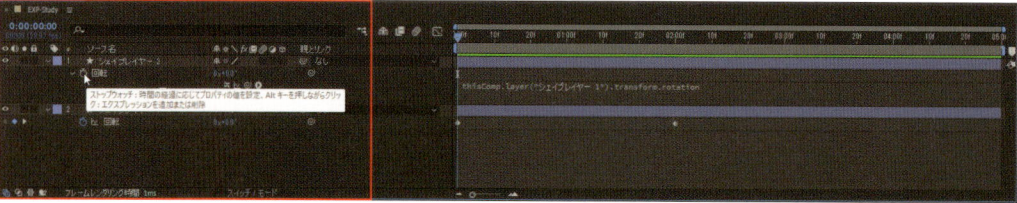

CHAPTER 09 エクスプレッションの設定

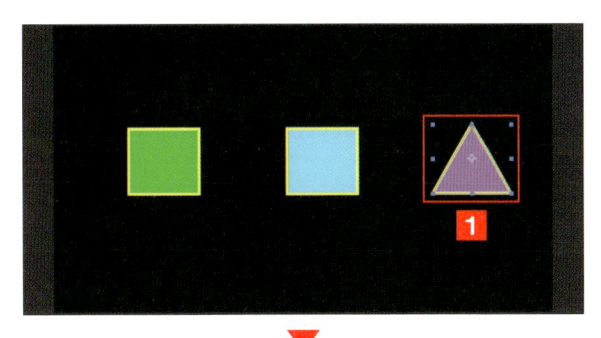

エクスプレッションのコピー

設定したエクスプレッションは、ほかのレイヤーにコピーできます。以下の操作をします。

1 シェイプを追加する。

2 エクスプレッションを選択して `Ctrl`（Mac は `command`）+ `C` キーでコピーする。

3 `Alt`（Mac は `Option`）キーを押しながらストップウォッチをクリックする。

4 `Ctrl`（Mac は `command`）+ `V` キーでペーストする。

5 何もないところをクリックして確定する。

6 3 個のシェイプが回転する。

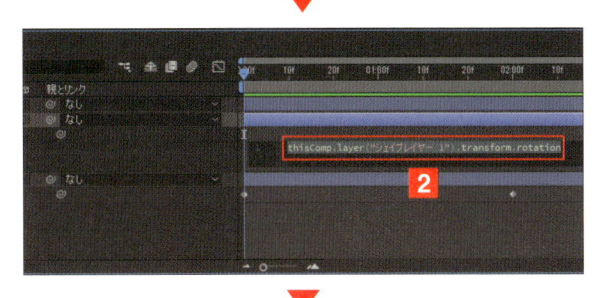

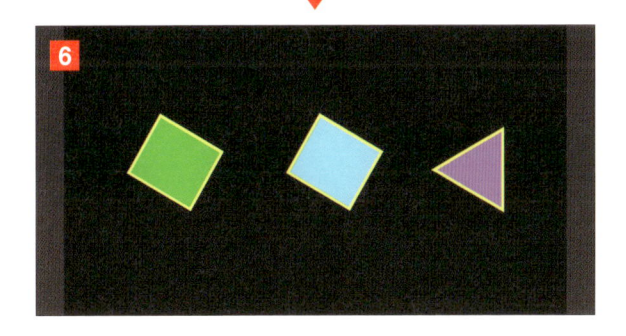

エクスプレッションの表示

複数のレイヤーにエクスプレッションを設定している場合、すべてのエクスプレッションだけ表示させる場合は、`E` キーを 2 回連続で押してください。

06 エクスプレッションの命令文

ここでは、1つのエクスプレッションの命令文を例に、命令がどのように構成されているかを学びましょう。

▶ オブジェクトを並べた命令について

エクスプレッションでは、1つの命令を「オブジェクト」といいます。通常、エクスプレッションは複数のオブジェクトをつなげて、動作を実行します。これを「命令文」といいます。

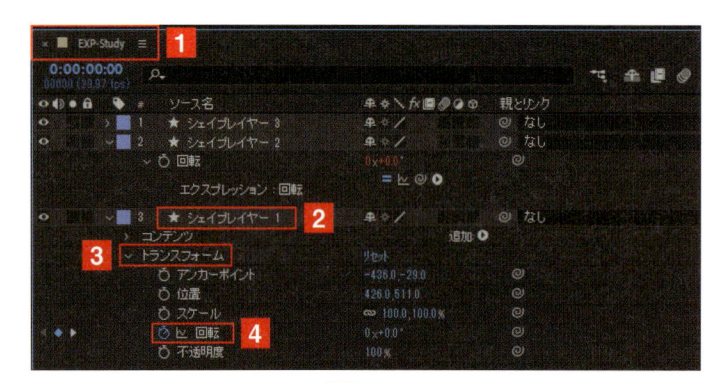

エクスプレッションの命令文

今回利用しているエクスプレッションは、4つのオブジェクトで構成されており、それぞれ以下のような意味を持っています。

1 現在のコンポジション
2 「シェイプレイヤー 1」という名前のレイヤー
3 トランスフォーム（グループ名）
4 回転

命令のつながり

それぞれのオブジェクト（命令）は、「.」（ピリオド）でつながれています。

オブジェクト1. オブジェクト2. オブジェクト3・・・・

命令の意味

「.」を「～の」と読むとエクスプレッションの指示が理解できます。ここでは、

- 「現在のコンポジション（EXP-Study）」**の**
- 「シェイプレイヤー 1」という名前のレイヤー**の**
- 「トランスフォーム」**の**「回転」を参照している

という意味になります。「参照している」というオブジェクトはありませんが、エクスプレッション自体が参照するという機能を持っています。

POINT

「引数」について

プログラミングでは、「layer（"シェイプレイヤー 1"）」のように（ ）の中にある情報を「引数」といいます。引数は、「Layer」などの命令（コマンド）が計算や処理に利用するデータという意味になります。

ラクダとキャメルケース

this + Comp

エクスプレッションのオブジェクト名は、基本的に小文字のアルファベットです。ただ、オブジェクトによっては、大文字のものもあります。今回の例でいえば「thisComp」ですね。これは、実は1語ではなく、2語でできています。

「this」は「この」「これ」で、「Comp」は「Composition」（コンポジション）です。このように2語を接続する場合は、2語目の先頭は大文字にするというエクスプレッションルールがあります。これを「キャメルケース」ともいいますが、キャメルは「ラクダ」のことで、ラクダのこぶのように大文字が使われてるからということでしょう。

正しい候補を表示している

大文字、小文字のエラー

「thisComp」ですが、たとえば大文字を小文字で入力すると**1**、エラーが表示されます**2**。ここでは、「thiscomp という命令は定義されていない」とエラーが表示されます**3**。この場合では、エラーが表示されたら、小文字の「c」を大文字の「C」に変更すれば、エラーが消えます。

エラーが表示される

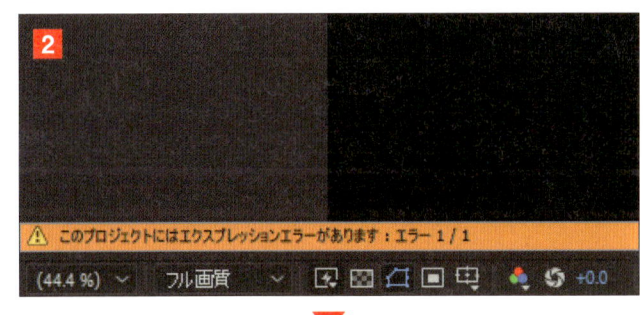

エクスプレッションをクリックすると、エラーの詳細が表示される

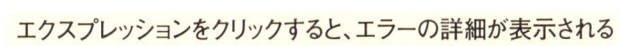

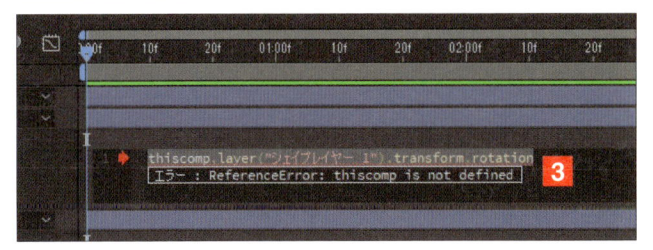

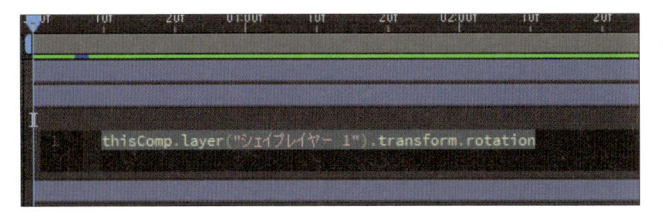

文字の色とダブルクォーテーション

エクスプレッションの中に、「" シェイプレイヤー 1"」とダブルクォーテーションで囲まれたピンクの文字があります。これは、「オブジェクトではなく文字列」というメッセージです。

07 エクスプレッションに
エクスプレッションを設定する

リンクによってプロパティのパラメーターを設定するほか、エクスプレッションでは、自分自身にエクスプレッションを設定することもできます。プロパティが自分で自分を管理することです。

サンプルファイル CH-09-07.aep

▶ 自分の値を利用する

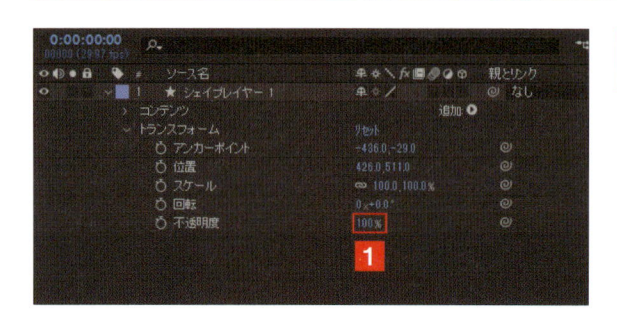

1 「不透明度」の
デフォルト値を確認する

サンプルファイル「CH-09-07.aep」を開きます。シェイプを作成した場合、そのシェイプの「不透明度」のデフォルト値は「100％」です**1**。

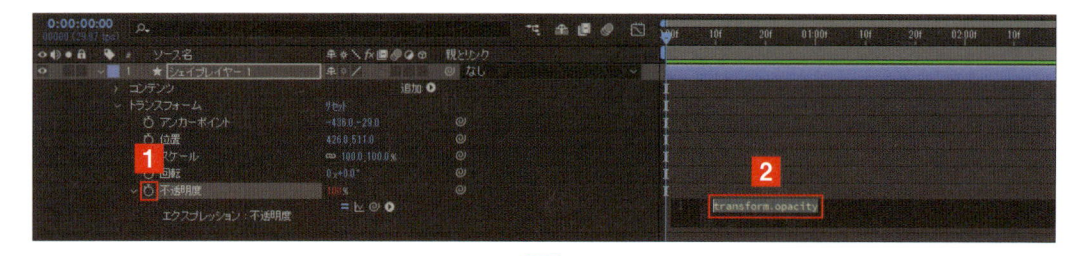

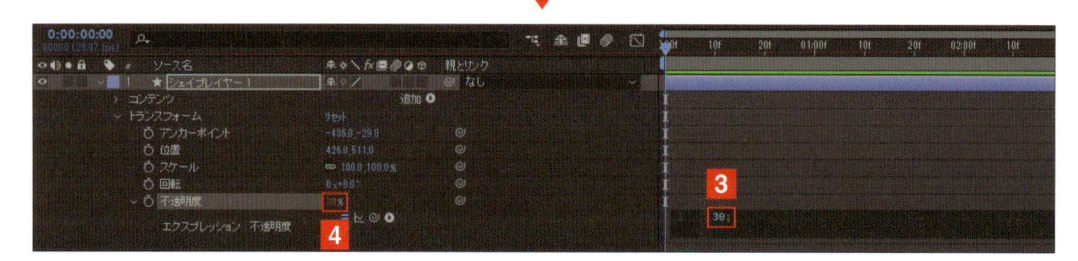

2 エクスプレッションを入力する

「不透明度」のエクスプレッションを Alt （Macは Option ）キーを押しながらクリックして開くと**1**、「transform.opacity」と表示されています**2**。これは、「自分自身」という意味です。この場所に「30;」と入力すると**3**、パラメーターが「30」に変更され、「不透明度」も「30％」に変更されます**4**。

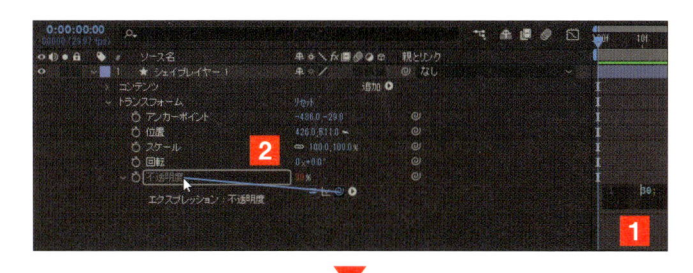

3 オブジェクト自身を挿入する

入力した「30;」の前にカーソルを合わせ **1**、ピックウィップを自分の「不透明度」にドラッグしてください **2**。「transform.opacity30;」と表示されるので、「30」の前に「-」（マイナス記号）を入力します **3**。これで、パラメーターは「70」に変わります **4**。

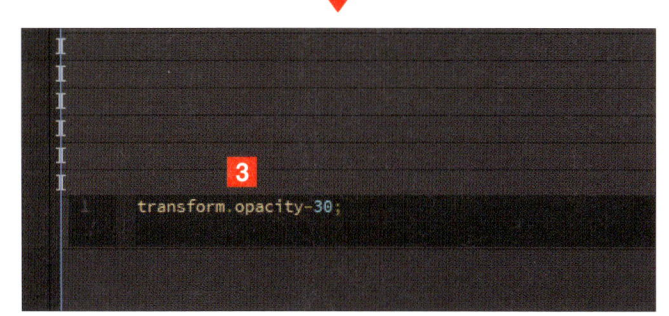

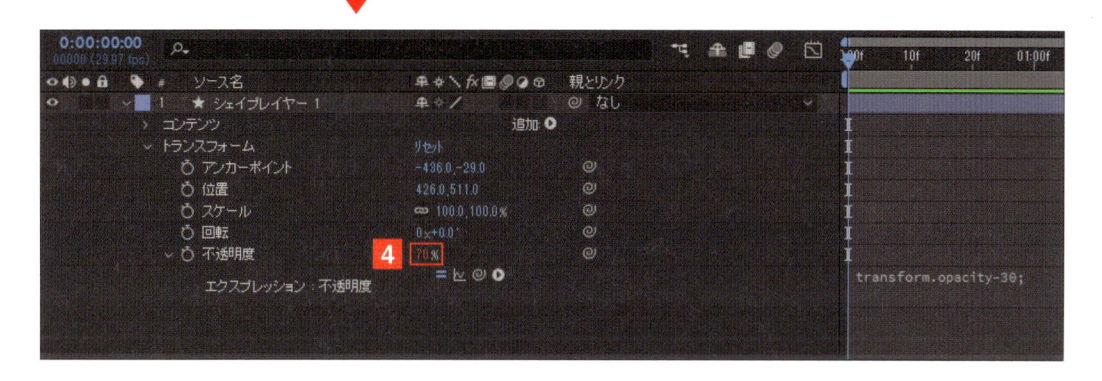

4 「value」に変更する

「transform.opacity-30;」という表示部分の「transform.opacity」を「value」に変更します **1**。

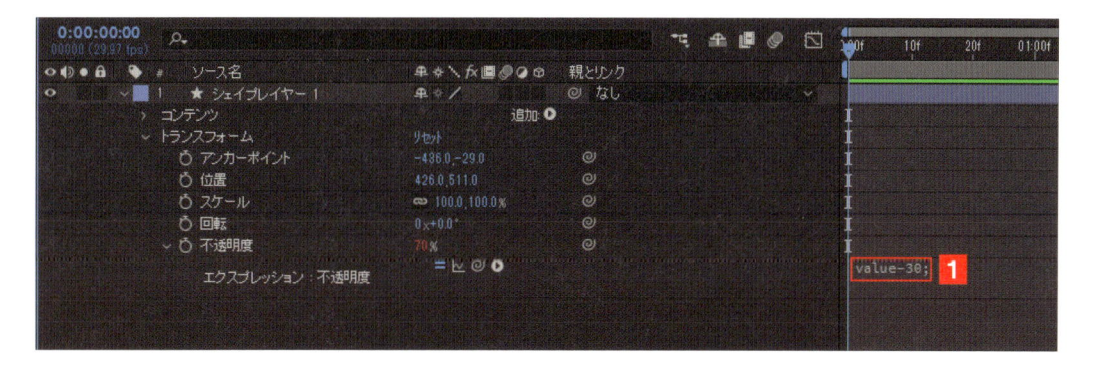

CHECK

「value」に変更しても、エラーは表示されません。この「value」というのは「自分自身の値」という意味で、ここにはデフォルトの「100」が記録されています。したがって、「100-30」で「70」と表示されるのです。

08 エクスプレッションの エラー表示を修正する

エクスプレッションを設定する場合、設定値は必ずX軸、Y軸の2次元の値を持っている必要があります。2次元でないとエラーが表示されます。

サンプルファイル CH-09-08.aep

▶ エクスプレッションは2次元であること

1 「位置」に値を入力する

「CH-09-08.aep」を開きます。「位置」のストップウォッチを Alt （Mac は Option ）キーを押しながらクリックして **1**、エクスプレッション追加を開き、「transform.position」を「960;」と変更します **2**。

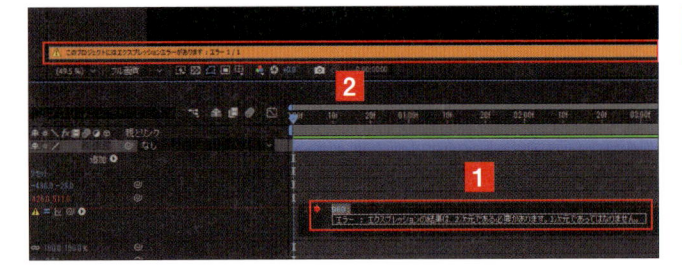

2 エラーが表示される

入力して確定すると、エラーが表示されます **1** **2**。このエラーの意味は、エクスプレッションは1次元ではなく、2次元なければならないということです。

3 入力を変更する

次のように入力変更します。「960」と「540」を「,」（半角のカンマ）でつなげ、それを ［ ］（ブラケット）で囲みます **1**。これでエラーが消えます。また、シェイプは70％の不透明度で画面の中央に表示されます **2**。

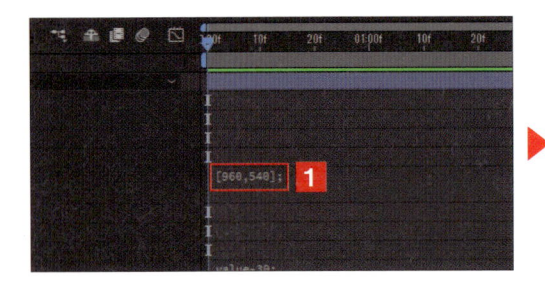

09 2次元で「value」を利用する

「value」というのは、レイヤーの各プロパティが持っている「値」のことを指しています。そして、valueは2次元である必要があります。

サンプルファイル ▶ CH-09-09.aep、CH-09-Finish-02.aep

▶ 「Value」に変更する

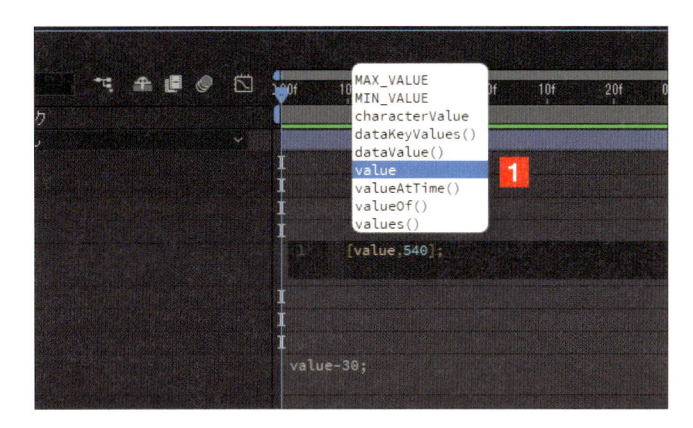

1 「value」を利用する

サンプルファイル「CH-09-09.aep」を開きます。不透明度と同じように、SECTION 08で設定した「位置」の数値の1つ「960」を [value] に変更します**1**。

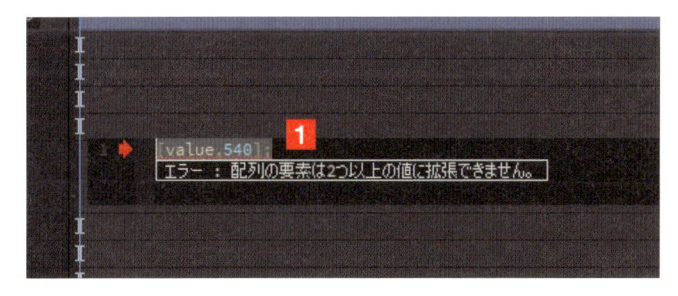

2 エラーが表示される

片方の数値を「value」と変更すると、エラーになります**1**。

CHECK

「配列の要素は2つ以上の値に拡張できません」とあります。この意味は、「要素は2つでなければならない」ということです。

3 記述を変更する

ここでは、記述方法を「value」に「0」という値に設定変更してみました。これでエラー表示が消えます**1**。完成ファイルは「CH-09-Finish-02.aep」です。

10 「wiggle」の機能について

エクスプレッションの「wiggle」を利用すると、オブジェクトに「揺れ」を追加することができます。揺らす対象は、「位置」や「不透明度」など自由です。

● 「wiggle」の機能と使い方

「wiggle」は、「位置」や「回転」などのプロパティが利用するパラメーターに、ランダムな数値を代入してくれるエクスプレッションです。最もよく利用されるのが、「揺れ」や「震え」を追加する使い方です。基本的に、どのようなプロパティにも利用できます。

ここではイラストが揺れる方法をご紹介していますが、たとえばパラメーター値を変更することで、テキストがブルブルと震えるようなアニメーションなども作成できます。

wiggle([1秒間に動く回数],[揺れ幅])

「wiggle」の書式

「wiggle」では引数を2つ利用し、「一秒間に動く回数」が左、右に動くときの「揺れ幅」をピクセルで指定します。

「wiggle」のアニメーション例

下のアニメーションは、サンプル「CH-09-Finish-03.aep」のランダムに移動するアニメーションです。エクスプレッションの設定方法は、次の SECTION 11 で解説しています。

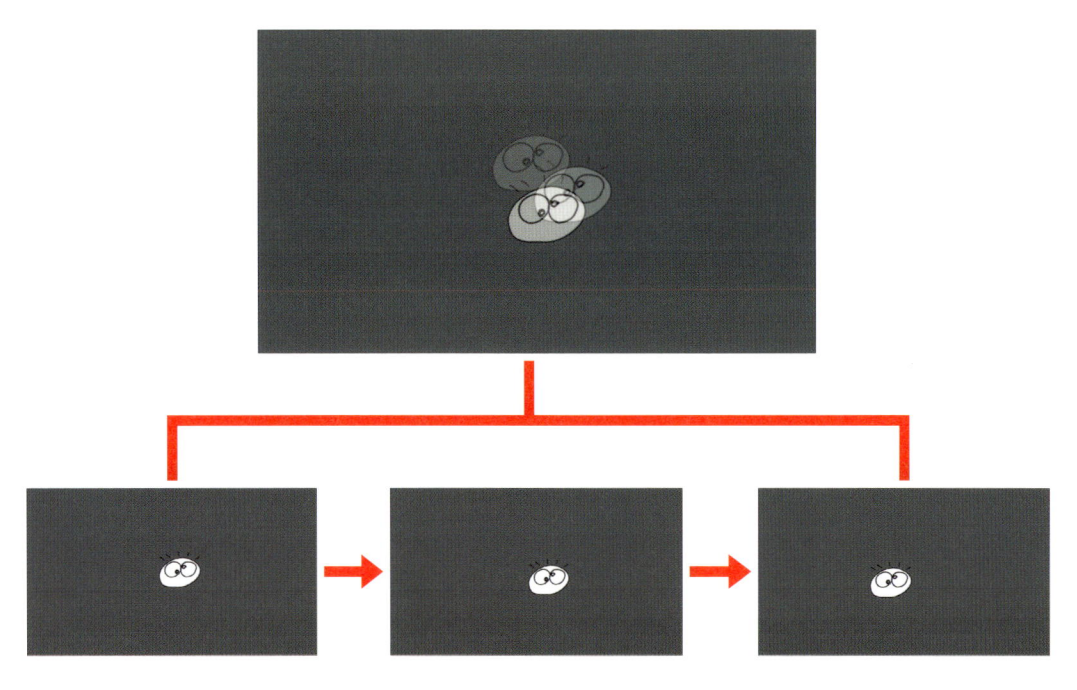

11 「wiggle」を利用する

イラストを揺らす効果を設定する手順を解説します。なお、イラスト自体にエクスプレッション
を設定するとずっと揺れたままになるため、レイヤーを分割してエクスプレッションを設定します。

サンプルファイル CH-09-11.aep、Ramune.png、CH-09-Finish-03.aep

▶ 「wiggle」でランダム移動するアニメーションを作成する

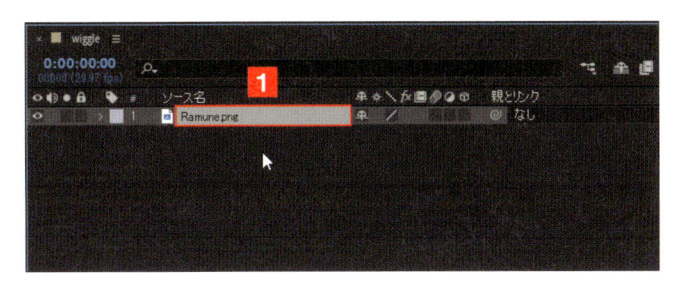

1 イラストを配置する

新規コンポジションとしてサンプル
「CH-09-11.aep」を開きます。利用し
たいイラスト「Ramune.png」をプロ
ジェクトパネルに読み込み、タイムライ
ンパネルにドラッグ&ドロップして配置
します**1 2**。

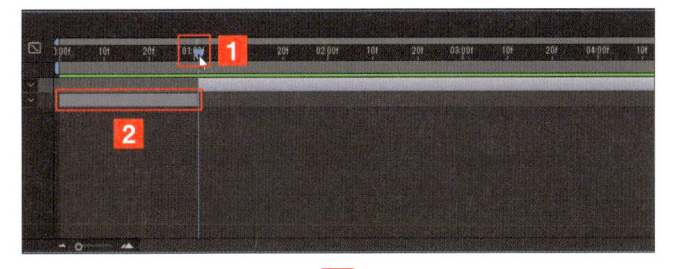

2 レイヤーを分割する

レイヤーを分割したい位置（ここでは
1秒の位置）に時間インジケーターを
合わせ**1**、Ctrl（Mac は command）+
Shift + D キーで分割します**2**。さら
に、2秒の位置でも分割します**3**。

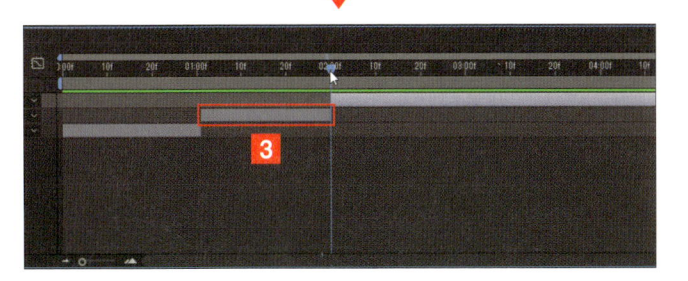

3 「位置」を表示する

エクスプレッションを設定したいレイヤーを選択して**1**、[P] キーを押し、「位置」を表示します**2**。

4 エクスプレッションを開く

「位置」の左にあるストップウォッチを、[Alt]（Mac は [Option]）キーを押しながらクリックして**1**、エクスプレッションの設定領域を開きます**2**。

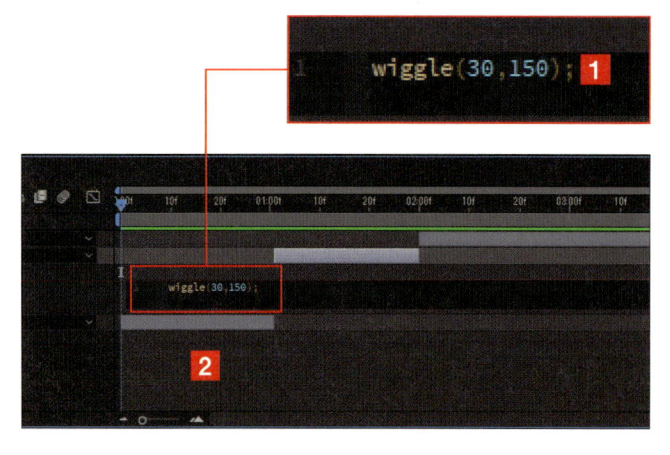

5 エクスプレッションを追加する

エクスプレッションに「wiggle(30,150);」と入力します**1**。何もないところクリックして**2**、エクスプレッションを確定します。利用する引数は（30，150）で、「1 秒間に 30 回、数値 150（ピクセル）の幅で揺らぐ」という意味になります。

CHECK

エクスプレッションの入力時、ある程度の文字数を入力すると、「オートコンプリート」が機能して、エクスプレッションの候補が表示されます。該当するエクスプレッションがあれば、表示された候補をダブルクリックして入力できます。

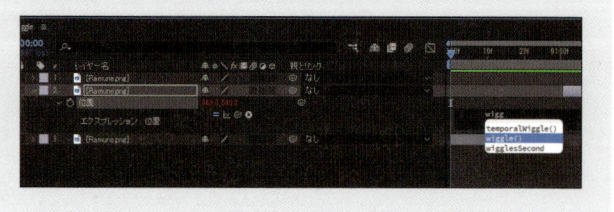

6 アニメーションを確認する

プレビューか時間インジケーターをドラッグして、アニメーションを確認します **1** **2** **3**。

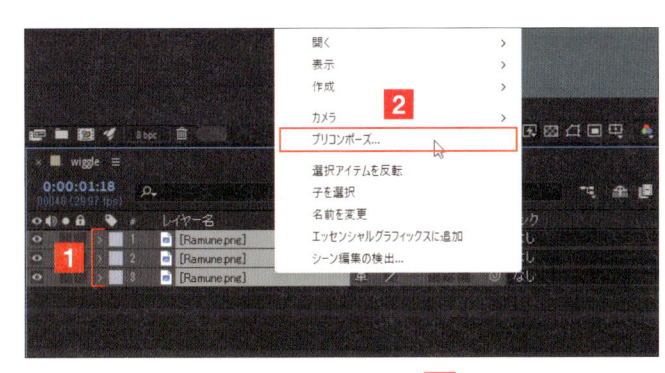

7 プリコンポーズする

ほかのアニメーションと併用する、あるいは Premiere Pro で利用するといった場合、利用しやすいようにプリコンポーズしておきます。すべてのレイヤーを選択して **1**、右クリックして表示したメニューから［プリコンポーズ］を選択します **2**。「プリコンポーズ」ダイアログボックスで、「新規コンポジション名」に「wiggle」の設定値を記載すると **3**、効果がわかりやすくなります **4**。なお、ほかの設定は画面の通りにします。完成ファイルは「CH-09-Finish-03.aep」です。

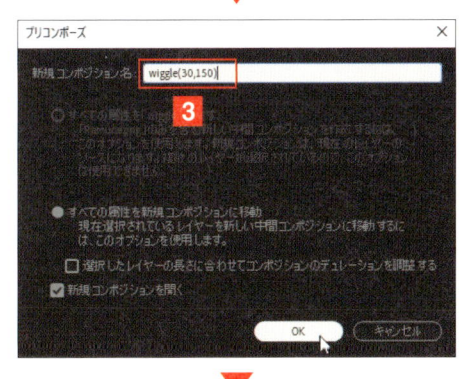

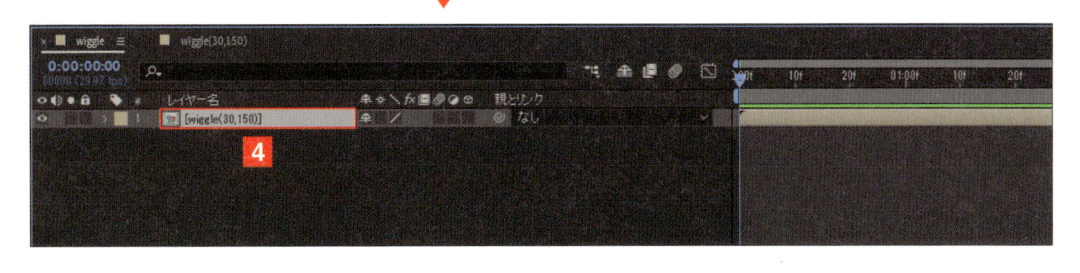

12 「time」の機能について

「time」も、非常によく使われるエクスプレッションです。たとえば、動きや変化をずっと続けたいというようなシーンでの利用に適しています。

▶ 「time」の機能と使い方

「time」は、「位置」や「回転」などのプロパティで同じ動作や変化をエンドレスで継続させたいときに利用すると便利なエクスプレッションです。たとえば、位置を一定速度で変えたい、色を一定速度で変化させたい、あるいはイラストを回転させたいといったときに利用します。また、time 単独で利用するのはもちろん、他のエクスプレッションと組み合わせて利用することも多いです。

time * <数値>

「time」の書式

「time」では、移動や回転などをする場合、一定速度で移動、回転するための数値を指定します。

「time」のアニメーション例

このアニメーションは、サンプル「CH-09-Finish-04.aep」のその場で回転するアニメーションです。エクスプレッションの設定方法は、次の SECTION 13 で解説しています。

13 「time」を利用する

イラストを1回転させる動作を指定し、その回転をずっと続けるというアニメーション作成を例に、timeの使い方を解説します。なお、3Dレイヤーを利用し、3次元空間での回転を実行しています。

サンプルファイル ▶ CH-09-13.aep、Ramune.png、CH-09-Finish-04.aep

▶ 「time」で回転するアニメーションを作成する

1 イラストを配置する

新規コンポジションとして「CH-08-13.aep」を開きます。利用したいイラスト「Ramune.png」をプロジェクトパネルに読み込み、タイムラインパネルにドラッグ&ドロップして配置します**1**　**2**。

2 3Dレイヤーを オンにする

「タイムライン」パネルで「3Dレイヤー」のスイッチをオンにします**1**。

3 「回転」を表示する

エクスプレッションを設定したいレイヤーを選択して R キーを押し、「回転」を表示します。3Dレイヤーがオンなので**1**、4つの回転用プロパティが表示されます**2**。X、Y、Z回転で、どの軸を回転させるかを決めます。

4 エクスプレッションを開く

ここでは、Y軸で回転させたいので、「Y回転」の左にあるストップウォッチを、Alt（Mac は Option）キーを押しながらクリックして**1**、エクスプレッションの設定領域を開きます**2**。

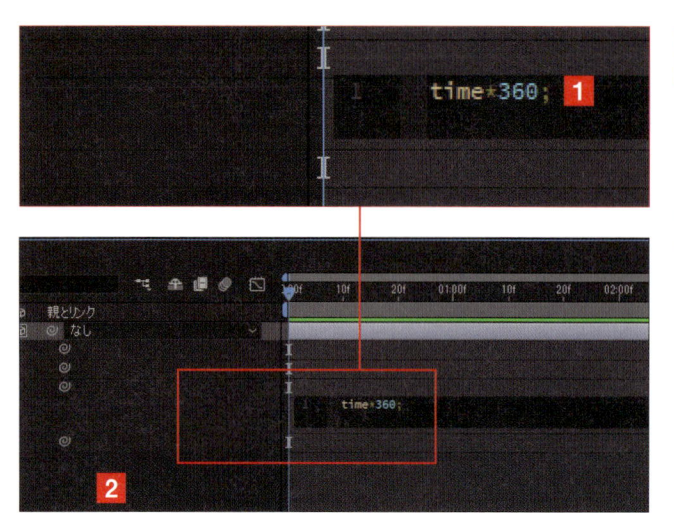

5 エクスプレッションを追加する

エクスプレッションに「time*360;」と入力します**1**。この意味は「1秒間に360度回転する。すなわち、1秒で1回転する。」です。入力したら、何もないところクリックして、エクスプレッションを確定します**2**。

CHECK

逆回転させたい場合は、次のようにエクスプレッションを入力します。
-time*360

6 アニメーションを確認する

プレビューか時間インジケーターをドラッグして、アニメーションを確認します**1 2 3**。完成ファイルは「CH-09-Finish-04.aep」です。

POINT

「time」数値の指定方法
「time」では数値にいくつかの指定方法があります。たとえば、今回のように「回転」に利用した場合、以下のような指定方法が利用できます。

・**1秒間で1回転する**
 time*360；

・**2秒間で1回転する**
 time*360/2；

・**2秒間の動きを繰り返す（指定した間隔の動作を繰り返す）**
 time%2*360；

CHAPTER 09 エクスプレッションの設定

「loopOut」の機能について

「loopOut」は、キーフレームを利用して作成したアニメーションを繰り返すときに便利なエクスプレッションです。

▶ 「loopOut」の機能と使い方

「loopOut」は、キーフレームを利用して設定したアニメーションを、繰り返し（ループ）利用したいときに使われます。なお、繰り返しのタイプには4タイプあり、目的に応じて適したタイプを利用します。

「loopOut」の書式

「loopOut」の書式は下に解説した通りですが、何を何回繰り返すかをイメージしながら設定します。

> **loopOut(type="cycle", numKeyframes=0)**
>
> type：ループのタイプ
>   numKeyframes：ループする範囲を指定。繰り返したいキーフレームの数で指定する。「0」だとすべてのキーフレーム範囲をループするので、この場合は指定する必要はない。

ループのタイプ：cycle

最初のキーフレームから最後のキーフレームまで実行すると、最初のキーフレームに戻って繰り返します。一般的なループです。

ループのタイプ：pingpong

最初のキーフレームから最後のキーフレームまで実行すると、最後から最初のキーフレームに逆戻りするタイプです。

ループのタイプ：continue

最初のキーフレームから最後のキーフレームまで実行すると、最後のキーフレームの動きをそのまま継続します。たとえば、左から画面中央まで移動するキーフレームアニメーションを作り loopOut を適用すると、中央で止まらずに右端まで移動を続けます。なお、2番目の引数は利用できません。

ループのタイプ：offset

1つのループが終了すると、そこから次のループを実行します。たとえば、階段を上から1段降りるような動きを作ると、その1段の動きを繰り返して階段を降りるアニメーションが作成できます。

「pingpong」のアニメーション例

以下のアニメーションは、サンプル「CH-09-Finish-05.aep」のその場で左右に移動し続けるアニメーションです**1 2 3**。エクスプレッションの設定方法は、このあとの SECTION 15 で解説しています。

15 「loopOut」を利用する

イラストが1秒で左から右へ山なりに移動するアニメーションをキーフレームで作成し、それをエクスプレッションで繰り返すアニメーションを作成します。

サンプルファイル ▶ CH-09-15.aep、Ramune.png、CH-08-Finish-05.aep

▶ 「loopOut」で山なりな動きを作成する

1 イラストを配置する

新規コンポジションとして「CH-09-15.aep」を開きます。利用したいイラスト「Ramune.png」を「プロジェクト」パネルに読み込み、「タイムライン」パネルにドラッグ＆ドロップして配置します**1****2**。

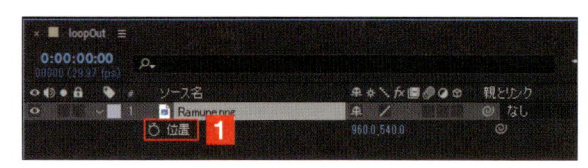

2 「位置」を表示する

エクスプレッションを設定したいレイヤーを選択して P キーを押し、「位置」を表示します**1**。

3 キーフレームアニメーションのスタートを作成する

以下の設定をします。
1 時間インジケーターを0秒に合わせる。
2 イラストをフレームの左下に移動する。
3 ストップウォッチをクリックしてアニメーションをオンにする。
4 キーフレームが設定される。

CHAPTER

09

エクスプレッションの設定

4 キーフレームアニメーションのエンドを作成する

1秒後のアニメーション終了の設定を、以下のように行います。
1 時間インジケーターを1秒（01:00f）に合わせる。
2 イラストをフレームの右に移動する。
3 キーフレームが設定される。

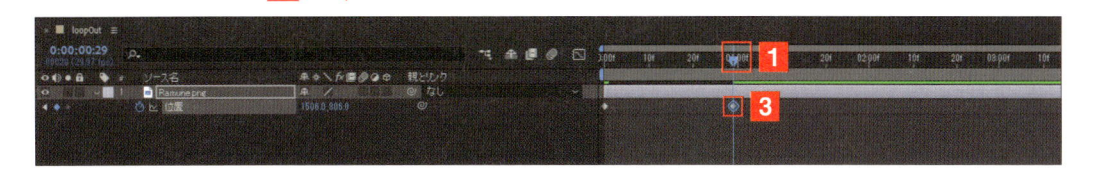

5 山なりな移動を設定する

再生ヘッドを0秒と1秒の中間に合わせ 1、イラストを上にドラッグします 2。タイムラインにはキーフレームが設定されます 3。

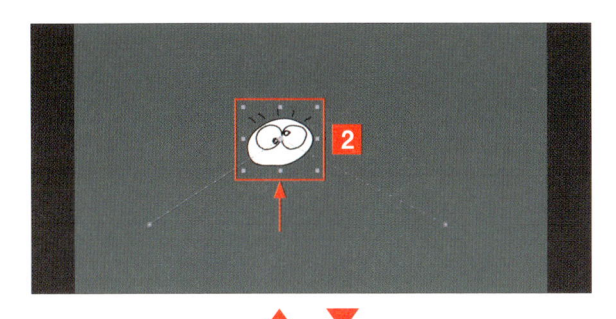

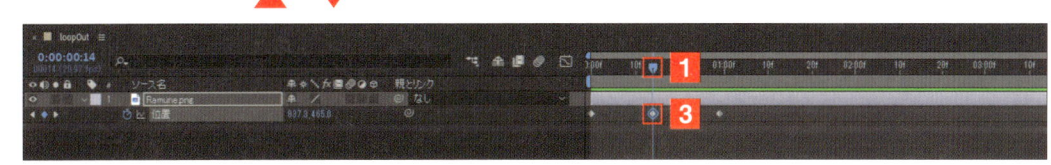

6 山なりを「ベジェ」に変更する

山なりのパス（道順）が鋭角なので、これをベジェの曲線に変更します。山の◎ハンドルを右クリックし 1、表示メニューから［キーフレーム補間法］をクリックします 2。表示された「キーフレーム補間法」ダイアログボックスで 3、「空間補間法」を［ベジェ］と選択して 4、［OK］をクリックします 5。これで、パスが曲線に変更されます 6。

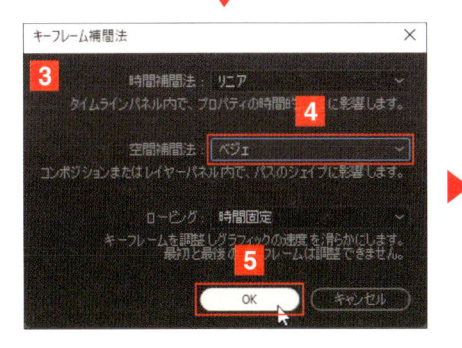

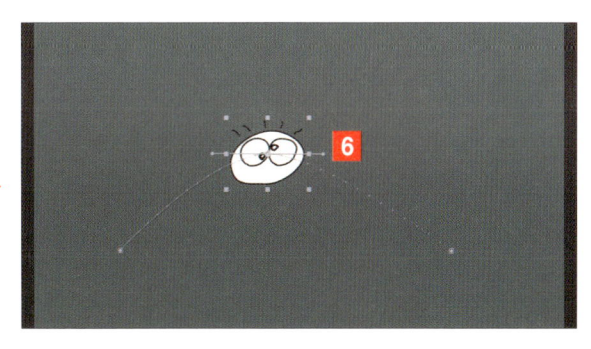

7 エクスプレッションを追加する

「位置」の左にあるストップウォッチを、[Alt]（Mac は[Option]）キーを押しながらクリックして
1、エクスプレッションの設定領域を開きます。「エクスプレッション言語メニュー」を利用して入力します。エクスプレッションアイコンの▶をクリックし2、[Property]→[loopOut(type="cycle", numKeyframes=0)] を選択します3。このとき、最後の「;」を忘れないようにします4。

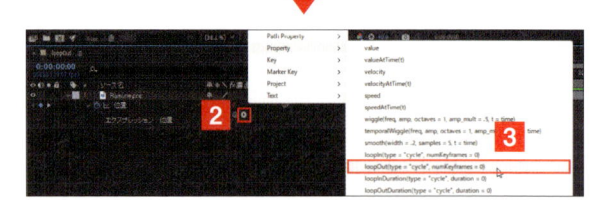

CHECK

「エクスプレッション言語メニュー」は古くから搭載されているエクスプレッションの入力エディターで、今回のように引数の多い場合、入力ミスを防ぐことができます。

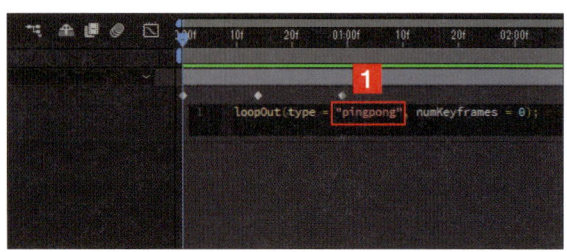

8 ループのタイプを変更する

ループのタイプ「type」が「cycle」なので、これを「pingpong」に変更します1。変更したら、何もないところをクリックしてエクスプレッションを確定します。

9 アニメーションを確認する

プレビューか時間インジケーターをドラッグして、アニメーションを確認します1 2 3。完成ファイルは「CH-09-Finish-05.aep」です。

POINT

ループタイプ「offset」
「offset」を利用すると、たとえば1つだけ下に降りるようなアニメーションを作成すると、最後のキーフレーム位置からループします。階段を降りるようなアニメーションが簡単に作れます。

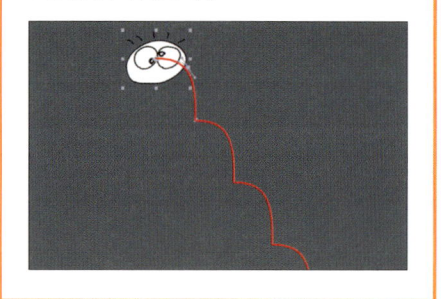

CHAPTER 09 エクスプレッションの設定

16 エクスプレッションを キーフレームに変換する

エクスプレッションのアニメーションをキーフレームとして出力することができます。これにより、レイヤーの数や位置に変更があっても、アニメーションが影響を受けなくなります。

サンプルファイル ▶ CH-09-16.aep

▶ エクスプレッションをキーフレームに変換する

1 プロパティを選択する

「CH-09-16.aep」を開きます。キーフレームとして出力したいエクスプレッションが設定されているプロパティを選択します**1**。

2 コマンドを選択する

[アニメーション] メニュー→ [キーフレーム補助] → [エクスプレッションをキーフレームに変換] を選択します**1**。

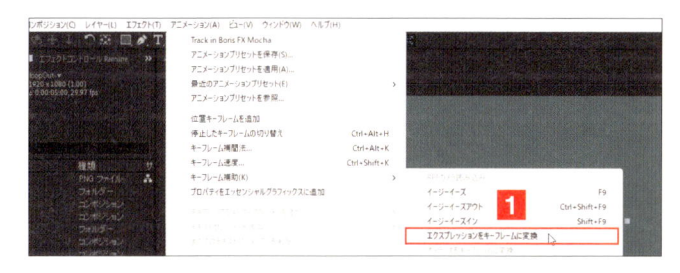

3 キーフレームが 作成される

タイムラインパネルにはキーフレームが作成されます**1**。コンポジションパネルのパスにも、キーフレームが表示されます**2**。

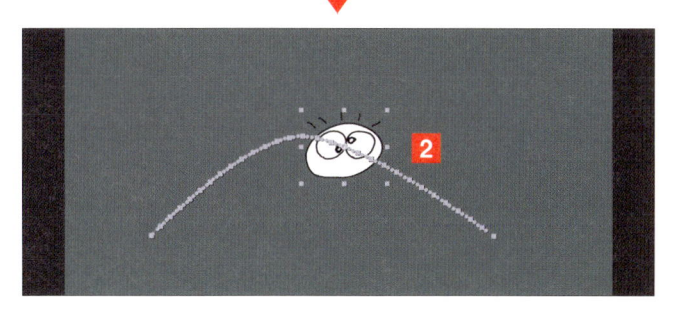

17 エクスプレッションを プリセットとして登録する

プロパティに設定したエクスプレッションをプリセットとして After Effects に登録できます。登録したプリセットは、他のフッテージに即座に適用できます。

サンプルファイル CH-09-17.aep

▶ エクスプレッションをプリセットとして登録する

1 プロパティを選択する

サンプルファイル「CH-09-17.aep」を開きます。エクスプレッションを入力してあるプロパティを選択します**1**。そのプロパティが属するプロパティグループ（「トランスフォーム」など）でも OK です。

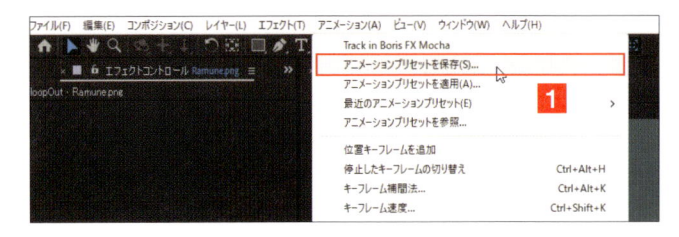

2 「保存」を選択する

[アニメーション] メニュー→ [アニメーションプリセットを保存] を選択します**1**。

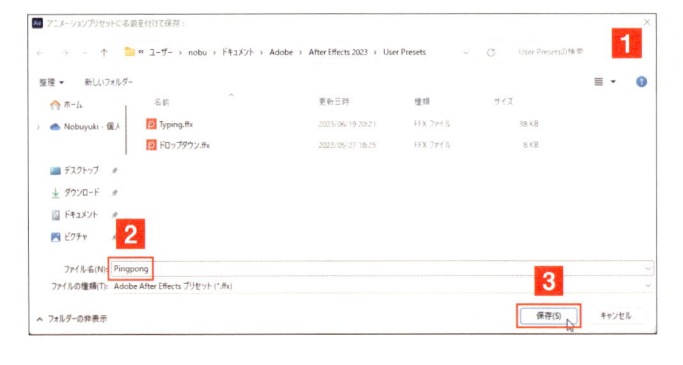

3 保存先とファイル名を入力する

保存のダイアログボックスが表示されるので**1**、保存先フォルダーを選択してファイル名を入力し**2**、[保存] をクリックします**3**。これで保存完了です。ここでは、ファイル名は「Pingpong」としています。

CHECK

プリセットの保存先はどこでもOK ですが、使いやすいのはデフォルトの「User Presets」でしょう。特に問題がなければ、デフォルトのまま利用しましょう。

18 エクスプレッションを プリセットとして適用する

プリセットとして登録したエクスプレッションを、タイムラインパネルに読み込んだ素材に適用してみましょう。

サンプルファイル ▶ CH-09-18.aep、Ramune.png

▶ プリセットを適用する

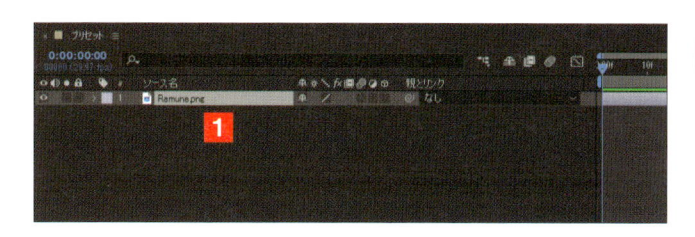

1 素材を配置する

サンプルファイル「CH-09-18.aep」を開いて、サンプル「Ramune.png」をタイムラインパネルに配置します **1**。SECTION 15 の手順 **1** と同じ状態です。

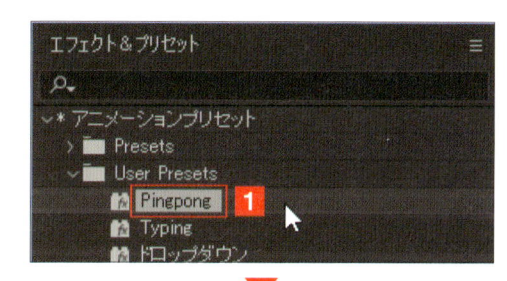

2 プリセットを選択する

エフェクト＆プリセットパネルで「アニメーションプリセット」→「User Presets」を開いて、SECTION 17 で登録したプリセットを選択します **1**。「タイムライン」パネルのレイヤーに、プリセットを適用します **2**。

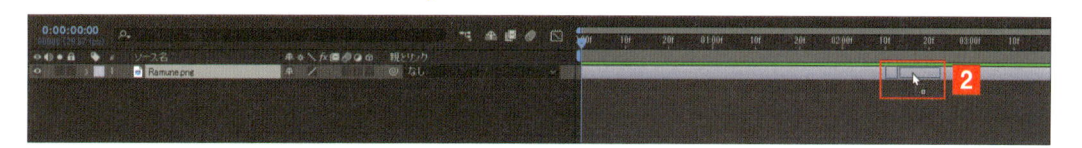

3 プリセットが適用される

プリセットが適用されました **1**。エクスプレッションも適用されています **2**。

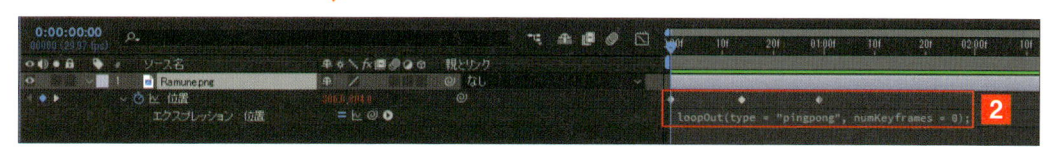

19 エクスプレッションをプリセットとして削除する

登録したプリセットが不要になったら、これを削除します。ただし、後々必要になる可能性もあるので、別のフォルダーにコピーしておくことをおすすめします。

● プリセットを削除する

1 プリセットを選択する

エフェクト & プリセットパネルで、削除したいプリセットを選択します**1**。

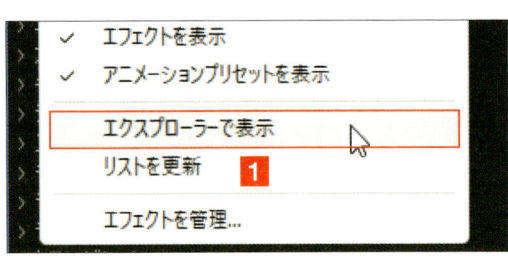

2 表示を選択する

パネルメニューから［エクスプローラーで表示］（Macは［Finder で表示］）を選択します**1**。

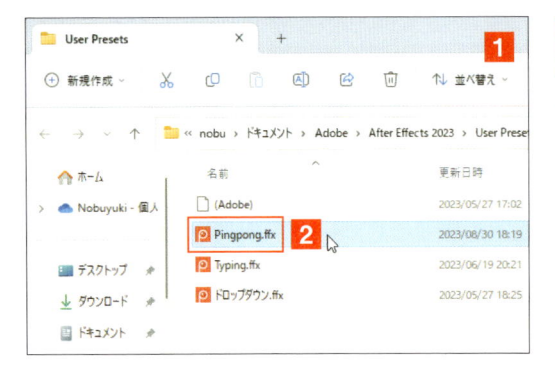

3 プリセットを削除する

「User Presets」ダイアログボックスが表示されるので**1**、削除したいプリセットファイルを選んで**2**、Delete キーで削除します。再利用したい場合は、別のフォルダーに移動しておきます。

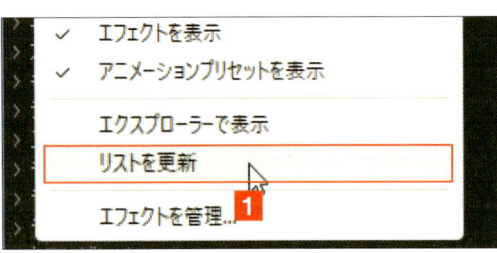

4 リストを更新する

パネルメニューから［リストを更新］を選択します**1**。これで削除は完了です。

出力と連携

動画ファイルを出力する

After Effectsから動画ファイルを出力する最も一般的な方法が、ここで紹介するMedia Encoderからの動画ファイルの出力です。

▶ MP4形式の動画ファイルを出力する

1 コンポジションを表示する

動画ファイルとして出力したいコンポジションをダブルクリックして表示し**1**、タイムラインパネルを選択しておきます**2**。

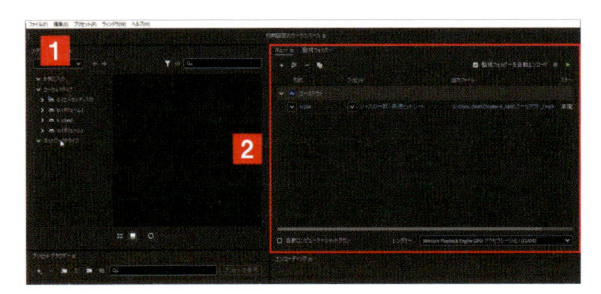

2 Media Encoderを起動する

［ファイル］メニュー→［書き出し］→［Adobe Media Encoderキューに追加］を選択します。Media Encoderが起動し**1**、「キュー」には選択したコンポジションが出力待ち状態で登録されます**2**。

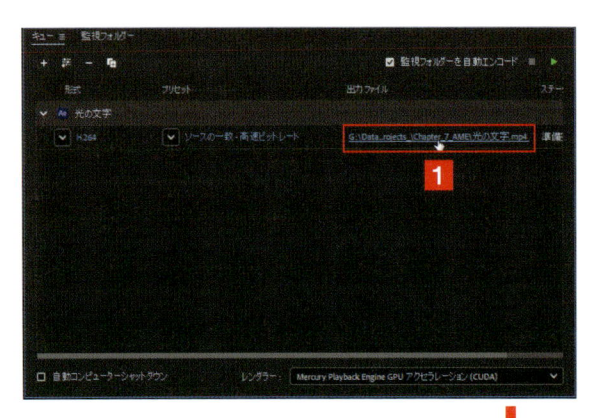

3 出力先を確認する

動画ファイルの出力先を確認します。「出力ファイル」に青文字で表示されているので、変更したい場合はクリックして変更します**1**。「別名で保存」ダイアログボックスが表示され、ファイルの保存先**2**、ファイル名**3**を変更できます。変更したら［保存］をクリックします**4**。

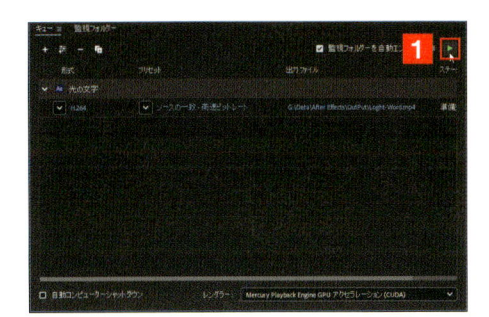

4 エンコードが開始される

緑色▶の［キューを開始］をクリックすると**1**、エンコードが開始され、画面下側に進捗状況が表示されます**2**。

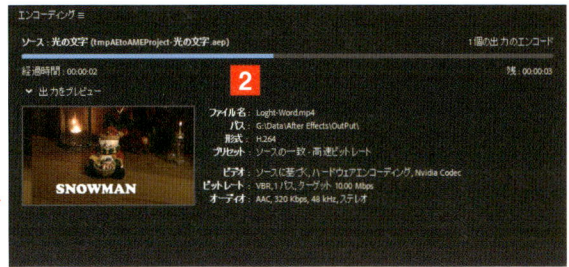

5 エンコードを終了する

エンコードが終了すると「ステータス」に「完了」と表示され**1**、指定した出力先には動画ファイルが出力されています。

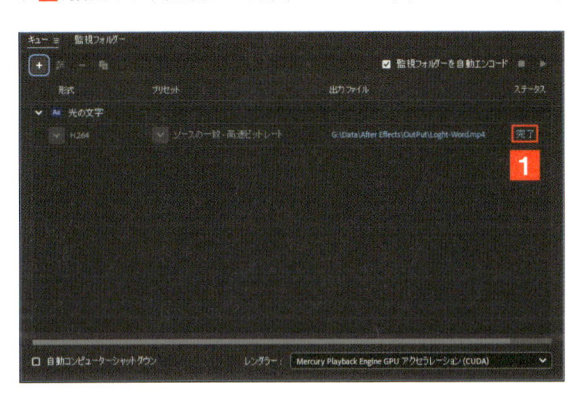

6 動画ファイルを再生して確認する

出力された動画ファイルを再生して、確認します**1**。

POINT

動画ファイルとエンコード

正確には「MP4」は動画データではなく「コンテナファイル」という動画と音声を入れるための「器」です。編集を終えた動画と音声データはとても大きなサイズで、これをそのままファイルとして出力するのは厳しいため、これを一度「圧縮」して「MP4」という入れ物に入れています。

このデータを圧縮することを「エンコード」といい、圧縮したデータを元に戻すことを「デコード」といいます。そして、エンコード、デコードを行うためのプログラムを「コーデック」といいます。

また、コンテナファイルには「MP4」（.mp4）、「MPEG2」（.mpg）、「MOV」（.mov）、「AVI」（.avi）などがあります。代表的な映像のコーデックには「H.264」「H.265」（H.264 の次世代形式）、音声コーデックには「AAC」があります。

ちなみに、「MP4」のコンテナファイルには「H.264」「AAC」が入れられているので、ビデオ編集ソフトでトラックに配置すると、映像と映像と音声データの両方が配置されます。

02 GIFアニメを出力する

GIFアニメは、動画ファイルというより、GIF形式という画像ファイルの一種です。Webサイトなどで利用されるケースの多いデータ形式です。

▶ GIF形式でファイルを出力する

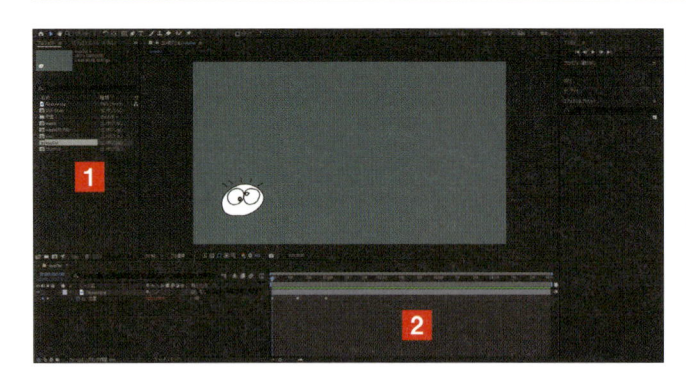

1 コンポジションを表示する

動画ファイルとして出力したいコンポジションをダブルクリックして表示し**1**、タイムラインパネルを選択しておきます**2**。

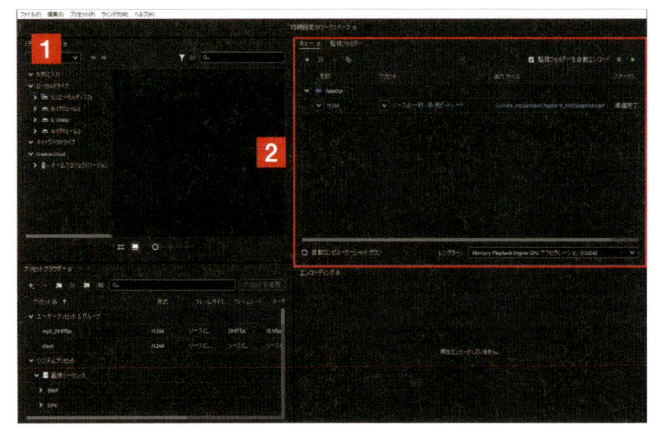

2 Media Encoderを起動する

[ファイル]メニュー→[書き出し]→[Adobe Media Encoder キューに追加]を選択します。Media Encoderが起動し**1**、「キュー」には選択したコンポジションが出力待ち状態で登録されます**2**。

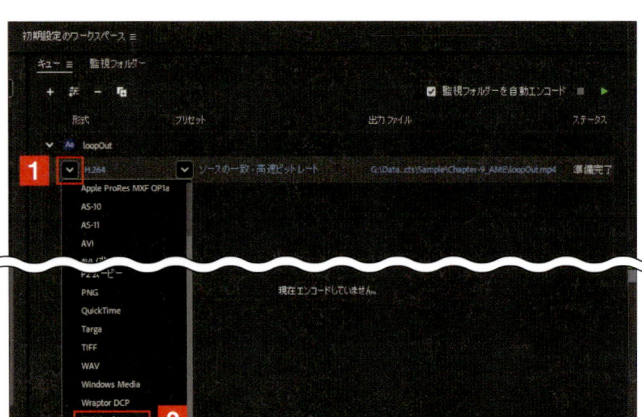

3 コーデックを選択する

登録された出力データの左にあるコーデックの[∨]をクリックし**1**、表示されたプルダウンメニューから、一番下にある[アニメーションGIF]をクリックします**2**。

CHAPTER 10 出力と連携

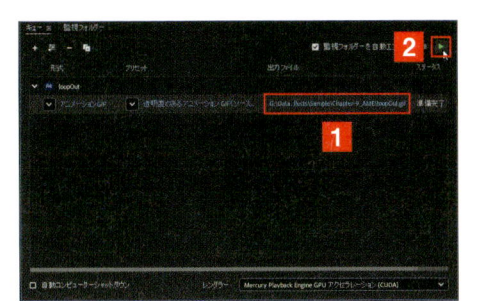

4 エンコードが開始される

GIFアニメの出力先を確認したら**1**、緑色▶の [キューを開始] をクリックして**2**、エンコーディングを開始します**3**。

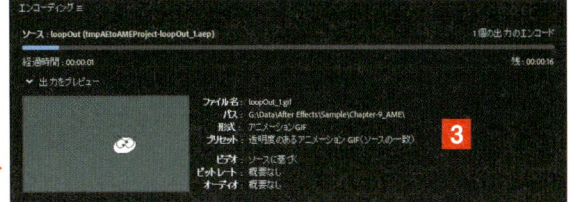

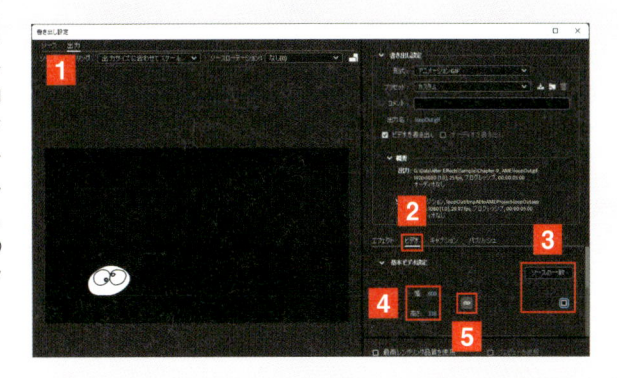

CHECK

GIFアニメのサイズを変更したい場合は、キュー画面で [書き出し設定] をクリックして、表示された「書き出し設定」ダイアログボックスの**1**、「ビデオ」タブをクリックします**2**。ここで「基本ビデオ設定」の [ソースの一致] のチェックボックスをオフにし**3**、「幅」と「高さ」を変更します**4**。なお、「幅」と「高さ」の比率は固定されているので、個別に変更したい場合は、鎖のマークをクリックしてオフにしてください**5**。

5 エンコードを終了する

エンコードが終了すると、指定した出力先にはGIFアニメのGIFファイルが出力されます**1**。

loopOut.gif

POINT

背景の色について

GIF形式で出力する場合、基本的に背景は「黒」になります。これは、コンポジションの背景は透明だからです。もし背景に色を設定したい場合は、平面レイヤーを設定して、色を設定してから出力してください。

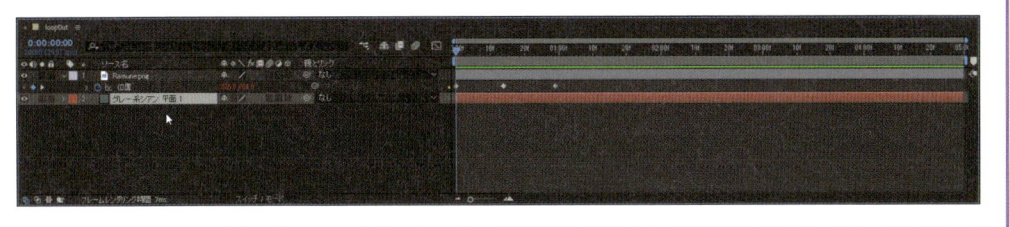

03 そのほかの出力方法

After Effectsで作成したコンポジションは、動画フィルとして出力するという利用方法のほか、Premiere Proと連携して利用するのがおすすめです。

▶ Premiere Proでコンポジションの読み込みと置き換え

After Effectsコンポジションを読み込む

ビデオ編集ソフトの「Adobe Premiere Pro」と連携する方法に、「Adobe Dynamic Link」があります。Premiere Proとコンポジションの状態で連携でき、スムーズな編集作業が可能です。Premiere Proの[ファイル]メニュー→[Adobe Dynamic Link]→[After Effects コンポジションを読み込み]を選択して**1**、Premiere ProにAfter Effects のコンポジションを素材として読み込むことができます。

After Effectsコンポジションに置き換え

Premiere Proの[ファイル]メニュー[Adobe Dynamic Link]→[After Effects コンポジションに置き換え]を選択すると**1**、Premiere Proで編集中のクリップをAfter Effectsで作成したコンポジションに置き換えて利用することができます。

Premiere Proとの連携①

After Effectsで作成したコンポジションを素材の1つとしてPremiere Proに読み込んで利用するという方法を解説します。この場合、After Effectsから動画を出力する必要はありません。

▶ Dynamic Linkで読み込む

1 After Effectsで作成した プロジェクトを保存する

After Effectsで作成したアニメーション（コンポジション名：3Dトラック）を**1**、［ファイル］メニュー→［保存］でプロジェクトを保存します。ここでは、以下の設定で保存します。

コンポジション名：3Dトラック
プロジェクトファイル名：Chapter-8
保存先フォルダー名：Projects

2 Premiere Proで コンポジションを読み込む

Premiere Proで動画編集中に**1**、［ファイル］メニュー→［Adobe Dynamic Link］→［After Effectsコンポジションを読み込み］を選択します**2**。

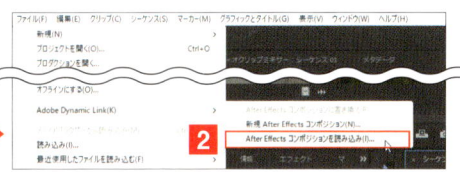

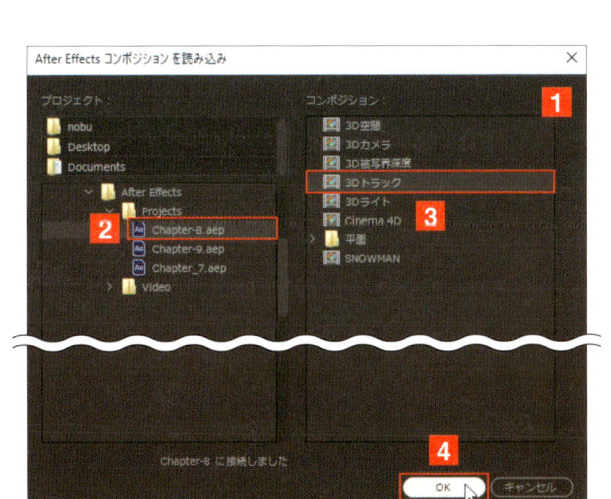

3 コンポジションを選択する

「After Effectsコンポジションを読み込み」ダイアログボックスが表示されるので**1**、「プロジェクト」の一覧で手順**1**の操作で保存したプロジェクトファイルを選択し**2**、「コンポジション」で利用したいコンポジション名を選択して**3**、［OK］をクリックします**4**。なお、画面では、1つのプロジェクトファイルに複数のコンポジションを設定した例で解説しています。

4 コンポジションをトラックに配置する

After Effects のコンポジションが Premiere Pro のプロジェクトパネルに読み込まれるので**1**、ビデオトラックにドラッグ＆ドロップで配置します**2 3**。

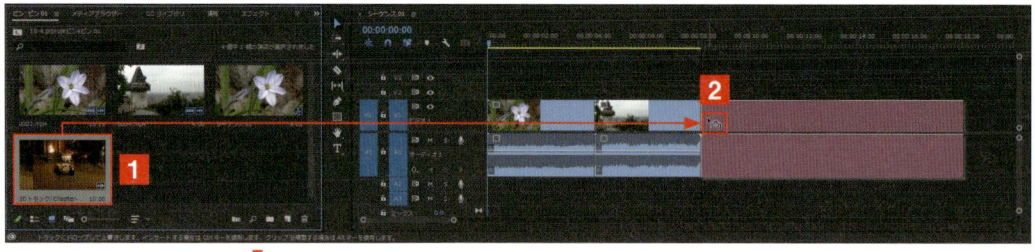

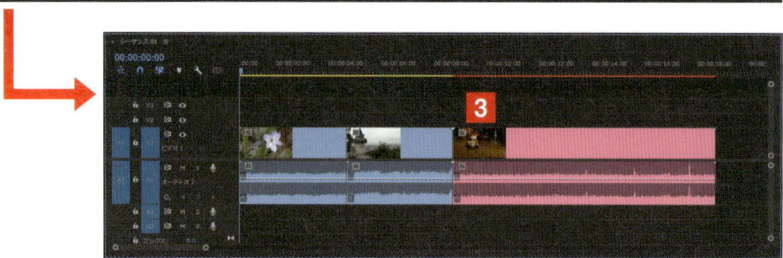

5 アニメーションを確認する

Premiere Pro のシーケンスを再生して、アニメーションを確認します**1 2 3**。終了時は、Premiere Pro、After Effects とも、プロジェクトを保存してください。

①クリップとして配置する

Premiere Pro に取り込んだ After Effects のコンポジションです。ここでは、背景として平面レイヤーを利用しています。

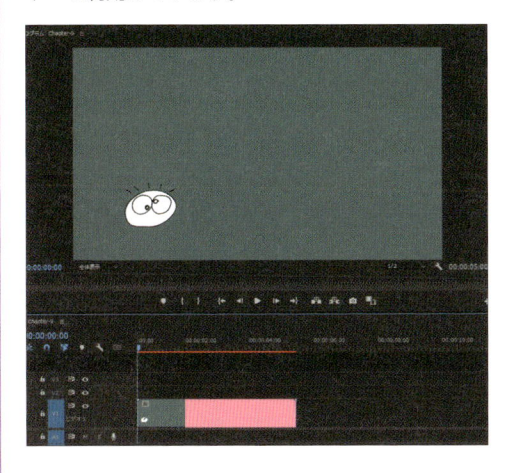

②After Effectsで編集する

After Effects 側でテキストを入力して確定します。まだ、保存は実行していません。

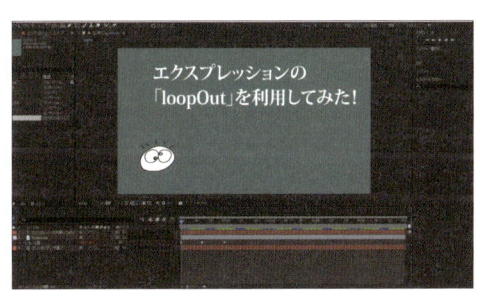

③Premiere Proに反映される

Premiere Pro 側にも自動的に反映されます。

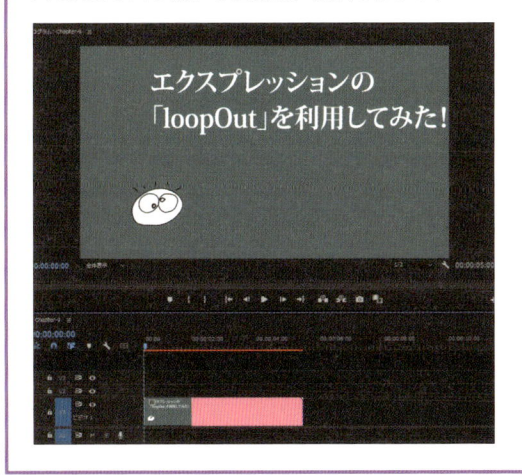

修正は即座に反映される！

Dynamic Link を利用した方法では、After Effects 側でアニメーションに修正を加えると、即座に Premiere Pro 側にも反映されます。Dynamic Link では、実際のデータを Premiere Pro に読み込んでいるのではなく、Premiere Pro 上で After Effects を仮想的に動作させているので、こうしたことが可能になります。これが Dynamic Link の機能です。

④After Effectsで修正する

After Effects でテキストの色を変更します。

⑤Premiere Proに反映される

Premiere Pro 側にも即座に反映されます。

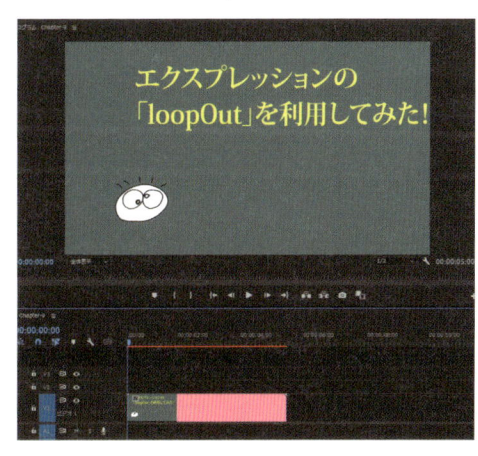

05 Premiere Proとの連携②

Premiere Proですでにシーケンスのビデオトラックに配置した動画にアニメーションを設定したい場合は、[After Effects コンポジションに置き換え]が便利です。

▶ ［After Effectsコンポジションに置き換え］を利用する

1 ［After Effectsコンポジションに置き換え］を選択する

Premiere Pro で動画編集を開始し**1**、After Effects でエフェクトを設定したいビデオクリップを選択します。[ファイル]メニュー→[Adobe Dynamic Link] → [After Effects コンポジションに置き換え] をクリックして選択します**2**。

CHECK

トラックに配置したクリップを右クリックし、表示されたコンテキストメニューからも [After Effects コンポジションに置き換え] を選択できます。

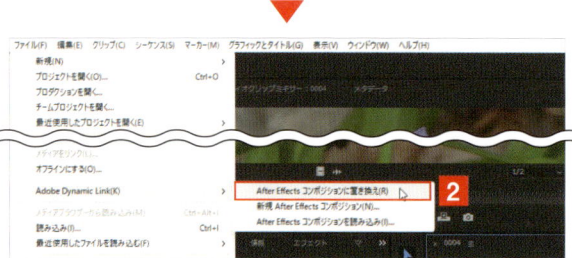

2 After Effects が起動する

After Effects が起動して、[別名で保存] ダイアログボックスが表示されます**1**。ここで、保存先**2**、ファイル名**3**を設定して、[保存]をクリックします**4**。すると、After Effects が新規にコンポジションを設定し、フッテージ（動画素材）を読み込んでタイムラインパネルに表示した、という状態で起動表示されます**5**。

3 アニメーションを設定する

タイムラインの動画レイヤーに対して、テキストレイヤーを追加などして、通常のアニメーション設定を行います**1**。

4 Premiere Pro にも反映される

After Effects でアニメーションを設定すれば、そのままダイレクトに Premiere Pro のクリップにも反映されます**1 2**。反映させるのには、After Effects 側で保存などの作業を行う必要はありません。

5 確認して保存する

After Effects 側でテキストの色を変更するなどの処理を行えば**1**、ダイレクトに Premiere Pro 側に反映されます**2**。終了時は、Premiere Pro、After Effects とも、プロジェクトを保存してください。

INDEX 【索引】

【著者略歴】
阿部 信行（あべ のぶゆき）

千葉県生まれ　日本大学文理学部独文学科卒業。
自給自足ライター。主に書籍を中心に執筆活動を展開。自著に必要な素材はできる限り自分で制作することから、自給自足ライターと自称。原稿の執筆はもちろん、図版、イラストの作成、写真の撮影やレタッチ、そして動画の撮影・ビデオ編集、アニメーション制作、さらにDTP も行う。自給自足で養ったスキルは、書籍だけではなく、動画講座などさまざまなリアル講座、オンライン講座でお伝えしている。

- Adobe Community Experts
- 株式会社スタック代表取締役
- YouTubeチャンネル「動画の寺子屋」指南役

本文デザイン	吉田進一（ライラック）
カバーデザイン	田邉恵里香
DTP	株式会社ライラック
編集	竹内仁志（技術評論社）

●Web サイト
https://stack.co.jp
●最近の著書
Illustrator & Photoshop & InDesign　これ1冊で基本が身につくデザイン教科書［改訂新版］』（技術評論社）
『ゼロから学ぶ動画デザイン・編集実践講座』（ラトルズ）
『今すぐ使えるかんたん　Premiere Pro　やさしい入門』（技術評論社）
『Premiere Pro＆After Effects いますぐ作れる！ ムービー制作の教科書 改定4版』（技術評論社）
『YouTuberのための動画編集逆引きレシピ DaVinci Resolve 18対応』（インプレス）
『Premiere Pro デジタル映像編集 パーフェクトマニュアル』（ソーテック社）

■お問い合わせについて

本書の内容に関するご質問は、下記の宛先までFAXまたは書面にてお送りいただくか、弊社Webサイトの質問フォームよりお送りください。お電話によるご質問、および本書に記載されている内容以外のご質問には、一切お答えできません。あらかじめご了承ください。

〒162-0846
新宿区市谷左内町21-13
株式会社技術評論社　書籍編集部
「After Effects　パーフェクトガイド」質問係
FAX番号：03-3513-6167
技術評論社ホームページ：https://book.gihyo.jp/116

なお、ご質問の際に記載いただいた個人情報は質問の返答以外の目的には使用いたしません。また、質問の返答後は速やかに破棄させていただきます。

After Effects　パーフェクトガイド
アフター　　　　エフェクツ

2024年9月5日　初版　第1刷発行

著　者	阿部　信行
発行者	片岡　巌
発行所	株式会社技術評論社
	東京都新宿区市谷左内町21-13
	電話　03-3513-6150　販売促進部
	03-3513-6160　書籍編集部
印刷／製本	株式会社加藤文明社

定価はカバーに表示してあります。

本書の一部または全部を著作権法の定める範囲を超え、無断で複写、複製、転載、テープ化、ファイルに落とすことを禁じます。

© 2024　株式会社スタック

造本には細心の注意を払っておりますが、万一、乱丁（ページの乱れ）や落丁（ページの抜け）がございましたら、小社販売促進部までお送りください。送料小社負担にてお取り替えいたします。

ISBN978-4-297-14305-3 C3055
Printed in Japan